핀치의 부리

THE BEAK OF THE FINCH by Jonathan Weiner

다윈의 어깨에 서서
종의 기원을 목격하다

THE BEAK OF THE FINCH

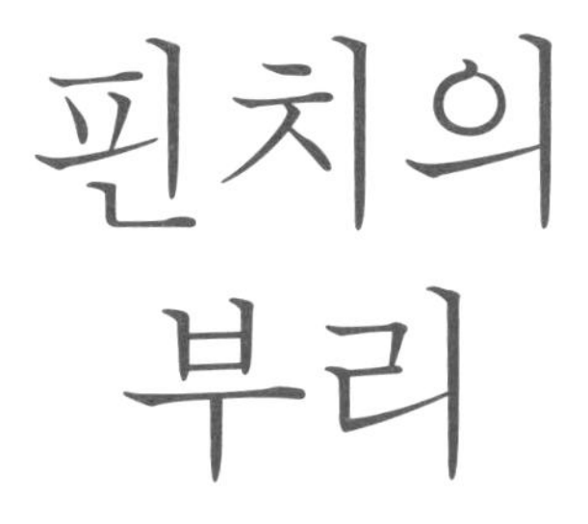

조너선 와이너 지음
양병찬 옮김

동아시아

◈ ◈ ◈

1995년 퓰리처상 수상작

1995년 전미비평가협회상

1995년 LA 타임스 도서상

◈ ◈ ◈

조너선 와이너는 영감을 불어넣는 글, 철저한 연구와 분석, 매력적인 그랜트 부부를 떠올리게 하는 생생한 묘사를 통해『핀치의 부리』를 '독자의 지식욕과 상상력을 자극하는 과학책'의 반열에 올려놓았다. _**《워싱턴포스트》**

경탄할 만하며, 꼭 필요한 책. 복잡한 과학적 · 철학적 개념을 명료한 산문체로 서술했다. 와이너의 장점은 진화와 과학의 원리를 친절하게 설명함으로써 독자들의 이해력을 향상시킨다는 것이다. _**《뉴욕 타임스》**

최고의 책! 다년간 과학책을 읽어왔지만, 이런 책은 처음이다. _**《네이처》**

고전이 될 수 있는 요소를 모두 갖춘 책! _**《타임》**

신체의 진화, 지상의 새로운 존재들, 다양성 생성을 종합적으로 다룬 진화론 연구의 랜드마크. _**《LA 타임스》**

『핀치의 부리』는 현대 과학연구를 매력적으로 서술한 보기 드문 책으로, 진화를 바라보는 관점을 영원히 바꿔줄 것이다. 이 책은 흡인력 있는 과학사인 동시에 솜씨 있게 쓴 대중 과학서이며, 매력적인 과학 수필집이기도 하다. 독자들에게 다윈핀치와 진화에 관한 스토리를 들려줄 뿐만 아니라, 선구적 과학연구가 수행되는 방법까지도 알려줄 것이다.

_《LA 타임스》

자연계에서 가장 강력하고, 너무나 흥미로워 주목하지 않을 수 없는 힘을 탐구한 흥미 만점의 책! **_《필라델피아 인콰이어러》**

와이너는 현명하고 총명하며, 독자의 마음을 사로잡는다. 책을 읽으면 다윈이 진화론의 강력함을 얼마나 과소평가했는지를 알 수 있다.

_《사이언시스》

와이너는 퍼즐 조각을 집어 정확한 곳에 가볍게 집어넣음으로써, 다윈이 말한 '미스터리 중의 미스터리'를 차츰 해결해간다. 독자들은 그의 퍼즐 게임을 지켜보며, 자연의 힘을 잘 이해할 뿐 아니라 창조에 대한 경이로움을 갖게 된다. **_《시카고 트리뷴》**

진화론에 대한 정확하고 세심한 서술과 서정적이고 친밀한 문체를 통해, 이 책은 지식층은 물론 학생과 일반인에 이르기까지 광범위한 독자들에게 커다란 영향력을 미치기에 부족함이 없다. **_《이코노미스트》**

진화적 변화에 대해 생생하고 귀중한 교훈을 제공한다.

_《샌디에이고 유니언》

책장을 넘기기 바쁠 정도로 흥미진진하고 눈부신 책! 진화의 증거를 찾는 사람에게 주저하지 않고 추천할 수 있는 이상적인 책이다. **_《선데이 타임스》**

완성도가 높은 과학책이다. 과학을 어떻게 공부하고, 왜 공부해야 하는지를 설득력 있게 설명한다. **_《글로브 앤드 메일》**

자연의 진행속도에 대한 감각을 영원히 바꿔줄, 주목할 만한 책. 와이너의 우아하고 흡인력 있는 설명을 읽고 나면 세상은 좀 더 유동적이고, 가변적이고, 살아 있는 것처럼 보일 것이다. **_빌 매커번(『자연의 종말』 저자)**

정교하고 명쾌하고 풍부하게 서술한, 극히 예외적인 책. 최근 출판된 책 중에서 진화론을 가장 잘 설명했다. 생명에 대한 통찰력을 제공하고, '자연계의 기본적인 힘'과 '인간과 세상의 관계'를 이해하도록 도와준다. 강력하게 추천한다. **_《클리블랜드 플래인 딜러》**

조너선 와이너는 일반인들로 하여금 복잡한 과학연구에 쉽게 접근할 수 있도록 해주는 뛰어난 과학 저술가이다. 특유의 위트와 스타일 덕분에 독자들은 탐정소설이나 모험기를 읽는 것처럼 과학책을 읽게 된다.

_《댈러스 모닝 뉴스》

잘 쓰인 매력적인 과학계의 고전으로, 톰 클랜시의 스릴러만큼이나 널리 읽힐 가치가 있다. **_《로노크 타임스 & 월드 뉴스》**

『핀치의 부리』는 한 차원 높은 과학책이다. 간단명료하고 술술 읽히며, 박진감과 현장감이 넘친다. 생생하고 재치 있는 설명으로, 진화의 의미와 찰스 다윈이 사상사에서 차지하는 위치를 제대로 해설했다.

_티모시 페리스(『은하수의 시대가 온다Coming of Age in the Milky Way』 저자)

『핀치의 부리』는 멋진 책이다. 자연은 물론, 삶과 죽음에 대한 우리의 가치관까지 영원히 변화시키는 드문 책 중의 하나이다.

_리처드 프리스턴(『핫 존The Hot Zone』 저자)

『핀치의 부리』를 통해 다윈핀치들은 과학계의 스릴러가 되었다. 조너선 와이너는 독자들을 놀랄 만한 탐험의 세계로 인도하며, 역사상 가장 유명한 탐험의 속편을 연출한다. **_《로체스터 데모크랫 앤 크로니클》**

조너선 와이너는 비범하다. 신중한 연구와 완벽한 구성과 인상적인 글솜씨를 발휘하여 『핀치의 부리』를 완성함과 동시에 여전히 과학성을 잃지 않았다. **_《스쿨 라이브러리 저널》**

20주년 기념판 추천사

최고의 진화 입문서

책도 나름의 생로병사를 겪는다. 해마다 엄청나게 많은 책이 탄생하지만 대개 출생신고서의 잉크가 마르기도 전에 사라진다. 그러나 아주 가끔 곱게 늙어가며 장수하는 책들이 있다. 『핀치의 부리』가 어느덧 20대 청년이 되었다. 1994년에 처음 출간된 책이 2014년 20주년 기념판으로 재탄생한 것이다. 나는 이 책이 처음 우리말로 나올 때 추천의 글을 쓰는 영광을 누렸는데, 또다시 이 멋진 책의 역사에 동참할 수 있는 기회를 얻었다.

첫 번역서가 나오고 몇 년 후 나는 모교인 서울대학교를 떠나 이화여자대학교로 자리를 옮겼다. 비교적 젊은 나이에 얻게 된 석좌교수라는 타이틀도 이유였지만, 국내에서는 처음으로 이른바 '큰 생물학' 또는 '거시생물학Macrobiology'을 연구하는 '에코과학부Division of EcoScience'를 만들어주겠다는 제안을 거절할 수 없기 때문이었다. 세계 유수의 대학

어디에나 물리학과나 화학과는 하나밖에 없다. 그러나 생물학은 다르다. 대개 실험실에서 주로 연구하는 생물학자들로 구성된 학과와 주로 야외에서 연구하는 생물학자들이 모여 있는 학과가 나뉘어 있다. 하버드 대학교에는 '개체 및 진화생물학과Department of Organismic and Evolutionary Biology', 그리고 예일 대학교와 프린스턴 대학교에는 '생태 및 진화생물학과Department of Ecology and Evolutionary Biology'가 따로 있다. 물리학이나 화학에 비해 생물학은 다루는 소재와 범주가 너무나 다양해서 한 학과로 묶는 게 그리 효율적이지 않다는 판단 때문이다. 피터와 로즈메리 그랜트 교수는 프린스턴 대학교 생태 및 진화생물학과의 교수들이다. 그들이 무려 40년 이상 갈라파고스 제도의 대프니메이저에서 다윈핀치의 행동과 생태를 장기적으로 연구할 수 있었던 것도 이런 학교의 분위기 덕택이다.

지난 2009년은 '다윈의 해'였다. 다윈 탄생 200주년에 『종의 기원』 출간 150주년을 맞아 그해 내내 세계 각국에서 다윈 관련 행사가 끊이지 않았다. 우리나라에서도 온갖 언론 매체들이 앞다퉈 특집을 기획, 다윈의 생애와 사상을 알릴 수 있는 좋은 기회를 얻었다. 그중에서도 《한국일보》가 기획한 특집이 특히 돋보였다. 그 특집에서는 내게 이 시대 최고의 다윈학자 다섯을 선정해 인터뷰를 진행해달라고 요청했는데, 그때 나는 목록의 맨 위에 그랜트 부부를 적었다. 그다음으로 『이기적 유전자』의 리처드 도킨스, 『빈 서판』과 『우리 본성의 선한 천사』의 저자 스티븐 핑커, 『마음의 진화』와 『주문을 깨다』를 저술한 철학자 대니얼 데닛, 그리고 내 박사학위 지도교수였던 하버드 대학교 에드워드 윌슨 교수의 이름을 적었다. 내가 그랜트 부부를 제일 먼저 생각한 데에는 다윈의 뜻이 반영되었다. 나는 만일 다윈이 다시 살아

돌아온다면 피터와 로즈메리 그랜트 부부를 제일 먼저 찾을 것이라고 확신한다. 자신의 이론을 가장 확실하게 검증해준 학자가 바로 이들이기 때문이다.

나는 대학에서 '진화생물학' 수업을 할 때 제일 첫 시간에 다윈핀치를 소개한다. 환경 변화에 따라 부리의 모양과 크기가 변하는 현상만큼 자연선택의 메커니즘을 명쾌하게 보여주는 예는 없다. 사실 다윈은 갈라파고스 제도를 방문했을 때 핀치 표본을 잔뜩 채집해 영국으로 보내긴 했지만 부리의 모양과 크기가 다른 새들을 모두 한 종의 다양한 변이쯤으로 생각했다. 다윈은 세계 일주를 마치고 영국으로 돌아와, 조류학자 존 굴드John Gould로부터 자신이 채집한 표본들이 서로 다른 여러 종의 핀치라는 사실을 전해 들은 후에야 비로소 남미 대륙에서 이주해온 한 종의 핀치가 갈라파고스의 다양한 환경을 접하며 이른바 적응 방산adaptive radiation의 과정을 거쳐 여러 종으로 진화했다는 설명을 내놓게 되었다. 이를 확인하기 위해 옥스퍼드 대학교에서 에드워드그레이조류학연구소 소장을 지낸 진화생물학자 데이비드 랙David Lack은 1938~1939년 갈라파고스를 찾는다. 비록 그리 길지 않은 기간 머물렀지만 랙은 핀치의 부리가 먹이와 연관이 있을 것이라는 가설을 세웠다. 그리고 그랜트 부부는 지난 40여 년에 걸친 연구를 통해 가설의 상세한 메커니즘을 밝혀낸 것이었다. 나는 이를 두고 '랙 교수가 스냅 사진을 찍은 것이라면 그랜트 교수 부부는 아예 그걸 동영상으로 찍어 보여준 것'이라 설명한다.

2013에서 2016년까지 국립생태원 초대 원장으로 일하던 시절, 나는 독일 하이델베르크와 일본 교토에 있는 '철학자의 길'에서 영감을 얻어 '생태학자의 길'을 만들기로 했다. 2014년에는 세계적인 영장류학자 제인 구달 박사를 모시고 '제인 구달의 길Jane Goodall's Way' 명명식을 가졌다. 2015년에는 '찰스 다윈의 길Charles Darwin's Way'을 만들기로 했는데 문제가 하나 생겼다. 제인 구달의 길 명명식에는 구달 박사가 직접 참여해 의미 있는 행사가 되었는데, 아무리 생각해도 돌아가신 다윈 선생님을 모셔 올 묘안이 떠오르지 않았다. 그래서 나는 고심 끝에 피터 그랜트 교수에게 이메일을 보내 다윈의 아바타가 되어달라고 요청했다. 그는 다윈의 고향에서 그리 멀지 않은 곳에서 태어났고 언뜻 보면 다윈과 참 많이 닮았다. 자칫 무례할 수도 있는 부탁이었지만 피터는 흔쾌히 수락해주었다. 마침 내가 '다윈의 길'로 만들려했던 숲길은 중간쯤에서 두 갈래로 갈라졌다가 거의 끝나는 지점에서 다시 만난다. 나는 그 갈래길 중 하나를 '그랜트 길Grants' Way'로 만들기로 했다. 제인 구달의 길은 총 길이가 얼추 1킬로미터 정도 된다. 다윈의 길은 2킬로미터가 넘는다. 그랜트 길은 1킬로미터가 조금 안 되는 비교적 짧은 길이지만 다윈의 위업을 이어받은 그들의 업적이 곳곳에 배어나는 멋진 길로 조성되었다. 그랜트 부부가 대프니메이저에서 묵던 오두막도 만들었다. 그곳을 직접 본 두 사람은 오두막이 아니라 호텔 같다며 즐거워했다. 이 책의 독자들에게 충남 서천에 있는 국립생태원을 찾아 다윈-그랜트 길을 걸어보기를 권한다. 잊을 만하면 나타나는 작은 푯말들마다 친절하게 적혀 있는 내용을 음미하다 보면 어느새 진화의 진수를 습득하게 될 것이다.

『핀치의 부리』는 『이기적 유전자』와 더불어 진화에 관심 있는 이들에게 내가 가장 자주 추천하는 책이다. 15년 전에 추천의 글에 썼던 문장 하나를 여기 다시 옮겨 적으련다. "배우고 있다라는 것조차 모르는 가운데 배우는 것처럼 훌륭한 배움이 또 있을까." 자연에서 살아가는 과학자의 삶과 진리를 찾아가는 탐구의 여정을 마치 소설책이나 역사책을 읽듯 따라가다 보면 저절로 진화의 개념이 몸에 밴다. 20주년뿐 아니라 40주년, 50주년으로 이어지기 바란다. 그랜트 교수님들도 50년, 60년 계속 갈라파고스의 핀치들과 삶을 이어가시기를 기원한다.

2017년 최재천 (이화여자대학교 에코과학부 석좌교수,
국립생태원 초대 원장 『다윈 지능』 저자)

생태라는 극장에서 펼쳐지는 진화라는 연극

1994년 어느 봄날, 오랜 미국 생활을 청산하고 귀국을 준비하던 참에 미시건 대학교 앞 책방에서 『핀치의 부리』 처음 보았다. 책방 안 한쪽 구석에 마련된 카페 창가에 기대앉아 책을 펴자, 어언 10년이 풀쩍 넘는 세월이 거슬러 올라갔다. 나의 미국 생활이 책장 가득 질펀하게 흘러내렸다.

1982년, 나는 펜실베이니아 주립대학교에서 석사과정을 마무리하던 중이었고, 박사과정을 지원할 대학을 찾고 있었다. 동물행동학과 진화생물학 분야의 전설적인 학자인 윌리엄 해밀턴William Hamilton 교수와 피터 그랜트Peter Grant 교수가 있는 미시건 대학교는 내가 가장 가고 싶었던 곳이었다. 아내에게도 더할 수 없이 좋은 곳이라 우리는 둘 다 각자 흠모하던 교수들에게 편지를 보낸 후 하루를 꼬박 달려 앤아버Ann Arbor로 갔다. 해는 떨어진 지 오래였고 눈이 엄청나게 많이 와서 쌓인 눈에 가려 길모퉁이를 도는 차들이 보이지 않을 지경이었다.

해밀턴 교수의 따뜻한 배려로 우리는 강가에 있는 그의 집에 일주일씩이나 머물게 되었다. 어느 날 저녁 그랜트 교수 집에서 파티가 열렸는데 특별강연을 하러 온 프린스턴 대학교 교수를 위한 파티였다. 우리는 해밀턴 교수와 함께 참석했다. 해밀턴 교수와 그랜트 교수 둘 다 영국사람이지만 신기할 정도로 판이하게 다른 성격이었다. (고인이 되셨지만) 유전자의 관점에서 진화의 메커니즘을 새롭게 설명하여 당시 이미 다윈 이래 가장 위대한 생물학자라는 칭송을 듣던 해밀턴 교수는 수줍음을 많이 타는 성격이라 파티 내내 한쪽 구석에 마치 벌서는 아이처럼 서 있었다. 그와는 대조적으로 피터 그랜트 교수는 파티에 참석한 모든 이에게 음료와 음식을 권하며 분위기를 돋우고 있었다.

그렇게 만난 그랜트 교수가 다음 날 나를 점심에 초대했다. 학교 앞 샌드위치 가게에 들러 점심거리를 집어 든 후 실험실을 보여주며 학생들을 소개했다. 그때 만난 친구 중 하나가 책에 중요하게 소개된 돌프 슐러터이다. 또 해밀턴 교수와 그랜트 교수가 공동으로 지도하는 다른 대학원생도 만났다. 그래서 나는 내가 그곳에서 공부를 하게 된다면 두 분 다 지도교수로 모시리라는 계획을 마음속에 세웠었다.

그런 나의 꿈은 며칠이 못 가 여지없이 무너지고 말았다. 마지막 날 집으로 돌아갈 채비를 하는 내게 해밀턴 교수는 어쩌면 영국으로 돌아가게 될지도 모른다고 말했다. 그래서 나는 하버드 대학교에서 박사과정을 밟게 되었다. 객관적으로 하버드 대학교가 더 명성이 높았지만, 나는 두 교수와 함께 일할 수 있는 기회를 잃은 것이 너무나 안타까웠다. 이듬해 해밀턴 교수는 영국 옥스퍼드 대학교로 자리를 옮겼고 그랜트 교수도 얼마 안 되어 프린스턴 대학교로 옮겨갔다. 그후에도 나는 주로 돌프와 연락을 주고받으며 늘 그랜트 교수와 다윈핀치 연구 소식을 듣곤 했다.

하버드 대학교에서 박사과정을 마치고 전임강사로 있던 시절 프린스턴 대학교에서 신임교수를 뽑는다는 공고를 보고 즉시 지원서를 보냈다. 한참이 지나도 연락이 오지 않아 '안 됐구나'하며 섭섭해하던 어느 날, 나는 위원장이었던 그랜트 교수에게서 한 통의 편지를 받았다. 낙방했음을 통보하는 짤막하고 형식적인 편지 여백에 그랜트 교수가 친필로 내게 위원회에 속해 있는 교수들이 원래 원하던 분야와 좀 다른 분야를 뽑기로 결정하는 바람에 최종 명단에 뽑지 못해 아쉬웠다는 이야기를 적어 보냈다. 물론 빈말이었겠지만 나는 그의 세심한 배려에 큰 감명을 받았다. 그리고 이듬해 나는 그들이 떠난 조금은 허전한 미시건 대학교에 조교수로 부임했다. 어쩌면 삶은 이렇게 꼬리에 꼬리를 물며 도는가 보다 싶었다.

갈라파고스 제도는 다윈의 자연선택설이 잉태된 곳이라고 해도 지나치지 않은 곳이다. 비글호를 타고 전 세계를 돌아다니며 다윈은 새로운 지역을 방문할 때마다 새로운 관찰을 했다. 하지만 갈라파고스에서만큼 결정적인 증거들을 얻은 곳은 없었다. 크고 작은 섬에서 서로 다른 환경에 제각기 적응하여 살던 핀치들은 다윈의 귀에 자연선택의 비밀을 속삭였다.

그랜트 교수는 다윈의 고향에서 그리 멀지 않은 곳에서 태어났다. 캐나다를 거쳐 미국에 정착했다가 마치 운명처럼 다윈의 뒤를 좇아 갈라파고스에 이르렀다. 그곳에서 아내 로즈메리 그랜트 박사와 함께 다윈이 보았던 핀치의 자손들을 들여다보며 일찍이 다윈이 던진 이런저런 질문들의 답을 찾기 시작했다. 삶은 그렇게 꼬리에 꼬리를 물며 도는가 보다.

그랜트 교수의 스승이자 미국 생태학계의 시조라 할 수 있는 예일 대학교의 에블린 허친슨G. Evelyn Hutchinson 교수는 "생태라는 극장에서 펼쳐지는 진화라는 연극Evolutionary play in the ecological theatre"이라는 말을 남겼다. 그랜트 부부는 허친슨 교수의 이 말을 철저하게 입증한 학자들이다. 그들은 기본적으로 생태학자들이지만 묻는 질문들은 모두 진화에 뿌리를 내리고 있다. 1973년부터 시작한 그랜트 부부의 다윈핀치 연구는 30년 가까이 이어졌다. 눈에 보일 만한 진화적 변화가 생기는 시간과 비교할 수 없는 짧은 기간이지만, 두 사람은 그 기간 동안 오묘하게 짜인 진화라는 연극의 플롯을 상당부분 파헤쳤다.

진화의 기본 개념인 적응의 문제에서부터 번식 구조와 성선택, 생물 다양성과 유전자 진화에 이르기까지 그랜트 부부의 연구는 폭과 깊이에서 그 어느 연구도 따르지 못할 수준이다. 물리학이나 화학, 생물학 분야를 경성 과학hard science이라 부르는데 반해, 생태학이나 진화생물학처럼 생물체 전체를 다루는 생물학 분야는 흔히 연성 과학soft science이라 일컫는다. 그런데 연성 과학은 때때로 과학이 아닌 것 같은 인상을 준다. 그러나 책을 통해 그랜트 부부의 연구 수준을 알게 되면 절대 그렇게 느끼지 않을 것이다. 연성 과학이 부드러운 느낌을 준다고 해서 엄밀하지 않은 것은 결코 아니다. 역사적인 사건을 다루는 학문일 뿐이며 그런 의미에서 역사 과학historical science이라고 부르는 편이 훨씬 적절하다.

진화는 우리 사회에서 아직도 생경한 개념이다. 기독교 교리에 어긋나는 불경한 이론으로 생각하는 이도 많다. 그래서 다윈을 그저 자연선택설에 입각하여 진화의 메커니즘을 설명하려 했던 영국의 생물학자 정도로 알고 있는 사람도 많을 것이다. 그러나 다윈의 자연선택설은 이미 생물학의 범주를 넘어 거의 모든 학문 분야에 영향을 미치는 막강한 이론으로 굳건히 자리를 잡았다. 경제학이나 사회학, 인문사회과학 분야는 물론이거니와 심지어는 음악과 미술에까지 이론적인 기초를 폭넓게 제공하고 있다.

2000년대 초반 미국에서는 『1천 년, 1천 명』이라는 흥미로운 책이 출간되었다. 각계의 많은 전문가들이 제2밀레니엄 동안 인류에게 가장 큰 영향을 끼친 1,000명을 선정했다. 다윈은 갈릴레오, 뉴턴과 함께 10위 안에 이름을 올렸다. 『종의 기원』이 1859년에 출간되었으니 다윈의 자연선택설도 이제 거의 한 세기 반을 지냈다. 처음 다윈의 이론이 알려졌을 때 생겨난 반론과 공격을 이겨냈고, 지속되는 탄압에도 날이 갈수록 더욱 막강한 이론으로 자리를 잡았다.

우리나라에도 최근 진화의 개념을 설명하는 책이 적지 않게 번역되어 다윈의 이론에 대한 이해를 높이고 있다. 하지만 『핀치의 부리』만큼 진화의 메커니즘을 명확하게 설명한 책은 일찍이 없었다. 진화에 관심이 있는 사람라면 반드시 읽기를 권한다. 상복도 없지 않아, 퓰리처상과 LA 타임스 도서상을 받았다. 상에 상관없이 이미 훌륭한 책이지만.

1994년 그 봄날 오후, 이 책을 처음 읽기 시작했을 때 나는 내가 잘 아는 사람의 전기나 자서전을 읽고 있는 것 같은 착각에 빠져들었다. 그랜트 박사 부부를 비롯하여 아는 이들의 이름이 계속 등장해서일 수도 있겠지만, 어려운 과학지식과 개념을 한 치의 오차도 없이 정확하게 전달하면서도 마치 소설처럼 친밀하게 느껴지는 글 때문이었으리라. 배우고 있다는 것조차 모르는 가운데 배우는 것처럼 훌륭한 배움이 또 있을까. 이 책은 진화를 공부하려는 생물학도들은 물론, 생명이라는 주제에 관심이 있는 사람이라면 누구나 읽을 수 있도록 쉽게 잘 쓰인 책이다.

점심께 들어갔던 책방의 창밖에 어느새 어둠이 깔렸다. 12년 전 그랜트 교수가 내게 샌드위치를 사준 길 건너 작은 가게에는 벌써 손님이 밀려들고 있다. 집에 가야 할 시간인가 보다. 오늘 나는 『핀치의 부리』를 다시 만났다. 삶은 이렇게 늘 꼬리에 꼬리를 물며 도는가 보다. 진화가 그렇듯이.

2001년 최재천

20주년 기념판 서문

『핀치의 부리』가 출간된 지 20년이 흘렀다. 그 이후 책은 새의 부리보다 더 빨리 진화해왔다. 그도 그럴 것이, 이 책이 처음 나온 1994년까지만 해도 세상에 전자책은 존재하지 않았으니 말이다.

이번 20주년 기념판에서 나는 몇 가지 작은 수정사항을 제외하면 텍스트에 별로 손을 대지 않았다. 웬만하면 이 책을 일종의 기념사진처럼 영원히 보존하고 싶었기 때문이다. 그러나 (아주 작은 관점에서부터 아주 큰 관점에 이르기까지) 모든 관점에서 볼 때, 다윈핀치Darwin's finch에 대한 놀라운 스토리가 갖는 의미는 지난 20년간 크게 증가했다.

첫 번째로 아주 작은 관점에서 보면, 진화의 스토리는 DNA 안에 씌어 있다고 할 수 있다. 1994년에는 다윈핀치를 대상으로 다윈과정Darwin's process이 계절에 따라 변하는 것을 분자 수준에서 관찰할 수 있는 사람이 아무도 없었다. 우리는 그저 『핀치의 부리』를 통해 피터와 로즈메리 그랜트, 그 밖의 몇 사람들이 뭔가를 시도하려고 하는 것을 봤을 뿐이다.

그로부터 10년 후인 2004년, 하버드 의대의 클리프 타빈Cliff Tabin이 이끄는 연구팀은 그랜트 부부와 함께 최초의 성공사례를 발표했다. 타빈이 이끄는 연구팀은 핵심 유전자 중 하나를 발견했는데, 이 유전자는 자연선택의 압력하에서 핀치의 부리를 빚어내고 또 빚어내는 유전자였다. 그 유전자의 이름은 BMP4였다. 인간의 경우에는 똑같은 유전자가 얼굴을 형성한다.

두 번째로 좀 더 큰 관점에서 보면, 진화의 스토리는 종species의 죽음과 탄생에 씌어 있다고 할 수 있다. 『핀치의 부리』에서 그랜트 부부는 자신들의 수많은 데이터를 이해하여 종분화speciation(즉, 종의 기원)의 커다란 과정에 대한 통찰력을 얻으려고 노력했다. 갈라파고스에서 자신들의 어깨 너머로 새로운 종의 기원을 목격한다는 것은 스릴 있는 일이지만, 솔직히 말해서 그건 너무 많은 걸 바라는 거였다. 망원경에 겨우 1초 동안 눈을 들이대고 초신성supernova을 보겠다는 거나 마찬가지기 때문이다.

이 책이 출간된 지 15년 후인 2009년, 그랜트 부부는 '드디어 이 바닥에서 한 건 했다'라고 발표했다. 나에게 있어 그 뉴스의 기억은 교토 여행과 연결되어 있다. 그해에 그랜트 부부는 교토상Kyoto Prize을 수상했다. 이 상은 이나모리 재단이 '인류를 과학적·문화적·영적靈的으로 한 단계 끌어올린 사람'에게 매년 수여하는 상이다. 교토상을 제정한 기업가 이나모리 카즈오 씨는 친절하게도 나와 아내 데보라까지 시상식에 초대해줬다. 내가 맨 처음 그랜트 부부를 만났을 때, 그랜트 부부는 자신들의 분야에서는 꽤나 유명인사였지만 바깥세상에서는 그다지 알려지지 않았었다. 그러나 2009년이 되자 피터와 로즈메리는 과학계의 유명인사가 되었고, 국제적인 상과 명예를 잔뜩 거머쥐었다. 바로 1년 전에는 다른 과학자들과 함께 다윈-월리스 메달을 받았는데, 이는 런던의 린네 협회Linnean Society가 50년마다 수여하는 상이었다.

데보라와 나는 피터와 로즈메리 부부와 함께 비행기를 타고 교토로 날아갔다. 안전벨트를 매기 직전, 피터는 복도 쪽으로 손을 내밀어 내게 새로운 논문 사본을 하나 건넸다. 처음 몇 줄만 훑어봤는데도 피터가 논문을 내게 보여준 이유를 대번에 알 수 있었다. 그 논문은 대프니메이저 섬Daphne Major에 서식하는 특정 핀치과科에 대한 보고서였다. 그랜트 부부는 그 핀치를 내게 언급한 적이 단 한 번도 없었지만(그랜트 부부는 어떤 연구결과가 나오기 전에 세상에 알려지는 것을 싫어했다), 7세대 동안 그 핀치를 추적해왔다. 그런데 지난 3세대 동안 (흥미롭지만 좀 복잡한 이유 때문에)그 계열의 새들은 자기들끼리만 짝짓기를 해왔다. 다시 말해, 그랜트 부부는 '다윈의 섬'에서 다윈과정을 통해 다윈핀치의 새로운 발단종incipient species이 탄생한 것을 목격한 것이다. '아직 이름도 붙지 않은 신출내기들이 계속 존재할 것인지 말 것인지'는 오직 시간만이 말해주리라. 그러나 이는 그랜트 부부의 연구에서 일종의 대박사건이 터진 것이었으며, 다윈이 『비글호 항해기』에 적어놓은 엄청난 글귀가 실현된 것이라 할 수 있었다. "바야흐로 시간적·공간적으로 우리는 왠지 위대한 사실, 즉 '미스터리 중의 미스터리'에 근접할 것 같다. 그게 뭔고 하니, 새로운 존재가 지구상에 처음으로 나타나는 것이다."

그랜트 부부의 논문은 2009년 말에 발표되었는데 『종의 기원』이 발간된 지 150주년이 되는 뜻깊은 해였다.

마지막으로 아주 큰 관점에서 보면, 진화의 스토리는 지구에 씌어 있다. 생명체는 수십억 년 전 지구상에 나타났으며, 그 후 번식하고 다양화되면서 다섯 번의 끔찍한 차질과 다섯 번의 대멸종을 겪었다. 1994년 우리 인간은 생명의 조건을 너무 많이 바꿔, 여섯 번째 대멸종을 거쳐 새로운 지질시대에 들어갈 것처럼 보였다. 그때 나는 새로운 시대를 지칭하기 위해 누센Nooscene, 즉 마음의 시대the Age of Mind라는 말을 만들었다. 그러나 그건 틀린 말이다. 우리는 지구의 대기, 빙설권cryosphere, 수권hydrosphere, 생물권biosphere을 의도적으로 변형시킨 게 아니었다. 전체적으로 말해서 인류가 지구상에 사는 다른 생물들에게 미친 영향은 (마치 소행성이 지구에 충돌한 것처럼) 무작위적이었다. 오늘날 지질학자들은 새 시대를 인류세Anthropocene라고 부르기 시작했는데, 우리 주변에서 벌어지는 행동들을 통틀어 묘사하는 데는 이편이 더 적절해 보인다. 인류세란 '유념하지 않는 사이에 일어나는 전 지구적 변화'를 의미하기 때문이다.

매년 더 많은 사람들이 갈라파고스 제도를 방문한다. 갈라파고스를 방문하는 거의 모든 이들은 대프니메이저를 먼발치에서 바라볼 수 있는데, 그 이유는 발트라Baltra 공항에서도 맨눈으로 바라볼 수 있기 때문이다. 그러나 여행자를 태운 보트 중에서 대프니메이저로 가는 배는 아직 없다. 그래서 대프니메이저는 여전히 외롭고 소박하다. 나는 지난 20년간 갈라파고스에 (가족을 동반하고 10년 간격으로) 두 번 더 갔다. 그런데 배가 대프니메이저를 지나칠 때마다 나는 깜짝 놀란다. 그 섬은 헐벗고, 텅 비고, 가파르고, 까칠까칠하기 이를 데 없었기 때문이다(그랜트 부부가 아무리 좋게 말해도, 나는 도저히 수긍할 수 없다).

피터와 로즈메리는 프린스턴 대학교에서 퇴직했지만, 매년 그 섬에서 연구를 계속하고 있다. 그랜트 부부는 지난 수십 년 동안 갈라파고스의 유명인사였다. 마지막으로 갈라파고스에 들렀을 때, 선장이 내게 이렇게 말했다. "지난달에 대프니메이저를 지나갈 때, 헐벗고 가파른 경사면에 서 있는 그랜트 부부를 발견했죠. 내게 손을 흔들더군요."

2014년 조너선 와이너

그런 지혜를 어디에 가서 찾겠는가?

숨 쉬는 동물의 눈에는 도무지 보이지 않고,

하늘을 나는 새에게조차 숨겨져 있는데.

—

욥기 28: 20-21

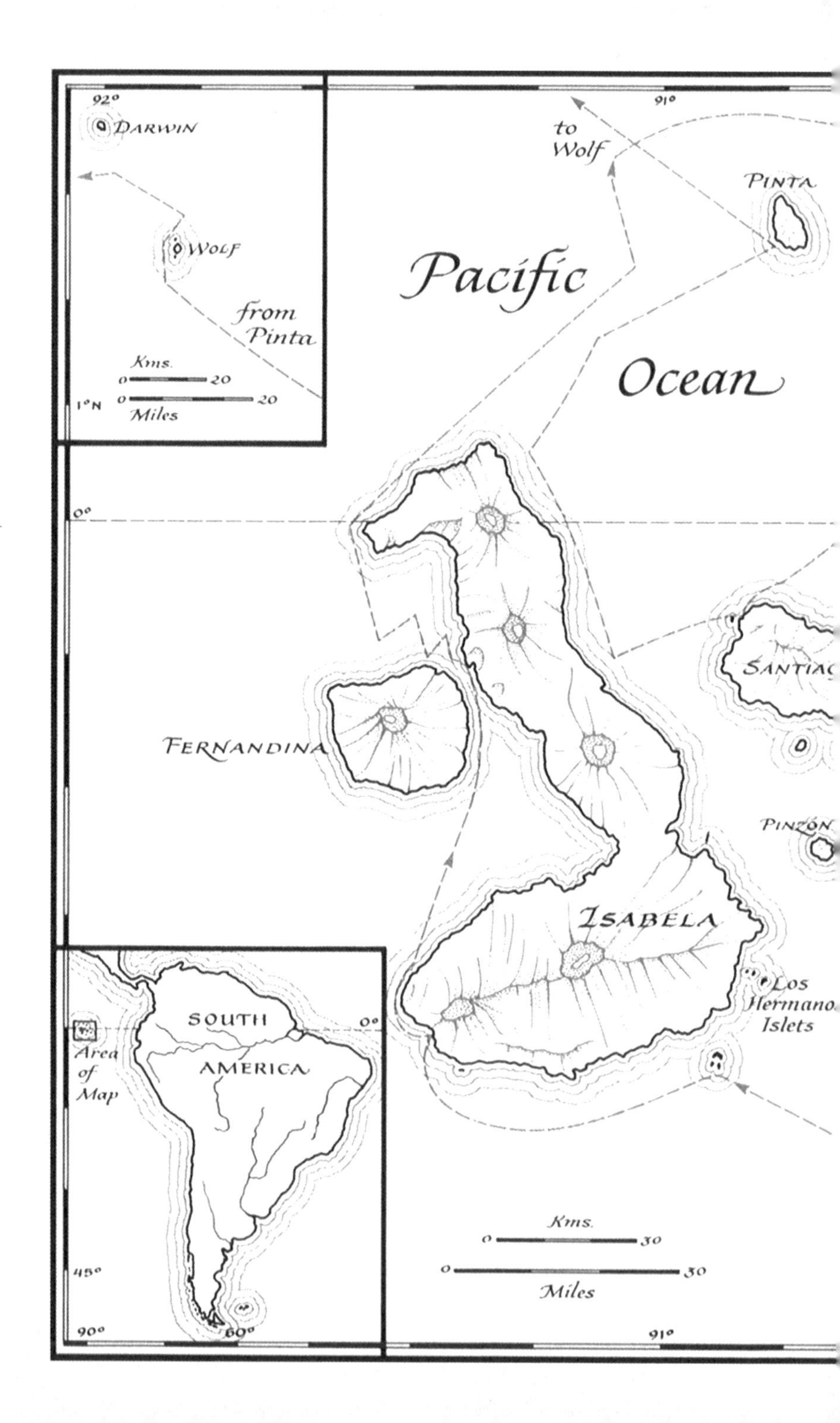

92°
DARWIN
WOLF
from Pinta
Kms.
0 20
1°N
0 20
Miles
91°
to Wolf
PINTA
Pacific
Ocean
0°
SANTIAGO
FERNANDINA
PINZÓN
ISABELA
Los Hermanos Islets
SOUTH AMERICA
Area of Map
0°
45°
90°
60°
Kms.
0 30
0 30
Miles
91°

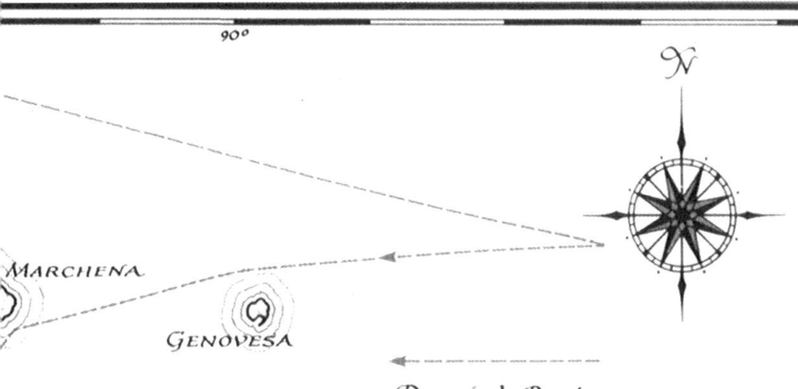
90°
N
MARCHENA
GENOVESA
Darwin's Route

EQUATOR
0°
GALÁPAGOS
ISLANDS
DAPHNE
MAJOR
BALTRA
SANTA CRUZ
Puerto
Ayora
Academy
Bay
SANTA FÉ
SAN
CRISTÓBAL
1°S
CHAMPION
ENDERBY
ESPAÑOLA
90°
© A. Karl/J. Kemp. 1994

3부 G.O.D.

일러두기

- 본문 괄호 안의 글은 옮긴이라는 표시가 있는 경우를 제외하고는 모두 지은이가 쓴 것이다.
- 본문에 나오는 전문용어는 학계에서 두루 쓰이는 용어를 선택해 우리말로 옮겼다.
- 책, 장편소설은『 』, 논문집, 저널, 신문은《 》, 단편소설, 시, 논문, 기사는「 」, 예술작품, 방송 프로그램, 영화는〈 〉로 구분했다.

1부
신체의 진화

우리가 들은 대로 보았나니…

– 시편 48:8

chapter 1

대프니메이저

창조는 결코 끝나지 않았다. 왜냐하면 창조에는 시작이
있어도 끝이 없기 때문이다. 우주는 새로운 장면, 새로운
생물과 무생물, 새로운 세상을 만드느라 늘 분주하다.
- 임마누엘 칸트, 『천체의 일반 자연사』

1991년 1월 25일 아침 7시 30분. 피터 그랜트Peter Grant와 로즈메리 그랜트Rosemary Grant는 덫을 놓은 곳에서 몇 발자국 떨어진 돌무더기 위에 앉아 있다. 피터는 방수처리가 된 노란색 노트를 펼쳐들며 말한다. "좋아. 오늘이 25일이야."

이 시간 현재 대프니메이저 섬Daphne Major에 서식하는 핀치finch를 모두 합하면 400마리로 그랜트 부부는 그들을 일일이 육안으로 구별할 수 있다. 마치 양치기가 양을 모두 알아보듯 말이다. 어떤 해에는 1,000마리가 넘는 핀치들이 있었는데 그때에도 피터와 로즈메리는 그들 모두를 분간할 수 있었다. 어떤 해에는 300마리로 줄어든 적도 있었다. 지금의 개체수도 그때 수준을 향해 하향곡선을 그리고 있다. 그도 그럴 것이 최근 44개월간, 날수로 치면 1,320일 동안 강우량이 겨우 5밀리미터에 불과했다. 그건 사막이나 다름없다.

그랜트 부부와 어린 딸들, 그리고 수많은 연구원들은 (마치 보초병처럼) 메마른 섬을 정탐하러 끊임없이 드나든다. 그들은 거의 20년간, 핀치의 세대가 스무 번쯤 바뀌는 동안 대프니메이저를 관찰했다. 이제 피터와 로즈메리 그랜트는 핀치의 족보 중 상당부분을 암기하고 있다. 그런 면에서 보면 두 사람은 양치기보다는 성경학자에 가깝다. 아브라함은 이삭을 낳고, 이삭은 야곱을 낳았다. 아브라함은 또한 후처에게서 욕산을 낳고, 욕산은 드단을 낳았으며, 드단은 앗수르, 르두시, 르움미를 낳았다.

어느 집단에나 문제아가 늘 몇 명씩 있는 것처럼, 핀치 집단에도 각 세대마다 100마리에 한두 마리 꼴로 '악동 핀치'가 나타난다. 녀석들은 그랜트 부부의 감시망을 벗어나 생포를 거부하는 바람에 애간장을 태우곤 한다. 오늘 아침, 로즈메리는 일주일 동안의 감시와 추적을 거듭한 끝에 악동 두 마리를 생포하는 전과戰果를 거뒀다. 그녀는 섬의 북쪽 가장자리 고지대에 올라가 흩어진 선인장 이파리 사이에 까만 상자덫box trap을 여러 개 놓았다. 대프니메이저 최고의 강적들을 유인하는 데 사용한 미끼는 녹색 바나나였다. "덫의 문이 찰칵하며 닫혔을 때 핀치의 기분이 어땠을까?" 로즈메리가 중얼거린다. 피터가 선인장 사이를 헤집고 화산암 무더기를 건너 다가오자, 로즈메리는 악동 한 마리를 치켜든다. 말썽꾸러기 핀치는 파란색 파우치 속에서 날개를 퍼덕였다. "나는 와인 한 병 마실 자격을 획득했어요." 로즈메리가 의기양양하게 말한다.

그랜트 부부는 함께 벼랑 끝으로 걸어가 덫을 옆에 내려놓고 앉았다. 100미터 아래 까마득한 곳에서는 광대한 태평양이 끝없이 펼쳐진다. 근처의 바위에서 사랑을 나누는 푸른얼굴얼가니새masked booby 한 쌍이 내는 끼루룩 소리를 제외하면 사방은 쥐 죽은 듯 고요하다. 태평양Pacific Ocean은 태평한pacific 정도가 아니라, 마치 연못의 수면처럼 잔잔하다. 오늘 아침 날씨는 찰스 다윈Charles Darwin이 갈라파고스 제도Galapagos archipelago를 처음 봤을 때 항해일지에 적은 내용과 똑같다. "미풍이 끊임없이 불고, 하늘은 잔뜩 흐리다."

유난히 맑은 날 아침에 대프니메이저의 가장자리 꼭대기에 오르면 다윈이 9일 동안 머물렀던 산티아고 섬Santiago은 물론, 하루 동안 머물렀던 이사벨라 섬Isabela도 볼 수 있다. 그리고 여남은 개의 다른 섬들과 (다윈이 방문할 기회가 없었던) 시커먼 용암 덩어리도 알아볼 수 있다. 그중에는 신놈브레Sin Nombre, 즉 무명도Nameless라는 공식 명칭을 가진 작은 섬과, 에덴Eden이라고 불리는 까만 암초도 포함되어 있다.

언젠가 아이작 뉴턴Isaac Newton은 이렇게 겸손히 말한 걸로 유명하다. "내가 다른 사람들보다 멀리 볼 수 있었던 건, 거인들의 어깨 위에 올라섰기 때문입니다." 다윈이 올라선 거인의 어깨는 바로 갈라파고스의 시커먼 화산섬들이었다. 5년간 비글호를 타고 전 세계를 항해하는 동안 이 섬들은 다윈에게 가장 의미있는 곳이었다. 다윈은 언젠가 갈라파고스 제도를 '내 세계관의 근원'이라고 부른 적이있는데, 이는 갈라파고스 제도가 『종의 기원』의 밑거름이었음을 의미한다. 그랜트 부부는 한 걸음 더 나아가 다윈이 할 수 없었던 일을 하고 있다. 그들은 매년 갈라파고스 제도를 방문하여 다윈이 볼 수 있을 거라 상상하지 못했던 현상을 관찰하고 있었던 것이다.

로즈메리가 도구상자를 열자 피터가 상자에 손을 넣어 보석상들이 사용하는 마스크를 꺼낸다. 마스크에는 쌍안경 모양의 렌즈가 장착되어 있는데, 그것을 착용한 피터의 모습은 마치 화성에서 온 로빈슨 크루소 같다. 핀치를 자세히 관찰한 후 “그 유명한 말썽꾸러기가 틀림없군”이라고 하는 순간, 피터는 외마디 신음소리를 낸다. 먹이를 주려다가 말썽꾸러기의 부리에 손가락을 쪼일 뻔한 것이다. 한 손으로 핀치를 잡고 있는 동안 기회를 엿보던 핀치가 손가락 사이로 머리를 내민다. 참새만 한 몸집에, 머리와 부리는 새까맣고, 검은 눈망울은 초롱초롱하다.

로즈메리가 피터에게 캘리퍼스를 건네자, 피터는 “이제 슬슬 시작해볼까?”라며 작업을 시작한다. “날개 길이는 72밀리미터.”

로즈메리는 노란색 노트에 수치를 적는다.

“다리 길이는 21.5밀리미터.”

로즈메리는 계속 받아 적는다.

“부리 길이는 14.9밀리미터, 두께는 8.8밀리미터, 너비는 8밀리미터.”

“까만색 5번 깃털.” 그랜트 부부는 핀치의 깃털을 0번에서 5번까지 6등급으로 분류하는데, 0번은 갈색이고 5번은 완전히 까만색이다. 깃털이 완전히 까맣다는 것은 성숙한 수컷임을 의미한다.

“까만색 부리.” 이런 새들의 부리는 연한 빨색깔이 보통인데, 부리가 까맣다는 것은 짝짓기 할 준비가 되었음을 의미한다.

피터는 작은 체중계로 핀치의 몸무게를 잰다. “몸무게는 22.2그램.”

“이 새는 굉장히 오래 살았군, 무려 열세 살이야.” 피터가 중얼거린다. 섬에는 현재 같은 세대의 핀치가 세 마리 더 있고, 그보다 연장자는 전혀 없다. “그런데 이 새의 자손들 중에는 섬을 날아다니는 게 한 마리도 없는 것 같아. 새끼들이 더 이상 번식을 하지 못해, 대代가 끊어진 거지.” 그 새는 여러 번 아버지가 되었지만, 할아버지가 된 적은 한 번도 없었던 것이다.

피터는 핀치의 왼쪽 발목에 회색 고리와 갈색 고리를 끼우고, 오른쪽 발목에는 금속고리 위로 연녹색 고리를 끼운다. 그랜트 연구팀은 이런 식의 독특한 고리와 색코드color code 체계를 이용하여 시간(새벽녘부터 땅거미가 질 때까지)과 장소(섬기슭에 있는 절벽에서부터 섬의 가장자리에 있는 구아노guano(건조한 해안지방에서 바다새의 배설물이 응고·퇴적된 것_옮긴이)로 뒤범벅된 돌무더기에 이르기까지)에 구애받지 않고 핀치 떼를 추적할 수

선인장 핀치. 출처: 찰스 다윈, 『H.M.S. 비글호 항해의 동물학』, 스미소니언협회 제공.

있다.

피터는 핀치를 다시 한 번 손아귀에 쥐고 부리의 옆모습을 관찰한다. 그는 섬의 가장자리에 있는 로즈메리에게 급히 달려오느라 카메라를 깜빡 잊었다. 카메라를 가져왔다면 27센티미터 거리에서 옆모습 사진을 찍었을 텐데 말이다. 그 각도와 거리는 그랜트 부부가 다윈핀치Darwin's finch의 표준 머그샷(식별용 얼굴사진_옮긴이)을 촬영할 때 적용하는 규칙이다.

붕어빵에 붕어가 없는 것처럼 『종의 기원』에는 종의 기원origin에 관한 이야기가 거의 나오지 않는다. 책의 표지에 적힌 완전한 제목은 『자연선택 또는 생존경쟁에서 선호되는 혈통의 보존에 따른 종種의 기원에 대하여On the Origin of Species by Means of Natural Selection, or the Preservation of Favoured Races in the Struggle for Life』이다. 그러나 이 책은 '자연선택', '생존경쟁에서 선호된 종의 보존', '종의 기원'에 관한 사례를 단 한 건도 언급하지 않는다.

다윈은 『종의 기원』에서 비둘기의 번식에 대해 이야기한다. 그리고 맬서스, 화석, 식물군flora과 동물상fauna의 전 지구적 분포패턴에 대해서도 이야기한다. 다윈은 비글호를 타고 세계일주를 하며 진화를 입증하는 증거를 수도 없이 수집했다. 그러나 5주간 머물렀던 갈라파고스에서는 물론, 그 어디에서도 진화의 진행을 한 번도 목격한 적이 없다.

그는 이런 유명한 말을 남겼다. "다음과 같이 은유적으로 말할 수 있으리라. 자연선택은 전 세계를 매시간 매일 샅샅이 수색하여, 가장 작은 변이variation까지도 찾아낸다. 그리하여 나쁜 것은 기각하고, 좋은 것은 보존하여 보관목록에 추가한다. 자연선택은 **언제 어디서나 기회가 생길 때마다**whenever opportunity offers 조용히 눈에 띄지 않게 움직인다. 그러나 시간의 손hand of time이 연대의 경과lapse of ages를 표시할 때까지 우리는 서서히 일어나는 변화를 전혀 감지하지 못한다. 아득히 먼 지질시대를 바라보는 우리의 시각은 너무나 불완전해서, 기껏해야 '오늘날의 생물형태가 종전과 다르다'라는 정도만 알 뿐이다."

요컨대 다윈이 생각하는 다윈주의Darwinism의 핵심은 '생물의 변화는 여러 세대를 거치며 일어나고, 변화의 주된 메커니즘을 자연선택이라고 부른다'이다. 자연선택이라는 과정은 지금 이 순간 우리 주변에서도 진행되고 있다. 다윈이 **'언제 어디서나 기회가 생길 때마다'**라고 강조한 것처럼 말이다. 자연선택은 까마득한 옛날에 일어난 창조의 순간에만 국한되지 않는다. 그것은 뉴턴의 운동법칙처럼 작년에 이어 올해에도, 지금에서 영원으로, 언제 어디서나 그렇게 진행된다. 그러나 자연선택의 작용과 반작용은 너무 느려서 우리의 눈에 보이지 않는다는 게 문제다.

다윈은 과정의 불가시성invisibility 때문에 자연선택을 증명하는 데 더욱 애를 먹었다. 그러나 다윈의 불독이자 그리핀griffin(머리·앞발·날개는 독수리이고 몸통·뒷발은 사자인 상상의 동물_옮긴이)을 자임한 박물학자 토머스 헨리 헉슬리Thomas Henry Huxley는 조금도 위축되지 않았다. 그는 『종의 기원』이 판매되는 동안 머리를 곧게 세우고, 부리와 발톱을 날카롭게 드러내며 이렇게 말했다. "이를테면 생존경쟁과 자연선택을 다룬 장章에 대해 '생존경쟁과 자연선택의 존재를 증명하지 않고, 자연선택의 당위를 주장했다'라고 다윈 씨氏를 몰아세우는 자들이 있다. 그러나 자연선택을 달리 증명할 방법은 없다. 하나의 종이 자연계에서 우리의 주의를 끌려면 상당한 기간 동안 존속해야 한다. 그러나 기간이 지나치게 길다 보니, 막상 기간이 경과하고 나면 종이 탄생한 조건을 조사하기에는 너무 늦다."

헉슬리는 〈진화의 명백한 증거〉라는 제목으로 대중강연을 했다. 이 강연에서 멸종한 말의 조상들을 증거로 제시했는데, 헉슬리가 맨 처음 내세운 에오히푸스Eohippus(오늘날에는 히라코테늄Hyracotherium이라고 불림)는 5,000만 년에 번성했던 말의 조상이다. 한편 박물학자 알프레드 러셀 월리스Alfred Russel Wallace는 「자연선택에 의한 종의 기원 증명」이라는 자료를 발표했다. 그것은 2열column로 구성된 요약표로 왼쪽 열에는 자연선택 과정의 핵심내용들(뉴턴의 운동법칙처럼 간단하고 가짓수가 적어 편지봉투 겉봉에 적을 수 있을 정도임)이 나열되어 있고, 오른쪽 열에는 그 법칙의 논리적 결과('생물 형태의 변화', 즉 진화로 끝을 맺음)가 나열되어 있다. 왼쪽 열 맨 위에는 '증명된 사실', 오른쪽 열 맨 위에는 '필연적 결과'라는 제목이 적혀 있다.

물론 자연선택을 설명하는 방법이 전혀 없는 건 아니었다. 화석은 진화가 일어났음을 설명하고, 논리학은 자연선택이 진화를 일으킬 수 있음을 설명했다. 그러나 화석(뼈)이든 논리든 한쪽이 다른 쪽을 이끈다는 것, 즉 자연선택이 진화를 일어나게 한다는 것을 증명할 수는 없었다. 독일의 생물학자 아우구스트 바이스만August Weismann은 1893년 발표한 「자연선택의 충분성」이라는 에세이에서 "이 같은 자연선택 과정을 자세히 상상하기란 매우 어려우며, 그것을 한 가지 관점에서 명쾌하게 설명하는 것은 지금껏 불가능했다"라고 실토했다.

19세기 말에서 20세기 초에 몇몇 생물학자들은 자연선택을 증명하려고 노력했다. 허먼 캐리 범퍼스Hermon Carey Bumpus라는 뉴잉글랜드의 생물학자는 "로드아일랜드 프로비던스Rhode Island and Providence의 참새 떼 가운데서 자연선택이 작용하는 광경을 목격했다"라고 생각했다. 다른 연구자들은 "플리머스사운드Plymouth Sound에 서식하는 게, 요크셔의 자작나무에 서식하는 나방, 더블린 만Dublin Bay에 있는 섬의 모래언덕에 서식하는 쥐, 롱아일랜드 양계장에서 사육되는 병아리 중에서 자연선택이 작용하는 것을 발견했다"라고 보고했다. 그러나 이런 관찰결과들은 대부분 단순하고 애매했다(예컨대 범퍼스가 제시한 근거자료는 단 한 번 몰아친 눈보라에 관한 것이었다). 그러다 보니 찬반양측 모두 이를 대수롭지 않게 여기는 경향이 있었다.

전문적이든 대중적이든, 진화론을 다룬 서적과 논문들이 수도 없이 쏟아져 나왔다. 그중 상당수는 '바늘 끝에 천사가 몇 명 올라갈 수 있을까?' 같은 중세 주석학자들의 논쟁처럼 지극히 추상적이었다. 다윈주의에 대한 가장 박식한 해석 중 일부는 현실과 다소 동떨어졌다. 결정적으로 수많은 문헌들은 '자연선택을 통한 진화'라는 이론을 여전히 편지봉투 겉봉에 휘갈겨 쓴 메모처럼 단편적으로 다뤘고, '종의 기원'은 다윈이 『비글호 항해기』에서 말한 것처럼 '미스터리 중의 미스터리'로 남았다.

1934년 한 진화학자는 이렇게 한탄했다. "내가 울며불며 애원하는 게 하나 있다면, 그건 바로 실험연구 프로그램이다. 지금까지 그런 연구는 매우 드물었다." 그로부터 사반세기가 지난 1960년, 또 한 명의 진화학자는 이렇게 말했다. "야생집단을 대상으로 수행된 관찰이나 실험이 아직도 별로 없다니, 우려를 금할 수 없다." 그가 이 같은 상황을 염려한 데는 그만한 이유가 있었다. 이유인즉, 진화는 생물학의 기본적 문제이며, 관찰과 실험은 (생물학을 포함한) 모든 과학의 기본 도구이기 때문이었다. 1990년 발간된 한 권짜리 『진화 백과사전』에서 한 자연인류학자는 이렇게 말했다. "반세기 전에 제기된 비판은 여전히 타당하다. 자연선택에 대한 실험연구의 수준은 한심할 정도이다. 지금껏 수행된 연구 중 타의 모범이 될 정도로 완성도가 높은 것은 거의 없다."

"이론과 믿음은 별개!"라는 창조론자들의 외침이 진화론자들에게 부담으로 작용했다는 점도 감안할 필요가 있다. 일례로 창조론자들이 진화론 비판용으로 발간한 소책자 『유용하고 멋진 진화론 비판서The Handy-Dandy Evolution Refuter』에는 "진화론과 창조론은 검증될 수 있는 과학이론이 아니므로, 진화나 창조의 신봉자들은 믿음에 따라 둘 중 하나를 받아들여야 한다"라고 씌어 있다(이 책의 표지에는 일리노이 주 휘턴Wheaton에 있는 하늘의 성당Chapel of the Air이 금장으로 새겨져 있다). 오늘날 가장 유명한 창조론 저술가인 듀안 기시Duane Gish는 자신의 저서 『진화? 화석에 의하면 천만의 말씀!Evolution? The Fossils Say No!』에서 이렇게 말한다. "창조란 초자연적 창조주가 갑작스러운(또는 절대명령에 따른) 창조를 통해 기본적인 식물과 동물들을 탄생시키는 것을 말한다. 우리는 창조주가 사용한 방법과 절차를 모른다. **왜냐하면 그 절차는 현재 자연계 어느 곳에서도 진행되고 있지 않기 때문이다.**"

하지만 오늘날에는 상황이 많이 달라졌다. 점점 더 많은 진화론자들이 '다윈이 불가능하다고 생각했던 일'들을 해내고 있다. 그들은 화석을 통하지 않고, 자연계에서 직접 실시간으로 진화과정을 연구한다. 진화는 생물의 몸에서 일어난다. 진화evolution라는 용어는 라틴어의 에볼루티오evolutio에서 유래하는데, 본래의 뜻은 '둘둘 말리거나 접히거나 닫혀 있는 것'을 '풀거나, 펼치거나, 연다'이다. 생물학자들은 생명이 풀리고 펼쳐지고 열리는 과정을 매년, 매일, 매시간 자세히 관찰한다.

최근 새로운 연구결과들이 너무나 많이 발표되자 한 연구자는 진화 연구자들을 위한 전문지침서를 발간했다. 『야생에서의 자연선택』이라는 제목의 상세하고 엄밀한 책이다. 이 책의 하이라이트는 「자연선택의 직접적 증명」이라는 제목의 표表인데 다윈, 헉슬리, 윌리스, 바이스만이 전혀 언급하지 않은 내용을 다루며 다윈과정Darwin's process의 일부로 간주되는 사례를 140가지 이상 나열한다. 그중 어떤 사례(예: 범퍼스의 참새 연구)는 우리 주변에서 진행되는 다윈과정을 번갯불에 콩 볶아 먹듯 다루지만, 어떤 사례(예: 그랜트 부부의 연구)는 최신 연구결과를 놀랄 만큼 포괄적이고 완벽하게 설명한다.

새로운 연구결과들을 종합해보면 다윈은 자신의 이론이 얼마나 강력한지를 몰랐던 것 같다. 다시 말해, 자연선택의 힘을 엄청나게 과소평가한 듯하다. 왜냐하면 다윈이 생각했던 것과는 달리, 자연선택의 작용은 드물지도 않고 느리지도 않기 때문이다. 자연선택은 우리 주변의 도처에서 매일 매시간 진화로 이어지며, 우리는 자연선택을 눈으로 볼 수도 있다.

그랜트 부부는 이 분야를 선도하는 리더들이며, 이상적인 대표자이기도 하다. 그들은 해마다 가장 유명한 진화연구 장소, '마법에 걸린 제도諸島'라는 별명을 가진 갈라파고스 제도에 찾아간다. 젊은 다윈을 진화론의 세계로 이끈 갈라파고스에서 피터와 로즈메리는 다윈핀치를 관찰한다. 다윈은 핀치를 처음으로 수집한 박물학자였으며, 핀치의 부리는 다윈의 혁명적인 이론이 탄생하는 데 간접적으로 기여했다. 나아가 교과서와 백과사전에 실린 핀치의 사진을 보고, 수많은 세대가 다윈주의에 눈을 떴다. 그리하여 다윈의 독특한 용모(튀어나온 눈썹 및 덥수룩한 수염)와 함께 다윈핀치는 진화의 토템totem이자 진화과정을 상징하는 세계적인 심벌로 자리 잡았다. 그랜트 부부의 「다윈핀치에 관한 연구」도 교과서에 실렸는데 이는 자연계에서 수행된 가장 강도 높고 가치있는 동물연구 중 하나로, 동물학자와 진화론자들 사이에선 이미 고전으로 여겨진다. 「다윈핀치에 관한 연구」는 지금까지 다윈과정을 가장 완벽하고 자세하게 증명한 것으로 정평이 나 있다.

여러 세대에 걸쳐 생물의 진화를 연구하려면 하나의 고립된 집단이 필요하다. 연구 대상들은 멀리 도망쳐도 안 되며, 다른 집단과 쉽게 섞이거나 짝짓기를 해도 안 된다. 게다가 한 장소에서 생긴 변화가 다른 장소에서 생긴 변화와 뒤섞여도 안 된다. 만약 새의 날개, 곰의 이빨, 물고기의 지느러미, 개미의 턱에서 한 가지 변화가 발견되었다면, 당신은 변화가 생긴 이유를 설명하고 싶을 것이다. 말하자면 그 변화가 어떤 작용에 대한 반응인지 알고 싶다. 이러한 궁금증을 해결하기 위해서는 단순하고 고립된 장소가 필요하며, 그 정도는 실험실의 수준에 근접할수록 좋다.

이런 점에서 볼 때, 섬은 진화를 연구하는 데 이상적인 공간이라 할 수 있다. 왜냐하면 연구대상이 섬을 벗어나기가 매우 어려우며, 외부의 힘이 섬에 침입하기도 어렵기 때문이다. 섬은 해자垓子(성곽이나 고분의 둘레를 감싼 도랑_옮긴이)로 둘러싸인 성城이나 지역사회와 같다. 그래서 진화론자들은 발트해에 있는 고틀란드 섬Gotland, 캐나다 브리티시 컬럼비아 주州의 조지아 해협에 있는 만다르테 섬Mandarte, 서인도제도에 있는 트리니다드 섬Trinidad, 태평양 한가운데에 있는 하와이의 빅아일랜드Big Island 등에서 생물의 진화를 관찰한다. 그러나 전 세계의 진화학자들이 '낙원에 가장 가까운 곳'으로 여기는 곳은 여전히 갈라파고스 제도이다.

갈라파고스 제도는 10여 개의 큰 섬과 10여 개의 작은 섬으로 구성되어 있는데, 그 섬들은 모두 해저에서 솟아오른 화산의 끄트머리다. 섬들이 태평양 표면을 꿰뚫고 올라온 지는 500만 년이 채 안 되므로, 아메리카 대륙을 구성하는 대부분의 암석들보다 나이가 젊다는 특징이 있다. 그 섬들 중 몇 개는 아직도 산고産苦를 겪고 있는, 지구상에서 가장 맹렬한 화산으로 분류된다. 갈라파고스는 너무 젊어서 구형舊型에서 신형新型이 창조되는 과정이 아직 초기단계에 머물러 있다. 즉, 갈라파고스에서는 생물도 화산과 마찬가지로 빠르고 맹렬하게 진화하고 있는 것이다. 게다가 상당수의 생물들은 고립된 섬들에 발목이 잡혀 있고(각 화산의 정상은 교도소와 비슷해서 대부분의 생물들은 그곳에 살다가 생을 마감한다), 본토와 연결되는 다리도 전혀 없어서(남아메리카 대륙은 동쪽으로 1,000킬로미터 떨어진 곳에 있다), 제도에 서식하는 생물의 생활형life-form은 본의 아니게 자신만의 독특한 경로를 밟는다.

그랜트 부부가 대부분의 시간을 보내는 대프니메이저 섬은 갈라파고스 제도 중에서도 작고 외로운 섬이다. 대프니메이저에 가는 방법은 딱 한 가지이다. 그랜트 부부가 이끄는 연구팀은 가능한 한 이른 아침, 썰물 때를 틈타 그곳에 가야 한다. 그때는 바다가 비교적 잔잔해서 섬의 기슭을 돌아 남쪽의 특정 지점에 도착할 수 있다. 하지만 대프니메이저에는 해변이 없는 데다 모든 수면이 2~3층 높이의 절벽과 맞닿아 있어 배를 육지에 대는 것이 불가능하다. 대부분의 절벽들은 파도에 깎여 암벽보다 가팔라서 수면에서 바라본 화산의 윤곽은 마치 다윈의 눈썹처럼 돌출된 형태를 띤다. 심지어 해안에 닻을 내리는 것도 불가능한데, 그 이유는 섬 주변의 수심이 터무니없이 깊어 무려 1,000패덤(약 1,800미터)이나 되기 때문이다.

연구팀이 노 젓는 보트로 갈아타고 남쪽 해안을 수색하는 동안, 선장은 배 안에 남아 해안을 8자 모양으로 계속 돈다. (갈라파고스의 어부들은 노 젓는 배를 속된 말로 팡가panga라고 부른다. 팡가의 어원은 모호하지만 나무로 만든 소형보트를 타고 시커먼 갈라파고스의 절벽을 향해 낑낑대며 나아가는 모습이 옥수수 껍질처럼 연약해 보이기 때문에 그렇게 부르는 것 같다. 옥수수 껍질도 팡가라고 부른다). 연구팀은 절벽의 가장자리가 수면을 향해 완만하게 구부러진 곳을 찾는다. 그 지점에는 까맣고 축축한 레지ledge(암벽의 일부

갈라파고스 제도의 한복판에 있는
대프니메이저 섬.
그림: 탈리아 그랜트Thalia Grant

가 선반처럼 튀어나온 곳_옮긴이)가 돌출되어 있는데 능숙한 선원은 그 지점을 잘 찾아낸다. 밤이 되면 레지 위에 종종 바다사자, 문어, 해오라기가 나타나지만 낮에는 온통 따개비밖에 없다.

레지는 표면적이 넓어 커다란 도어매트welcome mat를 연상시킨다. 물결이 한바탕 일어 보트가 레지의 꼭대기에 닿으면, 맨 앞의 팀원이 팡가에서 껑충 뛰어올라 레지에 착지해야 한다. 그러나 파도가 연구진의 입맛에 맞게 움직여주는 건 아니다. 간혹 팡가가 레지 위로 몇 미터까지 솟구쳐 올랐다 곧바로 몇 미터 아래까지 곤두박질치는데, 그건 순전히 태평양의 기분에 달려 있다. (다윈은 『비글호 항해기』에서 '태평양'이라는 이름을 험담했다. 태평양은 오늘 아침처럼 늘 잔잔한 것은 아니다.) 팡가에서 보면 도어매트가 천장까지 높이 치솟았다가 지하실 바닥으로 깊숙이 가라앉는 것처럼 보인다.

연구팀은 레지 위에 착지한 다음, 작은 절벽을 엉금엉금 기어오른다. 절벽을 구성하는 시커멓고 축축한 바위들은 파도에 시달려 형태가 각각 다르다. 두 손과 두 발로 바위를 잡고 디디며 절벽을 기어올라 평지에 도착하면, 연구팀은 일제히 "상륙!"을 외친다. 그러고는 인간사슬을 형성한 다음, 열 개의 텐트, 대나무 장대, 옷, 통조림 수프가 들어 있는 상자, 커다란 물통을 운반한다. 통조림 수프와 물은 6개월분인데, 대프니메이저에는 식량과 식수가 전혀 없으므로 통조림과 물이 없으면 상륙할 생각도 하지 말아야 한다. 팀원들은 마지막 물 한 방울까지 물통에 담아 등에 지고 절벽 위까지 운반해야 한다. 물통 하나의 무게는 50킬로그램이다. 대프니메이저는 태양면을 통과하는 수성Mercury을 연상시킨다. 정오에 제리캔jerrycan(석유나 물을 담는 데 쓰는 옆면이 납작한 통_옮긴이)에 물을 가득 담아 햇빛에 내놓으면 금세 펄펄 끓어 마실 수가 없게 된다. 새까만 화산암은 달걀 프라이를 할 수 있을 정도로 달궈진다(이건 웃자고 하는 이야기가 아니라 정말이다).

팀원 중에서 상륙을 반기는 사람은 한 명도 없다. 로즈메리가 "아무도 과학이야기를 하지 않네요"라고 말하자, 피터는 한술 더 떠서 "아예 입도 뻥긋하지 않는군"이라고 응수한다. 그러자 로즈메리는 부드럽게 "신경이 약간 날카로워져 그럴 거예요"라고 마무리한다.

물론 그랜트 부부가 대프니메이저를 선택한 이유는 부분적으로 불편하기 때문이다. 갈라파고스 제도가 발견된 시기는 세계 탐험의 전성기 후반쯤이었다. 역사적으로 갈라파고스 제도가 처음 언급된 것은 16세기로 거슬러 올라간다. 그때 파나마의 3대 주교가 페루로 선교활동을 떠나던 중 길을 잘못 들어 그곳에서 거의 죽을 뻔했다. (주교는 대프니메이저를 최초로 언급했을 뿐만 아니라, 한 줄로 가장 잘 묘사한 사람이었다. "신이 대프니메이저에 돌비rain stone를 내린 것 같다.") 17세기에 들어 해적들의 도피처가 되었고, 다윈이 그곳을 방문했을 때는 몇 명의 정착민들이 로빈슨 크루소처럼 살고 있었다. 그들은 야생 돼지와 염소들을 사냥했는데, 그 동물들은 과거에 해적들에게 사육되다 야생으로 돌아간 가축들의 후손이었다. 플로레아나 섬Floreana에는 범죄자 집단 거주지도 있었다.

그러나 그 당시에도 가파른 절벽을 수고스럽게 기어오르는 병사, 선원, 죄수, 해적, 고래잡이들은 별로 많지 않았을 것이다. 설사 수고를 했다 치더라도 섬 기슭을 돌아보는 데 걸린 시간은 한 시간 남짓, 섬의 가장자리를 둘러보는 데 걸린 시간은 겨우 20분이었을 것이다. 그러므로 그랜트 부부가 이끄는 연구팀이 노작할 때까지, 대프니메이저에서 먹고살겠다고 생각한 사람은 한 명도 없었을 것이다. 갈라파고스 제도 한복판에 자리 잡았음에도 불구하고 초기 지도 중 일부에는 대프니메이저가 아예 표시되어 있지도 않았다. (1684년 해적 앰브로즈 카울리Ambrose Cowley가 만든 지도에서 대프니메이저는 아마도 이름 없는 점으로 표시되었을 것이다. 그러나 그로부터 한 세기가 지난 뒤 스페인 무적함대의 선장 알론소 데 토레스Alonzo de Torres가 만든 지도에는 대프니메이저가 없었다.) 심지어 다윈도 대프니메이저를 보지 못했다. 비글호가 항해하는 동안 수면에 떠 있는 대프니메이저를 언뜻 볼 수도 있었으련만, 수십 킬로미터 옆으로 지나가는 바람에 아깝게 기회를 놓치고 말았던 것이다. 사정은 오늘날에도 마찬가지이다. 대프니메이저는 갈라파고스 제도 한복판에 자리잡고 있지만, 여행객들을 태우고 갈라파고스 제도를 누비는 유람선이 대프니메이저에 멈추는 경우는 매우 드물고 제한적이다. 따라서 일반적인 여행객들은 대프니메이저를 그냥 가볍게 스쳐 지나가기 일쑤이다.

대프니메이저에 상륙하는 날, 그랜트 부부와 연구팀은 레지 위의 동굴에 보급품 일부를 저장한다. 하지만 대부분의 장비를 화산 가장자리까지 힘들여 운반해야 한다. 화구원crater floor은 논외로 하고, 대프니메이저에서 텐트를 칠 정도로 평평한 곳은 화산 가장자리밖에 없기 때문이다(화구원은 푸른발부비새blue-footed booby가 둥지를 트는 곳이다). 상륙지에서 캠프장에 이르는 오솔길은 경사가 그리 급하지 않지만, 하늘이 흐리고 바람이 부는 날에도 뜨겁고 후텁지근하고 불쾌하다. 상당수의 바위들은 재질이 단단하든 무르든(거의 모든 바위들은 무르고 약간 부서져 있다) 하얀색 일색인데, 그 이유는 오래된 구아노로 겹겹이 덮여 있기 때문이다. 세상에서 가장 하얀 새인 푸른얼굴얼가니새는 오솔길 가장자리(또는 한복판)에 지은 둥지에서 소리치고 울고 끼룩거리지만, 몸은 꼼짝도 하지 않는다. 그러니 푸른얼굴얼가니새를 밟지 않고 비켜가려다 자칫

하면 벼랑으로 굴러떨어지기 십상이다. 매우 좁고 바위가 흔들거리는 오솔길에서 푸른얼굴얼가니새가 진로를 가로막고 소란을 피우니 말이다. 푸른얼굴얼가니새는 목이 길고 민첩한 데다 부리가 길고 날카로우며, 수틀리면 화난 듯 끼룩거리며 휙휙 소리를 낸다. (비글호의 선장 로버트 피츠로이Robert FitzRoy가 갈라파고스 제도의 섬에 처음 상륙했을 때, '대혼란과 잘 어울리는 해안'이라고 부른 데는 그만한 이유가 있었다.)

그랜트 부부는 캠프장에서 대나무 장대에 방수포를 단단히 묶은 다음, 돌무더기와 연결된 끈으로 장대를 지지한다. 종전에는 일반적인 방수포를 사용했지만, 요즘에는 적도에 내려쬐는 직사광선에서 살아남기 위해 특수한 방수포를 사용하고 있다. "뙤약볕과 바람의 공격으로 텐트가 부서지면 갈갈이 찢긴 방수포가 깃발로 바뀌어 장대의 중간쯤에서 휘날려요"라고 핀치 관찰의 베테랑인 트레버 프라이스Trevor Price는 증언한다. 프라이스는 짓궂은 표정을 지으며 "처음 캠프장에 도착했을 때, '흰둥이'들은 얼굴을 태우지 않기 위해 그늘을 차지하려고 수단과 방법을 가리지 않더군요"라고 덧붙인다.

그러나 일단 캠프를 설치하고 나면 주변의 갈라파고스 세상은 쥐 죽은 듯 고요해진다. 연구팀은 해질 무렵 벼랑 끝에 앉아, 가까운 섬들이 황금빛으로 물드는 장면을 감상한다. 그러면서 갈라파고스의 상어들이 상륙지를 순찰하고, 거대한 만타가오리manta ray가 물살을 가르는 광경을 지켜본다. 떼 지어 몰려다니는 돌고래를 바라보고, 간혹 물 위로 뛰어오르는 고래를 보고 흠칫 놀라기도 한다. 용암도마뱀이 바위 위를 잽싸게 달리고, 후미진 암벽 틈에서 올빼미가 모습을 드러내며, 전갈이 기어 나온다. 전갈이 발가락 사이로 기어 들어오는 것을 막기 위해 어떤 연구원은 장화를 벗어 대나무 장대에 걸어놓는다.

어두컴컴해지고 나면, 연구팀들은 난파선의 잔해를 끈으로 엮어 만든 왕좌에 앉아 촛불을 밝히고 『종의 기원』을 읽는다. 까만 수컷 핀치 한 마리가 선인장 위에 앉아 길고 반복적인 휘파람 소리를 내는 모습이 매우 외롭고 우울해 보인다. 잠자리에 들기 전에 가끔씩 달을 등지고 앉아 있는 거대한 군함조frigatebird를 찾아 실루엣을 감상하기도 한다. 그 모습은 마치 천상계에서 추방당해 악의 기운을 품고 인간계를 떠돌아다닌다는 블랙앤젤 같다.

섬의 테두리는 비극적인 예술작품의 틀을 연상케 한다. 등장인물들의 삶과 죽음에 관한 모든 것을 하나의 장소, 하나의 부분, 하나의 연극에 집어넣으려 노력하는 예술가의 노력이 엿보인다. 섬에는 자질구레한 군더더기 하나 없이, 오직 최소한의 생필품bare necessities만 존재하는 듯하다. 진회색 하늘 밑에는 세 가지 암석(흰 암석, 색깔이 엷은 암석, 줄무늬가 있는 용암바위)으로 이루어진 돌무더기가 수북이 쌓여 있는데, 그것들은 감색 바닷속에서 솟구쳐 화구연crater rim으로 이어지는 기다란 오솔길을 흔적으로 남겼다. 작디작은 섬에는 반쯤 안전한 상륙장 하나와 움푹 들어간 캠프장 하나가 있다.

섬에서 먹고 자고 생활하며 연구하는 그랜트 부부가 이끄는 연구팀은 언뜻 보면 마치 만화영화에 나오는 조난자들 같다. 만화영화의 주인공들은 갈라파고스거북의 등껍질만 한 땅덩어리 위에 쪼그리고 앉아 잡담을 나누고, 땅 한가운데서는 야자나무 한 그루가 자란다. 그러나 대프니메이저에는 야자나무 한 그루조차 없고, 주인공들은 열정적으로 일하느라 잡담할 시간도 없다.

섬 전체는 인간의 한계를 나타내는 다이어그램과 같다. 성城이 '침략의 불가능성'을 묘사한다면, (알 카포네를 수감했던) 앨커트래즈Alcatraz

나 (빠삐용이 갇혀 있던) 악마의 섬Devil's Island은 '탈출의 불가능성'을 묘사한다. 그리고 대프니메이저는 '삶의 불가능성'과 '연구의 불가능성'을 의미한다. 그러나 생물과 인간은 대프니메이저에서 모두 승리했다. 특이한 식물군과 동물상은 연이은 가뭄과 홍수를 견뎌내며, 여기에 계속 서식하고, 매년 찾아오는 생물학자들은 그때마다 노다지를 캐내어 뭍으로 가져간다. 그래서 한때 교도소가 있었던 섬은 이제 보물창고가 되었다.

"하던 측정을 계속하자고. 이 새도 엄연한 연구대상이니까 말이야"라고 피터는 말한다.

두 번째 덫에 걸린 악동핀치의 부리는 첫 번째 악동과 마찬가지로 까만색이지만, 사이즈가 약간 더 크다. 길이는 15.8밀리미터, 두께는 9.7밀리미터, 너비는 9밀리미터이다. 체중도 첫 번째 것보다 2.2그램 무겁다. "부리가 더 크니까 바나나를 더 많이 먹었을 거예요"라고 로즈메리는 조크를 던진다.

로즈메리와 피터는 왼쪽 다리에는 검은색 고리 위에 오렌지색 고리를 끼우고, 오른쪽 다리에는 금속 고리 위에 흰색 고리를 끼운다. "얘 이름이 '프린스턴'이에요, 그렇죠?"라고 로즈메리는 말한다.

최근 4년간 대프니메이저에서는 다윈이 말했던 생존경쟁이 치열했다. 비가 거의 내리지 않고, 짝짓기도 거의 이루어지지 않는 상황에서 약아진 새들은 연구팀에게 생포당할 만큼 호락호락하지 않았다. 망을 치고 덫을 놓고, 젊은 보조원들까지 동원하여 총력전을 펼쳤음에도 불구하고 그랜트 부부는 악동 두 마리를 잡는 데 번번이 실패했다. 로즈메리가 일주일 내내 이곳을 방문하며 공을 들인 끝에, 드디어 핀치 두 마리를 생포하는 데 성공했다. 월요일에는 아무 일도 하지 않고 사냥감을 관찰하기만 했다. 화요일에는 덫을 두 개 가져와 미끼를 넣었지만, 문을 열어뒀다. 수요일과 목요일에는 문을 활짝 열어놓은 상태에서 아침마다 바나나를 보충했다. 그리고 금요일 아침에는 마침내 사냥감을 생포했다.

로즈메리의 반바지와 핑크색 셔츠는 찢어진 데다가 파두나무Croton tiglium의 갈색 즙으로 얼룩졌는데 파두는 다윈 이후 갈라파고스 제도를 방문한 과학자들의 옷을 모두 물들인 식물로 악명이 높다. 그녀의 머리칼은 너무 밝은 빛깔이어서 금발인지 은발인지 구분하기 어렵고, 뺨은 다년간 적도의 태양 아래에 머물렀음에도 불구하고 장밋빛을 유지하고 있다(장밋빛 뺨은 지구 반대쪽에 있는 영국 제도British Isle의 자랑이며, 그곳은 로즈메리가 태어나 자란 곳이다).

피터의 셔츠도 파두나무 즙으로 얼룩진 것은 마찬가지이다. 피터는 큰 키에 체격이 좋고 강단이 있으며 멋진 수염을 갖고 있다. 시력도 좋은 편이어서 50대 중반이 되어서야 안경을 쓰기 시작했다. 런던의 남쪽 변두리에서 성장했으며 다윈의 옛집은 그곳에서 승용차로 한 시간 거리이다. 수염 끝이 희끗해지면서 다윈과 묘하게 닮아갔다. 물론 50대 중반의 다윈은 피터보다 허약했다(다윈은 열대병으로 건강이 악화되었을 수도 있고, 비글호 항해를 다녀온 후 20년간 비밀리에 이론을 수립하느라 심신이 쇠약해졌을 수도 있다. 다윈이 매일 겪은 정신적 스트레스는 거의 살인적인 수준이었다). 영국이나 뉴잉글랜드에서 그랬던 것처럼 피터는 빠른 속도로 화산을 올라간다. 갈색의 맨발은 20대 운동선수의 발과 비슷한 빛깔이다. 작은 검은색 쌍안경을 목에 걸고 다니는데, 그걸로 열 걸음 앞에 있는 새를 (ID를 읽어) 확인하고, 종종 손짓 발짓을 하여 날려 보낸다.

로즈메리는 핀치의 날개 끝을 알코올 솜으로 문질러 깃털 밑의 피부를 소독한다. 알코올 솜으로 문지르는 동안 뭐라고 중얼거리는데, 마치 의사가 환자에게 주사를 놓기 전에 말을 걸어 주의력을 분산시키는 장면을 연상시킨다. 순식간에 주삿바늘을 꽂으므로 핀치는 거의 눈치채지 못한다. 핏방울을 여과지로 흡수하는데, 간호사들이 병원에서 신생아에게 사용하는 것과 똑같다. 채혈이 끝나면 알코올 솜으로 깃털을 잠시 눌러 지혈시킨다.

섬을 떠나면, 그랜트 부부는 아침에 생포한 핀치의 핏방울과 측정치를 프린스턴 대학교에 있는 연구실로 가져가 분석한다. 로즈메리와 피터는 프린스턴 대학교에서도 함께 연구하며, 두 사람의 연구실은 지근거리에 있다. 로즈메리는 생태진화학과Department of Ecology and Evolution 교수이며 피터는 올해에 같은 과의 학과장으로 승진했다.

그랜트 부부는 대프니메이저에서 핀치를 연구하는 데 저차원기술 도구low-tech tool를 사용한다. 그도 그럴 것이, 로빈슨 크루소가 울고 갈 메마른 섬에서 매월 신뢰성 있는 연구를 수행하려면 도구는 단순해야 하기 때문이다. 그러나 프린스턴 등의 연구실에서 사용하는 장비들은 고차원기술 도구high-tech tool로, 과학기기 중에서 가장 정교한 축에 속한다. 수십 년간 계속 불어나는 수치를 저장하고 분석하는 컴퓨터는 물론, 핀치의 핏방울 하나하나에 새겨진 유전정보를 읽어내는 장비도 강력하고 매우 이국적이다. 노트에 적힌 수치와 혈액 속에 (두루마리에 적힌 글씨처럼) 코딩된 메시지 사이에서, 그랜트 부부가 이끄는 연구진은 생명의 스토리를 양방향으로(즉, 밖에서 안으로from the outside in, 그리고 안에서 밖으로from the inside out) 읽어내고 있다. '신체의 진화'와 '혈액의 진화'를 동시에 추적하고 있는 것이다.

다윈은 『종의 기원』의 마지막 페이지에서 이렇게 예언했다. "먼 미래에 훨씬 더 중요한 연구분야가 활짝 열려 인류의 기원과 역사에 한 줄기 빛을 비출 것이다." 다윈의 예언은 적중한 것으로 보인다. '현재 진행되고 있는 진화evolution in action'를 연구하면 '인류의 기원과 역사'를 밝혀낼 수 있고, 올두바이 계곡Olduvai George과 쿠비포라Koobi Fora에서 출토된 침묵의 뼈에 빛을 비출 수 있다. 또한 '격동하는 현재'와 '미래의 운명'에도 새로운 빛을 비추게 될 것이다.

하지만 여태까지의 연구를 통해 밝혀진 과정에 비해 우리가 지금 겪는 과정은 더욱 혼란스럽다. 지구의 도처에서 생명의 조건이 점점 더 빠르게 변화하고 있으므로 자연선택의 압력은 모든 곳에서 매일 매시간 강력하게 작용한다. 심지어 갈라파고스 제도처럼 육지에서 멀리 떨어진 섬도 예외가 될 수 없다. 우리가 지켜보든 말든, 진화는 우리 모두의 모습을 형성하고 있다.

다윈의 어깨에 올라선 사람들의 눈앞에 새로운 생명의 세계가 펼쳐져 있다. 그들은 다윈이 꿈꿨던 것보다 훨씬 더 멀리 내다볼 수 있다. 앞바다는 물론, 앞바다 너머 먼 바다에는 훨씬 더 많은 것들이 도사리고 있다.

chapter 2

다윈이 갈라파고스에서 본 것은?

우화에 귀를 기울이고, 운명에 몸을 맡긴 채…
- 허먼 멜빌, 『폭풍 앞에서』

갈라파고스에 서식하는 다윈핀치는 모두 13종種이다. 그들 중 일부는 너무 비슷해서 짝짓기 시즌에 피아를 식별하는 데 어려움을 느낄 정도다. 그러나 닮았음에도 불구하고, 한편으로는 구분 가능한 것이 기이할 정도로 다양하다.

오늘 아침에 로즈메리가 생포했던 까만 수컷은 선인장핀치cactus finch이다. 선인장핀치들은 선인장에 둥지를 틀고, 선인장에서 잠을 자며, 종종 선인장에서 짝짓기를 하기도 한다. 선인장 즙을 마시고 선인장의 꽃과 꽃가루와 씨앗을 먹는다. 그리고 그 대가로 (벌과 마찬가지로) 선인장의 수분pollination을 담당한다. 선인장핀치가 선인장을 이용하는 방법의 가짓수는 북아메리카의 평원인디언Plains Indian들이 물소buffalo를 이용하는 방법을 능가한다.

13종의 핀치 중 어떤 두 종은 도구를 사용한다. 잔가지, 선인장 가시, 또는 잎자루leafstalk를 집어 든 다음, 부리로 잘 다듬어 형체를 만든다. 그러고는 죽은 나뭇가지의 껍질을 찔러 곤충의 유충을 캐낸다.

어떤 핀치는 생엽green leaf을 먹는데 생엽은 새들이 흔히 먹는 먹이가 아니다. 뱀파이어핀치는 주로 (거칠고 멀고 절벽으로 둘러싸인) 울프Wolf와 다윈Darwin섬에 사는데, 부비새booby의 등에 앉아 날개와 꼬리를 쪼아 피를 흘리게 하여 그 피를 빨아 먹는다. 또 뱀파이어핀치는 부비새의 알을 바위에 부딪쳐 깨뜨린 다음 노른자를 빨아 먹는다. 그들은 심지어 동족의 사체에서 피를 빨아 먹기도 한다.

형성층cambium과 체관부phloem를 얻기 위해 잔가지의 껍질을 벗겨 길고 꼬불꼬불한 리본(『피노키오의 모험』에 나오는 제페토Geppetto 할아버지의 대팻밥을 연상하면 된다)을 만들 줄 아는 채식성핀치도 있다. 이구아나의 등에 앉아 진드기를 잡아먹는 종도 있다. 이구아나는 '쓰다듬어주기를 기다리는 고양이'와 같은 자세를 취하고, 핀치가 날아와 앉도록 유혹한다.

다윈핀치의 족보는 이처럼 엽기적인 전문화로 유명하며 각각의 종은 자신의 주특기에 적합한 부리를 갖고 있다. 그랜트 부부보다 먼저 핀치를 연구했던 진화학자 로버트 보우먼Robert Bowman은 핀치의 부리를 다양한 펜치와 비교한 적이 있었다. 보우먼에 의하면 선인장 핀치는 중노동을 하는 선로공lineman의 펜치를 갖고 있으며, 다른 종들은 각각 지렛대가 긴 '대각선 펜치', 기다란 '사슬코 펜치', 흉내지빠귀 머리 모양의 '집게 펜치', 곡선형 '바늘코 펜치', 직선형 '바늘코 펜치'를 갖고 있다.

다윈핀치가 교과서에 단골메뉴로 등장하는 것은 바로 이 때문이다. 핀치의 부리 13종 세트는 자연계에서 가장 유명한 도구상자로 자리매김했다. 간혹 커다란 나무를 그리고, 각각의 가지에 13쌍(암컷과 수컷, 또

네 종류의 다윈핀치. 1)큰땅핀치 2)중간땅핀치 3)작은나무핀치 4)휘파람핀치.
출처: 찰스 다윈, 《Journal of Researches》, 스미소니언협회 제공.

는 흑색과 갈색)의 핀치를 앉혀놓은 그림도 볼 수 있다. 어떤 스타일을 택했든 모든 그림들은 자연계의 '미스터리 중의 미스터리'를 한 장의 그림으로 집약했다. 이것은 지구상에 서식하는 생물들의 놀라운 다양성을 보여주는 축소판이다.

그랜트 부부는 일반인들에게 아직 널리 알려지지 않았지만, 학계에서는 몇 년 전 '핀치를 전문적으로 연구하는 과학자'로 유명해졌다. 코넬 대학교에서 과학사를 가르치는 윌리엄 프로빈스William Province는 이렇게 말한다. "그랜트 부부가 다윈핀치의 권위자라는 데 이의를 제기할 사람은 아무도 없다. 그들은 진화생물학계의 유명인사이다. 전 세계 진화론을 연구하는 사람들 중에서 그랜트 부부를 모르는 사람은 없다."

또 다른 과학사가인 프랭크 J. 설로웨이Frank J. Sulloway에 의하면 지금껏 갈라파고스에서 수행된 연구는 그 자체만으로도 매우 흥미로운 주제라고 한다. 그래서 그는 과학사적 관점에서 '갈라파고스에서 수행된 연구의 역사'를 광범위하게 추적했다. "생물학자들은 일정한 생물군群을 대상으로 정형화된 문제를 다루는 것이 보통이다. 그러나 갈라파고스에서는 생물의 생리학이나 내분비학과 같은 전형적인 주제에 얽매이지 않고, 진화생물학 관점에서 다양한 생물학적 문제들을 포괄적으로 다룬다. 여러 세대에 걸쳐 수행된 연구결과들을 살펴보면 시간이 경과함에 따라 연구가 놀라우리만큼 정교해진 것을 알 수 있다. 그랜트 부부는 해리 스워스Harry Sworth나 데이비드 랙David Lack이 꿈으로만 꿔왔던 일을 하고 있다"라고 그는 말한다. 그러면서 설로웨이는 20세기 전반에 출판된 고전적인 핀치 연구의 저자들을 나열한다.

"그랜트 부부의 연구와 고전적 연구의 차이는 '전자계산기'와 '개인용 컴퓨터'의 차이라고 보면 된다. 개인용 컴퓨터가 보급되지 않았던 1920년대와 1930년대에는 대용량·초고속 계산을 수행하기는커녕, 상상조차도 할 수 없었다. 그러나 그랜트 부부는 개인용 컴퓨터를 도입하여 그런 계산을 일상화함으로써 진화생물학 전체를 완전히 새로운 수준으로 끌어올렸다. 이는 매우 탁월하고 비범하다"라고 설로웨이는 말한다.

"피터 그랜트가 생물학에 기여한 바는 실로 엄청나다. 그는 '생물학계에서 가장 중요하고 널리 퍼져 있는 이론'이 실제로 작동한다는 사실을 증명했다. 또한 지금까지 발견된 진화사례들이 아무리 다양하고 복잡해도 이 이론으로 설명할 수 있으며, 다른 이론은 더 이상 필요없다는 사실을 입증했다. 그랜트가 이끄는 연구팀의 연구는 신다윈주의Neo-Darwinian에 크게 기여했으며, 진화론이 이렇게 큰 지지를 받은 것은 사상 유례없는 일이다." 옥스퍼드 대학교의 진화학자인 윌리엄 해밀턴Willaim Hamilton이 말했다.

"대프니메이저에 문제가 하나 있다면, 기존의 핀치 연구를 영원히 파괴할지도 모른다는 것이다"라고 그랜트의 부부의 현장 보조원 출신인 데이비드 앤더슨David Anderson은 말한다. 그는 『전쟁과 평화』를 선망하는 러시아의 젊은 소설가 같은 어조로 말한다. "아무도 외딴 섬에서 먹고 자고 생활하고 연구하려 하지 않겠지만, 이미 대프니메이저에서 수행된 연구결과를 읽어봤기 때문에 누구나 한 번쯤 시도는 해보려 할 것이다. 어떤 면에서 보면 그것은 조류학ornithlogy의 재난이라고 할 수 있다. 대프니메이저 섬은 너무 작아서 모든 새를 품을 수가 없지만, 웬만한 연구를 수행하는 데는 안성맞춤이다. 게다가 그랜트 부부는 1973년 이후 한 해도 거르지 않고 연구를 계속해왔다. 앞으로 어느 누구도 그런 일을 반복하지는 못할 것이다."

계절이 계속 바뀌며 다윈핀치들은 그랜트 부부에게 좀 더 많은 것을 보여준다. 새로운 시야는 종전의 시야보다 늘 넓기 마련이다. 그들은 (청춘을 되살릴 수 있다는) 청춘의 샘을 발견한 사람들처럼 보고 말하고 움직인다. 만약 기분이 한 시간 다운되어 있거나, 저녁에 바위에 홀로 앉아 '이제 늙었다'라는 생각을 하게 되면, 다시 '내가 지금 어디에 있는가?'라는 생각에 이끌려 마음을 다잡게 될 것이다.

다윈이 갈라파고스 제도에서 처음 발을 디딘 곳은 대프니메이저에

찰스 섬Charles Island

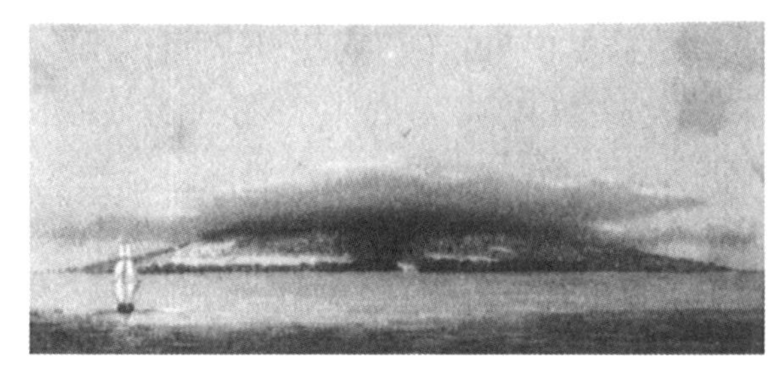

채덤 섬Chadam Island

급수지Watering Place

앨버말 섬Albermarle Island

갈라파고스의 풍경. 출처: 로버트 피츠로이, 『비글호 탐사기』, 스미소니언협회 제공.

서 배를 타고 하루면 갈 수 있는 산크리스토발 섬San Cristobal(영국인들은 채덤Chatham이라고 부른다)이다. 다윈의 항해일지에 1835년 9월 17일자로 기록된 바에 의하면, 상륙자들은 선장 로버트 피츠로이와 장교후보생 필립 기들리 킹Philip Gidley King을 비롯한 비글호 선원들로 구성되어 있었다.

다윈은 항해일지에 기록된 년도로부터 4년 전인 스물두 살의 나이에 선장의 민간인 동승자 자격으로 보수를 받지 않고 비글호에 승선했다. 다윈보다 겨우 네 살 많은 피츠로이는 지휘자의 고독함을 우려했으며, 전임 선장이 자살을 기도했다는 점을 부담스러워했다. 피츠로이의 주요 임무는 남아메리카 대륙 해안을 측량하는 것이었는데, 비글호가 갈라파고스에 도착했을 때, 임무를 이미 완수한 상태였다. 그는 선원들과 함께 페루 해안을 출발하여 태평양을 건너 영국으로 돌아가는 긴 여정 중이었다.

상륙자들은 거대한 거북이를 발견하여, 고기를 구워 먹고 수프도 끓여 먹기를 원했다. 그러나 산크리스토발 해변에서 거북이 한 마리도 구경하지 못했다. 피츠로이는 탐사일지에 이렇게 썼다. "시커먼 화산암 덩어리가 마구 흩어져 음침해 보였고, 셀 수 없이 많은 게와 흉측한 이구아나들이 이리저리 기어다녔다. 첫 탐사작업에서 갈라파고스 제도는 별다른 인상을 심어주지 못했다."

비글호에서 산크리스토발 섬의 시커먼 경사면들을 먼발치로 바라보며 다윈은 섬의 나무들이 모조리 죽었을 거라고 생각했었다. 그러나 해변을 가로질러 걷다 보니, 섬에 서식하는 식물들은 거의 모두 '꽃과 잎이 달린 식물'이라는 것을 알게 되었다. 잠깐 동안 식물채집을 했을 뿐인데도 무려 열 가지 꽃을 발견했다. 하지만 하나같이 작고 못생긴 꽃이어서 적도보다는 북극지방에 더 어울릴 것 같다는 생각이 들었다.

덤불 밑에서 쪼르르 달려나와 씨앗을 찾아 화산암 위에서 종종걸음을 치는 작은 새들의 모습은 앙증맞다. 다윈은 항해일지에 이렇게 썼다. "사람을 처음 구경해서 그런지 새들은 사람이 얼마나 무서운지를 모르는 것 같다. 이웃에 사는 순해터진 거북이들처럼 사람도 온순한 동물 중 하나일 거라고 생각하는 모양이다. 8~10센티미터 크기의 작은 새들은 숲속에서 조용히 뛰어다니며, 사람이 돌멩이를 던져도 전혀 놀라지 않는다. 킹이 모자를 휘둘러 새 한 마리를 죽였다."

핀치는 '사람이 돌멩이를 던져도 전혀 놀라지 않는다'라는 특이한 에피소드와 함께 다윈의 항해일지에 처음 등장했다. 그리고 그 후 5주 동안 다윈은 핀치를 무덤덤하게 묘사했다. 사실 다윈은 핀치를 거의 언급하지 않았다. 그것 말고도 신기하고 궁금한 것이 너무 많았다. 갈라파고스땅거북giant tortoise 떼를 만나 그중 한 마리의 등에 올라타기도 했다. 해양이구아나(일명 어둠의 도깨비imps of darkness) 한 마리를 잡아 여러 번 물에 넣어봤는데, 그때마다 곧바로 그에게로 헤엄쳐 돌아왔다. 바쁘게 땅굴을 파고 있는 육지이구아나land iguana의 꼬리를 홱 잡아당겼더니, 굴 입구로 나와 다윈을 빤히 쳐다봤다. 마치 "방금 내 꼬리 잡아당겼수?"라고 말하는 것처럼.

비글호를 타고 항해하는 동안 늘 그랬던 것처럼 다윈은 갈라파고스에서도 열심히 채집활동을 했다. 물고기, 파충류, 곤충 등을 잡아 알코올 속에 담았다. 네 개의 섬을 방문하여 세 개의 섬에서 엽총으로 31마리의 핀치를 잡았는데, 종으로 따지면 9종이었다. 그는 잡은 핀치를 모두 비글호로 가져가 박제로 만들어 보관했다. (다윈은 해방된 미국 노예 존 에드몬스톤John Edmonstone에게 박제 만드는 법을 배웠다. 에든버러 박물관에서 저렴한 강의료를 받고 박제술taxidermy 강의를 하던 인물이었다.)

이 모든 일들은 진화론의 형성 과정을 밝히는 데 매우 중요하므로, 과학사가 프랭크 J. 설로웨이는 장장 14년에 걸쳐 '갈라파고스에서 일어난 일과 일어나지 않은 일'을 모두 파악하고, 핀치 한 마리 한 마리에 관한 스토리를 낱낱이 밝혔다. 그의 탐정놀이 덕분에 다윈의 에피소드는 오늘날 '가장 유명한 이야깃거리' 중 하나가 되었을 뿐 아니라, '가장 잘 정리된 과학사의 전환점' 중 하나가 되었다.

설로웨이의 연구결과에 의하면 전설로 전해져 내려오는 이야기와는 달리, 다윈은 핀치를 그다지 중요하게 생각하지 않았다. 심지어 자신이 수집한 핀치들이 모두 핀치라고 생각하지도 않았다. 선인장핀치는 다윈의 눈에 검은새blackbird의 일종으로 보였고, 다른 핀치들은 굴뚝새나 휘파람새처럼 보였다. 비글호가 정박하는 데는 실패했지만, 남아메리카 해안의 다른 곳에도 그와 똑같은 새들이 많을 거라고 생각했다. 다시 말해서 오늘날 핀치를 '매우 흥미로운 존재'로 만들어준 특징들이 다윈에게는 전혀 특별한 걸로 보이지 않았다. 핀치의 다양성diversity이 독특성uniqueness을 가린 것이다.

나중에 땅을 치며 후회하게 될 일이지만 다윈은 첫 번째와 두 번째 섬에서 수집한 핀치 표본을 같은 가방에 보관하고, 구태여 서식지를 표시하는 라벨을 붙이려고 하지 않았다. 두 섬의 조건이 거의 같아 보여서 표본의 종류가 동일할 거라고 가정했기 때문이다.

다윈은 두 번째 섬에서 잡은 흉내지빠귀mockingbird가 첫 번째 섬에서 잡은 흉내지빠귀와 약간 다르다는 점을 알아차리기는 했다. 그래서 그는 라벨을 붙이는 데 신경을 썼고, 다른 흉내지빠귀들에게도 서식지를 표시하는 라벨을 붙였다. 그러나 갈라파고스 제도의 부총독이 '거북이도 섬마다 다르다'라고 귀띔해줬을 때, 다윈은 그의 말을 듣는 둥 마는 둥 했다(그는 '거북이의 껍질만 봐도 어느 섬 출신인지 단박에 알 수 있다'라고 했다). 다윈이 나중에 솔직히 고백하기를 "나는 한동안 부총독의 말에 충분한 주의를 기울이지 않아서 두 섬에서 수집한 표본들을 이미 부분적으로 뒤섞은 상태였다"라고 했다. 그러면서 "조건이 서로 비슷비슷한(80~100킬로미터쯤 떨어져 있고, 대부분 서로 가시거리 안에 있으며, 동일한 암석으로 구성되어 있고, 기후가 매우 비슷하며, 높이가 거의 같은) 갈라파고스의 섬들에 각각 다른 세입자들이 거주할 거라고는 꿈에도 생각하지 못했다"라고 변명했다.

다시 말해서 다윈은 아직 완전한 진화론자가 아니었으며, 부분적으로 창조론자의 성향을 갖고 있었다. 다윈은 시골 교구의 주임목사가 되기 위해 고향으로 돌아가던 길이었다. 케임브리지의 크라이스트 칼리지Christ's College에서 신학과정을 이수할 때, 성서를 공부하며 딱정벌레를 수집했었다. 성서보다 딱정벌레에게 더 관심이 많았지만 그 당시 자연에 대한 열정은 어디까지나 '목사에게 안성맞춤인 취미생활' 정도로 간주했었다.

갈라파고스에 머물던 다윈은 아직 든든한 어깨를 갖고 있지 않았다. 그래서 다윈은 앞서간 거인들의 어깨 위에 올라서야 했는데, 바로 칼 폰 린네Karl von Linne였다. 한 세기 전, 스웨덴의 식물학자 린네는 기념비적인 종교적 헌신행위를 통해 모든 생물들 간의 관계를 수립했다. 그렇게 함으로써 린네는 창조자의 계획과 생명의 의미를 일별一瞥하고 싶어 했다. 마치 성인聖人들과 학자들이 히브리어와 그리스어로 쓰인 성경에서 우주의 교훈을 찾듯 말이다.

린네는 카롤루스 린나이우스Carolus Linnaeus라는 라틴어 필명으로 지구상의 생물들을 계kingdom, 강class, 목order, 속genus, 종species으로 분류하는 체계를 발표했다. 그것은 매우 아름답고 편리한 체계여서 서구의 모든 박물학자들이 받아들였다. 그러나 점점 더 많은 종들이 발견됨에 따라 새로운 범주가 추가되어야 했고, 오늘날에는 계, 문phylum, 강, 목, 과family, 속, 종이라는 체계가 확립되었다.

린네의 체계는 종종 계통수tree of life(생명나무)로 그려진다. 계통수의 몸통은 맨 아랫부분에서 갈라져 계를 형성하고, 각각의 몸통은 갈라지고 또 갈라져서 나뭇가지branch와 잔가지twig가 되는데 이것을 종, 아종subspecies, 품종, 변종이라한다. 계통수의 맨 마지막 부분은 잔가지에 매달린 나뭇잎인데 이것은 개체individual를 뜻한다. 다시 말해 우리는 생명의 질서를 나무tree로 묘사하는데 일종의 족보genealogy라고 할 수 있다. 각각의 나뭇가지는 공통의 몸통으로 거슬러 올라갈 수 있으므로 모든 생물은 서로 관련되어 있으며 모든 동물과 식물들은 (관계가 멀든 가깝든) 뿌리에서 공통조상을 공유한다.

우리는 다윈 이후로 이 같은 생명관view of life에 익숙해졌기 때문에 갈라파고스핀치가 계통수에 표시된 다이어그램을 보는 즉시 하나의 가족사family history를 떠올린다. 한 마리의 조상 핀치가 여러 세대에 걸쳐 번식과 변화를 거듭하여 오늘날 13개의 가지로 갈라졌다고 생각한다.

그러나 린네는 자신의 분류체계를 그런 식으로 바라보지 않았다. 린네를 비롯한 동시대의 경건한 박물학자들은 린네가 자연에 질서를 부여하기 위해 도입한 분류체계(관계와 유사성)를 족보와 같은 형태로 여기지 않았다. 그것은 신의 계획을 나타낸 청사진이었으며, 그 신은 (구약성서의 창세기 1장에 나오는 것처럼) 일주일 만에 모든 종들을 만든 창조주였다. "하나님이 큰 바다 짐승들을 그 종류대로, 날개 있는 모든 새를 그 종류대로 창조하시니 하나님이 보시기에 좋았더라."

다윈은 육지에서 여행할 때마다 『실락원失樂園, Paradise Lost』을 지니고 다니며 '모든 종류의 생물은 중대한 일주일momentous week 동안 창조되었다'라는 스토리를 읽었다. 거대한 생명나무가 땅을 뚫고 나와 순식간에 모든 가지들이 창조의 하늘로 치솟는 장면! 또는 핀치, 사자, 호랑이, 참나무가 지구의 풍요로운 자궁에서 허둥지둥 태어나는 장면! 참으로 아름다운 환상이었는데, 존 밀턴John Milton은 그 장면을 『실락원』에서 이렇게 묘사했다.

완벽한 형태와 사지를 갖추고,
완전히 성장하여 살아 있는 무수한 피조물.

'모든 생물들은 완벽하게 창조되었으며, 창조일Creation day 이후 거의 또는 전혀 변하지 않았다'라는 게 『실락원』 구절의 핵심이었다.

자신이 수집한 광대한 식물학 표본에서 린네는 수많은 지역적 변종local variety들, 즉 하나의 주제에 대한 다양한 변주variation의 사례들을 발견했다. 그러나 린네의 분류체계에서 이 같은 변종들의 중요도는 진정한 종true species의 절반에도 못 미쳤다. 지역적 변종들은 '신이 창조한 종들 중 하나가 특정한 인근지역에 알맞도록 적응한 사례'에 불과했다. 그런데 정의상으로 볼 때, '원형original type으로부터의 분기divergence'는 창조 이후에 발생한 사건이다. 따라서 변종은 '유한한 시간'과 '덧없는 세상'에 속하는 생물인 반면, 진정한 종은 신이 만물을 창조할 때 품었던 성스러운 생각의 현현顯現, incarnation 었다.

린네는 만년晩年에 변종과 종 간의 형이상학적 격차metaphysical gulf에 의구심을 품었다. 그가 보유한 표본 중 몇 가지 종, 예컨대 남아프리카에서 수집한 특정 제라늄geranium은 교잡crossing 또는 잡종형성hybridization을 통해 탄생한 것처럼 보였다. 또한 다른 종들은 변화하는 환경의 영향을 받아 구부러지고 변화함으로써 '지역적 변종보다 더 독특한 무엇'이 되었는데, 너무 새로웠기에 그의 분류체계하에서 종으로 불릴 만한 가치가 충분해 보였다. 린네는 이 같은 문제를 더 이상 자세히 언급하지 않고, 자신의 일기장이나 저서에 힌트로 남기는 데 그쳤다. 그러나 그는 "지역적 변종들뿐만 아니라, 이런 종들도 시간의 딸일지 모른다"라고 의심하기 시작했다.

린네가 변종과 종의 영속성permanence에 대해 고민하는 동안, 그가 남긴 필생의 역작은 '잘 정돈된 체계' 덕분에 다른 이들의 마음에 각인되는 것 같았다. 그는 동시대의 과학자들 눈에 '자연계의 시끌벅적한 다양성'에 질서를 부여하는 구세주로 비쳤다. 린네가 지구상의 생물들에게 한 일은 뉴턴이 하늘의 별과 행성과 달과 혜성에게 한 일과 비견되었다(동시대의 과학자들은 이렇게 말했다. "신은 창조했고, 린네는 정리했다"). 린네의 자연사史 저서에 수록된 생물들은 그의 뒤를 따르는 박물학자들에게 '하늘에 아로새겨진 붙박이 별자리'처럼 보였다. 성장하거나 변하지 않고 늙거나 죽지도 않으며 창조일 이후 그 자리에 계속 머무르며 빛을 발하고 있는 생물들! 한때 천문학자들도 하늘의 별들을 바라보며 박물학자들과 비슷한 생각을 한 적이 있었다.

그러나 모든 사람들이 린네의 이 같은 정통파 생명관orthodox view of life을 받아들인 건 아니었다. 다윈의 할아버지인 에라스무스는 "생물은 세대가 거듭될수록 변하며, 우리 주변에서 볼 수 있는 놀라운 복잡성intricacy과 적응adaptation은 조금씩 이루진 것이지, 한날한시에 갑자기 주조鑄造된 것은 아니다"라며 반론을 제기했다. 종변이transmutation(오늘날 우리가 진화라고 부르는 개념)를 주장한 또 한 사람은 프랑스의 위대한 박물학자 라마르크Lamarck였다. 위 두 사람보다 덜 유명한 이단자로는 다윈의 스승 중 한 명인 로버트 E. 그랜트Robert E. Grant가 있었다(여기서 밝혀두고 넘어갈 일이 하나 있다. 피터의 말에 의하면, 그와 그랜트는 먼 친척이기는 하지만 전혀 모르는 사이라고 한다). 그랜트는 '생물의 형태는 세대를 거듭하며 변해간다'라는 믿음 때문에 과학계에서 약간 따돌림을 받고 있었다.

다윈이 에든버러와 케임브리지에서 공부하던 시절, 과학계에서는 창조론과 진화론 간의 전운이 감돌고 있었다. 그럼에도 불구하고 정통파 견해인 창조론이 더 널리 받아들여지고 있었기 때문에, 당대의 박물학자들은 대부분 기준 표본type specimen으로 암수 한 쌍씩을 수집했다. 다윈도 예외는 아니었다. 기준 표본은 창조되던 순간에 신이 품었던 생각을 나타내는 표본으로서, 평균적이고 대표성이 있으며 전형적이어야 한다고 생각되었다. 벌레와 같은 하등동물이라도 신이 마음속에 품었던 생각에서 유래하므로 '만약 우리가 방법을 터득할 수만 있다면, 딱정벌레의 신체구조 하나하나에 담긴 신성한 메시지를 얻을 수 있다'라는 신념이 지배했다. 물론 모든 종들 중에서 가장 영예로운 것은 인간으로 간주했다. 왜냐하면 구약성서 창세기 1장에 "하나님이 자기 형상, 곧 하나님의 형상대로 사람을 창조했다"라고 적혀 있기 때문이었다.

다윈이 갈라파고스에서 핀치, 흉내지빠귀, 거북이를 수집했을 때 그것들은 다윈이 평소에 찾았던 유형, 즉 기준 표본이었지 변종이 아니었다. 노아가 방주에 실을 동물들을 모았던 것과 마찬가지로 그는 비글호에 식물과 동물 암수 한 쌍씩을 실었다. 갈라파고스에서의 다윈은 밀턴의 우주에 아직도 한 발을 걸치고 있었던 것이다.

다윈은 비글호 항해를 떠나며 『실락원』 외에도 많은 책을 챙겼는

데, 그중에는 찰스 라이엘Charles Lyell의 『지질학원리』 Ⅰ권도 포함되어 있었다. 다윈의 스승들은 '『지질학원리』의 내용을 에누리해서 받아들이라'라고 경고했지만, 다윈은 그 책을 탐독했다. 라이엘의 주장은 이러했다. "지구의 동물과 식물들은 신에 의해 순식간에 창조되었고 그 이후에 전혀 변하지 않았지만, 지구 자체는 그들의 발밑에서 끊임없이 변해왔다. 지구의 도처에서 모든 지각crust들은 창조 이후에 융기와 침강, 퇴적과 침식을 반복해왔다." 비글호가 처음으로 정박했던 대서양 카보베르데 제도Cape Verde Islands의 산티아고 섬Santiago에서 다윈은 섬 주변에 노출된 산호의 층層을 분석하여 점진적인 지질학적 변화의 증거를 포착했다. 그리하여 그는 즉시 라이엘의 주장이 옳다는 결론을 내렸다. 그러고는 남아메리카의 해안을 항해하며 "지구의 표면은 지속적으로 창조되고 파괴된다"라는 (당시에 이단으로 간주되던) 견해를 누차 확인하고 재확인했다.

'지구 표면에서 조각sculpting이 아직도 진행되고 있다'라는 아이디어는 다윈에게 신선한 충격으로 다가왔다. '작은 변화가 축적되어 큰 결과를 초래할 수 있다'라는 생각은 그를 매혹시켰다. 라이엘은 "지각의 창조와 파괴는 일별日別이 아니라 시대별時代別로 측정해야 하며, 오늘날에는 지각의 창조와 파괴가 과거 어느 때보다도 광범위하고 느리게 진행되고 있다"라고 주장했다.

하지만 라이엘은 라마르크가 주장하는 종변이를 부정했다. '바다와 강과 산맥은 움직이지만, 생물종은 동일한 상태를 유지한다'라는 것이 라이엘의 생각이었다. 다윈이 남아메리카의 항구에서 우편으로 수령한 『지질학원리』 Ⅱ권에서 라이엘은 라마르크의 주장을 맹렬히 비판했다. "하나의 종이 다른 종으로 전환될 가능성에 대해 논쟁을 벌이는 건 게으른 행동이다. 자연계에는 모종의 장벽이 존재하는데, 이 장벽은 늘 활발히 개입하여 종변이를 방해한다"라고 주장했다. 라이엘은 장벽이 무엇인지 구체적으로 언급하지는 않았지만, 분명히 존재할 거라고 확신했다. "공통의 부모에게서 탄생한 후손들은 특정한 종을 벗어날 수 없으며, 이것은 생물계에 존재하는 고정된 한계fixed limit이다"라고 다윈은 주장했다.

다윈이 갈라파고스 제도의 두 섬에서 수집한 핀치를 하나의 가방에 넣은 것은 바로 이 때문이었다. 린네와 마찬가지로 다윈 역시 '상이한 지역적 조건local condition이 하나의 종을 지역적 변종으로 만들 수 있다'라는 사실을 잘 알고 있었다. 다윈과 피츠로이는 포클랜드 제도Falkland Islands에 서식하는 여우에게서 그런 증거를 이미 확인한 적이 있었고, 다윈은 갈라파고스에 서식하는 쥐에게서도 똑같은 현상을 확인했다고 생각했다. 그러나 다윈은 (거의 똑같은 조건과 하늘을 가진) 갈라파고스 제도의 섬에서 하나의 종이 상이한 변종들로 갈라질 수 있으리라고는 상상하지 못했다. 설사 변종이 발생하더라도 그다지 중요한 의미가 있는 건 아닐 거라는 게 다윈의 생각이었다.

그로부터 9개월 후, 비글호는 태평양을 지그재그로 항해하며 영국으로 되돌아가고 있었다. 다윈은 (선원들이 쓰는 선실 밑에 있는) 비좁은 선미루 선실poop cabin에서 조류 표본을 분석하고 있었는데, 그중에는 갈라파고스 제도에서 수집한 핀치와 흉내지빠귀도 포함되어 있었다. 다윈은 갑자기 뇌리를 스친 생각을 노트에 끄적거렸다. 그 순간 그는 공교롭게도 (전해져 내려오는 말과 달리) 핀치가 아니라 흉내지빠귀를 만지작거리고 있었다.

다윈은 노트에 다음과 같이 기록했다. "나는 네 개의 큰 섬에서 수집한 표본을 갖고 있다. 산크리스토발 섬과 이사벨라 섬에서 수집한 흉내지빠귀들은 거의 똑같아 보인다. 그러나 플로레아나 섬과 산티아고 섬에서 수집한 흉내지빠귀들은 서로 달라 보이며, 각각 한 섬에서만 발견된다. 내 기억에 의하면 스페인 사람들은 몸의 형태, 비늘의 형태, 몸집 등만 보고서도 어느 섬에서 잡은 거북인지를 즉석에서 알아맞힐 수 있다고 한다. 하지만 다시 생각해보면 갈라파고스 제도의 섬들은 서로 가시거리 안에 있고, 서식하는 동물들을 모두 합해도 가짓수와 마릿수가 얼마 안 된다. 형태와 구조가 약간 다를 뿐 사실상 같은 섬에 서식하고 있음을 감안할 때, 그들은 새로운 종이 아니라 그저 변종에 불과하다고 생각할 수도 있다."

갈라파고스의 새들이 변종에 불과하다면, 그들은 정통파 생명관에 잘 부합한다고 할 수 있다. 그러나 만약 그들이 변종 이상以上이라면? 흉내지빠귀들이 남아메리카 해안에서 바람에 날려 갈라파고스 제도에 온 후, 여러 세대를 거치며 조상들로부터 갈라져나갔다면? 그들의 분기에 아무런 제한이 없다면? 처음에는 변종으로 갈라졌다가, 나중에 새로운 종으로 분화하여 각각의 섬에 고립되었다면?

고민에 고민을 거듭한 끝에 다윈은 다음과 같은 결론을 내렸다. "내 생각에 약간의 근거라도 있다면, 갈라파고스 제도의 동물학은 연구해볼 만한 가치가 있다. 내가 관찰한 현상들은 종의 안정성stability of species을 약화시킨다." '종의 안정성을 약화시킨다'라는 구절은 다윈이 향후 20여 년간 겪을 고뇌를 예고하는 조짐이었다.

다윈의 수집품들은그가 비글호에서 내리기 전부터 학자들의 입에 오르내렸다. 왜냐하면 항해기간 동안 고향에 편지를 쓰고 표본도 보냈기 때문이다. 1836년 10월 비글호가 팰머스Falmouth에 정박하자 세계에서 가장 박식한 박물학자들 몇 명이 그의 수집품들을 꼼꼼히 들여다보며 린네의 체계에 따라 분류하기 시작했다(지구 반대편에서 식물과 동물을 가져온 탐험가는 다윈 한 명뿐만이 아니어서 다윈은 약간의 외교적 수완을 이용하여 순서를 앞당겼다).

1837년 1월 4일, 다윈은 갈라파고스 제도에서 가져온 새의 박제와 기타 수집품을 런던 동물학회에 모두 기증했다. 그로부터 일주일도 채 안 지나, 동물학회의 전문가들은 '새로운 노다지'를 둘러싸고 술렁거리기 시작했다.《동물학회보》에 따르면 조류학자 존 굴드John Gould는 다음 번 동물학회 모임에서 일련의 땅핀치ground finch들에 특별한 관심을 보였다고 한다. 굴드는 특히 유독 갈라파고스 제도에만 서식하는 핀치들의 형태가 너무 특이해서 14종으로 구성된 새로운 집단으로 분류하고 싶을 정도였다고 한다. 다윈핀치에 대한 굴드의 묘사는 다음 날 아침신문에 대서특필되었다. 런던에서 발간되는《데일리헤럴드》에는 "다윈 씨가 갈라파고스 제도에서 11종의 새를 가져왔는데, 모두 특이한 형태를 지니고 있으며 영국에서 처음 보는 것들이다"라는 기사가 실렸다.

그 직후 다윈은 굴드를 비롯하여 다윈의 표본들을 연구하는 기라성 같은 전문가들과 지근거리를 유지하고 싶어 런던의 한 아파트에 세 들어 살기 시작했다. 다윈은 3월 중순에 동물학회를 방문하여 굴드를 만나 갈라파고스에서 수집한 표본에 관해 물었다. 다윈이 굴드와 이야기를 나누며 대화의 내용을 적은 노트는 현재 케임브리지 대학교 도서관에 보관되어 있다. 날림글씨로 가득 채워진 노트의 두 페이지 한복판에는 '갈라파고스'라는 단어가 크게 적혀 있다.

굴드는 갈라파고스 표본에 대해 알아낸 사항들을 일목요연하게 설명했다. "갈라파고스의 새들은 거의 모두 새로운 종으로 종전에 기술記述된 적이 전혀 없으며, 갈라파고스에만 서식하는 것처럼 보입니다"라고 굴드는 말했다. 굴드의 의견에 따르면 세 가지 흉내지빠귀는 단순한 지역적 변종이 아니라 별개의 종separate species이었다. 굴드는 이 사실을 이미 동물학회 회원들에게 통보했는데, 이로 인해 다윈은 '종의 안정성을 약화시켰다'라는 평결評決을 받은 셈이었다.

덤불 밑에서 나와 깡총깡총 뛰어다니던 작고 순진한 새들 역시 독특하기는 마찬가지였다. 다윈이 표본을 가방에 넣으며 생각했던 것과는 달리 그들은 검은새, 휘파람새, 굴뚝새 등의 사촌뻘 되는 새가 아니었다. 새들은 다양한 핀치들이며 갈라파고스 제도에만 서식하는 독특한 종이었다. 다윈은 노트의 맨 뒷장 아래에 굴드가 그들에게 붙여준 이름을 적어놓았다.

갈라파고스땅거북과 해양이구아나는 물론, 덤불과 선인장까지도 모두 갈라파고스의 고유종인 것으로 밝혀졌다. 갈라파고스의 종들은 하나같이 남아메리카 본토의 친척들과 같은 과family에 속했지만, 명백히 구별되는 특징들을 갖고 있었다. 그건 엄청난 사건이었다.

이 엄청난 사건은 아이러니하게도 갈라파고스가 아니라 런던에 있는 어수선한 사무실 내부에서 일어났다. 사실 단발성 사건이라기보다는, 박물학 전문가들이 다윈의 발견들을 하나씩 차례대로 설명해주는 과정에서 발생한 일련의 지적충격知的衝擊, intellectual shock이었다. 다윈은 속사포처럼 이어지는 충격을 감당하지 못하고 휘청거렸지만, 곧 마음을 가다듬었다. 그리고 해가 거듭될수록 그의 마음속에서는 남몰래 품고 있었던 잉걸불이 타오르기 시작했다. 마침내 다윈의 생각은 이렇게 정리되었다. "갈라파고스의 종들은 외로운 제도에 고립된 후 조상에게서 분기했고, 그 이후로도 분기를 계속하고 있다. 그들은 종의 장벽species barrier을 허물었던 것이다."

다윈이 남아메리카에서 수집한 화석들도 매우 흥미로웠다. 화석을 발굴하여 상자에 넣을 때는 '오래된 뼈들을 연구할 가치가 있을까?'라는 의구심을 품었지만, 화석들 중 상당수는 현생동물들의 멸종한 친척인 것으로 밝혀졌다. 남아메리카 대륙은 아르마딜로, 야마llama, 카피바라capybara(돼지 크기의 설치류)의 고향이다. 다윈이 발견한 화석 중에는 거대한 아르마딜로, 거대한 야마, 코뿔소만 한 설치류가 포함되어 있었는데, 이는 라이엘 등의 지질학자들이 호주에서 발견한 화석에서 추론한 것들을 확인하는 데 도움이 되었다.

'산 사람'과 '죽은 사람'을 연결하는 상속법이 있는 것처럼, '한 암석층에서 나온 화석'과 '그 아래층에서 발견된 화석'을 연결하는 원칙도 존재한다. 땅속에서 발견한 거대한 화석이 땅 위에서 발견한 동물의 조상이라면, 다윈은 그들 간의 관계에서 (갈라파고스에서 읽어낸 것과 비슷한) 스릴 있는 스토리를 읽어낼 수 있었다. 자신이 발견한 것을 수평적으로 추적하여 동물과 식물의 분포를 지구 표면 전체에 걸쳐 파악하든, 아니면 그들을 수직적으로 추적하여 시간의 심연abyss을 파헤치든, 다윈이 찾는 비밀은 똑같았다.

다윈은 후에 이렇게 썼다. "다른 사실들과 마찬가지로 이것 역시

'종은 점차 변형된다'라는 가정에 입각하여 설명될 수 있다." 그리고 한참 후에는 이렇게 썼다. "그 주제는 늘 나를 따라다니며 괴롭혔다." 1837년 봄, 다윈은 비글호 탐사여행을 할 때부터 사용했던 빨간 노트에 진화에 관한 생각들을 처음 적었다. 그리고 그해 여름, 그는 '종변이'라는 제목이 적힌 노트를 새로 쓰기 시작했다.

비글호에서 작성한 항해일지를 근거로 하여 발간한 『연구일지』(『비글호 항해기』로 더 잘 알려져 있음)에서 다윈은 갈라파고스에 서식하던 조류, 특히 핀치에 대해 약간 길게 언급했다. 그중 유명한 구절을 살펴보면 다음과 같다. "13종의 땅핀치의 형질 중에서 가장 두드러진 것은 부리의 모양이 '매우 두꺼운 것'에서부터 '매우 가느다란 것'에 이르기까지 거의 완벽한 점이성gradiation(차차 옮아가는 성질_옮긴이)을 보인다는 것이다. 이는 휘파람새와 비교할 수 있다. 나는 땅핀치 그룹의 특정 구성원들이 특정한 섬에만 서식한다고 생각한다."

그런데 정말로 중요한 건 그다음부터다. 다윈이 마음속에 품고 있던 비밀이론에 대한 첫 번째 힌트가 나온다. "유연관계類緣關係가 높은 소규모 집단에서 형질의 다양성과 점이성이 나타난다면, 이런 생각을 해볼 수 있다. 본래 가짓수가 부족했던 조류 집단에서 하나의 종이 선택되어 다른 종을 향해 변형된 것은 아닐까?"

하지만 다윈은 이 부분에서 말을 멈췄다. "그러나 연구를 할 여력이 없어서 흥미로운 주제를 더 파헤칠 수가 없다." 그러고는 갈라파고스 전체를 염두에 두고 감질나는 멋진 결론으로 『연구일지』를 마무리했다. "바야흐로 시간적·공간적으로 우리는 왠지 위대한 사실, 즉 '미스터리 중의 미스터리'에 근접할 것 같다. 그게 뭔고 하니, 새로운 존재가 지구상에 처음으로 나타나는 것이다."

비글호 항해가 끝난 지 2년 후, 다윈은 엠마Emma와 결혼하여 런던으로 이사했다. 건강이 나빠져 불안, 종기, 현기증, 습진, 복부팽만, 통풍, 두통, 불면증, 구역질 등 온갖 질병을 앓았고 위장은 24시간 내내 제 기능을 발휘하지 못했다. 늘어나는 가족의 품 안에서 연구와 집필에 전념하다, 후에 켄트Kent 주의 다운Downe 마을에 있는 시골집으로 이사하여 평생 동안 연구와 집필 생활을 이어갔다.

하지만 여기서 분명히 해둘 게 하나 있다. 핀치는 갈라파고스 제도에서 가장 수가 많고 가장 다양한 육지새land bird였기 때문에 다윈은 그들의 진가를 단박에 알아채지 못했다. 갈라파고스핀치들이 얼마나 흥미로운 연구대상인지를 깨달은 것은 영국에 돌아와 굴드와 열광적인 만남을 갖고 나서였다. 다윈은 피츠로이 선장과 다른 선원들의 허락을 받아 그들이 수집한 핀치의 박제도 모두 연구대상에 포함시켰다(그중에는 비글호에서 다윈의 하인 노릇을 했던 심스 커빙턴Syms Covington이 수집한 것도 포함되어 있었다). 선원들은 자신들이 수집한 핀치에 섬별로 라벨을 붙였는데, 그 이유가 아이러니했다. 그들은 과학이론에 따라 새를 분류한 게 아니라, 건전한 상식에 입각하여 그렇게 했을 뿐이었다. 선원들이 핀치를 외견상 깔끔하게 분류한 것을 보고 다윈도 뒤늦게 그렇게 해보려고 했지만, 이미 뒤죽박죽이 된 상태여서 더 이상 손을 쓸 수가 없었다.

그러나 다윈은 그리 호락호락한 인물이 아니었다. 『로드 짐Lord Jim』(영국 작가 J. 콘래드의 초기 장편소설. 젊은 항해사 짐은 배가 충돌할 때 자기도 모

르게 승객들을 버려두고 바다에 뛰어들었으나, 배는 침몰을 면한다. 짐은 치욕감에서 벗어나기 위해 배를 떠나 말레이 반도의 원주민 마을에 들어가 지배자가 된다. 그러나 그는 끝내 마음속에 도사린 치욕감을 버리지 못하며, 이 때문에 결국 백인 악당에게 속아 비명의 죽음을 당한다는 줄거리이다_옮긴이)의 주인공 짐과 달리, 그는 "기회를 놓치다니 안타깝다!"라고 통곡하며 시간을 낭비하지 않았다. 켄트 주의 다운하우스Down House에서도 증거를 충분히 수집할 수 있었으므로 다윈은 『종의 기원』에서 "자연선택이라는 위대한 원칙은 가설이 아니다!"라고 말할 수 있었다.

다윈이 자신의 이론을 뒷받침하는 생생한 증거로 선택한 것은 비유였다. 그는 육종가breeder들의 힘을 연구했다. 인간은 이스라엘 땅에 목동들이 등장하기 전부터 동물과 식물을 형성하고 변형해왔다. 구약성서 창세기에 이를 암시하는 대목이 있고 고대 중국의 백과사전에는 낙농酪農을 해설한 글들이 실려 있다. 다윈의 시대에 영국의 육종가들은 매우 부지런하여 양과 소는 물론 딸기와 장미의 품종도 새로 만들었다. 새로운 품종 중에서 가장 좋은 것은 전 세계에 수출되었고, 혈통이 좋은 영국의 경주마와 불독은 높은 가격에 팔렸다.

다윈은 육종가들이 동물의 신체뿐만 아니라 본능까지도 형성할 수 있다는 것을 알았다. 다윈은 『종의 기원』에서 "불독과의 이종교배는 여러 세대에 걸쳐 그레이하운드의 용맹과 끈기에 영향을 미쳤으며, 그레이하운드와의 이종교배는 목양견들에게 토끼를 사냥하는 습성을 부여했다"라고 썼다. 또 다윈은 늑대를 증조부로 둔 개를 한 마리 언급했는데 그 개가 물려받은 늑대의 습성은 단 한 가지, '주인이 부를 때 직선으로 달려오지 않는 것'이라고 했다.

신神이 모든 가축과 농산물들을 일일이 창조했다고 믿는 사람들이 있었는데, 그들은 "모든 변종들은 토종 피조물aboriginal creation이다"라고 주장했다. 그러나 다윈은 육종가들의 논문을 읽고, 창조 능력이 신이 아니라 육종가들 자신에게 있음을 간파했다. 육종가들은 자신들의 비결을 '선별picking up의 힘' 또는 '선택selection의 힘'이라고 불렀다. 다윈이 읽은 한 논문에는 다음과 같이 적혀 있었다. "닭장에서 알을 가장 많이 낳는 암탉을 선별하고, 들판에서 가장 빠른 말을 선별하고, 정원에서 최고의 장미를 선별하는 일을 반복하면 가축의 특징을 변형할 뿐 아니라 가축 자체를 완전히 바꿀 수 있다. 육종은 마치 마법의 지팡이와 같아서, 그것을 이용하면 육종가가 원하는 형태나 유형의 생물을 만들 수 있다." 그렇다면 육종과 창조의 결과는 같다는 이야기가 된다. 영국의 한 귀족은 육종가들이 양에게 한 일을 이렇게 칭찬했다. "벽에 백묵으로 완벽한 형태를 그린 다음, 현실로 불러냈다."

육종가들은 이 같은 육종기술을 선택selection이라고 부르고, 의식적인 노력에 의해 일어나지 않는 변화들, 즉 우발적이고 불만스럽고 설명할 수 없는 변화들을 뭉뚱그려 자연선택natural selection이라고 불렀다.

다윈은 선택과정을 직접 확인하기 위해 비둘기 사육을 시작했다. 갈라파고스 제도를 방문한 지 20년 후인 1853년, 다윈은 다운하우스의 뒤뜰에 있는 닭장에 비둘기를 모으기 시작했다. 그는 이제 여행을 꺼렸지만, 런던의 프리메이슨 전용주점으로 가서 귀족들만 가입하는 필로페리스테론 협회Philoperisteron Society(런던 최고의 사육자 동우회_옮긴이)의 비둘기 애호가들을 만났다. 비둘기쇼와 가금류쇼에도 참석했으며, 필로페리스테론 협회의 총무인 윌리엄 테겟마이어William Tegetmeier에게 '나 대신 코벤트가든Covent Garden에 가서 비둘기와 비둘기뼈를 구입해주세요'라고 부탁했다.

영국의 파우터와 공작비둘기.
출처: 찰스 다윈,
『기르는 동물과 식물의 변이』,
스미소니언협회 제공.

다윈은 1856년 1월 1일 테겟마이어에게 "내가 부탁드린 비둘기를 기억해주셔서 정말 진심으로 감사드립니다"라는 신년인사 편지를 보냈다. 그로부터 2주 후, 한 이웃에게 다음과 같은 변명조의 편지를 보냈다. "지난 일요일 당신에게 편지를 쓰려고 했는데 깜빡 잊었습니다. 사실 우리 가족은 모두 병들고 불쌍한 신세여서 나는 비둘기를 돌볼 틈도 없습니다. 그러니 내 형편이 어떤지 잘 아실 겁니다."

1856년 4월, 다윈은 지질학자 찰스 라이엘과 함께 닭장 앞에 섰다. 그즈음 다윈의 닭장 속에서는 공중제비비둘기tumbler, 나팔비둘기trumpeter, 폭소비둘기laughter, 공작비둘기fantail, 파우터pouter(모이주머니를 내밀어 우는 집비둘기의 일종_옮긴이), 폴란드비둘기, 꼬마비둘기, 용비둘기dragon, 스캔더룬scandaroon(몸통이 가늘고 목과 머리가 긴 비둘기_옮긴이) 등 15가지 품종의 비둘기가 사육되고 있었다. 다윈은 라이엘에게 이렇게 설명했다. "이 비둘기들은 너무 다르게 생겨서 만약 생물학자들이 야생에서 발견했다면 별개의 종으로 분류할 겁니다. 어쩌면 아예 별개의 속genus으로 분류할지도 몰라요. 그러나 이 품종들은 모두 선택이라는 과정을 통해 창조된 것이며, 신비로운 과정을 거친 것은 아닙니다. 선택의 힘은 이렇게 대단합니다. 인류 역사의 짧은 기간 동안 비둘기에게 이렇게 많은 일이 일어났다면, 하물며 수백만 년이 수백만 번 지나고 산맥이 이동하는 동안 자연계에서는 얼마나 많은 일이 일어났겠습니까?"

라이엘은 다윈의 비둘기를 보고 생각을 바꾸지는 않았지만, 깊은 인상을 받은 것만은 분명했다. 그는 다윈에게 "진화와 자연선택에 관한 아이디어의 우선권을 확보하려면 뭔가를 빨리 출판하세요"라고 재촉했다. 다윈은 라이엘의 독촉을 받고 『종의 기원』을 낳은 위대한 저술 프로젝트에 착수했다. 프로젝트의 제목은 '자연선택', 책의 가칭은

'큰 책Big Book'이었다.

다윈은 현명한 사람이어서 젊은 시절 머나먼 섬에서 무턱대고 수집한 핀치에만 의존하여 '큰 책'을 집필하지 않았다. 분량이 많았던 초벌원고 『자연선택』에서는 핀치를 기술했지만, 마지막 원고에서는 핀치를 아예 언급하지도 않았다. 그리하여 『종의 기원』은 핀치 대신 비둘기, 즉 영국의 전서구carrier(눈꺼풀이 매우 길고, 입을 크게 벌림), 공중제비비둘기(높은 곳에서 떼 지어 날며, 공중제비를 도는 특이한 습성이 있음), 작은 얼굴을 가진 공중제비비둘기(핀치와 거의 비슷한 부리를 가졌음) 등에 관한 이야기로 시작했다.

영국의 전서구
(통신에 이용하기 위해 훈련된 비둘기_옮긴이).
출처: 찰스 다윈,
『기르는 동물과 식물의 변이』,
스미소니언협회 제공.

다윈 시대 이후 많은 독자들은 감기는 눈꺼풀을 억지로 치켜뜨며 "진짜 주제는 훨씬 더 흥미로운데 그깟 비둘기 이야기를 들이대며 질질 끄는 이유가 뭘까?"라고 의아해했었다. 다윈의 주제는 '자연계에서 일어나는 격변'인데 겨우 닭장과 온실에서 일어나는 변화를 이야기한 이유는 뭘까? 당시 다윈은 독자들과 공감대를 형성할 수 있는 방법이

양비둘기rock pigeon는 다윈이 사육하던 파우터, 폭소비둘기, 스캔더룬의 원형이다. 출처: 찰스 다윈, 『기르는 동물과 식물의 변이』, 스미소니언협회 제공.

별로 없었기 때문이다. 즉, 다윈의 입장에서 볼 때 '내가 선택을 직접 확인했고, 독자들도 그것을 목격했을 것'이라고 여겨지는 장소는 농장과 묘판seedbed(묘목을 심어 기르는 곳_옮긴이)밖에 없었다.

영국의 진화학자 가이 C. 롭슨Guy C. Robson과 오와인 W. 리처즈Owain W. Richards는 1936년에 출간된 영향력 있는 책 『자연에서 일어난 동물의 변이』에서 이렇게 말했다. "다윈은 선택이라는 주제를 다루면서 '선택과정을 자연계에서 탐지한 적이 있다'라는 증거를 단 한 번도 제시한 적이 없다. 다윈은 책 전체를 통해 선택과정을 암시하고 가정하지만, 어느 부분에서도 선택이 자연계에서 실제로 일어나고 있음을 증명하지는 않는다. 다윈의 주장을 간단히 정리하면 다음과 같다. 선택은 사육된 종에서 분명히 일어나며, '그와 유사한 결과'와 '그에 상응하는 과정과 조건'은 자연계에서도 발견된다."

롭슨과 리처즈는 다음과 같이 덧붙였다. "요컨대 다윈의 증명은 직접적인 증거보다는 정황증거에 기반을 두고 있으며, 논의의 핵심은 인공선택artificial selection과 자연선택 간의 비유라고 할 수 있다. 1등급 이론이 믿음에 기초하여 버티고 있거나 편견 때문에 기각되었음에도 불구하고 여전히 과학계를 지배하고 있다는 것은 생물학계의 입장에서 볼 때 매우 불만족스럽다."

다윈과 핀치를 둘러싸고 확대·재생산된 우화들은 할리우드판 '상상의 날개'라고 할 수 있다. 이 우화들은 비둘기와 흉내지빠귀를 모두 배경에 배치하고, 다윈과 핀치를 전면에 내세움으로써 스토리를 단순

화한다. 첫 장면은 러브라인이 형성되면서 액션이 빠르게 진행된다. 곧이어 핀치의 부리에 큰 인상과 충격을 받은 다윈은 머릿속에서 진화론을 떠올린다. 아르키메데스가 유레카를 외치는 것처럼 말이다. 마치 지혜의 나무에 열린 선악과를 맛본 것처럼 불경스러운 환상에 취한 다윈은 머나먼 곳으로 항해를 떠난다.

첫 번째 시나리오는 젊은 남자가 갈라파고스의 연못가에 앉아 물을 마시는 갈라파고스땅거북의 회색 등껍질을 응시하는 것이다. 그것은 젊은 햄릿이 덴마크의 묘지에 앉아 해골을 깊이 생각하는 것과 비슷하다. 다윈은 이렇게 중얼거린다. "핀치의 부리와 거북의 껍질에 차이가 있다면, 나는 수집한 표본들에 열과 성의를 다해 꼼꼼하게 라벨을 붙여야 한다. 이것은 내 여행에서 가장 중요한 발견일 수 있다. 그런데 이런 차이를 초래한 요인은 뭘까? 그게 가장 어려운 문제이다."

두 번째 시나리오는 다윈이 비좁은 선실에서 피츠로이 선장과 함께 핀치에 대해 논쟁을 벌이는 것이다. 당신이 원한다면 갈라파고스 제도에서 멀어지고 있는 비글호의 선미갑판poop deck으로 무대를 옮길 수도 있다. 조용한 밤, 혈기왕성한 두 젊은이가 서로 상대방을 설득시키기 위해 뜨거운 논쟁을 벌이다 결국에는 절대진리에 도달하게 된다. 피츠로이는 다윈의 아이디어를 '말도 안 되는 쓰레기'라고 깎아내리고, 다윈은 (비타협적인 믿음을 가진) 피츠로이의 꽉 막힌 가슴을 향해 자신의 개념을 패대기친다. 마치 교회의 벽을 때려 부수듯 말이다.

지금까지 수백만 명의 학생들이 이상과 같은 시나리오를 주입받아 왔으며, 지금도 매년 수천 명의 학생들이 이 꾸며낸 이야기를 들으며 공부한다. "그것은 생명과학 역사상 가장 널리 퍼져 있는 전설 중 하나가 되었다. 현대과학의 기원을 설명하는 고전적 교과서에서 '다윈과

핀치'는 '뉴턴과 사과', '갈릴레오와 피사의 사탑 실험'과 같은 유명한 전설들과 어깨를 나란히 하는 이야기이기도 하다"라고 설로웨이는 말한다. 설로웨이는 다윈 서거 100주년 기념일을 맞아 다윈과 관련된 신화들을 모두 깨뜨리려 노력한 바 있다. 일회성에 그치지 않고 여러 편의 연속된 논문을 통해 다윈이 개종改宗하고, 전설이 진화된 과정을 파헤쳤다. 그러나 다윈을 둘러싼 전설은 아직도 널리 퍼져나가고 있다.

비록 다윈 자신은 갈라파고스 제도에 다시 돌아가지 않았지만, 수많은 박물학자들이 다윈의 뒤를 이어 그곳을 방문하여 핀치를 수집했다. 1868년에는 460점, 1891년에는 약 1,100점, 1897년에는 3,075점의 표본이 수집되었다. 1905에서 1906년, 캘리포니아 과학 아카데미가 벌인 야심찬 탐험에서는 무려 8,691점의 표본이 수집되었다. 그즈음 다윈핀치는 지구상에서 가장 유명한 조류집단 중 하나가 되었다.

지금까지 세 세대에 걸쳐 생물학자들은 핀치를 그저 바라보기만 하고서도 '진화가 진행되고 있는 것을 보는 것 같다'라고 느꼈다. 그것은 다윈이 그들로 하여금 진화과정에 눈을 뜨게 함으로써 가능했던 일이다. 그러나 느낌과 실제는 다르다. 충분한 인내, 강인함, 육상지원, 해상지원, 컴퓨터, 비행기, 지구력으로 무장하고 진화과정을 실제로 지켜본 과학자는 그랜트 부부가 처음이었다.

chapter 3

무한한 다양성

종種을 제조하는 공장은 지금껏 활발히 가동되었으며,
아직도 가동되고 있는 것을 확인할 수 있다.
- 찰스 다윈, 『종의 기원』

피터 그랜트는 케임브리지 대학교 학부생 시절부터 동물과 식물의 변이에 대해 의문을 품기 시작했다(그의 까마득한 선배 찰스 다윈은 평균보다 조금 나은 신학생이었다). 그랜트는 학부를 졸업하고, 다양한 장소에서 다양한 동물을 연구하며 변이를 계속 생각했다. 피터는 멕시코의 트레스마리아스 제도Tres Marias Islands에서 오색방울새goldfinch와 홍관조cardinal를, 터키와 이란에서 동고비nuthatch를, 카나리아 제도Canaries와 아조레스 제도Azores에서 되새chaffinch를, 캐나다 맥길 대학교 근처에서 쥐와 들쥐를 연구했다.

로즈메리는 피터보다 훨씬 더 어린 나이에 변이라는 주제에 접근했다. 잉글랜드 북서부에 있는 레이크디스트릭트Lake District의 마을에서 성장했는데 어릴 적부터 바깥나들이를 많이 했다. 네 살 때 나이 든 정원사의 꽁무니를 졸졸 따라다니며 "식물, 새, 사람들은 왜 서로 다른가요?"라고 꼬치꼬치 캐묻곤 했다. 한 줄로 늘어선 식물들을 자세히 들여다보며 완전히 똑같은 것이 하나도 없음을 알아챘다. 새들도 마찬가지여서 조금만 신경 쓰면 각각의 새들을 구별할 수가 있었다. 주변의 모든 나무들, 예컨대 너도밤나무, 자작나무, 참나무, 물푸레나무나 흔한 새들, 예컨대 박새, 울새, 찌르레기, 핀치도 마찬가지였다.

다윈은 『종의 기원』에서 "모든 동물은 제각기 다르다. 그렇지 않다면 자연선택은 아무것도 할 수 없다. 이것은 만고불변의 진리다"라고 말했다. 변이는 자연선택의 초석이며 진화의 출발점이다. 다윈의 관점에서 볼 때, 자연선택은 미세한 변이를 매일 매시간 면밀히 체크한다. 다윈이 『종의 기원』의 1장과 2장에서 들오리의 뼈, 암소, 염소, 푸른 눈의 고양이, 털 없는 개, 부리가 짧은 비둘기, 완족류brachiopod의 껍질에 대해 말한 것처럼 변이는 어디에나 존재한다.

다윈이 변이를 가장 심층적으로 연구한 대상은 새가 아니라 따개비였다. 1846년 10월, 칠레 남부해안에서 발견한 특이한 따개비(다윈은 이것을 '못생긴 꼬마괴물'이라고 불렀다)를 분류하려고 노력했다. 이 따개비는 비글호 항해에서 마지막으로 수집한 표본으로 세계에서 가장 작은 따개비였다. 다윈은 꼬마괴물을 분류하기 위해 다른 따개비들과 비교해야 했었고 연구실 작업공간은 곧 전 세계 해안에서 수집한 따개비로 가득찼다.

고전적인 따개비는 화산 모양의 체제body plan를 갖고 있다. 원뿔을 엎어놓은 모양으로 꼭대기에는 분화구 모양의 구멍이 있다. 따개비는 바위, 독dock, 선체船體에 대량으로 서식한다. 매일 밀물이 들어올 때 따개비들은 분화구 밖으로 깃털먼지떨이feather duster 모양의 기다란 다리를 내밀어 먹이를 섭취한다. 썰물이 나갈 때는 따개비들이 다리를 거둬들인 다음 분화구를 닫고 조개껍질 모양의 뚜껑operculum을 덮는다. 짝짓기

할 때는 기다란 페니스를 분화구 밖으로 내밀어 근처에 있는 따개비의 분화구에 찔러 넣는다. 집단에 속한 따개비들은 모두 암수한몸이므로 짝짓기가 생각만큼 불확실하지는 않다.

이 세상에서 따개비 군락보다 더 단조로운 건 없을 것이다. 그러나 다윈은 간단한 현미경을 이용하여 지극히 섬세하고 무한히 가변적인 세계로 들어갔다. 그는 피츠로이 선장에게 다음과 같은 편지를 보냈다. "나는 지난 보름 동안 핀의 머리pinhead만 한 크기의 동물을 해부하는 데 몰두했습니다. 앞으로 한 달 동안, 하루가 다르게 좀 더 아름다운 구조를 들여다보게 될 것입니다."

다윈은 모든 따개비 속genus에서 놀라운 변이를 발견했다. 예컨대 뚜

다윈의 따개비 중 몇 가지.
출처: 찰스 다윈, 『만각아강 모노그래프』 II 권,
스미소니언협회 제공.

껑의 밸브는 종과 무관하게 일정한 것이 상례인데, 한 속의 경우 뚜껑의 밸브가 종species마다 매우 다른 것으로 밝혀졌다. 다른 따개비에서는 '귀처럼 생긴 이상한 부속지appendage'와 '뿔처럼 생긴 돌기'를 발견했으며, 어떤 신기한 따개비에서는 '멋지게 구부러진 튼튼한 이빨' 모양의 변이를 발견했다.

다윈이 들여다보는 곳마다 개체의 차이는 아종으로, 아종은 변종variety으로, 변종은 종species으로 점차 변해갔다. 그렇다면 어떤 표본을 진정한 종true species으로 간주해야 할까? 도대체 어디에 선을 그어야 할까? "나는 한 세트의 형태들을 묶어 독특한 종으로 규정했다가 곧 파기했다. 나는 몇 개의 개체들을 하나의 종으로 묶었다가 분리하고, 다시 하나로 묶는 일을 수도 없이 반복했다. 그러다 결국 이를 부드득 부드득 갈며 종을 저주하고 '내가 무슨 죄를 지었기에 이런 처벌을 받는단 말인가?' 한탄했다"라고 다윈은 말했다.

다윈의 친구들은 다윈의 심정을 헤아렸다. 식물학자 조지프 후커Joseph Hooker는 다윈에게 쓴 편지의 맨 꼭대기에 이렇게 썼다. "나는 따개비를 이해하고 자네의 마음에 공감하네. 따개비가 마치 양치식물과 같은 변화무쌍함을 보이는 게로군!"

따개비의 다양성으로 인한 이 같은 혼란은 다윈이 '하나의 종이 다른 종으로 서서히 바뀔 수 있다'라고 확신하는 데 도움이 되었다. 다시 말해 종 사이에 장벽은 없다는 말이다. 많은 경우 다윈은 하나의 종이 분포하는 범위의 남쪽 가장자리에서 하나의 따개비 아종, 변종, 또는 종(그걸 정확히 뭐라고 불러야 할지 알 수 없었다)을 발견했고, 북쪽 가장자리에서는 또 하나의 아종, 변종, 또는 종을 발견했다. 『종의 기원』의 초벌원고인 『자연선택』에서 그는 종종 이렇게 말했다. "자연선택은 아마도 작용하고 있는 것 같다. 내 관점에서 보자면, 자연선택은 종의 탄생과 분열을 이끌어내는 현행범이다."

그러나 다윈은 자신이 살아 있는 동안 따개비에서 어떤 변화도 관찰할 수 없을 거라고 생각했다. 따개비의 진화는 매우 서서히 진행되기 때문이었다. 따개비와 비슷한 페이스로 연구를 진행할 수밖에 없었던 그는 1852년 이런 푸념을 늘어놓았다. "만각아강Cirripedia은 놀랍도록 지겨운 동물이다. 나는 현재 『만각아강 모노그래프』 II 권을 쓰고 있다. 지난 6년간 따개비를 분석하느라 고생이 많았는데, 아직도 1년은 더 고생해야 한다. 따개비를 연구하는 사람이 한 명도 없다는 게 너무 싫다. 어느 누구도 천천히 항해하는 배에 올라타려고 하지 않는다."

변이는 보편적이면서도 신비로우며 자연계에서 가장 심오한 문제 중 하나다. 변이는 오랫동안 다윈을 어리둥절하게 만들었다. 그는 "만약 내 생각이 옳다면, 어떤 불연속적인 종을 상정한다는 것은 난센스다. 그보다는 차라리 (미세한 개체변이에서 출발하여, 계층수를 따라 계속 올라가 계kingdom에 도달하는) 연속적인 스펙트럼continuous spectrum을 생각하는 게 더 낫지 않을까?"라고 자문自問했다. 예컨대 우리는 왜 뱀파이어핀치와 채식성핀치라는 두 가지 핀치만을 생각하는 걸까? 양극단 사이에 다양한 중간부리intermediate beak들을 갖춘 잡식핀치omnivore들이 일렬로 존재하여 완벽한 시리즈를 이루는 게 더 타당하지 않을까? 명확한 계층구조 대신, 희미하거나 혼돈되거나 무한한 망web을 생각해보면 어떨까? 마치 무늬가 연속적으로 변화하는 일본식 전통부채처럼 말이다.

『종의 기원』 최종판(6판)의 「이론의 어려움」이라는 장章에서 다윈은 다음과 같은 반론을 첫 번째로 제시했다. "하나의 종이 미세한 점이fine gradation를 통해 다른 종으로부터 분기된다면, 수많은 전이형태transinational form들이 도처에서 목격되지 않는 이유는 뭘까? 자연이 혼란 상태에 있지 않고, (우리가 현재 보고 있는 바와 같이) 잘 정의된 종well-defined species으로 이루어져 있는 이유는 뭘까?

다윈의 설명은 매우 간단하다. 그의 설명에 따르면 "변종을 만드는 과정이 변종을 파괴하기도 하는데, 그 이유는 일부 변이체들이 다른 변이체들보다 생존경쟁에서 더 잘 살아남기 때문"이라고 한다. 갈라파고스 제도나 저지Jersey, 뉴저지에서 주변을 둘러볼 때 우리 눈에 보이는 동물과 식물 종들은 모두 생존자들이며, 그들 사이에 있던 변종들은 죽어서 자취를 감추었다. 따라서 오랜 세월이 흐른 후 우리는 오직 승자만 보게 되며, 중간형태intermediate form는 찾아볼 수 없게 된다. 일본식 부채로 빗대어 말하면 부채의 뼈대만 볼 뿐, 부채의 종이를 보지 못하는 셈이다. 이런 맥락으로 다윈은 『종의 기원』에서 "멸종과 자연선택은 손을 잡고 함께 다닌다"라고 말했다.

이와 마찬가지 원리로 우리가 신종新種창조의 순간에 참여하여 기원점point of origin(생명나무가 새로운 가지를 막 뻗어내고 있는 곳)을 찾아낼 수 있다면, 우리는 뭔가 '덜 독특'하고 '더 혼돈'된 것을 보게 될 것이다. 우리는 개체에서부터 시작하여 종 또는 속의 수준에까지 이르는 희미한 변이의 그림자들을 볼 수 있다. 이 같은 희미한 형태를 발견할 때마다 박물학자들은 '여기는 진화가 빠르게 진행되는 곳이며, 종이 탄생하는 현장이다'라고 생각하게 될 것이다. 물론 다윈은 '그러한 빠른 움직임조차도 너무 느려서 관찰할 수 없다'라고 생각했다. 즉, 우리는 격변하는 움직임turbulent motion이 아니라 일종의 동결된 물거품frozen foam을 바라봄으로써 우리가 새로운 형태의 기원점point of origin에 있다는 사실을 알게 된다는 것이다. 한겨울에 동결된 물줄기를 쳐다보며 폭포의 웅장한 모습에 감탄하던 기억을 상기해보라. 각양각색의 중간고리들이 뒤얽혀 있는 혼돈의 극치가 아니었던가!

각양각색의 고리들이 연결된 혼돈상태의 일례로 갈라파고스핀치 13종 세트를 들 수 있다. 갈라파고스핀치들은 혼란스럽고 거의 연속적인 변이를 보였지만, 다윈은 실제로 존재하는 연결고리들이 몇 개인지 알 수 없었다. 왜냐하면 그가 유럽으로 가져온 표본이 겨우 31마리에 불과했기 때문이다. 그러나 다윈은 전문가들이 씨름하는 모습을 보고, 문제의 핵심을 눈치챘다. 처음에 조류학자 존 굴드는 핀치 한 마리를 살펴보더니 '땅핀치로 추측된다'라는 뜻에서 게오스피자 인케르타Geospiza incerta라고 명명했다. 후에 굴드는 마음이 바뀌어 그 표본을 다른 표본들과 함께 새로운 종에 포함시켰다. 굴드가 갈라파고스핀치들을 (오늘날의 분류학자들과 마찬가지로) 총 13종으로 분류한 것은 우연의 일치일 뿐이었다. 굴드의 13종을 하나씩 뜯어보면 오늘날의 13종과 다르다.

분류학자들은 크게 분리파splitter와 병합파lumper로 나뉜다. 다윈핀치의 다양함에 직면하여 일부 분리파들은 수백 개의 종과 아종을 들이댔다. 이에 반해 일부 병합파들은 모든 핀치들을 단일종이라고 불렀다. 여러 세대의 박물학자들이 갈라파고스 제도로 직접 순례를 떠나거나 대영박물관과 캘리포니아 과학아카데미의 표본들을 앞에 놓고 수수께끼를 풀었다. 각양각색의 부리와 부적응자misfit들 때문에 박물관 표본들의 엄격한 서열이 파괴되었다. 1934년 한 조류학자는 이렇게 선언했다. "핀치들에게서 발견된 보기 드문 변이체들 때문에, 갈라파고스에서 변화와 실험이 계속되고 있다는 인상을 받았다." 박물학자들은 살아 있는 다윈핀치에 대한 보고서를 읽고 또 읽고, 박물관에 진열된 빳빳하고 작은 표본들을 분류하고 또 분류하면서, '갈라파고스 제도에서

도대체 무슨 일이 일어나고 있는가?'라는 의문을 품었다.

오늘날 대부분의 분류학자들은 13개 종species을 단일 과family(일부는 아과subfamily)로 간주하고 있다. 그중에서도 네 개의 그룹에 속한 종들이 특별히 가까운 관계에 있다고 여겨, 당분간 갈라파고스핀치 과family를 네 개의 속genus으로 나누고 있다. 첫 번째 속의 경우 모든 핀치들은 나무에 살며 과일과 벌레를 먹는다. 두 번째 속의 경우 핀치들은 모두 나무에 살지만 엄격한 채식주의자이다. 세 번째 속의 경우 핀치들은 모두 나무에 살지만 모습과 행동이 휘파람새와 비슷하다. 네 번째 속의 경우 핀치들은 대부분의 시간을 땅에서 깡충깡충 뛰며 보낸다.

네 번째 속인 땅핀치Geospiza는 덩치가 가장 크고, 여섯 가지 종으로 이루어져 있다. 이들은 관찰하기가 가장 쉬워서 그랜트 부부가 이끄는 연구진은 처음부터 이들을 집중적으로 연구했다. 땅핀치는 '이상한 작은 클럽'으로 '소우주microcosm 속의 소우주'라고 할 수 있다. 땅핀치의 구성원으로는 날카로운부리땅핀치G. difficilis, 보통선인장핀치G. scandens, 큰선인장핀치G. conirostris가 있다. 그다음으로는 그랜트 부부에게 '골디락의 곰 세 마리Goldilock's Three Bears'로 친숙한 트리오가 있으니, 큰땅핀치G. magnirostris, 중간땅핀치G. fortis, 작은땅핀치G. fuliginosa이다. 당연한 이야기지만, 큰땅핀치는 큰 부리를, 중간땅핀치는 중간 크기 부리를, 작은땅핀치는 작은 부리를 갖고 있다.

골디락의 곰 세 마리 모두 부리의 크기는 개체별로 다양하다. 세 종은 전체적으로 모호해서 '이곳이 강물이 빠르게 흐르는 곳이거나, 우주의 수레바퀴가 빠르게 회전하는 곳은 아닐까?'라는 생각을 하게 된다. 예컨대 삼형제 중 가운데에 있는 중간땅핀치는 가끔 그 위에 있는 큰땅핀치로, 또는 그 아래에 있는 작은땅핀치로 서서히 바뀐다. 중간땅핀치 중에서 덩치가 큰 것은 큰땅핀치 중에서 가장 작은 것과 덩치가 비슷하며 부리의 크기도 마찬가지이다. 이와 동시에 중간땅핀치 중에서 가장 작은 개체는 작은땅핀치 중에서 가장 큰 개체와 덩치가 비슷하며, 부리의 크기도 마찬가지이다.

1)큰땅핀치Geospiza magnirostris

4)큰선인장핀치Geospiza conirostris

2)중간땅핀치Geospiza fortis

5)보통선인장핀치Geospiza scandens

3)작은땅핀치Geospiza fuliginosa

6)날카로운부리땅핀치Geospiza difficilis

다윈의 땅핀치들. 그림: 탈리아 그랜트

세계에서 가장 큰 중간땅핀치는 이사벨라 섬에서 살고 세계에서 가장 작은 큰땅핀치는 이웃의 라비다 섬Rabida에 산다. 피터와 로즈메리 그랜트조차도 이사벨라 섬의 가장 큰 중간땅핀치와 라비다 섬의 가장 작은 큰땅핀치를 구분하기 어렵다.

큰땅핀치, 중간땅핀치, 작은땅핀치를 깃털이나 체구로 구분할 수 없고 부리로 구분해야 한다. 까다롭기로 악명 높은 분류학에서 땅핀치의 부리는 감별기준으로 통용된다. 즉, 부리는 핀치의 중요한 분류학적 특징이라고 할 수 있다. 그러나 핀치의 부리는 매우 다양해서 그들 중 상당수는 어중간한 모양의 부리를 갖고 있다. 따라서 부리는 안전한 확인수단이 될 수 없다. 조류학자 데이비드 랙은 『다윈의 핀치』라는 유명한 모노그래프에서 "이 세상에 다윈핀치만큼 종 간의 차이가 불분명한 새는 없다"라고 선언했다.

갈라파고스의 새에 대한 최신 현장지침에는 이렇게 씌어 있다. "주의! 모든 핀치들을 보는 족족 구분할 수 있다고 생각하는 사람은 매우 현명하거나 바보거나 둘 중의 하나이다." 산타크루즈 섬에 있는 찰스 다윈 연구소의 한 스태프는 이렇게 말한다. "오직 신神과 피터 그랜트만이 다윈핀치를 구별할 수 있습니다."

피터 그랜트는 되새, 동고비, 쥐, 들쥐를 연구한 후 '어떤 동식물 종들은 가변성이 매우 높고, 어떤 동식물 종들은 그렇지 않은 이유가 뭔가?'라는 의문을 품었다. 심지어 가변성이 매우 높은 종들 중에서도 가변성이 제각기 달라, 어떤 무리는 괴짜eccentrics로 가득 차 있고, 어떤 무

리는 순응자conformist로 가득 차 있다.

'동식물의 가변성 차이'는 그랜트가 연구과제를 찾기 시작한 1970년대 초에 두드러졌던 생물학적 의문이었는데, 그 당시에 피터는 연구를 지휘했고 로즈메리는 지원업무를 맡고 있었다. 유명한 저널에서 이론적이고 수학적인 생물학자들이 주가를 올리고 있는 중에, 그랜트는 자연계에서 실제로 일어나는 일을 관찰하고 싶어 했다. 그가 원하는 연구대상은 가변성이 매우 높은 종들hypervariable species의 그룹으로 잘 연구되어 있고, 변수가 매우 많고, 자연환경이 유지된 오지娛地에 널리 퍼져 있어야 했다. 그런 면에서 볼 때 갈라파고스핀치는 그야말로 안성맞춤이었다. "갈라파고스도, 다윈핀치도 매우 이상적이었어요"라고 피터는 회상한다.

그랜트 부부는 1973년에 처음으로 갈라파고스를 방문했다. 그해 여러 학생들과 함께 연구를 시작했는데, 그중에는 피터의 박사후과정 학생인 이언 애보트Ian Abbott와 그의 아내 리네트Lynette가 포함되어 있었다. 그랜트 부부는 여덟 살 니콜라와 여섯 살 탈리아 두 딸을 갈라파고스로 데려가 영국에 있는 양가兩家 사람들을 당혹스럽게 했다. 두 딸은 이미 부모와 함께 그리스, 터키, 유고슬라비아에서 야영을 하며 동고비를 관찰한 경력이 있었는데, 그 시절 젊은 엄마 로즈메리의 가장 큰 임무는 천방지축 뛰어노는 니콜라와 탈리아를 보살피는 것이었다.

그랜트 부부는 갈라파고스의 새들이 '다윈 시대' 또는 '베를랑가 시대'와 마찬가지로 온순하다는 것을 발견했다. 베를랑가Berlanga는 파마나의 주교로 1535년 배가 풍랑을 만나 난파되는 바람에 이 섬에 발을 디뎠는데, "새들이 우리를 피해 날아가지 않고, 심지어 날 잡아보라는 것처럼 버텼다"라고 놀라움을 표시했다. 동물들 자체도 신기했겠지만, 이는 갈라파고스와 관련된 가장 이상한 일 중 하나였다. 갈라파고스 제도에 대한 글을 쓴 사람들은 하나같이 그 장면을 보고 경악을 금치 못했는데, 그중에는 해적 앰브로즈 카울리Ambrose Cowley와 바이런 경Lord Byron(시인 바이런의 후계자)도 포함되어 있었다. 바이런 경은 폴리네시아 왕과 여왕의 시신을 샌드위치 제도에 되돌려주러 가던 중, 그곳에 잠시 머물렀다.

카울리는 1699년에 이런 글을 썼다. "여기에는 가금류, 즉 홍학과 멧비둘기도 많이 산다. 멧비둘기는 너무 온순해서 우리의 모자와 팔에 종종 내려앉았고, 사람을 두려워하지 않아 산채로 잡을 수 있었다. 우리 일행 중 몇 명이 총을 쏘자, 그제서야 겁을 잔뜩 집어먹었다."

바이런은 1826년에 이런 글을 썼다. "이곳은 새로운 창조지인 것 같다. 새와 짐승들은 우리를 봐도 도망치지 않는다. 펠리칸과 바다사자는 우리의 얼굴을 빤히 쳐다보며 '당신들은 우리의 호젓함을 방해할 권리가 없다'라고 시위하는 듯하다. 작은 새들은 매우 온순해서 우리의 발등으로 뛰어 올라온다. 이런 와중에 화산은 좌우 양편에서 우리를 에워싸고 불과 연기를 내뿜는다."

피터 그랜트는 프린스턴에 있는 친구에게 이렇게 말했다. "핀치는 우리보다 매와 올빼미를 더 무서워해. 우리가 새들을 향해 걸어가도 꿈쩍도 하지 않고 하던 일을 계속하지. 그러나 올빼미 한 마리가 가까이 날아오면, 새들은 선인장 속으로 얼른 몸을 숨겨. 언젠가 로즈메리가 나무 없는 장소를 거니는데 올빼미 한 마리가 날아온 적이 있었어. 그러자 사방에 있던 핀치들이 일제히 날아올라 로즈메리의 몸에 내려앉지 뭐야!"

"핀치들은 늘 우리의 어깨, 팔, 머리에 앉아 있어. 언젠가 핀치 한 마리의 사이즈를 측정하고 있는데, 다른 핀치 몇 마리가 날아와 내 손목과 팔에서 이착륙을 반복하며 구경하더군. 한번은 쌍안경으로 바다를 바라보고 있는데, 매 한 마리가 날아와 내 모자 위에 내려앉았어. 내 말을 못 믿는 것 같은데 사진을 보여줄 수도 있어."

"대나무 장대를 어깨 위에 올려놓고 걸어봐. 그러면 어느 순간 장대가 갑자기 무겁게 느껴져, '왜 이렇게 무겁지?'라고 고개를 갸우뚱거리게 될 거야. 사방을 휘 둘러보면 매 한 마리가 장대 위에 무임승차하고 있음을 알게 될 거야."

"내 오른쪽 어깨에 작고 까만 사마귀가 하나 있었는데, 지금은 말끔히 사라졌어. 왜 그런지 알아? 갈라파고스 제도의 헤노베사 섬Genovesa에서 짧은 옷을 입고 돌아다녔는데 핀치 여러 마리가 내 어깨에 내려앉아 사마귀를 쪼아 먹곤 했어."

돌프 슐러터Dolph Schluter라는 노련한 핀치 관찰자는 이렇게 말한다. (슐러터는 그랜트가 이끄는 연구팀의 이름을 멋지게 지어줬다. 그중에는 엘 그루포 그란트El Grupo Grant나 핀치 유닛Finch Unit과 같이 간단한 이름도 있었지만, 국제핀치조사단Internal Finch Investigation Unit과 같은 거창한 이름도 있었다.) "나라에 따라 달라요! 케냐의 핀치들은 부끄러움을 많이 타는지 30미터 밖에서도 얼굴을 붉히는데, 갈라파고스의 핀치들은 커피잔 가장자리에까지 날아와 앉아요. 만약 커피가 조금 남아 있으면, 잔 속으로 재빨리 들어가 커피 한 모금을 마시죠. 손을 내밀어 새의 사이즈를 측정할 수 있어요. 헤노베사의 흉내지빠귀들은 신발끈을 자꾸 잡아당기죠. 울프 섬처럼 완전히 고립된 곳에서는 새를 맨손으로 잡을 수 있어요. 그냥 손을 뻗어 움켜쥐기만 하면 돼요."

피터는 쉬라즈 섬Shiraz에서 야영을 하다가 동고비 한 쌍이 바위 근

갈라파고스의 매.
출처: 찰스 다윈,
『H.M.S 비글호 항해 동물기』,
스미소니언협회 제공.

처에서 먹이를 먹는 광경을 목격한 적이 있다. 그는 동고비의 부리와 섭식행위를 가까이 관찰할 요량으로 바위 위에 견과류 몇 개를 던지고 몸을 숨겼다. 그러나 세 시간 동안 기다렸음에도 불구하고 동고비는 가까이 다가오지 않았다. (피터는 보고서에 '새장 속의 새를 사용하는 게 더 나을 뻔했다'라고 야멸차게 썼다.) 그러나 대프니메이저에서는 달랐다. 세계에서 가장 유명한 부리들이 그의 어깨를 두드렸다. 심지어 피터의 무릎 위에 앉아 사람을 연구하는 핀치도 있었다.

그러나 피터가 예민하게 받아들인 사실이 하나 있었다. 그것은 '핀치가 그렇게 유명하고, 진화사에서 중심적인 위치를 차지하고 있음에도 불구하고, 핀치를 실제로 관찰하기 위해 많은 시간을 투자하는 사람이 아무도 없다'라는 것이었다. 다윈의 통찰력은 엄격하게 회고적retrospective이었고, 데이비드 랙은 주로 추론, 박물관에 진열된 표본, 4개월간의 현장조사에 기반을 두었다. 밥 보우먼Bob Bowman이 갈라파고스 제도에서 야영한 기간은 1년 남짓에 불과했다.

슐러터는 이렇게 말한다. "나는 피터가 갈라파고스를 금광金鑛으로 여겼음을 단박에 알았어요. 갈라파고스는 단지 멋진 장소가 아니라 금광이자 보물상자였어요. 오늘날 '진화를 가장 성공적으로 연구한 최전방'으로 간주되는 갈라파고스를 보며, 당신은 '피터는 어떻게 20년 전에 일찌감치 이것을 예견할 수 있었을까?'라고 혀를 내두를 거예요. 내가 보기에 피터는 처음부터 낌새를 채고 있었던 것 같아요."

그랜트와 애보트는 당초 갈라파고스 제도에 한 계절 동안만 머물 계획이었으므로, 무더위를 무릅쓰고 연구를 빨리 진행했다. 그들은 일곱 개 섬에서 21종의 다윈핀치를 연구했는데 어느 장소에서든 동트기 전에 두세 개의 그물을 펼쳤다. 그물은 얼핏 보기에 배드민턴 네트 같았지만, 망이 거미줄처럼 가늘다 보니 새의 눈에는 거의 보이지 않았다. 그들은 시원한 아침에만 그물을 쳤다가, 포획되어 몸부림치는 새들이 더위를 먹을 시간이 되면 그물을 거뒀다. 오전 8시면 섬 전체가 찜통으로 변하는 것이 상례였다.

연구원들은 오늘날과 마찬가지로 분할기, 캘리퍼스, 스프링저울로 무장하고 그물로 사로잡은 새들을 낱낱이 연구했다. 일찍이 그렇게 많은 다윈핀치를 측정한 사람도 없었고, 그렇게 다양한 수치들을 몸을 사리지 않고 측정한 사람도 없었다. 사실 수년간 그랜트 연구팀이 측정한 핀치의 수는 전 세계 박물관이 소장한 표본의 수를 훨씬 상회한다. 이사벨라 섬 근처에는 로스헤르마노스Los Hermanos(형제들)로 알려진 네 개의 작은 섬이 모여있는데, 트레버 프라이스는 이곳에서 오늘날 전 세계 박물관이 소장한 표본의 두 배나 되는 작은땅핀치를 측정했다. (또한 그랜트 연구팀은 박물관에 보관된 수천 개의 표본들을 사실상 모두 측정했다.)

변이를 연구하는 데 있어서 모든 것은 측정의 정확성에 달려 있으며, 일부 항목(예: 거북이의 등껍질, 오리의 물갈퀴발, 물고기의 투명한 아가미)의 경우에는 정확히 측정하기가 특히 어렵다. 한 부위를 두 번 측정한 경우, 두 측정치의 차이가 클 수 있다. 만약 측정의 오차가 겨우 몇 퍼센트뿐인데, 개체 간의 변이가 그보다 훨씬 더 작으면 당신은 처음부터 운이 나쁜 것이다.

운 좋게도 핀치와 부리는 잡기도 쉽고 측정하기도 쉬운 것으로 밝혀졌다. 많은 핀치 관찰자들은 나중에 돌아와 동일한 핀치를 또 측정할 수 있고, 매번 편차가 1퍼센트 미만인 측정치를 얻을 수 있었다. 반면에 새의 체중은 연중年中은 물론 하루 중에도 오르락내리락했기 때문에 몸무게는 신뢰성이 없었다. 그러나 다른 측정치들의 편차는 매우 작았으며, 특히 부리의 길이는 차이가 0.1퍼센트에 불과했다.

그러므로 핀치의 부리는 엄밀한 팩트라고 할 수 있다. 엄밀한 팩트란 '매우 명확하고 분명하게 기록되어 모두가 동의할 수 있는 정보'를 의미하며, 이처럼 혼란한 세상에서는 찾아보기가 매우 힘든 정보이다.

핀치 유닛의 측정치는 '핀치의 다양성'을 확인했을 뿐만 아니라 그로 인해 핀치의 명성을 드높였다. 다윈핀치가 실제로 얼마나 대단한지를 드러내기 시작했다.

참새의 부리는 유용한 비교수단이다. 참새는 다윈핀치와 매우 가까운 관계여서 일부 분류학자들은 모든 참새와 핀치를 동일한 과family로 분류한다. 첫해에 피터 그랜트의 현장 보조원으로 활동한 사람은 캐나다의 생물학자 제이미 스미스Jamie Smith였다. 1970년대 초 이후, 스미스와 팀원들은 브리티시 컬럼비아에 있는 작고 외딴 섬 만다르테에서 노래참새song sparrow를 관찰하고 측정해왔다.

스미스는 '만다르테 섬의 노래참새들은 부리 길이가 거의 똑같다'라는 사실을 발견했다. 심지어 평균치에서 10퍼센트 벗어난 노래참새는 매우 드물어, 그런 노래참새를 찾을 확률은 약 0.04퍼센트이다.

그러나 갈라파고스의 경우에는 사정이 달랐다. 핀치 유닛은 갈라파고스에서 '평균에서 10퍼센트 벗어난 부리를 가진 선인장핀치를 발견할 확률은 0.4퍼센트보다 훨씬 더 높다'라는 사실을 발견했다. 구체적 확률은 무려 4퍼센트였다. 특히 중간땅핀치의 윗부리upper mandible 두께의 가변성은 세계신기록으로, 대프니메이저에 서식하는 중간땅핀치 중에서 평균치에서 10퍼센트 벗어나는 윗부리를 보유한 개체가 무려 3분의 1이었다.

대프니메이저에 서식하는 중간땅핀치의 윗부리 두께는 조류에서 측정된 형질 중 가장 다양한 형질 중 하나이다. 그리고 다윈핀치는 윗부리와 아랫부리의 두께, 길이, 너비, 상대적 길이는 물론, 날개 너비, 체중, 다리 길이까지도 매우 다양하다. 다윈핀치는 심지어 엄지발가락hallux의 길이까지도 다양하다.

그러나 다윈은 핀치가 매우 다양하다는 사실을 깨닫지 못했다. 왜냐하면 다양성을 발견하기에 충분한 표본을 수집하지 않았기 때문이다. 게다가 '개체군의 크기가 작으면, 자연이 선택할 변이가 적어진다'라고 생각했기 때문에, 애초에 그런 결과를 기대하지도 않았다. 그래서 다윈은 대프니메이저와 같은 작은 대양도oceanic island(대륙붕 밖에 위치해 있으며 화산작용 등에 의해 생겨나, 지질학적으로 대륙과 관련이 없는 섬_옮긴이)에서는 자연선택이 특별히 느리게 진행될 거라고 가정했다.

그러나 그랜트 부부와 애보트 부부는 처음부터 다윈핀치가 다윈이 생각했던 것보다 흥미롭다는 것을 알 수 있었다. 그리고 핀치 관찰자들은 첫 번째 시즌 동안 대프니메이저에서 심상치 않은 현상을 하나 발견했는데, '1밀리미터의 차이가 엄청난 결과를 초래할 수 있다'라는 징후이자 징표였다.

갈라파고스에서 보낸 첫해의 4월 어느 날, 핀치의 특징들을 측정하느라 고단한 일과를 마친 후 이언 애보트는 전망을 즐기기 위해 대프니메이저의 레지로 기어 내려갔다. 레지는 늘 따개비로 뒤덮여 있는데, 따개비들은 하나같이 원뿔 모양이고 꼭대기에 구멍이 뚫려 있어 영락없이 대프니메이저 섬의 모형처럼 보인다. 애보트는 크고 날카로운 따개비들과 레지를 공유했기에 발바닥을 찔리지 않기 위해 낡은 신발을 한 켤레 신고 있었다. 그러나 그 순간 섬에 머무르는 사람은 그의 아내와 피터 그랜트밖에 없었으므로 애보트는 신발 외에 아무것도 걸치지 않았다.

때는 저녁 6시, 밀물이 밀려들고 있었다. 애보트는 궁둥이를 바닥에 들이댄 채 쭈그리고 앉아 인근의 산타크루즈 섬 너머로 해가 지는 광경을 지켜봤다. 수백 마리의 바닷새들이 날개를 휘저으며 대프니메이저의 횃대를 향해 다가오고 있었다. 이언 애보트의 자식농사를 담당하는 기관, 즉 생식기 아래 1밀리미터 지점에는 따개비 하나가 군계일학처럼 우뚝 솟아 있었다. 그리고 첫 번째 파도가 레지를 찰싹 때리자 거대한 흰 따개비가 뚜껑을 열면서 깃털먼지떨이 모양의 돌기를 쑥 내밀었다. 그러고는 뭔가와 마주치자 강력한 힘으로 할퀴고는 전광석화처럼 돌기를 거둬들이며 뚜껑을 닫았다. 따개비 중 최강자가 아니라면 도저히 불가능한 힘과 스피드였다.

현재 대프니메이저에서 입에서 입으로 전해지고 있는 웃지 못할 이야기다. 그곳에서는 아직도 한 세대의 핀치 관찰자들이 다음 세대의 관찰자들에게 이 스토리를 전하고 있다. 전설에 의하면 애보트가 외마디 비명을 질렀다고 한다. 애보트는 우렁찬 소리로 고함치며 레지 위에서 오금을 오므렸다 폈다를 반복했다. 마치 막춤을 추는 것처럼. 과거에 어느 누구도 따개비를 싫어한 적이 없었지만 그 순간만큼은 따개비를 증오하지 않을 수 없었다.

chapter 4

0.5밀리미터가 중요하다

사소한 차이가 '생존할 것'과 '사라질 것'을 결정하는
경우가 얼마나 많은지!
- 찰스 다윈이 아사 그레이에게 쓴 편지 중에서

다윈이 다니던 케임브리지 대학교 크라이스트 칼리지는 존 밀턴과 윌리엄 페일리William Paley 목사의 학교로 유명했다. 학사 학위를 받으려면 페일리의 책을 읽어야 했으므로 다윈은 페일리의 저서를 읽고 또 읽으며 긴 논증에 매력을 느끼고 확신을 얻었다. 사실 페일리의 『기독교 변증학』과 『자연신학』은 다윈에게 유클리드의 기하학만큼이나 큰 기쁨을 주었다.

『자연신학: 또는 자연의 모습에서 수집한 존재의 증거와 신성Deity의 속성』은 1802년 처음 출판되자마자 베스트셀러가 되었다. 책의 첫 문장은 오늘날에도 가끔 인용된다. "내가 황야를 건너다 돌멩이 하나를 걷어찼는데, 누군가가 '그 돌이 어떻게 그곳에 놓이게 되었을까요?'라고 질문했다고 가정해보자."

페일리의 말은 다음과 같이 계속된다. "내가 아무리 반대로 알고 있더라도, 나는 '그 돌은 오래전부터 그 자리에 놓여 있었다'라고 대답할 수 있을 것이다. 하지만 이 답변이 터무니없음을 밝히기는 그리 쉽지 않다. 그러나 땅바닥에서 시계를 발견했다고 가정하면 이야기가 달라진다. 시계에 대해서는 돌멩이보다 더 많은 설명이 필요하다."

페일리의 말에서 시계는 시계공watchmaker을 암시한다. 당신이 땅바닥에서 시계를 발견한다면 누군가 그것을 발명하고, 조립했을 거라고 생각하는 게 당연하다. 페일리는 이렇게 마무리한다. "시계가 이 정도라면, 우리가 황야에서 발견하는 생물들은 훨씬 더 그렇지 않겠는가? 심지어 가장 작은 동식물의 가장 간단한 부위조차도 인간의 유한한 제작능력을 훨씬 넘어서므로 '제작자artificer 중의 제작자' 또는 '창조자 중의 창조자', 즉 신의 존재를 암시한다."

갈라파고스의 검은 화산암 위에 서 있는 다윈과 피츠로이의 세계관도 이와 다르지 않았다. 그곳에서는 살아 있는 새가 마치 황야의 시계처럼 초현실적 존재로 보였을 것이다. 그리고 나중에 피츠로이가 갈라파고스핀치의 부리를 기억했을 때도 사정은 마찬가지였다. 피츠로이는 자신의 『비글호 항해기』에 이렇게 썼다(이 책은 총 세 권이며, 다윈의 회고록은 권말卷末에 첨부되었다). "용암으로 뒤덮인 섬에 서식하는 작은 새들은 모두 짧은 부리를 갖고 있는데, 밑동이 매우 두꺼운 것이 영락없이 멋쟁이새bull-finch를 닮았다." 물론 피츠로이는 실수를 했다. 왜냐하면 그의 설명은 13가지 갈라파고스핀치 중 단 하나, 선로공의 육중한 펜치를 보유한 큰땅핀치에만 들어맞기 때문이다. 그러나 어쨌든 피츠로이의 설명대로 그런 강력한 부리가 사냥을 하고, 강철처럼 단단한 용암을 쪼고, 장과류berry를 부숴 즙을 빨아 먹는 데 안성맞춤인 것은 분명하다. "부리는 '무한한 지혜를 가진 존재'가 만든 놀라운 작품으로 모든 피조물들은 이것을 이용하여 제각기 의도된 장소에 적응한다"라고 피츠로이가 말했다.

독실한 기독교인들은 종종 다윈주의자들을 무신론의 한 갈래 또는 버팀목으로 몰아세운다. 그러나 페일리는 피츠로이를 감화시켰던 것 이상으로 다윈에게 영감을 줬고, 다윈의 논증과 이론(변이의 중요성에 관한 이론)이 인습에 얽매이지 않고 독창적이었던 것도 바로 페일리의 자연신학 전통 때문이었다.

다윈은 이렇게 주장했다. "만약 모든 생물들이 잘 만들어졌고, 시계보다 정교한 장치이며, 자신이 처한 자연환경에 훌륭하게 적응했다면, 아무리 작은 변이라도 개별 동식물들에게 중요한 차이를 만들었음에 틀림없다. 어떤 변이들은 생물의 생활능력을 향상시키고, 어떤 변이들은 악화시킨다. 그리고 (수천 세대에 한 번 나올 만한) 극소수의 변이들은 생물들을 도와 자연계의 완전히 새로운 틈새에 적응하게 해줄 수 있다."

부리는 새의 적응능력을 자연에서 검증하는 수단이다. 부리가 검증수단인 이유는 측정하기 쉬워서가 아니라, 새가 생명을 유지하는 데 필수적이기 때문이다. 다윈핀치는 날개를 이용하여 먹이를 입안에 넣지 않으며, (우리가 발을 이용하여 음식을 먹지 않는 것처럼) 발톱을 이용하여 먹이를 먹지도 않는다. 새들은 부리를 사용하며, 새의 부리는 우리의 손과 같은 역할을 수행한다. 즉, 새에게 부리는 세상 만물을 다루고, 관리하고, 조작하는 데 사용하는 주요 도구이다(조작manipulating은 손을 뜻하는 그리스어 마누스manus에서 유래한다).

부리의 형태는 먹이를 엄격히 제한한다. 부리의 뼈와 각질초horny sheath(각질로 된 피막_옮긴이)는 보기보다 유연하지만(예컨대 멧도요는 부리 끝부분을 진흙 속으로 깊이 찔러 넣은 다음, 부리 끝을 약간 벌려 지렁이를 잡을 수 있다), 부리에는 사람의 손과 달리 관절이 그리 많지 않다. 각각의 부리는 '영원히 한 자세만 취하고 있는 손'이나 마찬가지이다. 따라서 부리는 몇 가지 한정된 목적만을 수행하는 범용도구라고 할 수 있다. 예컨대 딱따구리는 끌을 갖고 있으며, 해오라기는 창을 갖고 있다. 가마우지는 검을, 왜가리와 알락해오라기는 부젓가락을, 매와 송골매와 독수리는 갈고리를, 마도요는 펜치를 갖고 있다.

오늘날 전 세계에는 약 9,000종의 조류가 살고 있으며, 그들의 다양한 부리는 페일리가 '신의 창의력'을 확신하는 데 기여했다. 홍학의 부리에는 깊은 홈통과 섬세한 필터가 있어 혀로 퍼 올린 물과 진흙이 이곳을 통과하며 여과된다. 물총새의 부리 안쪽에는 튼튼한 버팀대와 받침대가 있어 '나르는 착암기'처럼 땅을 연거푸 들이박음으로써 강둑에 터널을 뚫을 수 있다. 어떤 핀치의 부리는 목공소를 방불케 한다. 새들의 윗부리 안쪽에는 턱ridge이 져 있는데, 이것이 내장된 바이스vise(기계 공작에서 공작물을 끼워 고정하는 기구_옮긴이)처럼 씨를 고정시키는 동안 아랫부리로 씨를 썰어서 열 수 있다.

그러나 모양이 소박하든 화려하든, 각각의 부리가 할 수 있는 일은 몇 가지로 한정되어 있다. 홍학의 부리는 연못물을 여과하는 데 적합하며, 매의 부리는 토끼, 여우, 또는 다른 새를 갈기갈기 찢는 데 적합하다. 만약 홍학과 매가 전문분야를 맞바꾼다면 매는 더러운 연못물에 빠지고 홍학은 눈이 찔릴 것이다.

다윈은 이상과 같은 큰 변이들을 기반으로 하여 개체 간의 작은 변이들을 추론한다. 그의 이론에 따르면 개체의 부리 모양에 나타난 최소한의 특징조차도 때때로 그 새의 식생활에 영향을 미칠 수 있다. 변이는 이런 식으로 새의 삶 전체에 영향을 미치는데, 그 이유는 새들이 잠자지 않는 시간을 대부분 먹는 데 투자하기 때문이다. 그러므로 특정한 부리의 형태는 궁극적으로 새의 수명을 연장하거나 단축시킬 것이다. 다윈은 이렇게 말했다. "저울이 삶과 죽음 중 어느 쪽으로 기울지를 결정하는 것은 가장 작은 낟알 하나이다."

다윈의 독자들 중에서 '전 세계 조류의 갈고리, 검, 창, 펜치가 적응적 가치adaptive value를 지니고 있다'라는 말을 의심하는 사람은 한 명도 없다. 그것은 페일리가 지녔던 경건하고 전통적이며 상식적인 견해이기도 했다. 그러나 많은 독자들은 '개체변이individual variation가 과연 다윈이 말하는 만큼 중요한가?'라는 의심을 품었다. 그도 그럴 것이 다윈 자신은 미세한 변이가 동식물의 생존경쟁에서 득이 되거나 실이 되는지를 실제로 관찰한 적이 없었기 때문이다.

다윈은 『종의 기원』의 한 장에서 "자연선택의 작용 설명"이라는 희망적인 제목을 내걸고 다음과 같이 말문을 연다. "자연선택이 어떻게 작용하는지를 명확히 설명하기 위해 나는 한두 가지 가상적인 설명을 하려고 한다. 늑대의 예를 들어보자." 그러고는 간단한 가상사례 한 가지를 빠른 필치로 서술하는데 줄거리를 간단히 요약하면 이렇다. 때는 몹시 추운 겨울, 늑대가 사냥할 수 있는 먹잇감이라고는 사슴밖에 없는 상황에서는 가장 빠르고 날렵한 늑대만이 살아남는다. 다윈은 '꿀을 품고 있는 꽃과 벌'에 대해서도 비슷한 주장을 펼치며 장을 마감한다. 늑대의 예와 마찬가지로 꽃과 벌에 대한 가상적 이야기도 매우 논리적이다.

늑대 이야기는 너무 실감 나서 독자들의 마음속에 곧바로 파고들었다. 그 이야기를 납득하고 말고를 떠나, 수년 동안 그 이상의 설명이 필요하다고 느낀 사람은 한 명도 없었다. 다윈의 불독 헉슬리도 분명 그랬을 것이다. 그는 다윈주의를 방어하는 글에서 다음과 같은 수사학적 질문을 던졌다. "그러나 현재로서 제기할 수 있는 의문은 '선택이 자연계에서 일어나는가?'라는 것이다. 인간이 행하는 선택육종selective breeding과 같은 조작이 자연계에서도 일어날까?" 이 질문에 대한 답변에서 헉슬리는 자연계에 존재하는 동물 종 하나를 상상해보라고 한다. 그 종은 50~100종의 다른 동물들에게 둘러싸여 있는데, 그들의 구성은 매우 다양하다. 그중에는 경쟁자도 있고, 협력자도 있고, 포식자도 있고, 포식자의 포식자도 있다. 그러면서 그는 이런 결론을 내린다. "자연계에서 한 종에게 일어나는 변이가 어떤 식으로든 그 종의 생존능력을 종전보다 향상시키거나 저하시키지 않는 것은 불가능해 보인다."

그로부터 반세기가 지난 후에도 다윈의 변이론變異論은 여전히 가상적인 설명을 통해 옹호되었고, 그러다 보니 '상상 속에만 존재한다'라는 이유로 공격을 받기도 했다. 1911년 유전학자 레이먼드 펄Raymond Pearl은 이렇게 말했다. "『종의 기원』이 나온 이후 생존경쟁에 관한 전반적 문제는 대부분 선험적 관점에서 논의되었다. 예컨대 '다리가 조금 더 긴 토끼', '후각이 좀 더 예민한 여우', '배경색과 조화를 이루는 새'와 같은 개념들이 고안되어 변이를 옹호하는 데 사용되었다."

다윈 자신은 이 특별한 문제(변이)를 실험을 통해 확인하려 하지 않았다. 변이는 논리적으로 지극히 타당함에도 불구하고, 실험을 통해 증명하기가 매우 어려웠기 때문이다. 그가 핀치를 이용하여 자신의 주장을 증명할 수 없었던 것은 분명하다. 산크리스토발 섬에서 새를 처음 관찰한 이후, 새들의 생존경쟁에 관한 세부지식은 향상되지 않았다. 덤불 밑에서 나와 깡총깡총 뛰어다니며 강력한 부리와 발톱으로

(타다 남은 재처럼) 시커멓고 푸석푸석한 토양을 파헤치는 새들의 모습을 관찰했지만, 그 이상 진전된 것은 없었다. 만약 뭔가를 더 알아냈다면 그의 주장을 뒷받침하기는커녕 되레 반박하는 증거로 작용했을 공산이 크다. '길고 가느다란 부리를 가진 핀치'와 '앵무새처럼 짧고 통통한 부리를 가진 핀치'가 똑같은 화산암 위에서 함께 뛰어다니며 똑같은 먹이를 먹는 광경을 보았다. 만약 그렇게 다양한 부리를 가진 핀치들이 똑같은 씨앗을 다루고 깨뜨릴 수 있다면, 다른 핀치보다 부리가 좀 더 통통하거나 날카롭다 한들 무슨 의미가 있겠는가?

예컨대 대프니메이저의 경우 평균적인 큰땅핀치 부리의 너비와 길이와 두께는 각각 14밀리미터, 15밀리미터, 16밀리미터이다. 이에 반해 평균적인 작은땅핀치의 부리는 7밀리미터, 8밀리미터, 7밀리미터로 큰땅핀치의 절반에도 못 미친다. 그러나 다윈은 두 가지 핀치가 모두 똑같은 먹이를 먹는 걸 봤다. 만약 두 가지 유형의 부리가 똑같은 작업을 수행할 수 있다면, 그랜트 부부가 이웃에 사는 두 가지 선인장핀치의 부리를 측정하여 하나는 14.9, 8.8, 8밀리미터, 다른 하나는 15.8, 9.7, 9밀리미터를 얻은 게 무슨 의미가 있을까? 그렇게 작은 변이는 아무런 의미가 없는 것으로 간주될 것이다.

'자연선택은 자연계에서 매일 매시간 일어나는 최소변이를 면밀히 조사한다'라는 것이 다윈의 생각이었다. 그러나 다윈이 갈라파고스에서 5주간 머문 후 할 수 있었던 말은 단 하나, "자연선택은 핀치의 부리를 눈치채지 못한다"였다. 그러니 그가 『종의 기원』에서 그 부분을 언급하지 않은 건 전혀 놀랍지 않다.

다윈이 갈라파고스핀치를 수집한 지 40년 후인 1870년대, 오스버트 샐빈Osbert Salvin이라는 조류학자는 박물관에 진열된 갈라파고스핀치 표본 몇 점을 유심히 보았다. 그리고 그 다양성에 놀랐다. 핀치의 다리, 날개 길이, 몸무게, 특히 부리가 매우 다양함을 발견한 사람은 다윈도 굴드도 아니고 샐빈이었다.

샐빈은 일찍이 1870년대에 갈라파고스를 '고전적인 땅'이라 느꼈다. 그러나 갈라파고스핀치들의 변이가 매우 광범위하다는 것을 발견하고 '이 변이들이 적자생존에 별로 영향을 미치지 못한 것 같다'라며 적잖이 실망했음에 틀림없다. 그는 이렇게 말했다. "이 속genus의 구성원들을 살펴보니, 갈라파고스 제도는 일반적인 장소에 비해 자연선택이 훨씬 덜 엄격하게 작동하는 곳인가 보다." 물론 그때까지 자연선택의 작용이 관찰된 적은 전혀 없었다.

갈라파고스 제도로 과학 순례를 떠난 사람들은 사막이나 다름없는 건조한 섬들을 대부분 우기雨期에 방문했다. 그러다 보니 덤불과 나무에는 잎과 꽃이 달려 있고, 땅바닥에는 씨앗이 널려 있었다. 과학자들은 유심히 관찰하며 다윈이 봤던 것들을 정확히 확인했다. 대부분의 땅핀치들은 반쯤 헐벗은 덤불 밑에서 함께 사냥을 하고 모이를 쪼았다. 각각 다른 부리를 가졌지만 모두 똑같은 씨앗을 깨뜨리고 있었던 것이다.

신중한 조류학자들은 하나둘씩 '땅핀치의 부리가 달라도, 먹이에는 별로 차이가 없다'라는 결론을 내렸다. 1923년의 우기에 구름처럼 자욱한 노랑나비 떼를 가로질러 대프니메이저까지 항해한 생물학자 겸 탐험가 윌리엄 비브William beebe는 이렇게 썼다. "우리는 이 새들의 부리를 자세히 관찰하면서 '어, 이 정도라면 완전히 다른 먹이를 먹어야 할 텐데?'라며 고개를 갸우뚱하곤 했다. 작은땅핀치의 작고 섬세한 부리는 곤충이나 최소한 작고 부드러운 씨앗을 먹는 데 적합해 보였다. 이와 반대로 큰땅핀치의 (머리 전체를 차지할 정도로) 거대한 부리는 가장 단단한 도토리를 먹는 데 안성맞춤일 듯싶었다. 그러나 웬걸, 큰땅핀치와 작은땅핀치 모두 똑같은 먹이를 먹었다. 새와 나비의 모습으로 판단해보건대 이곳은 정말 이상한 곳이었다."

지금 생각해도 그런 생각을 하는 사람들이 있었다는 게 믿기지 않는다. 그러나 자연선택의 작용은 지나치기가 너무 쉬워 여러 세대의 조류학자들이 다윈핀치를 다윈주의의 예외나 반대사례로 간주하기 십상이었다. 1935년 다윈의 갈라파고스 방문 100주년을 기념하여 조류학자 퍼시 R. 로Percy R. Lowe는 영국 갈라파고스 조류학회에서 기념강연을 했다. 그는 갈라파고스핀치를 중점적으로 다뤘으며 그 과정에서 '다윈핀치'라는 용어를 세계 최초로 사용했다. 그러나 퍼시는 광범위한 문헌들을 토대로 하여 "다윈핀치는 독립된 종들이 아니라, 잡종의 무리bybrid swam라고 믿는다"라고 발표했다. 핀치의 보기 드문 변이가 골목을 떠도는 개와 고양이의 털에 나타나는 변이처럼 무의미한 것으로 밝혀질 것이라 생각했다. 한마디로 핀치의 부리에는 자연선택의 여지가 전혀 없다고 단정한 것이다.

("그래요, 그는 정말로 '다윈핀치에는 자연선택의 여지가 전혀 없다'라고 말했죠. 그건 사람들을 자극하여 강연장을 뛰쳐나가 그가 틀렸음을 입증하고 싶도록 만드는 놀라운 방법이었어요"라고 피터 그랜트는 말한다.)

그로부터 3년 후, 또 한 명의 영국인 조류학자 데이비드 랙이 산크리스토발 섬에 상륙했다. 랙은 다윈과 마찬가지로 20대의 젊은이였고, 산크리스토발 섬은 다윈이 갈라파고스에서 첫 번째로 상륙한 곳이었다. 랙은 로의 강연에 흥미를 느꼈지만 갈라파고스 제도가 극단적으로 멀어 엄두를 내지 못하던 중, '다윈의 불독'의 손자인 줄리언 헉슬리에게서 여행을 해보라는 권유를 받았다.

랙은 우기 내내 갈라파고스에 머물렀는데 가던 날이 장날이라고 갈라파고스는 그해에 20세기 최고의 강우량을 기록했다. 우기는 핀치의 번식기여서 랙은 핀치가 짝짓기 하는 모습을 많이 목격했다. 그런데 13종의 핀치들이 여간해서는 이종교배를 하지 않는다는 걸 확인했다. 심지어 길고 무덥고 습한 오후, 새장을 만들어 핀치들을 그리로 몰아넣고 이종교배를 시키려 해봤지만, 핀치들은 협조할 뜻이 전혀 없어 보였다. 핀치들은 짝을 고르는 데 매우 까다로운 듯 싶었다. 새들을 '잡종의 무리'라고 부른 건 잘못임이 드러났다.

하지만 랙의 발견은 거기까지였다. 비록 이종교배를 하지는 않았지만, 대부분의 땅핀치들은 함께 먹이를 찾으며 똑같은 씨앗을 먹었다. 그래서 랙은 '핀치의 부리에는 자연선택의 여지가 전혀 없다'라는 로의 주장에 동의할 수밖에 없었다. 랙은 이런 결론을 내렸다. "사실 갈라파고스에 사는 땅핀치류Geospizinae에서 차이가 적응적 중요성adaptive significance을 가졌다고 입증하는 증거는 전혀 찾아볼 수 없다." 그는 이 결과를 모노그래프에 썼는데 제2차 세계대전이 발발하는 바람에 출판이 지연되었다.

그러나 다윈과 마찬가지로 랙은 영국에 돌아온 지 얼마 지나지 않아 뭔가 이상한 생각이 들어 자신의 연구결과를 다시 한 번 들춰봤다. 그러고는 '부리가 가장 비슷한 핀치 종들은 한 섬에 함께 살지 않는다'라는 사실에 주목했다. 예컨대 대프니메이저에 사는 보통선인장핀치는 페르난디나Fernandina를 제외한 큰 섬에 모두 살고 있다. 반면에 큰선인장핀치는 제노베사와 에스파뇰라Española에 살고 있다. 랙은 보통선인장핀치와 큰선인장핀치가 한 섬에서 함께 사는 것을 본 적이 없었다. 더욱이 비슷한 부리를 가진 두 핀치 종들이 한 섬을 공유할 경우, 그들의 부리는 다른 섬에 사는 핀치들과 다른 것으로 나타났다. 즉, 보통선인장핀치의 기다란 부리는 평균보다 더 길고, 보통선인장핀치의 짧은 부리는 평균보다 더 짧았다. 마치 피차간에 상대방의 틈새niche를 의식적으로 회피하려는 것처럼 말이다.

랙은 자신의 데이터뿐만 아니라 다윈 이후 수집된 박물관 표본 수천 점을 측정한 기록에서도 동일한 패턴이 반복되는 것을 발견했다. 다윈이 그랬던 것처럼 그 역시 진화가 진행되는 것을 보지 못했고, '진화가 너무 느리게 진행되어 관찰할 수 없다'라고 가정했다. 그러나 갈라파고스를 되돌아보며 '뭔가 계속 진행되고 있는 게 분명하다'라고 추론할 수 있었다.

랙은 부분적으로 다른 생물학자들의 연구에 영향을 받았는데 그 연구들은 갈라파고스보다 더 작은 소세계microcosm를 대상으로 한 것이었다. 상이한 짚신벌레Paramecium 두 종을 시험관에 넣고 방치해뒀다가 며칠 뒤에 돌아와 다시 살펴보라. 한 종은 시험관의 꼭대기를 점령하고, 다른 종은 바닥을 차지할 것이다. 그리고 중간의 경계선에는 짚신벌레가 전혀 없다. 따개비의 경우도 마찬가지여서 한 종은 만조선high tide line을 차지하고 다른 종은 간조선low tide line을 차지한다.

이상과 같은 실험들은 '동일한 먹이를 동일한 방식으로 섭취하는 종들은 하나의 시험관, 바위, 섬에서 평화롭게 공존할 수 없으며, 반드시 한 종이 다른 종을 멸종시킨다'라는 것을 의미한다. 이는 다윈의 상상과 비슷하다. 다윈은 "경쟁과 갈등이 계통수의 수많은 가지와 잔가지들을 멸종으로 이끌 수 있다"라고 상상한 적 있다. 중간 가지들은 하나씩 죽고, 살아남은 가지들은 구부러지거나 뒤틀리거나 양쪽으로 갈라지는데, 이는 경쟁을 최소화하기 위해 가능한 한 달라짐을 의미한다.

랙은 갈라파고스핀치의 부리 모양과 분포를 도표로 만들었다. 그는 다윈과정은 모든 섬에서 두 가지 방법으로 작용한다고 보았다. 첫 번째 방법은 '비슷한 부리를 가진 두 종 중 한 쪽을 몰살시키는 것'이고, 두 번째 방법은 '생존자 사이의 간격을 충분히 벌려 공존할 수 있도록 해주는 것'이다. 매우 비슷한 부리를 가진 종들이 똑같은 섬에 이주하려고 할 때는 언제나 경쟁이 벌어지는데, 경쟁은 갈수록 치열해지다 둘 중 하나가 멸종함으로써 종료된다. 그러나 간혹 비슷한 부리를 가진 종들이 충분한 부분적 차이local difference를 진화시켜 경쟁의 강도가 약해지는 경우가 있다. 그렇게 될 경우 두 종은 모두 생존한다.

랙은 '고전적인 부정적 사례'를 '고전적인 긍정적 사례'로 전환시킴으로써 다윈주의의 쇠퇴를 중단시키는 데 기여했다. 1947년 『다윈의 핀치』라는 제목으로 발간된 그의 모노그래프는 다윈주의에 승전보를 안겼다. 이제 다윈핀치는 정말로 다윈의 편이 되었다. 핀치의 부리에는 자연선택의 여지가 있었다.

『다윈의 핀치』는 전문가들과 일반인들에게 강력한 영향을 미쳤다. 그러나 다윈이 그랬던 것처럼 랙도 자연선택이 실제로 작용하는 것을 보지는 못했다.

1973년에 처음으로 현장연구를 수행하는 동안, 그랜트와 애보트 부부는 핀치의 부리뿐만 아니라 핀치의 행동도 측정했다. 그들은 2만 3,000제곱미터 지역에 여덟 개의 조사지점을 설정했다. 각 조사지점마다 돌아다니며 수백 개의 선인장 덤불과 불꽃나무에 너풀거리는 붉은

끈을 묶어 기준점이 되는 격자를 표시했다. 그리고 매일 아침 망원경·노트·스톱워치를 휴대하고 격자 하나씩을 통과하며 핀치들의 아침 메뉴를 확인했다.

그랜트 연구팀은 땅핀치들이 약 20가지 식물의 씨앗을 주로 먹는다는 것을 알게 되었다. 그래서 팀원들은 버니어캘리퍼스를 이용하여 새의 부리를 측정할 때와 마찬가지로 씨앗의 크기를 세심하게 측정했다. 또한 씨앗의 강도를 맥길McGill 호두까기로 측정했는데, 이것은 피터 그랜트가 처음 학생들을 가르쳤던 몬트리올 맥길 대학교 공학자의 도움을 받아 만든 도구이다. 맥길 호두까기는 쉽게 말해 '눈금이 달려 있는 펜치'인데, 펜치로 씨앗을 누르면 씨앗이 쪼개져 벌어질 때까지 가해진 힘이 눈금에 표시된다. 현대물리학자들은 물리학 창시자 뉴턴의 이름을 따서 만든 단위로 힘의 세기를 측정한다. 양귀비의 씨앗만큼 작은 풀씨 하나를 깨뜨리려면 10뉴턴 미만의 작은 힘이 필요하다. 후추 열매만큼 큰 선인장 씨를 깨뜨리려면 50뉴턴 이상의 힘이 필요하다. 갈라파고스에서 제일 단단한 씨를 깨뜨리려면 250뉴턴의 힘이 필요한데 이것은 1,000마리 이상의 선인장핀치를 공중으로 들어 올릴 때 드는 힘과 맞먹는다.

피터 그랜트는 씨앗의 크기와 강도를 결합하여 각각의 씨앗을 평가했다. 그리하여 핀치와 마찬가지로 씨앗에 대해서도 일종의 경쟁지수struggle index를 산출했다. 경쟁지수struggle index가 가장 낮은 것은 쇠비름속Portulaca 식물의 작고 부드러운 씨앗으로 0.35에 불과했다. 이에 반해 크고 단단한 코르디아 루테아Cordia lutea의 씨앗은 경쟁지수가 가장 높아 무려 14에 달했다. 따라서 모든 핀치는 쇠비름속 식물의 씨앗을 자유자재로 다룰 수 있지만, 코르디아의 씨앗을 다룰 수 있는 부리를 가진 핀치는 극소수였다.

또 그랜트 연구팀은 각각의 씨앗이 화산암 위에 얼마나 분포하는지를 파악하기 위해 일종의 인구조사를 실시했다. 연구팀은 객관적인 수치를 얻기 위해 난수표를 이용하여 격자 하나를 무작위로 선택한 다음, 각각의 격자에서 1제곱미터 이내에 있는 화산암을 조사대상으로 선정했다. 그러고는 1제곱미터의 화산암에서 발견되는 열매와 씨앗들을 종류별로 낱낱이 헤아렸는데 선인장의 꼭대기나 중간에 매달려 있는 것도 모두 포함시켰다. 연구팀의 인구조사는 거기서 멈추지 않았다. 그들은 1제곱미터 안에서 더 작은 지점을 무작위로 선정한 다음, 뜨거운 화산재 토양을 체로 걸러 열매와 씨앗을 골라냈다. 그리고 텐트로 돌아와 체로 걸러낸 열매와 씨앗을 하얀 쟁반 위에 펼쳐놓고 하나씩 하나씩 헤아렸다. 이상의 모든 과정은 50번이나 반복되었다.

"우리는 데이터 수집을 위해 어떤 궂은일도 마다하지 않았지만, 그건 특히 끔찍한 일이었어요"라고 피터 보그Peter Boag는 말한다. 그는 아내 로렌 래트클리프Laurene Ratcliffe와 함께 초기에 그랜트 연구팀에 합류한 인물이다.

"먼지가 풀썩이는 화산재를 체로 치고 씨앗을 하나씩 하나씩 걸러내는 장면을 생각해보세요. 쇠비름속, 린코시아속Rynchosia, 강아지풀속Setaria, 깨풀속Acalypha, 멘첼리아속Mentzelia, 헬리오트로피움속Heliotropium…. 으, 정말 끔직해요!" 래트클리프는 말을 하다 말고 신음소리를 낸다.

"사람들은 현장조사를 낭만적이라고 생각하죠. 그러나 그건 정말 지루하고 힘든 일이에요. 열매와 씨앗 헤아리기는 그중에서도 최악이죠"라고 보그는 말한다.

연구팀은 갈라파고스의 새 모이birdseed를 완전히 파악하여 웬만한 열매와 씨앗은 첫눈에 바로 알아볼 정도가 되었다. 종종 핀치의 부리에 의해 산산이 부서진 씨앗도 알아볼 수 있었다. "우리는 새가 뭘 먹는지 정확히 알고 있는데 그건 갈라파고스의 장점 중 하나예요. 그래서 우리는 모두 거기서 일하고 싶어 해요. 솔직히 말해서 일이 재미있어서라기보다는 간단해서죠"라고 보그는 말한다.

지구상에 있는 대부분의 장소에서 흙을 한 삽 뜨면 200종의 식물을 발견할 수 있다. 그러므로 새 떼가 잔디로 숲으로 목장으로 강둑으로 이동할 때마다 부리 속으로 뭐가 들어가는지 정확히 알아내는 건 불가능할 것이다. 그러나 대프니메이저 섬에서 핀치를 관찰하는 사람들은 거의 신의 눈God's-eye view으로 새 떼를 바라볼 수 있다. 이곳의 핀치들은 겨울을 나기 위해 다른 곳으로 날아가지 않으며 다른 섬에서 이주해 오지도 않는다. "관찰자들이 그물을 펼치면 잡힌 건 모두 핀치예요"라고 래트클리프는 덧붙인다.

"우리가 갈라파고스에서 사용하는 현장조사 방법을 그대로 사용하는 사람들은 세계 어느 곳에도 없어요. 왜냐하면 갈라파고스는 매우 단순하기 때문이에요. 그곳의 생태계는 뼛속까지 발가벗겨져 있죠"라고 보그는 말한다.

갈라파고스에서 수행된 첫 번째 현장연구가 끝날 때쯤, 핀치 조사 단원들은 핀치의 식성, 즉 핀치가 먹는 씨앗, 열매, 곤충, 잎, 싹, 꽃을 낱낱이 알고 있다고 생각했다. 그들은 대프니메이저에서 한곳에서만 4,000번에 걸쳐 중간땅핀치가 먹이를 먹는 장면을 관찰하고 기록했다. 그 결과 핀치가 먹는 먹이는 물론, 부리의 크기와 형태도 정확히 파악할 수 있었다. 대부분의 땅핀치들은 똑같은 씨앗과 과일을 먹었는데 이는 다윈이 산크리스토발에서 처음 봤던 것과 마찬가지였다.

피터 그랜트가 갈라파고스를 떠나기 전, 찰스 다윈 연구소의 소장 내리로 있던 디터 더 프리스Tjitte de Vries는 조언을 몇 마디를 건넸다. 그는 피터에게 "갈라파고스에서는 1년 중 상반기가 우기이고 하반기는 건기입니다"라고 알려줬다. 즉, 그랜트 연구팀, 비비, 랙을 비롯한 모든 연구자들은 지금껏 공교롭게도 우기에만 핀치를 관찰해왔는데 우기는 모든 핀치들에게 호시절인 반면, 건기는 핀치들이 고전을 면치 못하는 시기라는 거였다.

사실 자연환경이 너무 좋을 때는 다윈과정을 알아차리기가 힘들다. 다윈은 『자연선택』에서 이렇게 말했다. "눈부신 자연경관이나 생명이 충만한 열대숲이 펼쳐지는 동안 대부분의 생물들은 커다란 위험 없이 풍족한 먹이 속에서 살아간다. 그럼에도 불구하고 '모든 자연은 전쟁을 치르고 있다'라는 명제는 대체로 참이다. 경쟁은 알, 씨앗, 묘목, 유충, 싹을 둘러싸고 벌어지는 경우가 많다. 그러나 간혹 개체의 삶, 또는 세대교체 과정에서도 경쟁은 매우 치열하게 벌어진다."

그랜트 부부는 몇 개월 후 갈라파고스에 다시 돌아왔다. 발트라 섬Baltra Island에 있는 소규모 공항에 도착했을 때, 하늘에서 내려다봐도 뭔가 달라졌음을 느낄 수 있었다(발트라 섬의 공항은 제2차 세계대전 때 미국 제6항공대가 건설한 것으로 지금은 에콰도르 공군이 관리하고 있다). 화산암은 갈색, 검은색, 붉은색으로 변했고 산타크루즈의 산악지대 밑으로는 녹색이 거의 보이지 않았다. 찰스 다윈 연구소의 더 프리스에 의하면 4월, 5월, 6월, 7월 동안 비가 한 방울도 내리지 않았다고 했다.

그랜트 연구팀은 첫 번째 현장연구 때 잡았던 새들 중 상당수를 다시 잡아 용수철저울로 몸무게를 쟀다. 핀치들은 몸무게가 줄었는데, 종전의 조사지점으로 가서 화산암 위에 떨어진 씨앗들을 헤아려본 결과 그 이유를 알 수 있었다. 먹이가 부족하여 새들이 굶고 있었던 것이다. 식물들은 잎과 씨앗을 모두 떨구었고 새로운 잎과 씨앗을 더 이상 생성하지 않았다. 굶주린 새들이 오래된 씨앗들까지 모두 쪼아 먹다 보니, 땅바닥은 씨앗 하나 없이 깨끗했다. 제노베사 섬의 한 조사지점을 확인한 결과 핀치의 먹이가 무려 84퍼센트 감소한 것으로 나타났다.

핀치의 먹이는 양量뿐만 아니라 다양성도 부족했다. 핀치들이 가장 좋아하는 먹이는 절반밖에 남지 않았다. 우기에는 땅바닥에 떨어진 씨앗들이 대부분 작고 부드러워서 평균 경쟁지수가 0.5에 불과했다. 이에 반해, 건기에 남아 있는 씨앗들은 대부분 크고 거칠어서 경쟁지수 평균이 6을 훌쩍 넘었다.

우기에는 모든 땅핀치들의 식성이 똑같아, 부드러운 씨앗과 열매 일곱 가지를 선호했다. 그래서 모든 땅핀치들은 식사시간의 절반을 일곱 가지 인기메뉴를 먹는 데 할애했다. 그러나 인기메뉴가 부족하다 보니, 땅핀치들이 인기메뉴를 먹는 데 할애하는 시간은 약 30분의 1로 감소했다.

큰땅핀치는 핀치 중에서 가장 큰 부리와 가장 강력한 턱근육을 가졌다. 따라서 그랜트 연구팀이 발목에 끼운 금속 밴드를 부리로 쪼아 떼어낼 수 있는 종은 큰땅핀치밖에 없다. 건기에 큰땅핀치는 크고 무거운 씨앗을 집중공략했는데, 그건 다른 핀치들이 엄두를 낼 수 없는 먹이였다.

큰땅핀치의 '크고 강력한 부리'에 못지않게 선인장핀치의 '길고 가느다란 부리'도 땅핀치 중에서 둘째가라면 서러워할 만큼 독특하다. 이제 선인장핀치는 자신만의 독특한 핀치를 이용하여 거의 선인장 씨앗만 먹었다.

땅핀치 6종의 사정도 모두 마찬가지였다. 단단한 먹이에 올인해야 했으므로 부리라는 도구가 메뉴를 결정했다. 녀석들은 모두 전문가가 되었는데, 각각의 전문성은 부리의 형태에 따라 결정되었다.

더 작고 부분적인 변이도 차이를 만들어냈다. 예컨대 대프니메이저에 사는 중간땅핀치는 산타크루즈에 사는 중간땅핀치보다 덩치가 작다. 두 섬이 서로 마주보고, 핀치가 날아서 왕래할 수 있는 거리에 있는데도 말이다. 한편 대프니메이저에 사는 선인장핀치는 산타크루즈에 사는 선인장핀치보다 부리가 더 좁고 가늘다. 그랜트 부부는 핀치를 한번 힐끗 보고도 어느 섬에 사는지를 알아맞힐 수 있다.

이러한 '개체군간 변이'는 종종 '종간 변이'보다 훨씬 더 미세한 약 1밀리미터 수준이다. 그러나 그 정도의 차이가 생사를 좌우할 수 있으며, 개체군이 건기를 견뎌내는 방법을 결정하는 데 도움이 될 수 있다. 예컨대 핀타 섬Pinta에 사는 중간땅핀치는 대프니메이저에 사는 중간땅핀치보다 부리가 두껍다. 그리고 두 섬에 사는 불꽃나무의 씨는 크기와 강도가 거의 같다. 그런데 그랜트 부부가 목격한 바에 의하면 대프니메이저에서 몇몇 중간땅핀치들이 불꽃나무 씨 하나를 6분 만에 깨뜨렸다고 한다. 6분이면 새들이 경쟁하기에는 긴 시간이어서 웬만한 새들은 잠시 후에 포기하고 씨앗을 떨구는 게 상례이다. 그러나 핀타 섬에 사는 중간땅핀치들의 사정은 다르다. 중간땅핀치들은 약간 더 두꺼운 뿌리를 갖고 있어서 불꽃나무 씨를 훨씬 빨리 처리할 수 있다. 핀타 섬에 사는 중간땅핀치들은 다섯 마리 중 네 마리꼴로 불꽃나무 씨를 깨뜨릴 수 있는데 대프니메이저에 사는 중간땅핀치와의 부리 두께 차이는 1밀리미터에 불과하다.

같은 섬에 사는 같은 종의 핀치들 중에서 이보다 낮은 수준의 다양성을 보이는 개체들이 종종 발견된다. 이제 우리는 다윈이 '진화의 초석'이라고 불렀던 변이의 수준까지 내려왔다. 심지어 랙조차도 그런 작은 차이가 핀치의 부리에 중요하다고 주장하지는 않았다. 그러나 피터 보그는 얼마 후 대프니메이저에서 명쾌하고 간단한 방법을 이용하여 '작은 차이의 중요성'을 검증했다. 그는 수백 마리의 중간땅핀치에게 밴드를 끼운 후, 섬을 여러 차례 둘러보다가 발목에 고리가 있는 중간땅핀치를 볼 때마다 발걸음을 멈췄다. 그러고는 핀치가 씨를 쪼아먹을 때까지 기다렸다가 어떤 종류의 씨앗을 먹었는지 기록했다. 그 결과 '건기에 핀치가 어떤 먹이를 먹는가?'라는 의문이 해결되었다. 즉, 가장 큰 부리를 가진 새는 제일 큰 씨앗을, 중간 크기의 부리를 가진 새는 중간 크기의 씨앗을, 가장 작은 부리를 가진 새는 제일 작은 씨앗을 먹는 것으로 밝혀졌다. 새로운 '골디락스와 곰 세 마리'가 탄생한 것이다.

핀치가 경험하는 가장 치열한 생존경쟁 중 하나는 남가새caltrop라는 잡초를 둘러싸고 벌어지는 전투이다. 이 전투는 자연계에서 벌어지는 전쟁의 고전적 사례여서 그랜트 연구팀은 그것을 사례연구 소재로 결정했다. 사실 남가새의 원어인 'caltrop'은 전쟁터에서 유래한다(caltrop은 군대에서 쓰는 마름쇠를 지칭하기도 한다_옮긴이). 병사들은 1,000여 년 전부터 전쟁터에 마름쇠를 뿌려왔는데 그것은 조악한 기술로 만든 '못 박힌 쇠구슬'로 일종의 부비트랩이라 생각하면 된다. 일반적으로 각각의 쇠구슬에는 네 개의 못이 박혀 있어 못 하나가 사람의 발이나 말의 다리를 찌르거나 벤다. 로마의 전차병charioteer들은 적의 추격을 막기 위해 전차 후방에 마름쇠를 뿌렸다. 미국의 개척자들은 주변에 인디언들이 있을 때 통나무집 밖의 풀밭에 작은 마름쇠를 뿌렸는데, 이를 쇠별iron star이라고도 한다. 식물인 남가새의 학명은 트리불루스Tribulus로 이 말은 시련이나 억압을 의미하는 라틴어 트리불라레tribulare에서 유래한다.

수레국화star thistle나 마름water chestnut 등 수많은 식물들과 마찬가지로 남가새도 날카로운 가시로 열매를 보호한다. 각각의 둥근 열매는 분열과mericarp라 불리는 여섯 개의 부분으로 나뉘는데 열매가 남가새에 붙어 있는 동안 분열과들은 중앙에 씨앗을 품고 밖으로 날카로운 가시를 내밀고 있다. 그러다 열매가 건조되면 분열과가 하나씩 땅으로 떨어진다. 각각의 분열과 안에는 콩깍지 안에 콩이 들어 있는 것처럼 씨앗이 한 줄로 들어 있다. 분열과 하나에는 크고 영양가 있는 씨앗이 최대 여섯 개까지 들어 있으며, 각각의 씨는 상자 안에 하나씩 별도로 포장되어 있는 초콜릿처럼 각각 독립된 칸에 들어 있다.

사람의 발이나 말발굽을 찌르는 쇠별처럼 남가새의 분열과는 핀치의 부리를 손상시킬 수 있다. 사실 대프니메이저에서 선인장핀치와 작은땅핀치가 남가새의 분열과를 깨뜨리려 시도하는 모습이 목격된 적은 한 번도 없다. 분열과를 공략하는 종은 큰땅핀치와 중간땅핀치밖에 없으며 이 둘은 각각 자기만의 독특한 전술을 갖고 있다.

중간땅핀치보다 두 배나 넓고 두꺼운 부리를 가진 큰땅핀치는 분열과를 집어 부리의 중간 부분에 넣은 다음 위아래 부리를 다문다. 분열과가 산산조각 나면 큰땅핀치는 각각의 조각을 집어 부리 한쪽에 넣고 깨물어 으스러뜨린다. "큰땅핀치가 남가새 열매를 공략하기 시작하면 조만간 깨지는 소리를 들을 수 있어요"라고 피터 그랜트는 말한다.

큰땅핀치처럼 분열과를 통째로 깨뜨리려면 평균 200뉴턴 이상의

남가새.
그림 한복판에 있는 크고 견고한 물체가 남가새 열매이다.
남가새 열매는 건조되면 분열과라는 조각으로 갈라진다.
분열과는 3~6개의 씨를 품고 있다.
이 그림의 맨 아래에서 핀치는 가운데 있는 분열과에서 씨앗 하나를,
좌우의 분열과에서는 모든 씨앗을 꺼내 먹었다.
씨앗이 있던 자리에는 텅 빈 작은 구멍이 남았다.
그림: 탈리아 그랜트

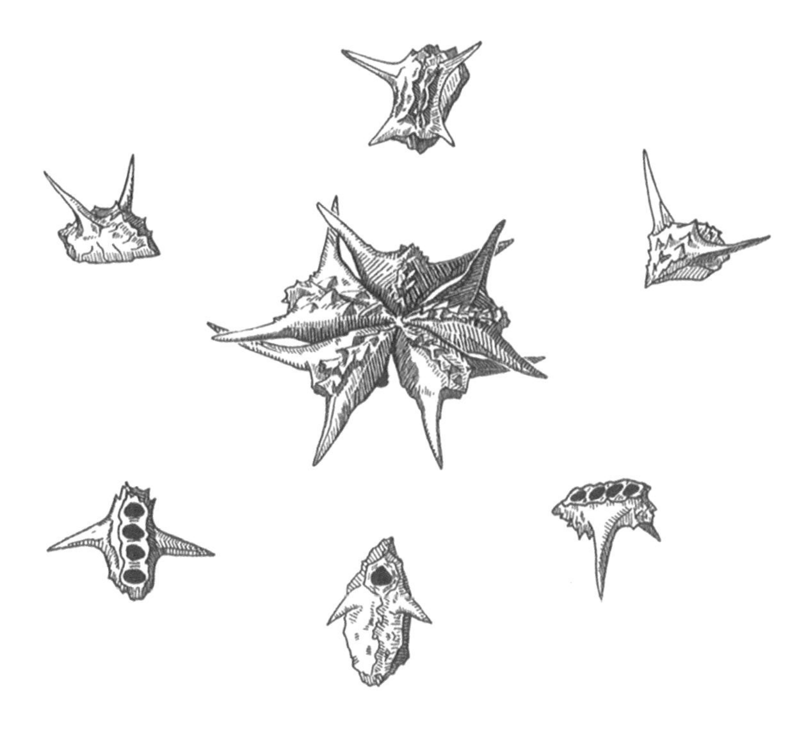

힘이 필요한데 중간땅핀치의 부리로는 역부족이다. 그래서 중간땅핀치는 분열과를 땅바닥에 대고 누르며 한 줄로 늘어선 씨앗을 감싸고 있는 목질판木質板을 마치 껍질을 벗기듯 깨물고 비튼다. 이런 동작에 필요한 힘은 약 54뉴턴으로 중간땅핀치가 낼 수 있는 힘의 최고치와 맞먹는다.

그렇다고 해서 큰땅핀치와 중간땅핀치가 남가새의 분열과를 쉽게 처리하는 건 아니다. 그랜트는 그들이 바위를 이용하는 장면을 목격했다. 핀치는 분열과를 부리에 물고, 윗부리를 바위에 대고 누르는 동시에 아랫부리로 씨를 꽉 누른다.

큰땅핀치는 강력한 부리를 이용하여 분열과를 한방에 부숴 그 속에 들어 있는 씨앗을 하나도 남김없이 꺼내 먹는다. 그러나 중간땅핀치는 부리가 작고 턱도 약해 한 번에 한 개씩밖에 꺼내 먹을 수 없다. 그래서 분열과에 들어 있는 씨를 한두 개만 꺼내 먹고 남은 씨앗은 포기한 채 다음 분열과로 넘어가는 것이 상례이다. 그러다 보니 중간땅핀치가 거쳐간 분열과에는 늘 씨앗이 남는다. 그런데 흥미롭게도 중간땅핀치는 순서를 꼭 지킨다. 좁고 뾰족한 쪽에 있는 씨앗을 먼저 꺼내 먹고 뭉툭한 쪽에 있는 씨앗을 나중에 꺼내 먹는다. 마치 어린아이가 옥수수에서 낟알을 꺼내 먹는 것처럼 매력적이고 체계적이다.

핀치들이 남가새 씨앗을 찾기 위해 건조한 화산암을 샅샅이 훑고 다니는 모습을 보면 피스타치오 빈 껍질이 가득 담긴 그릇을 뒤져 알맹이가 들어 있는 껍질(껍질이 너무 단단해서 앞사람이 까지 않고 버린 피스타치오)을 찾는 사람들을 보는 것 같다. 큰땅핀치와 중간땅핀치는 종종 분열과를 집어 몇 초 동안(또는 좀 더 오랫동안) 씨름하다가, 그 자리에 떨구고 다른 분열과를 찾아나선다. 마치 열리지 않는 피스타치오를 갖

중간땅핀치. 출처: 찰스 다윈, 『H.M.S. 비글호 항해 동물기』, 스미소니언협회 제공.

고 낑낑대다가 그릇 속에 다시 던져 넣는 사람들처럼 말이다. 핀치들은 가시가 두 개 달린 분열과를 선호하고, 가시가 네 개 달린 분열과는 포기할 가능성이 높다. 그렇다면 큰땅핀치가 중간땅핀치보다 남가새를 쉽게 먹는다는 걸 어떻게 알 수 있을까? 그랜트에 의하면 큰땅핀치는 떨구는 분열과보다 깨뜨리는 분열과가 더 많고, 중간땅핀치는 깨뜨리는 분열과보다 포기하는 분열과가 더 많다고 한다.

서로 뿔을 맞부딪치는 수사슴들이나, 먹잇감의 턱을 물어뜯는 사자 따위는 잊어라. 다윈주의 경쟁은 이빨과 발톱을 피로 물들이는 전쟁이 아니다. 경쟁자들끼리 서로 치고받는 경쟁이 아니다. 전투 소리라고는 남가새 열매를 깨뜨릴 때 나는 소리가 전부인 사막섬에서 경쟁이란 마지막 먹이를 향해 나란히 달려가는 침묵의 레이스이다. 떼 지어 함께 먹이를 먹는 동안에도 핀치들은 목숨을 건 전쟁에 내몰리고 있다. 그것은 총성 없는 전쟁이다. 힘든 시기가 왔을 때 그들의 목숨은 '먹이를 얼마나 효율적으로 찾을 수 있는가', 즉 '얼마나 적은 에너지를 소모하여 얼마나 많은 에너지를 보상받을 수 있는가'에 달려 있다. 핀치들은 굶주림과 갈증을 겪으며 에너지의 수지균형을 맞추려 노력한다. 가난한 미코버 씨Mr. Micawber(찰스 디킨스의 소설 『데이비드 코퍼필드』에 등장하는 낙천적 인물_옮긴이)가 늘 말했던 것처럼 "1년에 20파운드를 벌면서 19파운드 19실링 6펜스를 쓰는 것은 세상에서 가장 행복한 사람이 되는 길이고, 똑같이 1년에 20파운드를 벌면서 20파운드 6펜스를 쓰는 것은 세상에서 가장 불행한 사람이 되는 길이다."

동작이 빠르면 경쟁에 유리하므로 큰땅핀치의 승리는 따놓은 당상이다. 큰땅핀치는 1분 내에 두 개의 분열과에서 네 개 이상의 씨앗을 꺼내 먹을 수 있는 데 반해, 중간땅핀치는 1분 30초 만에 두 개의 분열과에서 겨우 세 개의 씨앗을 꺼내 먹는다. 큰땅핀치는 1분에 약 2.5배의 에너지를 섭취하는 데다 덜 뛰고도 각각의 분열과에서 더 많은 씨앗을 꺼내 먹기 때문에 에너지 소비도 절약할 수 있다.

물론 큰땅핀치는 부리뿐만 아니라 덩치도 중간땅핀치보다 커서 먹이를 더 많이 먹어야 한다. 그래서 하루 기초대사량을 충족시키려면 1.5배의 에너지가 필요하다. 그러나 큰땅핀치의 큰 부리는 2.5배나 되는 에너지를 섭취할 수 있기에 여전히 경쟁에서 우위를 점한다.

하지만 세상살이는 그리 단순하지 않아, 신체조건의 열세를 만회하려고 꼼수를 부리는 중간땅핀치가 간혹 나타난다. 그중 한 마리는 가끔 화산암 위를 돌아다니는 큰땅핀치의 꽁무니를 졸졸 따라다닌다. 그러다 큰땅핀치가 분열과를 부수자마자 달려들어 한 조각을 잽싸게 가로채서는 약간 멀리 떨어진 곳으로 날아가 씨앗을 꺼내 먹는다. 그러나 대프니메이저에 사는 중간땅핀치들 모두가 이런 꼼수를 부리는 것 같지는 않다. 왜냐하면 그랜트 연구진은 그런 약삭빠른 새를 대여섯 마리밖에 발견하지 못했기 때문이다. (중간땅핀치 중에는 또 다른 얌체족도 있다. 대프니메니저에 사는 선인장핀치들은 가끔 선인장 봉오리를 여는데, 중간땅핀치는 평소에 그걸 열려고 시도조차 하지 않는다. 중간땅핀치는 가끔 선인장핀치 옆에서 얼쩡거리다가 선인장핀치가 봉오리를 찢어 여는 순간 끼어들어 부리를 들이대기도 한다.)

그러므로 남가새를 둘러싼 시련과 고난은 큰땅핀치보다 중간땅핀치에게 더 가혹하고 중간땅핀치 중에서도 일부에게는 보다 더 가혹하다. 큰 부리를 가진 중간땅핀치는 분열과를 빨리 깨뜨려 씨앗을 얼른 꺼낼 수 있기 때문에 미세한 변이가 모든 것을 좌우할 수 있다. 11밀리미터짜리 부리를 가진 중간땅핀치는 남가새를 깨뜨릴 수 있지만, 10.5센티미터짜리 부리를 가진 중간땅핀치는 시도조차 하지 않는다.

"저울이 삶과 죽음 중 어느 쪽으로 기울지를 결정하는 것은 가장 작은 낟알 하나이다"라는 다윈의 말을 상기하라. '남가새 열매를 깨뜨릴 수 있는 부리'와 '그럴 수 없는 부리'의 차이는 겨우 0.5밀리미터이다.

한 가지 덧붙이자면 핀치의 부리가 남가새에게 선택압selection pressure을 행사할 수도 있지만 그랜트 연구팀은 이 문제를 주의 깊게 연구하지 않았다. 피터는 그저 단순한 호기심으로 중간땅핀치가 많이 사는 곳(분화구의 동쪽 가장자리)과 중간땅핀치가 거의 살지 않는 곳(분화구의 북서쪽 가장자리에서 20미터쯤 내려간 안쪽 벽)에서 남가새의 열매가 각각 어떻게 다른지를 비교했다. 그 결과 핀치가 많이 사는 곳에 서식하는 남가새의 경우 분열과의 씨앗이 적은 반면 가시는 더 길고 많은 것으로 나타났다. 이와 반대로 핀치가 거의 살지 않는 곳(경사가 급하고 바위가 많은 외진 곳)에 서식하는 남가새의 경우, 분열과의 씨앗이 많은 반면 가시는 더 짧고 적은 것으로 나타났다.

피터는 남가새가 핀치에 대응하여 진화하고 있을 거라고 생각한다. 생존경쟁이 치열한 곳에서는, 에너지를 가시에 많이 투자하고 씨앗에 덜 투자하는 남가새가 성공할 가능성이 가장 높다. 그러나 더 안전하고 외진 곳에서는 씨앗을 만드는 데 에너지를 많이 소비하고 그것을 보호하는 데 에너지를 덜 소비하는 남가새가 가장 적합하다. 남가새가 핀치의 진화를 추동하는 사이, 핀치도 남가새의 진화를 추동하고 있는지 모른다.

갈라파고스 식물의 최고 권위자인 던컨 포터Duncan Porter에 의하면 갈라파고스에 서식하는 남가새는 본래 아프리카에서 왔다고 한다. 선원, 고래잡이, 해적의 신발, 긴 바지, 털북숭이 다리에 달라붙어 이 섬 저 섬을 전전하다 결국에 태평양을 건너 갈라파고스에 도착했을 것이다. 만약 그렇다면 남가새가 대프니메이저에 상륙한 시기는 빨라야 최초의 유럽인이 갈라파고스를 발견한 1535년이다. (그는 비운의 사나이 프라이 토마스 데 베를랑가Fray Tomas de Berlanga로 파나마의 제3대 주교였다. 베를랑가 주교는 정체불명의 제도諸島를 가까스로 벗어난 게 너무 기쁜 나머지 이름을 붙일 생각도 하지 않았다.)

그러나 최초의 남가새 씨앗이 정확히 언제 대프니메이저에 도착했는지는 알 수 없다. 모르긴 몰라도 그 선량한 주교가 갈라파고스와 충돌한 해는 아닐 것이다. 그가 대프니메이저를 보지 못했을 가능성이 높고, 설사 봤다 해도 그곳에 발을 딛지는 않았을 테니 말이다. 따라서 이 조그마한 섬에서 벌어지고 있는 '부리와 가시의 전쟁'은 불과 몇 세기라는 짧은 기간 동안 진화한 것일 수도 있다. 이곳에 도착한 최초의 바닷새가 물갈퀴에 남가새를 매단 채 화구원crater floor에 착륙했거나, 베를랑가 주교 이후에 어떤 뱃사람이 섬 주변을 몇 바퀴 돌다 레지에 첫 발을 간신히 디딘 때부터 말이다.

다윈은 아사 그레이Asa Gray에게 보낸 편지에 "사소한 차이가 '생존할 것'과 '사라질 것'을 결정하는 경우가 얼마나 많은지!"라고 썼다. 다윈을 비판하는 많은 사람들은 이 말을 순전히 추측으로 여겼지만, 대프니메이저에서 인생의 상당부분을 보낸 그랜트 부부는 그게 진담임을 잘 알고 있다. "나는 가끔 피아노 연주를 생각하곤 해요"라고 로즈메리 그랜트가 말한다. "손이 작아 피아니스트로서 성공할 수 없음을 알기에 손가락이 조금만 더 길었으면 훨씬 더 좋았을 거라며 아쉬워하죠."

그녀는 족집게에 관한 이야기도 덧붙인다. 엘 그루포 그란트El Grupo Grant에 소속된 사람들은 누구나 선인장 가시를 뽑아야 하므로 족집게가 꼭 필요한데, 핀치의 둥지를 조사하거나 식물의 씨와 열매를 조사하는 기간 동안에는 특히 그렇다. 대프니매이저를 가장 오래 겪은 사람들 중 몇몇은 족집게를 '대프니메이저에서 가장 필수적인 장비'로 손꼽는다. 완벽한 족집게 세트는 끝 부분이 비스듬한 것, 네모반듯한 것, 뾰족한 것을 포함하는데, 각각의 용도가 다르다. 그중 하나를 골라 다른 용도에 사용할 수도 있지만 동작이 어설퍼 시간을 많이 잡아먹는다. "족집게의 형태와 크기가 조금 다를 뿐인데 작업에 얼마나 큰 영향을 미치는지 몰라요!"라고 로즈메리는 말한다.

그랜트 부부는 대프니메이저뿐 아니라 갈라파고스 제도 전체에서 나타나는 변이의 중요성을 잘 알고 있다. 대프니메이저에 이어 그들이 두 번째로 면밀히 관찰한 섬은 제노베사이다. 그들은 1978년부터 제노베사를 강도 높게 관찰하기 시작했다. 대프니메이저의 일은 주로 피터가, 제노베사의 일은 주로 로즈메리가 전담한다. 따라서 그들끼리는 대프니메이저를 '피터의 섬', 제노베사를 '로즈메리의 섬'이라고 부른다.

로즈메리는 제노베사에서 큰선인장핀치를 집중적으로 연구해왔다(다윈은 이 새를 한 번도 구경하지 못했다). 대프니메이저에 사는 핀치들과 마찬가지로 제노베사에 사는 큰선인장핀치는 먹이가 풍부할 때는 거의 같은 먹이를 먹지만, 기근이 오면 전문화하는 경향이 있다. 상당히

대프니메이저에 사는 중간땅핀치 두 마리.
종과 나이와 서식지(섬)가 모두 같지만, 한 쪽의 부리가 다른 쪽의 부리보다 현저하게 더 두껍다. 그림: 탈리아 그랜트.

긴 부리를 가진 새들은 선인장 열매를 망치질하듯 깨뜨린 다음 선인장 꽃을 먹는다. 길고 두꺼운 부리를 가진 새들은 크고 단단한 선인장 씨앗을 깨뜨릴 수 있다. 다른 새들보다 꽤 두꺼운 부리를 지닌 새들은 나무껍질을 벗겨내 그 속에 있는 벌레를 잡아먹는다. 이는 '미세한 변이가 중요하다'라는 다윈의 말이 옳았음을 입증하는 또 하나의 사례이며, 다윈이 『종의 기원』 독자들에게 상상해보라고 했던 바로 그 사례이기도 하다.

독자들로 하여금 '작은 변이로 인해 사는 자와 죽는 자가 결정된다'라는 사실을 일단 받아들이게 한 후, 다윈은 자신의 주제를 한 단계 더 밀고 나간다. 즉, '유리한 변이favorable variation는 자손에게 대물림될 가능성이 높다'라고 주장한다. 유리한 변이는 한 세대에서 다음 세대로 전달됨으로써 집단 전체에 퍼지는 반면, 불리한 변이(집단의 개체를 해치는 변이)는 줄어들다가 결국 사라지는 경향이 있다는 것이다.

다윈주의가 쇠퇴하던 시기에 이 부분은 다윈이론의 나머지 부분과 마찬가지로 '사실이냐 아니냐'의 문제보다 '믿느냐 믿지 않느냐'의 문제처럼 보였다. 그래서 신봉자들은 받아들였고, 회의론자들은 받아들이지 않았다. 예컨대 1930년대 영국의 진화학자 롭슨과 리처드는 '진화가 진행되고 있음을 보여준다'라고 주장한 논문 몇 편을 분석하여 다음과 같은 결론을 내렸다. "심지어 자연선택 작용의 개연성이 높은 곳에서도 사례연구들은 다윈의 관점을 증명하지 못했다. 왜냐하면 문제가 되는 변이가 대물림되지 않았고, 대물림되지 않은 변이는 진화로 연결될 수 없기 때문이다."

피터 보그는 유전학에 조예가 깊은 사람이었다. 그랜트 연구팀의 일원으로 대프니메이저에서 핀치를 몇 시즌 동안 관찰한 후, 보그는 자신의 박사학위 논문 작성의 일환으로 부모와 자손의 부리 크기를 비교하여 상관관계를 분석해보리라 마음먹었다. 즉, 부리의 변이가 얼마나 정확히 대물림되는지를 측정하고 싶었다. '변이가 대물림되는가?'라는 문제는 '변이 자체가 존재하는가?'라는 문제만큼이나 '부리의 진화'나 '변이가 개체의 삶에 미치는 영향'을 연구하는 데 중요한 문제였다. 이 문제를 유전학 용어로 유전성heritability이라고 하는데 오늘날의 독자들은 실소를 금할 수 없겠지만, 그 당시에는 유전성을 야생에서 실제로 측정하려고 시도해본 사람이 아무도 없었다. "변이의 유전성이 높을수록, 다시 말해서 변이가 정확히 재생산reproduction될수록 다윈핀치들 중에서 진화가 진행되는 속도는 더욱더 빨라져요. 그러나 유전성을 실제로 측정하지 않는다면 우리에게는 판단할 근거가 전혀 없어요"라고 보그는 설명한다.

보그는 여러 해 동안 수집한 핀치그룹의 데이터를 모두 검토하여 자손의 몸집과 부모의 몸집을 비교분석했다. 그 결과 예상했던 대로 자손의 몸집은 부모의 몸집에 매우 강하게 의존하는 것으로 나타났다. 이는 몸집의 유전성이 매우 높다는 것을 시사한다.

또한 보그는 자손의 부리와 부모의 부리를 비교했다. 그 결과 부리의 형태와 크기도 유전성이 매우 높은 것으로 밝혀졌다. 다시 말해서 핀치의 부리가 한 세대에서 다음 세대로 충실하게 전달되는 것으로 밝혀졌다.

그러나 보그의 분석에는 미진한 부분이 하나 있어서 자칫 분석결과를 무효화할 수 있다. 논의의 편의를 위해 '그 당시 대프니메이저에 사는 중간땅핀치들 중에서 평균보다 큰 부리를 가진 새들이 더 많은 먹이를 먹을 수 있었다'라고 가정하자. 그리고 '먹이를 많이 먹은 새끼들은 큰 부리를 가진 어미로 성장하게 된다'라고 하자. 그렇다면 큰 부리를 가진 부모는 새끼들에게 더 많은 먹이를 줄 것이고, 그 새끼들은 (설사 작은 부리를 갖고 태어났더라도) 큰 부리를 가진 어미로 성장할 것이다. 결국 큰 부리를 가진 부모는 큰 부리를 가진 자손을 얻고 작은 부리를 가진 부모는 작은 부리를 가진 자손을 얻겠지만, 이것은 후천적 효과이기 때문에 유전학과 아무런 관련이 없다. 따라서 보그가 비교분석을 통해 얻은 상관관계에도 불구하고, 핀치 부리의 크기와 형태는 부모에게서 새끼에게로 전달되지 않았을 수도 있다.

이것은 본성 대 양육nature versus nurture이라는 해묵은 문제로 귀결되는데 보그는 이 문제를 검증하는 방법을 알고 있었고 실제로 그럴 계획도 있었다. 만약 그가 '큰 핀치 부부'의 둥지에서 알 몇 개를 꺼내 '작은 핀치 부부'의 둥지에 몰래 넣어뒀다면, 입양된 새끼들이 성장하면 친부모와 양부모 중 어느 쪽을 닮게 될까? 하지만 보그는 대프니메이저에서 핀치를 관찰하는 동안 이 실험을 수행할 기회를 얻지 못했다. 돌이켜보면 핀치 관찰자들은 보그가 그러지 못한 걸 천만다행으로 여겼다. 왜냐하면 그들의 연구는 매우 민감해서 보그가 상당수의 알을 바꿔치기했다면 자연의 이치에 어긋나는 교란이 많이 발생했을 것이기 때문이다. 백 보 양보하더라도 보그의 행동은 진화의 경로를 국지적으로 바꿔놓았을 것이다.

알 바꿔치기 연구를 수행한 사람은 제이미 스미스였다. 스미스는 갈라파고스를 떠난 후 만다르테 섬에 사는 참새들 사이에서 연구실을 차렸다. 보그가 대프니메이저에서 계획했던 대로 스미스는 참새 둥지에서 많은 알을 꺼내 다른 둥지로 입양했다. 후에 양자는 양부모가 아니라 친부모를 닮는 것으로 나타났다. 큰 새에게 양육된다고 큰 새가 되는 것은 아니며, 어린 새는 비록 친부모 슬하에서 자라지 않더라도 친부모를 닮는 것으로 밝혀진 것이다. 이는 '참새의 몸집과 부리 모양을 결정하는 데 큰 역할을 하는 것은 양육이 아니라 본성이다'라는 사실을 입증하는 강력한 증거이다. 핀치의 부리와 마찬가지로 참새의 부리에 나타난 변이는 한 세대에서 다음 세대로 매우 충실하게 전달된다.

모든 조류에서 많은 형질들은 한 세대에서 다음 세대로 전달된다. 최근의 연구들에 의하면 새의 삶 중에서 가장 사소한 부분(즉, 알의 정확한 크기에서부터 알의 개수 및 산란일에 이르기까지 모든 것)까지도 최소한 어느 정도 유전된다고 한다. 생물 세계에서 일어나는 변이가 모두 핀치의 부리만큼 충실하게 전달되는 것은 아니지만, 다윈이 상상했던 것처럼 '변이의 대물림'은 자연계의 예외라기보다는 규칙처럼 보인다.

본래 그랜트 부부는 몇 개월 동안만 다윈핀치를 연구한 뒤, 되도록 많은 데이터를 챙겨 귀가할 예정이었다. 그런 다음 새의 모습을 형성한 요인이 뭔지를 찾아낼 계획이었다. 요컨대 그랜트 부부는 새의 스냅사진을 찍겠다는 구상을 갖고 있었다. '진화는 서서히 일어난다'라는 다윈의 생각이 옳다면, 어느 누구라도 스냅사진 이상의 증거를 제시할 수가 없었을 테니 말이다. 그렇다면 진화학자가 새를 관찰하는 것은 천문학자가 별을 관측하거나 지질학자가 산맥을 관찰하는 것과 다를 바 없으며, 갈라파고스에서 100년간 관찰해봤자 얻을 것은 스냅사진밖에 없을 것이다.

그러나 퍼즐 조각들이 하나둘씩 제자리를 찾아감에 따라 그랜트 부부와 연구팀은 '뭔가 관찰할 가치가 있다'라는 사실을 이해하기 시작했다. 새들의 부리는 극도로 다양한데, 새들은 이런 변이에 극히 민감할 뿐만 아니라 극도로 충실하게 후손에게 전달하는 것으로 나타났다. 다윈과정에 필요한 각각의 요구사항들과 '자연선택을 통한 진화'에 필요한 각각의 전제조건들은 다윈핀치를 통해 거의 비정상적인 수준까지 낱낱이 드러났다. 그들은 갈라파고스로 다시 돌아가야 했다.

에우리피데스Euripides의 〈바커스의 여신도들〉에서는 "신의 의지는 서서히, 그러나 확실하게 움직인다"라는 코러스가 울려 퍼진다. 다윈도 "자연선택의 힘은 서서히, 그러나 확실하게 움직인다"라고 말했다. 그러나 여기 대프니메이저에 사는 다윈핀치들 사이에서는 자연선택이 빠르고 확실하게 작용할지도 모른다.

다윈핀치들 사이에 서서 그들의 일거수일투족을 지켜본 사람들이 지금껏 아무도 없었으므로 그랜트 부부는 그저 주야장천 기다리며 바라보는 수밖에 없었다. 그러나 사실이 하나둘씩 속속 밝혀짐에 따라, 그랜트 부부는 굳이 오래 기다릴 필요가 없어졌다.

chapter 5

특별한 섭리

참새 한 마리가 떨어지는 것도 특별한 섭리 때문이다.
- 윌리엄 셰익스피어, 『햄릿』

나는 선택이라는 수단이 자연계에 정말로 존재하고,
늘 작용하고 있으며, 그 완벽함은 아무리 강조해도
지나치지 않음을 완전히 확신한다.
- 찰스 다윈, 『자연선택』

대프니메이저의 북쪽 가장자리를 떠나기 전, 피터 그랜트는 몸을 앞으로 숙여 길가의 먼지를 살펴본다. 햇빛을 가리는 챙 넓은 모자를 쓰고 회색 턱수염을 기른 그는 쾌활하고도 엄숙한 표정으로 먼지 속을 들여다본다. 남가새 씨를 찾고 있는 중이다.

"당신이 '여기도 하나, 저기도 하나, 어라? 저기도 하나!'라고 말하던 때가 있었지. 하지만 이제는 눈을 부릅뜨고 찾아야 해" 피터가 말한다.

그는 남가새 옆에, 또는 남가새의 흔적 옆에 무릎을 꿇고 앉는다. 거의 4년간 가뭄에 시달려 남가새는 뿌리까지 시들었다. 그건 마치 햇빛을 피해 숨어 있는 검은 발톱처럼 보였다. 남가새 주변의 화산암들은 모두 흰색 페인트(정확히 말하면 오래된 구아노)로 겹겹이 뒤덮여 있어, 피터는 눈을 가늘게 떠야 한다. 아침 하늘이 아직 흐릿함에도 불구하고 흰색 페인트에 반사되는 햇빛이 제법 강렬하기 때문이다. 조약돌 한두 개를 옆으로 밀쳐낸다.

"여기 하나 있군." 그는 마침내 분열과 하나를 찾아내 손바닥에 올려놓는다. 남가새는 지난번 우기에 이 분열과 하나를 떨구고 다음번 우기를 기다리고 있다. 이제 남가새 몸통에는 시든 줄기만 남았고, 분열과는 유목driftwood(물 위에 떠다니는 나무_옮긴이)처럼 빛이 바랜 채 아직도 우기를 기다리고 있다.

길고 날카로운 가시 두 개의 호위를 받고 있지만, 분열과는 한쪽 끝이 부스러져 열려 있다. 피터는 부서진 부분에서 까만 구멍 두 개를 찾아냈는데, 마치 작은 눈구멍eye socket처럼 텅 비어 있다. "핀치가 씨앗을 두 개만 꺼내 먹고 나머지는 남긴 게로군"이라고 그는 말한다.

바로 이 순간, 다윈핀치 400마리가 화산섬을 오르내리며 방금 피터가 한 일을 반복하고 있다. 그들은 조약돌을 뒤집고, 화산암을 살펴보고, 발톱으로 (타다 남은 재 같은) 먼지를 헤집고, 간혹 어두운 돌 틈으로 머리를 집어넣어, 최후의 빛바랜 씨앗을 찾고 있다. 새로운 땅을 드러내기 위해 핀치들은 가끔씩 머리를 커다란 돌에 기댄 상태에서 발로 다른 돌을 굴리기도 한다. 30그램에도 못 미치는 핀치가 거의 400그램이나 되는 돌을 굴리는 것을 본 적이 있다. 사람으로 치면 1톤짜리 바위를 굴리는 거나 마찬가지이다. 1톤짜리 바위를 굴리는 건 시시포스의 노동이지만, 시시포스와는 달리 다윈핀치는 그 일을 영원히 계속할 수 없다. 왜냐하면 핀치의 부리를 덮고 있는 각질이 마모되기 때문이다. 일부 핀치들은 머리의 깃털이 빠져 거의 대머리가 되지만, 가끔 피터의 손바닥에 놓여 있는 것과 같은 보물로 보상을 받는다. 그것은 몇 개의 씨앗이 고스란히 남아 있는 분열과로 일명 '단단한 비타민 캡슐' 이라고도 불린다.

이 섬에서 처음 4년을 보내는 동안, 이렇게 심한 생존경쟁을 본 적이 없다. 그동안은 다윈핀치들의 태평성대였다. 예컨대 첫 번째 시즌이 끝나갈 무렵, 대프니메이저에는 약 1,500마리의 중간땅핀치가 있었는데 그들은 열 마리 중 아홉 마리 꼴로 다음 비가 내리기 직전인 12월까지 여전히 살아 있었다. 2년째이던 1974년 4월, 섬에는 약 300마리의 선인장핀치들이 있었는데 그들은 20마리 중 19마리 꼴로 건기를 견뎌내고 12월까지 살아 있었다.

4년째이던 1976년은 특히 비가 많이 내리고 초목이 우거진 해였다. 1월과 2월에는 엄청난 양의 비가 퍼부었고, 4월과 5월에는 약한 소나기가 이어져 총 137밀리미터의 강우량을 기록했다. 다윈핀치들에게는 호시절이었다.

5년째이던 1977년에도 시작은 좋았다. 1월 첫 주에 내린 비는 예상을 빗나가지 않았다. 그리고 며칠 내에 대프니메이저 전역에서 녹색 잎이 펼쳐지고 꽃들은 꽃망울을 터뜨렸다. 이곳저곳에서 일부 애벌레들이 꽃봉오리 위를 기어다녔는데, 다윈핀치들에게 패스트푸드나 마찬가지였다. 섬에는 1,000여 마리의 중간땅핀치와 거의 300마리의 선인장핀치들이 살고 있었다.

그즈음 그랜트 부부와 처음 동행했던 이언과 리네트 애보트는 호주로 돌아갔고, 제이미 스미스도 캐나다로 돌아갔다. 그래서 대프니메이저를 관찰하는 임무는 피터 보그와 로렌 래트클리프에게 돌아갔다. 보그는 섬의 중간땅핀치들이 알을 낳기 시작하기를 학수고대하고 있었다. 왜냐하면 자신의 연구를 위해 좀 더 많은 부모와 자손들이 필요했기 때문이다. 그는 또한 '알 바꿔치기 실험'을 수행하기 위해 에콰도르 국립공원으로부터 특별허가를 받아놓은 상태였고, 중간땅핀치의 알이 부화되는 대로 새끼들에게 고리를 달아줄 계획이었다. 그리하여 다음 시즌에 부리의 길이, 두께, 폭을 측정하면 박사학위 논문을 근사하게 마무리할 수 있었다.

첫 비가 내린 후 선인장핀치 몇 쌍이 짝짓기를 했다. (선인장핀치는 종종 큰비가 오기 전에 짝짓기를 한다. 이는 아마도 그들이 생계를 대부분 선인장으로 꾸려나가기 때문일 것이다.) 선인장핀치 부부가 선인장에 지은 둥지에서 낳은 알은 잘 부화했다.

중간땅핀치는 비가 좀 더 많이 올 때까지 짝짓기를 하지 않는 것이 상례이므로 피터와 로렌은 폭우가 내려 중간땅핀치의 짝짓기를 촉진해주기를 기다렸다. 그러나 1월 첫 주 이후에 예상은 보기 좋게 빗나갔다. 대프니메이저의 하늘은 오늘 아침(1장에서 언급한 1991년 1월 25일 아침을 말한다_옮긴이) 그랜트 부부의 머리 위에 낮게 드리웠던 잿빛 하늘처럼 음울하고 고요했다. 가벼운 소나기가 한 번 더 내린 뒤, 구름 낀 하늘과 무더위 외에 아무것도 찾아오지 않았다.

1977년 1월 첫 주에 찔끔 내린 비는 토양 속에 스며들지 않았다. 대프니메이저의 경사면에는 물 웅덩이를 형성할 만한 공간이 없었고, 먼지가 부족해 빗물을 충분히 흡수할 수도 없었다. 그러다 보니 비는 마치 지붕 위에 떨어진 빗방울처럼 화산의 측면을 타고 흘러내려와 바다로 똑똑 떨어졌다. 땅 위에 남아 있는 것들은 모두 햇볕에 가열되어 증발하거나, (바다에서 섬 가장자리로 불어오는) 미풍과 (분화구의 속의 커다란 분지에서 소용돌이치는) 회오리바람에 건조되었다. 매일 아침 해가 뜨면서 화산암이 달궈지기 시작하면 분화구 안에서는 마치 불꽃이 일렁이는 듯 맴돌이가 생겼다.

선인장핀치들은 선인장 덤불 속 깊숙이 반구형半球型의 둥지를 지어 올빼미로부터 새끼들을 안전하게 보호한다. 선인장핀치 새끼들이 부화된 지 7일 후, 보그와 래트클리프는 둥지 안을 점검했다. 새끼들은 예년과 마찬가지로 짹짹 소리를 내는 데 많은 에너지를 소비하고 있었다. 피터와 로렌은 선인장 덤불 속으로 손을 뻗어 새끼들을 꺼낸 다음, 모자 속에 넣고 한 마리씩 차례로 각종 수치를 측정했다. 예년 같으면 그즈음 파리와 나방들이 선인장 주변을 돌아다니고, 어미들은 벌레를 잡아다 새끼들에게 먹이느라 바빴을 것이다. 공중에 벌레들이 가득하여 그물을 세 번 휘두르면 수백 마리가 잡힐 정도였으니 말이다. 그러나 그해 1월 말에 섬은 너무 건조해 곤충을 불러들일 꽃이 거의 피지 않았다. 그래서 그물을 세 번 휘둘렀을 때 걸려든 곤충은 겨우 두 마리뿐이었다.

보그와 래트클리프가 스포이드를 이용하여 새끼의 모이주머니 내용물을 채취해 조사해보니, 거의 텅 비어 있었다. 그들이 발견한 것은 꽃가루 약간, 꽃 몇 송이, 씨앗 알맹이 한 개, 그리고 간혹 작은 거미 한 마리가 전부였다.

대프니메이저 전체에서 잎은 쪼글쪼글해지고 꽃은 시들었다. 보그와 래트클리프는 애당초 그렇게 오랫동안 섬에 머물 계획이 아니었다. 모든 일이 계획대로 착착 진행되었다면 1월 초에 작업을 시작하여 7일째 되는 날에 둥지에 있는 새끼들의 다리에 고리를 끼웠을 것이다. 그러고는 섬을 떠났다가 나중에 다시 와서 새끼들이 어떻게 지내고 있는지 확인했을 것이다. 그러나 보그와 래트클리프는 중간땅핀치에게 발목을 단단히 잡혀 꼼짝달싹할 수가 없었다. 중간땅핀치가 새끼를 낳을 때까지는 섬을 떠날 수 없었다.

보그는 분화구의 위쪽 가장자리에서 수평선을 곰곰이 살펴봤다. 바닷바람은 남쪽에서 불어오다 대프니메이저 앞 8킬로미터 지점에 있는 산타크루즈에서 막히는 게 보통이다. 산타크루즈는 대프니메이저보다 훨씬 더 넓고 높다. 그 결과 폭풍우는 비의 대부분을 산타크루즈 남쪽에 뿌리기 때문에 산타크루즈의 북쪽과 대프니메이저 전역은 비그늘rain shadow(산으로 막혀 강수량이 적은 지역_옮긴이) 속에 놓이게 된다. 보그는 산타크루즈 해안에 비가 정상적으로 내리는 장면을 볼 수 있었다. 산타크루즈에서 북서쪽으로 30킬로미터 떨어져 있는 산티아고에도 그 해 봄에는 비가 촉촉히 내렸다(산티아고 섬은 다윈이 2주 동안 머물렀던 곳이다).

"우리는 숨을 헐떡이다 물을 마시고는 책을 읽었죠. 나는 『고뇌와 환희』를 읽었어요. 피터는 늘 제2차 세계대전에 관한 책만 읽었죠"라고 래트클리프는 말한다.

"그런 곳에서는 『제3제국의 흥망』을 읽는 게 안성맞춤이죠"라고 보그는 말한다.

며칠 동안 산발적인 비가 드문드문 내렸는데, 다 합쳐봐야 24밀리미터에 불과했다. 그 정도 강수량은 중간땅핀치가 짝을 이루어 교미하는 데 충분치 않았고 나방과 파리가 공간을 가득 채우기에도 부족했다. 선인장핀치 새끼들은 세 마리 중 두 마리 꼴로 둥지에서 죽었고, 살아남은 새끼들은 보통 때보다 두 배나 긴 시간 동안 부모 곁에 머물렀으며, 일부는 한 달 이상 머물기도 했다. 새끼들은 부모 곁에서 뛰어다니며 먹이를 구걸하느라 연신 날카로운 고함을 지르고 날개를 흔들어

댔다.

섬이 촉촉하고 푸르르던 시절, 6월이 되면 화산암 1제곱미터당 평균 10그램 이상의 씨앗이 깔려 있는 게 보통이었다. 핀치들은 이미 1976년의 건기 동안 그중 상당수를 먹어치웠지만, 그리 큰 문제는 아니었다. 1977년 3월이나 4월에라도 늦은 비가 내리면 씨앗 공급량이 곧 늘어나 중간땅핀치는 짝을 이루고 교미를 하여 알을 낳기 시작할 수 있었다. 그러면 보그의 실험에 사용할 알은 충분히 확보할 수 있었다. 그러나 시간이 아무리 흘러도 비는 오지 않았고, 새들은 짝을 이루지 않았다. 새들은 허구한 날 똑같은 땅을 부리로 쪼며 줄어드는 씨앗을 찾았다. 그해 6월이 되자, 1제곱미터당 6그램의 씨앗이 남았고, 12월에는 겨우 3그램만 남았다.

우기에는 새들이 가장 쉬운 씨앗(경쟁지수가 낮은 씨앗)을 찾아다니는 게 상례였다. 그러나 이제는 상황이 달라졌다. 새들은 그릇의 밑바닥까지 내려와 마지막으로 남은 피스타치오 열매를 놓고 다투는 형국이었다. 1976년 6월에 핀치가 먹은 씨앗 중 80퍼센트는 경쟁지수가 1 미만이었다. 하지만 헬리오트로피움과 같이 작고, 부드럽고, 쉬운 씨앗을 가진 식물들이 점차 사라지면서 경쟁지수가 계속 상승하여 이제는 씨앗의 경쟁지수가 대부분 6을 넘어서게 되었다. 굶주린 새들은 크고 단단한 씨앗을 가진 팔로산토Palo Santo나 남가새와 씨름하지 않을 수 없었는데, 특히 남가새는 마치 검劍 속에 씨앗을 품고 있는 것과 같아, 연구원들 사이에서 생존경쟁의 상징으로 여겨졌다.

1973년을 되돌아보면 중간땅핀치가 남가새의 쇠별(분열과)을 깨뜨리는 경우는 매우 드물었고, 어쩌다 한 번 시도하는 경우 분열과를 깨뜨리는 데 걸리는 시간은 평균 15초 정도였다. 그러나 상황이 완전히 달라진 1977년 여름, 보그와 래트클리프가 다시 한 번 스톱워치를 꺼내들고 시간을 측정해봤더니 놀라운 일이 벌어졌다. 중간땅핀치는 분열과의 모서리를 부리 옆에 끼우고 계속 비틀어 6초도 안 되어 꼬투리를 부스러뜨리는 게 아닌가! 새들은 남가새를 갖고서 실습을 거듭한 끝에, 마침내 분열과를 처리하는 기술을 습득한 것이다.

중간땅핀치들 중에서 덩치가 왜소한 것들은 부리가 너무 작아 남가새를 깨뜨리지 못했다. 그러자 핀치들은 남가새 대신, 카마이시케Chamaesyce라는 허브를 쪼아댔다. 카마이시케의 씨앗은 작고 부드럽지만 잎에 상처가 나거나 줄기가 부러지면 끈끈한 유액latex이 흘러나온다. 섬에 새로 유입된 작은땅핀치들과 함께 꼬마 중간땅핀치들은 유액의 방해를 무릅쓰고 카마이시케의 씨앗을 사냥하기 시작했다. 카마이시케를 부리로 계속 쪼아대다 보면 유액이 정수리의 깃털에 엉겨 붙어 끈적이게 되므로, 다음 작업을 위해서는 흙이나 자갈에 대고 머리를 문질러야 했다. 그러다가 깃털이 빠져 민둥산이 된 두피는 하루 종일 직사광선에 노출되었다. 보그와 래트클리프는 작은 대머리 핀치들의 시신이 화산암 위에 널브러져 있는 모습을 발견하기 시작했다.

그들은 핀치를 생포하여 신체검사를 하고 몸무게를 잰 다음 방수노트(그해에는 비가 안 내려 방수 처리를 할 필요가 없었다)에 기록하는 일상 활동을 계속했다. 6월이 되자 많은 새들의 몸무게가 전년 6월의 4분의 1 수준으로 떨어졌다. 새들 중 상당수는 새 깃털이 절실히 필요한 실정임에도 불구하고 털갈이를 하지 못했다. 보그는 후에 발표한(지금은 유명해진) 「1977년 대프니메이저의 가뭄에 대한 보고서」에서 "핀치들의 겉깃털contour feather(날개나 꼬리 등 새의 몸매를 이루는 억센 깃털_옮긴이)이 부분적으로 마모되어 솜깃털down feather이 노출되었다"라고 말했다. 그와 로렌은 화산암 위에서 뒹구는 중간땅핀치의 시체들을 살펴본 결과, 깃털이 마치 제대로 빗지 않은 것처럼 헝클어져 있다는 것을 알게 되었다. 깃털이 가장 많이 헝클어지고 마모된 것은 체구가 가장 왜소한 작은땅핀치였다. "카마이시케의 작고 부드러운 씨앗을 먹지 않는 경우 작은땅핀치들은 불꽃나무에 붙은 지의류 속에서 벌레를 쪼아 먹거나, 헐벗은 나뭇가지에서 벌레를 사냥했어요. 그러려면 비행을 해야 했고, 비행을 하려면 겉깃털이 필요했죠"라고 보그는 말한다.

아무리 좋은 시절이라도 핀치 관찰자들이 유념할 사항이 하나 있었다. 바로 '야영지 안에 있는 물통 뚜껑을 열어놓으면 안 된다'라는 것이었다. 왜냐하면 다윈핀치가 물통 속에 뛰어들어 익사할 수 있기 때문이다. 물통은 사막의 오아시스와 같아서 원근각지에서 목마른 동물들을 모두 끌어모은다. 한번은 갈라파고스의 다른 섬에서 이구아나를 관찰하던 생물학자가 깜빡 잊고 석유통을 열어놓았는데 다음 날 아침에 일어나 들여다보니 그 속에 핀치가 가득했다고 한다. 또 한번은 찰스 다윈 연구소에서 30센티미터나 되는 지네 한 마리가 우연히 물통 속에 기어 들어가 있다가 메뚜기가 뛰어들어 오는 족족 잡아먹었다고 한다.

그런데 1977년 여름에는 비가 한 방울도 내리지 않다 보니, 대프니 메이저의 야영지 전체가 오아시스가 되었다. 핀치 관찰자들의 텐트 주변에서는 수많은 핀치들이 서성거리며 빵 부스러기를 쪼아 먹었는데, 대부분 푸르른 1976년에 태어난 어린 새들이었다. "1,750마리쯤 되는 새들이 야영장에서 우리 뒤를 졸졸 따라다녔어요. 하지만 불행하게도 가뭄을 견뎌내지 못했죠"라고 보그는 말한다.

화구원에서는 파란발부비새들이 번갈아 한쪽 다리로 서며 물갈퀴발의 열을 식혔다. 삐쩍 마른 선인장의 그림자가 드리워진 땅바닥에 온도계를 대보고, 보그는 토양의 온도가 섭씨 50도 이상이라는 것을 알았다. 그러니 설사 땅바닥에 씨앗이 널려 있다 해도 가녀린 핀치의 몸으로 오전 11시에서 오후 3시 사이에 뜨거운 땅바닥에 접근하는 것은 불가능했다. 낮에도 문제지만 밤에도 문제였다. 밤이 되어 기온이 섭씨 23도로 떨어지면 보그와 래트클리프는 텐트 속에서 몸을 덜덜 떨었다. 몸이 고온에 익숙해져 있었기 때문이었다. 보그는 밤잠을 이루지 못하며 핀치 떼가 어떻게 지내고 있는지 걱정했다. 성경에 나오는 사막의 양치기들이 그랬던 것처럼 낮에는 가뭄에 시달리고 밤에는 추위에 시달리며 오로지 핀치 생각만 한 것이다.

가끔씩 군함조가 파란발부비새를 공격하여 잡아놓은 물고기를 빼앗아가곤 했다. 그 와중에 물고기가 섬에 떨어지면 10~20마리의 핀치들이 주변에 몰려들었다. 핀치들은 깨진 알이나 부비새의 신선한 배설물도 깨끗이 먹어치웠다. 그뿐만 아니라 부비새가 새끼에게 먹이다 남긴 물고기 찌꺼기에 달려들었고, 올빼미가 먹다 남긴 먹이에도 달려들었다.

다른 해의 경우, 핀치는 암석 위에서 종종걸음을 치는 용암도마뱀들을 거들떠보지도 않았다. 그러나 1977년에 딱 한 번, 피터와 로렌은 암컷 선인장핀치가 까만 도마뱀 꼬리를 먹는 장면을 목격했다. 그리고 그 근처에서 꼬리가 막 잘려나간 암컷 도마뱀을 발견했다. 그로부터 며칠 뒤, 그들은 그 새가 다른 암컷 용암도마뱀을 추격하며 꼬리를 쪼는 것을 보았다. 그 새는 핀치의 식단에 새로운 메뉴를 추가하는 듯싶었지만, 에피소드는 거기서 끝이었다. 한편 군함조가 파란발부비새에게 상처를 입히는 것을 보았다. 그러자 중간땅핀치가 한 마리가 상처

입은 부비새 밑에 서서 바위를 타고 흘러내리는 피를 마셨다.

보그는 다음과 같이 말한다. "우리는 매달 똑같은 자리에 그냥 앉아 있었어요. 당시 우리는 풀이 죽어 있었어요. 왜냐하면 핀치의 번식기를 놓치는 바람에 다음 세대를 얻을 수 없었기 때문이었죠. 설상가상으로 새들이 모두 사라지고 있었어요. 우리는 평소처럼 검사와 조사를 계속했지만 '진행되고 있는 진화를 지켜본다'라는 스릴은 느끼지 못했어요. 물론 후속 논문들을 읽으면 그런 결론을 내릴 수는 있었겠지만 말이죠. 우리는 두 가지 면에서 다소 절망감을 느꼈어요. 하나는 '연구과제를 수행하고 있다'라는 것이고, 다른 하나는 '새들이 죽어가는 걸 지켜본다'라는 것이었죠."

선인장핀치 새끼들은 석 달을 넘기지 못하고 모두 죽었고, 중간땅핀치 중에서 알을 낳거나 둥지를 지은 것은 한 마리도 없었다. 물론 이 결과는 연구의 전반적인 흐름에서 벗어나지 않았다. 연구의 계획은 '아무리 미미한 선택사건selective episode이라도 하나도 빠짐없이 관찰하고 지켜보는 것'이었기 때문이다. 그러나 보그로 하여금 비참한 느낌이 들게 한 것은 '선택사건이 뚜렷이 진행되고 있다'라는 사실이었다. 알 바꿔치기는 놀라운 실험이 될 수 있겠지만 작용하고 있는 자연선택을 관찰하여 박사학위를 따는 건 현실적으로 불가능하다. 보그의 말에 의하면 그건 요행수를 바라는 거나 마찬가지였다. 큰 흐름에서 볼 때, 그와 래트클리프가 1977년에 기록한 사건들은 기껏해야 누군가의 논문 한 페이지를 장식하게 될 게 뻔했다. "우리는 도저히 측정하지 못할 것 같다고 생각했어요. 한 10년쯤 지켜봐야 할 거라고 생각했죠. 그래서 나는 무슨 일이 일어나고 있는지 그 영향이 얼마나 큰지를 알아차리지 못했어요"라고 보그는 말한다.

그들은 마침내 연구실로 돌아가 그동안 수집한 데이터를 면밀히 검토했다. 현장조사 사이의 간격은 5~6개월에 불과했으므로 다음번 현장조사를 위해 갈라파고스에 돌아갈 때까지는 시간여유가 별로 없었다. 노트에 악필로 휘갈겨 쓴 자료들을 해석하며 컴퓨터에 입력할 시간 정도밖에 없었다. 보그와 래트클리프는 현장에서 적은 자료들을 읽으며 어떤 새가 살아남고 어떤 새가 죽었는지 파악했지만, 시간이 별로 없었다.

보그는 논문의 난맥상을 심각하게 고민했다. 집단의 유사성을 파악하는 데 필요한 통계적 표본을 충분히 얻으려면 수백 마리의 성체adult와 새끼들을 측정해야 했다. 그런데 아무리 호시절이라고 해도 측정하는 성체 중 일부만이 짝짓기를 할 것이다. 또 짝짓기를 한 새들 중에서 일부만이 둥지를 지어 보그와 래트클리프에게 발견될 것이다. 그는 발견한 새끼들에게 모두 고리를 끼울 것이고, 그중 약 절반은 죽을 것이다. 따라서 2,000마리의 새를 측정할 수도 있지만 결국에는 100마리의 새끼만 남을 수도 있었다. 그러나 보그는 이제 이렇게 말한다. "나는 모든 새들이 하나같이 매우 중요한 자료원임을 알지 못했어요. 살아남은 새들에게 집착한 나머지, 죽은 새들의 가치를 깨닫지 못했던 거죠. 살아남는 것과 마찬가지로 죽는 것도 자연선택의 결과였어요. 그리고 진화는 죽음을 통해 의미를 드러내는 거였어요. 그러므로 새들은 생사에 관계없이 모두 나의 귀중한 자료원이었죠. 하지만 나는 죽은 새를 자료원이라고 생각하지 않고, '상실된 자료원'으로만 여겼던 거예요."

1978년 1월에 대프니메이저로 복귀했을 때, 섬 전체는 밝은 노란색 선인장꽃으로 가득했다. 그건 매년 해가 바뀔 때마다 일어나는 연례행사였다. 다윈핀치들은 모두 꽃에 모여들어 꽃가루를 포식하고 꿀을 잔뜩 마셨다.

보그와 래트클리프는 통상적인 인구조사를 통해 섬에 살아남은 핀치가 200마리 미만임을 알게 되었다. 결국 일곱 마리당 한 마리꼴로 가뭄을 견뎌낸 셈이었다. 그들은 생존한 핀치들을 측정하고, 고리가 있든 없든 화산암 위에서 발견된 핀치의 사체들도 측정했다. 섬은 비록 작지만, 매년 아무 흔적도 남기지 않고 사라지는 핀치들이 있을 정도는 되었다. 야영장에 있었던 핀치나 다른 새들의 사체는 대부분 발견되지 않았다. 그러나 그들은 입수 가능한 수치를 빼놓지 않고 집계하여 시즌이 끝나고 연구실로 돌아가 분석용 컴퓨터에 모두 입력했다.

「1977년에 일어난 선택 사건」이라는 제목의 강연을 할 때, 피터 그랜트와 피터 보그는 다음과 같은 순서로 이야기를 전개한다. 첫 번째로 그들은 가뭄의 효과를 세 개의 곡선으로 보여준다. 곡선들은 대프니메이저가 아직 푸르고 울창하던 1976년 3월에 시작되어 선인장들이 꽃을 피우며 최악의 가뭄이 끝난 1977년 12월에 끝난다.

가뭄이 계속되는 동안 섬에 존재하는 씨앗의 총 중량total mass은 계속 감소한 반면, 남아있는 씨앗의 평균 크기와 강도는 계속 증가했다. 섬에 서식하는 핀치의 총수는 먹이 공급이 줄어들면서 감소했다. 그리하여 1976년 3월에 1,400마리이던 것이 1977년 1월에는 1,300마리로, 그리고 같은 해 12월에는 300마리 이하로 줄어들었다.

두 번째로 그랜트와 보그는 핀치의 증감현황을 종별種別로 보여준다. (1)1977년 초 대프니메이저에는 약 1,200마리의 중간땅핀치가 있었는데, 그해 말에는 85퍼센트가 감소하여 180마리만 남았다. (2)1977년 초에 선인장핀치는 정확히 280마리였는데, 연말이 되자 60퍼센트가 사라지고 110마리만 남았다. (3)땅핀치 중에서 덩치가 가장 작은 작은 땅핀치는 1977년 초에 열두 마리가 있었는데, 연말에는 겨우 한 마리만 살아남았다.

세 번째로 그랜트와 보그는 생존자들을 연령대별로 분석한 곡선을 보여준다. 생존자들 중 상당수는 최고령자로, 그랜트 연구팀이 1973년에 끼운 고리를 착용하고 있었다. 중간땅핀치 중에서는 1973년에 태어난 것이 한 마리도 없었으며, 1972년에 태어난 중간땅핀치 중 단 한 마리만이 가뭄에서 살아남았다. 1972년에 태어난 어린 선인장핀치 중에서도 겨우 한 마리만 살아남았다. 가뭄은 사실상 1972년에 태어난 코호트cohort(특정한 기간에 태어나거나 결혼을 한 사람들의 집단과 같이, 통계상의 인자因子를 공유하는 집단_옮긴이)를 휩쓸어버린 셈이었다. 전쟁 때 잠깐 찍어낸 강철동전steel penny처럼, 그 집단은 해가 갈수록 점점 더 귀해졌다.

마지막으로 그랜트와 보그는 생존자들의 부리를 살펴본다. 그들은 '핀치의 부리가 얼마나 다양한지'와 '부리의 변이가 얼마나 중요한지'를 잘 알고 있다. '식물들이 무슨 일을 했는지', '날씨가 무슨 역할을 했는지', '섬의 생명체들이 핀치를 어떻게 몰아세웠는지'도 잘 알고 있다. 따라서 '가뭄을 견뎌낸 핀치'와 '가뭄을 견뎌내지 못한 핀치'의 종과 연령뿐 아니라, 그 밖의 다양한 사항들까지도 유례없이 정확하게 알고 있다.

그랜트와 보그는 '중간땅핀치 중에서 가장 덩치가 크고 가장 두꺼운 부리를 가진 새가 크고 단단한 씨앗(예: 남가새)을 먹는 데 가장 적합하다'라는 사실을 이미 알고 있었다. 그리고 통계분석을 통해 '가뭄 때

새가 찾아낼 수 있는 먹이라고는 크고 단단한 씨앗밖에 없었으므로, 몸집이 크고 부리가 큰 중간땅핀치들이 가뭄을 가장 잘 견뎌냈다'라는 결론을 도출했다. 살아남은 중간땅핀치들의 몸집은 죽은 새들보다 평균 5~6퍼센트 더 컸다. 가뭄 전에 살았던 중간땅핀치의 평균 부리 크기를 살펴보면, 길이가 10.68밀리미터이고 두께가 9.42밀리미터였다. 그런데 가뭄에서 살아남아남은 중간땅핀치들의 경우, 길이가 11.07밀리미터(+0.39밀리미터)이고 두께가 9.96밀리미터(+0.54밀리미터)였다. 육안으로 구분하기 어려운 미세한 차이가 삶과 죽음을 가르는 데 기여한 것이다. 신의 맷돌은 낟알을 지극히 곱게 빻는다.

그들이 본 것은 '진행되고 있는 자연선택'만이 아니었다. 그것은 그때까지 자연계에서 관찰되어 기록된 것 중 가장 강렬한 자연선택 사건이었다. 한 가지 특이한 결과는 성비sex ratio가 지나치게 한쪽으로 치우쳤다는 것이다. 가뭄이 시작될 때 암컷과 수컷은 각각 600마리쯤 있었는데, 가뭄이 끝날 무렵 수컷은 150마리 이상 살아남은 데 반해 암컷은 극소수만이 살아남았다. 일반적으로 수컷은 암컷보다 몸집이 5퍼센트 정도 큰데 부리의 크기는 몸집에 비례하므로 수컷이 더 유리했다.

다시 말해서 수컷과 암컷 공히 가장 덩치 큰 것들이 살아남았지만, 살아남은 마릿수는 수컷이 암컷보다 훨씬 더 많았다. 그리고 다윈이 예측한 대로 삶과 죽음을 갈라놓은 것은 종종 '가장 미세한 변이', 즉 '감지할 수 없는 부리 크기의 차이'였다.

많은 사람들, 심지어 오늘날의 생물학자들조차도 '미세한 변이'의 힘을 믿지 못하는 경향이 있다. 피터 그랜트의 말을 들어보자. "한번은 내가 강연을 시작하는 순간, 청중 속에 있던 한 생물학자가 말을 가로막으며 이렇게 묻더군요. '당신은 살아남은 핀치와 죽은 핀치의 부리

차이가 얼마나 된다고 주장하는 거죠?'

'평균 1.5밀리미터입니다'라고 나는 대답했죠.

그러자 그는 이렇게 말했습니다. '난 믿지 못하겠어요. 1.5밀리미터가 정말 그렇게 중요하단 말인가요?'

'그건 분명한 사실입니다. 내 자료를 살펴본 다음에 질문해주십시오.' 내가 이렇게 말했더니, 그는 더 이상 질문하지 않더군요."

그러자 옆에 있던 로즈메리가 이렇게 거든다. "그는 더 이상 질문하지 않았어요. 그 대신 강연 내내 피터를 노려보며 안절부절못하고 계속 떠들어댔죠."

자연선택 자체는 진화가 아니다. 다윈에 따르면 자연선택은 진화를 이끄는 메커니즘일 뿐이다. 피터와 로즈메리 그랜트가 말한 것처럼, 자연선택은 한 세대 안에서 일어나지만 진화는 여러 세대에 걸쳐 일어난다.

1977년 대프니메이저의 가뭄 동안 두 사람은 '진행되고 있는 자연선택'을 관찰하고 기록했다. 핀치들은 자연선택에 의해 떼죽음을 당했는데, 그 무자비함은 "나는 많은 불독을 교배시키고 많은 불독의 목을 자른다"라고 떠들었던 다윈 시대의 불독 사육가를 방불케 했다.

그러나 핀치 관찰자들은 '대프니메이저에서 일어난 에피소드가 진화적 변화evolutionary change로 해석될 수 있는지'를 아직 알지 못했으며, 다만 '부리의 변이는 유전되므로, 이론적으로 가능하다'라는 정도만 알고 있었다. 다윈이론에 따르면 한 세대에서 만들어진 변화는 다음 세대로 유전될 수 있고, 오랜 세월 동안 혈통을 따라 미래로 계속 전달되면서 약화되거나 억압되거나 펼쳐지거나 왜곡될 수 있었다.

이것은 다윈이론의 창시자들이 논리적 필연으로 간주한 과정이지만, 많은 후학들이 의심한 과정이기도 하다. 레이먼드 펄은 이렇게 말했다. "위대한 과학자들 몇 명을 비롯하여 놀라울 정도로 많은 사람들은 진리truth와 논리적 필연logical necessity을 정확히 동일시한다. '형식논리 법칙이 충족되면 진리가 확립되므로 더 이상의 증거는 불필요하다'라는 것이 그들의 생각이다. 하지만 주지하는 바와 같이 이 같은 태도는 진화론 전체를 사실상 지적 파산intellectual bankruptcy으로 이끌었다."

1978년 1월 9일, 마침내 구름이 대프니메이저에 비를 뿌렸다. 그날의 강수량은 50밀리미터가 넘었다. 비가 내리기 직전에 섬은 온통 바위, 죽은 듯 보이는 나무, 시든 풀로 뒤덮였고, 녹색이라고는 티끌만큼도 찾아볼 수 없었다. 빗물은 산 경사면을 따라 주르륵 흘러내렸다.

섬 전체를 통틀어 가뭄의 생존자인 수컷 핀치들은 해마다 첫비가 쏟아질 때마다 하던 일을 시작했다. 그들은 각각 자기 영토의 가장 높은 곳으로 날아갔는데, 십중팔구 (바위 틈에서 나와 하늘을 향해 높이 솟은) 나무 꼭대기나 (낙석 위에 삐딱하게 서 있는) 선인장 위였다. 수컷들은 피골이 상접하고 초라한 몰골로 흠뻑 젖은 사령부에 앉아, 그 유명한 핀치의 부리를 열고 〈사랑은 비를 타고Singing in the Rain〉를 연출했다. 그건 영락없이 동이 틀 때 헛간에서 목청을 높이는 수탉의 모습이었다.

비는 섬을 완전히 바꿔놓았다. 일주일도 채 안 되어 불꽃나무에는 잎이 돋아나고 꽃이 피었다. 핀치 관찰자들의 눈앞에는 녹색 줄기들이 불쑥불쑥 솟아올랐다. 피터 보그는 당시의 상황을 이렇게 기록했다. "포르툴라카Portulaca의 잎이 무성하다. 메레미아Merremia 싹들은 5센티미터, 아마란투스Amaranthus는 2센티미터이다." 곧이어 남가새와 10여 가지 식물에서 녹색 열매나 씨앗머리seed head가 나타났고 포르툴라카의 꽃봉오리에서 벌레들이 기어다녔다. 오래된 먼지 때문에 어렴풋한 갈색을 띠던 화산은 녹색 에메랄드로 변하면서 열대의 낙원으로 탈바꿈했다.

섬에 있던 핀치 부부들 중에서 단 한 쌍도 온전히 살아남지 못했다. 가뭄이 각 쌍마다 한 마리 이상의 생명을 앗아가는 바람에 다윈핀치들 중에는 홀아비와 과부들이 수두룩했다. 그러나 비가 내리면서 상황은 달라졌다. 많은 암컷의 부리는 짙은 갈색으로 바뀌고 수컷의 부리는 검은 색으로 변해, 다시 한 번 짝짓기 할 준비가 되었음을 알렸다. 수컷들은 선인장에 둥지를 지은 다음, 자신의 영토에 있는 선인장 중에서 가장 높은 것의 꼭대기에 올라앉아 며칠 동안 노래를 불렀다. 암컷들은 이 영토와 저 영토를 돌아다니며 둥지와 가수들을 유심히 살폈다.

물론 왜곡된 성비는 번식에 영향을 미쳤다. 중간땅핀치의 경우, 암컷 한 마리당 수컷 여섯 마리가 있었다. 따라서 암컷은 여러 수컷 중에서 선택할 수 있었지만, 수컷은 여섯 마리 중에서 한 마리만이 암컷을 차지할 수 있었다.

수컷들은 자신의 영토를 방문한 암컷을 따라 날아다녔는데, 핀치 관찰자들은 그것을 성추격sex chase이라고 불렀다. 암컷들은 날거나 뛰면서 이 둥지 저 둥지를 방문하고, 이 수컷 저 수컷의 추격을 받으며 결국에는 한 마리의 수컷에게 정착했다.

핀치 관찰자들은 다시 한 번 관찰과 측정을 실시했다. 그 결과, 가뭄을 견디고 살아남은 핀치가 '무작위 표본'이 아니듯 암컷이 선택한 수컷도 '무작위 표본'이 아님을 알게 되었다. 암컷에게 선택받은 수컷들은 '몸짱 중에서도 최고의 몸짱'이었다. 선택받은 수컷들은 가장 까맞고 가장 성숙한 깃털과 가장 두꺼운 부리를 가진 수컷이었다.

극도로 치우진 성비 때문에 대부분의 수컷들은 홀아비로 남았고, 생존자들 중 극소수 몸짱들만이 짝짓기 할 기회를 얻었다. 그러나 적령기의 암컷들은 예외없이 짝짓기 할 기회를 얻었다. 한 암컷 선인장핀치는 다섯 번 짝짓기 하여 열세 마리의 새끼를 낳음으로써 다산왕으로 등극했다.

'몸과 부리의 변이가 한 세대에서 다음 세대로 충실하게 전달된다'라는 것은 매우 중요했다. 결과적으로 수컷들의 불평등한 사랑 기회는 가뭄의 효과를 영속화하는 데 도움이 되었다. 1978년에 살아남은 수컷과 암컷 중간땅핀치는 가뭄 전의 평균적인 중간땅핀치보다 덩치가 상당히 더 컸다. 그런데 그중에서 아버지가 된 수컷들은 다른 수컷들보다 더 컸다. 그리고 그해 부화되어 성장한 새끼들도 역시 컸고, 부리는 두꺼웠다. 신세대 중간땅핀치의 부리는 가뭄 전 조상들의 부리보다 평균 4~5퍼센트 정도 두꺼웠다.

1977년의 가뭄 동안, 핀치 유닛의 대원들은 '작용하고 있는 자연선택'을 보았다. 1978년 1월 이후에는 그 여파로 핀치의 부리를 비롯하여 그 밖의 다양한 차원에서 진행되고 있는 진화를 보았다.

대프니메이저의 관찰자들은 그 후로도 갈라파고스에 다시 돌아와 관찰을 계속해야 했다. 다윈과정은 다윈핀치들 사이에서 진행되고, 자연선택은 핀치 떼 사이에서 진화를 이끌 수 있다. 그뿐만이 아니라, 자연선택은 다윈이 가능하다고 가정했던 것보다 훨씬 더 빨리 진화를 이끌 수 있다. 그러므로 핀치 관찰자들은 그 이후에 무슨 일이 일어날지 알아내야 했다. 그러나 설사 그 시점에서 관찰을 중단했다고 해도, 1973년부터 1978년까지 대프니메이저에서 관찰했던 것만 갖고서도 다윈주의의 오래되고 당혹스러운 빈틈을 메우기에 충분했을 것이다.

다윈 탄생 100주년이던 1909년 케임브리지 대학교에서 개최된 과학회의에서 독일의 생물학자 바이스만은 "자연선택이 정말로 진화적 변화의 첫 번째 작은 단계들을 설명할 수 있는가?"라고 묻고, 이렇게 자답했다. "오랫동안 선택이론의 확실한 옹호자였던 나조차도 이렇게 대변할 수밖에 없다. '우리는 그렇게 가정해야 하지만, 어떤 사례로도 그것을 증명할 수는 없다.'" 그러나 여러 세대가 지난 후 다윈의 후계자들은 더 이상 불필요한 가정을 할 필요가 없게 되었다. 그들은 바이스만이 원했던 사례들을 풍부하게 보유하고 있는 데다, 덤으로 다윈핀치에 관한 조사자료까지도 갖고 있기 때문이다.

피터 그랜트의 대학원생 중 하나였던 트레버 프라이스는 1970년대에는 존재하지 않았던 강력한 수학도구를 이용하여 초기 자료들을 재검토했다. 이 도구는 살아 있는 생물에서 일어나는 변화 중 핵심적인 것과 부수적인 것을 구별하고 자연선택의 표적이 되는 신체부위를 파악할 수 있도록 도와준다. 따라서 이 도구를 이용하면 '선택사건이 일어날 때, 새나 물고기나 양치류의 형질변화 중에서 가장 강력하게 선택된 것이 무엇인지'를 알아낼 수 있다. 부분회귀분석partial regression analysis이라고 알려진 이 기법은 1983년 진화이론가인 루스 랜드Russ Lande와 스티브 아널드Steve Arnold가 개발했는데, 아널드가 전문잡지에 이를 발표하자마자 프라이스는 그것을 보그의 '가뭄 분석'에 적용했다. 프라이스의 재분석을 통해 진화적 사건을 더욱 예리하게 분석할 수 있게 되었다.

보그의 가뭄 분석에서 생존자들과 그 자손들은 체중·날개 길이·다리 길이뿐만 아니라, 부리의 길이와 두께와 너비도 증가한 것으로 나타났었다. 그러나 프라이스의 부분회귀분석 결과, 가뭄에 의해 선택된 것들이 모두 똑같이 중요하지는 않은 것으로 밝혀졌다. 즉, 대프니메이저에서 끔찍한 가뭄이 일어나는 동안 자연이 가장 강력하게 선택한 중간땅핀치는 '큰 몸집과 두꺼운 부리를 가진 것'이었다. 자연은 '긴 부리'를 선택하지 않았는데, 이는 긴 부리를 가진 중간땅핀치가 가뭄에 특별히 유리하지 않았음을 의미한다. 또한 자연은 넓은 부리를 가진 새들을 거부했던 것으로 밝혀졌다. 요컨대 자연의 선택을 받은 새들의 특징은 '몸집이 크고, 부리가 두꺼우면서 좁은 것'으로 요약될 수 있었다. 피터 그랜트는 이렇게 결론을 내렸다. "남가새의 분열과를 찢고 비틀고 깨물어 씨앗을 꺼내는 작업은 매우 어려우며, 이 작업을 수행하는 데 가장 적절한 장비는 '좁고 두꺼운 부리'였다."

그러므로 새들은 가뭄을 겪는 동안 단순히 몸집만 불어난 게 아니었다. 핀치들은 개혁되고 개량되었다. 죽음은 새들을 변화시키고, 상실은 새들의 부리를 형성했다.

이 행성 안 대부분의 장소에서 죽은 새를 목격하는 경우는 드물다. 따라서 죽은 새들의 모습은 간혹 우리에게 충격을 주고 때로는 심지어 공포감까지 조성한다. 죽은 새의 모습을 봤을 때, 우리는 마치 우주에서 뭔가 잘못된 일이 일어난 것처럼 움찔한다. 닫혀 있어야 할 셔터가 삐걱거리며 열려 이 세계 뒤편에 감춰져 있는 어둠의 세계, 즉 우리가 봐서는 안 될 세계가 드러난 것처럼 말이다.

그러나 사막처럼 메마른 대프니메이저 섬에는 죽은 새들이 흔하다. 새들의 시체는 어디에나 널려 있다. 화산암 위에는 언제나 새의 위시본(새의 목과 가슴 사이에 있는 V자형 뼈_옮긴이)이나 두개골이 흩어져있다. 두개골에는 뾰족한 부리가 붙어 있다. 뜨겁고 메마른 땅바닥에는 바닷새의 시신이 마치 아직도 나는 것처럼 전신을 쫙 편 채 여기저기에 엎어져 있다. 아무런 냄새도 풍기지 않고, 깃털을 단 파라오처럼 미라가 되었다. 각 세대는 추락한 곳에 누워 있고, 다음 세대는 앞서간 세대의 폐허에 둥지를 짓고 산다. 영안실에서 부화되고, 납골묘 속에서 짝짓기 하고, 쓰러진 조상님 옆에 드러눕는다. 마치 삶과 죽음이 서로 '날 좀 봐주쇼'라고 떼쓰는 것처럼 말이다.

진화는 죽음을 통해 의미를 드러낸다. 비록 그 의미는 다윈이 갈라파고스에서 맛본 장과류 열매처럼 시고 떫지만 말이다. 참새의 추락에는 특별한 섭리가 있고, 가뭄조차도 열매를 맺으며, 심지어 죽음조차도 씨앗이다.

chapter 6

경쟁하는 힘들

사물의 본질에 대해 더 많이 배울수록, 우리가 소위
휴식rest이라고 부르는 것은 진정한 멈춤이 아니라
감지되지 않는 활동unperceived activity일 뿐이라는 게 더욱
분명해진다. 이와 마찬가지 논리로 외견상의 평화peace란
'조용하지만 격렬한 전투'라고 할 수 있다. 우주의 모든
부분에서 매순간 나타나는 상태는 다투는 세력들 간의
일시적인 조정transitory adjustment이 외적으로 표현된
것이다. 즉, 그것은 모든 전투원들이 차례로 쓰러져가는
전쟁의 한 장면이다. 각 부분에 대해 참인 것은
전체에 대해서도 참이다.
- 토머스 헨리 헉슬리, 『진화와 윤리』

1979년 이후의 관찰활동은 트레버 프라이스의 몫이었다. 그는 1979년 초 섬에 상륙하여, 동쪽 가장자리의 작은 분화구에 있는 조그맣고 평평한 모래땅에 텐트를 쳤다. 그곳은 그보다 먼저 대프니메이저섬에 왔던 그랜트 부부, 애보트 부부, 피터 보그, 로렌 래트클리프가 야영했던 장소였다.

다른 사람들보다 나중에 지켜본 덕분에 트레버는 그들의 어깨 위에 올라설 수 있었다. 그는 선배들이 힘들여 축적한 증거들을 모두 물려받았는데 그 핵심내용은 '핀치 부리의 변이가 중요하며, 자연선택이 그 변이들 사이에서 빠르고 확실하게 움직인다'라는 것이었다. 피터 그랜트가 이끄는 연구팀에 가장 최근에 합류한 대학원생 트레버는 찰스 다윈 연구소의 협조사항, 노젓기와 물통 나르기 등의 허드렛일, 어선 선장들의 명단, 야간에 텐트 속에서 벌레 물리치는 법 등을 선배들로부터 전수받았다. 그와 그의 현장 보조원인 스파이크 밀링턴Spike Millington은 「갈라파고스 땅핀치의 비교생태학」이라는 논문을 집어 들어 낡은 텐트 아래에 앉은 모기를 때려잡았다. 그 논문은 1977년 애보트와 그랜트가 《생태학 모노그래프Ecological Monograph》에 공동으로 기고한 것으로 이미 고전이 되어 있었다.

트레버는 섬에서 첫해를 보낸 후 열 마리당 일곱 마리의 핀치에게 고리를 끼웠고, 다음 해에는 열 마리당 아홉 마리에게 고리를 끼웠다. 트레버는 섬에 있는 핀치들을 모두 육안으로 식별할 수 있었던 최초의 인물이었다. 그 이후로 핀치 관찰자들은 '고리를 착용한 핀치'들뿐 아니라, (생포되지 않고 떠돌아다니는) 일부 말썽꾸러기들까지도 한눈에 알아볼 수 있게 되었다. 그러므로 핀치 유닛의 도표에 '어느 해, 어느 달에 섬에 1,250마리가 나타났다'라고 표시되어 있다면, 그것은 추정치가 아니라 실측치였다. 관찰자들은 핀치의 머릿수를 언제나 일일이 헤아렸다. 양치기가 우리 안에 있는 양의 수를 세듯 말이다.

트레버는 어느 선배보다도 다윈핀치들을 더 가까이 추적할 수 있었다. 그 이유는 그가 많은 자료의 혜택을 입었고, 많은 핀치들에게 고리를 끼웠기 때문이기도 하지만, 1977년에 지독한 가뭄이 휩쓸고 지나간 후 핀치가 몇백 마리밖에 남아 있지 않았기 때문이기도 했다. 핀치들이 둥지에 지붕을 씌우기 전에 그는 둥지의 위치를 모두 파악하고 그 속을 샅샅이 들여다봤다. 그리고 핀치의 둥지가 자리 잡고 있는 선인장에 붉은 끈으로 표시를 해둔 다음, 메마른 섬을 돌고 또 돌면서 둥지의 위치와 상태를 지속적으로 점검했다. 화산암에 내려앉는 새끼들 중 발목에 트레버의 밝은 빛깔 고리가 끼워져 있지 않은 것은 거의 없었다. 그 고리를 살펴보면 (사람의 지위나, 일련번호, 이름 등의 정보와 마찬가지로) 핀치의 신원과 정보를 정확히 식별할 수 있었다.

트레버가 핀치 떼를 지켜보는 동안에는 대프니메이저가 너무 광범위하고 세세하게 파악된 상태여서 섬 전체가 마치 배양접시처럼 작아 보였다. 그는 실험실에서나 기대할 수 있는 전지전능한 힘을 획득했다. 이제 트레버는 하나의 선택압에 그치지 않고, 상충되는 여러 개의 선택압이 동시에 작용할 때 다윈핀치들에게 어떤 일이 일어나는지를 알아보는 연구를 시작할 수 있었다. 왜냐하면 진화가 일어날 때는 하나 이상의 힘들이 동시에 작용하며, 심지어 그 힘들끼리 제멋대로 충돌하기도 하기 때문이다.

트레버는 대프니메이저의 모든 핀치 새끼들을 생후 8일째 되는 날에 측정했다. 그리고 생후 8주째 되는 날(인간으로 치면 청소년)과 8개월째 되는 날(인간으로 치면 어른)에도 측정했다. 핀치의 부리는 생후 8주가 되면 완전히(또는 거의 완전히) 자라는 것으로 알려져 있었다. 그러므로 만일 중간땅핀치의 부리 두께가 생후 8주째에 9.45밀리미터라면 생후 8개월째에도 9.45밀리미터일 것이고, 만약 생후 8년째에도 살아 있다면 여전히 그 수치를 유지하고 있을 것이다.

그러나 자신의 데이터와 선임 관찰자들의 데이터를 비교·검토하면서 트레버는 다른 사람들이 간과한 특이사항에 주목하게 되었다. 중간땅핀치의 각 세대를 살펴보니, 새들이 자라나는 과정에서 부리 두께의 평균이 일정하게 유지되지 않는 것으로 나타났다. 예컨대 1976년에 대프니메이저의 청소년 중간땅핀치들의 부리 두께는 평균 9밀리미터였다. 그런데 6개월 뒤 그 집단의 부리 두께를 측정해보니, 평균이 8.73밀리미터로 줄어들었다.

그렇다고 해서 '부리는 생후 8주째에 완성된다'라는 기본원칙이 변한 건 아니었다. 다만 가장 덩치가 작은 청소년(가장 가느다란 부리를 가진 청소년)들은 살아남아 어른이 되는 반면 가장 덩치가 큰 청소년(가장 두꺼운 부리를 가진 청소년)들은 어려서 죽기 때문에 시간이 경과하면서 청소년 집단의 부리 두께가 평균적으로 감소하는 것으로 나타났다. 세대별로 비교해본 결과, 세대가 반복될 때마다 청소년 핀치들에게 똑같은 일이 일어나는 것으로 밝혀졌다. 물론 가느다란 부리를 가진 청소년이 모두 살아남아 어른이 되거나, 두꺼운 부리를 가진 청소년이 모두 일찍 죽는 건 아니지만, 가느다란 부리를 가진 청소년의 생존 가능성이 두꺼운 부리를 가진 청소년보다 더 높았다.

트레버는 그 이유를 알아차리는 데엔 오랜 시간이 걸리지 않았다. 이유인즉, 어린 핀치들의 두개골과 부리는 사람 아기의 두개골과 턱처럼 아직 부드럽기 때문이다. 뼈들의 퍼즐 조각이 아직 단단히 맞물려 있지 않다. 따라서 어린 새들은 부리가 아무리 두껍더라도 단단한 씨앗을 깨뜨릴 수 없으며, 크고 단단한 씨앗은 나이 든 새들의 전유물이다. 첫 건기 동안 섬에 있는 작은 씨앗들이 점점 줄어들어 나이 든 새들 중 가장 덩치 큰 새들이 가장 큰 씨앗을 먹기 시작할 때, 어린 새들은 여전히 작고 부드러운 씨앗만을 먹어야 했다. 아무리 덩치가 커도 어린 새들의 부리는 아직 부드러워서 남가새 씨앗을 깨뜨릴 수 없다.

덩치가 클수록 더 많은 먹이가 필요한 데다, 덩치 큰 청소년들은 성장기에 있으므로, 다른 어떤 새들보다도 더 많은 먹이가 필요하다.

그러나 아직 어려서 부리가 아무리 두꺼워도 부드러울 수밖에 없고, 부드러운 부리로는 많은 먹이를 먹을 수가 없다. 그러므로 청소년 핀치에게 있어 덩치가 큰 것은 기회가 아니라 부담으로 작용하게 된다. 건기가 길게 이어짐에 따라 덩치 큰 청소년들 중 일부는 몸이 야위고 걸음이 느려져서, 핀치 관찰자들이 맨손으로 잡을 수 있을 정도가 되었다.

요컨대 덩치 큰 게 항상 유리한 것은 아니다. 유아기와 청소년기 때 자연선택은 새들의 몸집을 작은 쪽으로 몰아간다. 그러나 청소년기를 지나 성년기에 들어서면 자연선택은 새들의 몸집을 큰 쪽으로 몰아간다. 트레버는 자연선택의 상충되는 물결conflicting wave을 연못의 잔물결에 비유했다. "연못 표면에서 이리저리 쏠리는 잔물결처럼 자연선택은 핀치 집단의 몸집을 처음에는 이쪽으로 몰았다가, 나중에는 저쪽으로 몰아간다. 이러한 잔물결은 세대가 바뀌어도 반복된다."

삶은 그리 단순하지 않으며, 심지어 메마른 섬에 사는 새 떼들에게도 사정은 마찬가지이다. 삶의 한 단계에서 다른 단계로 나아가는 동안 목숨을 부지하는 것만도 녹록지 않다. 물론 살아남는 건 단지 기본 사항일 뿐이다. 나이가 좀 더 들면 새들은 목숨을 계속 부지하면서, 다른 한편으로 배우자를 만나 짝짓기를 하고 가족을 부양해야 한다. 성性은 기존의 생존경쟁에 완전히 새로운 경쟁을 덧붙이며, 성선택sexual selection의 압력은 자연선택의 압력과 가끔씩 충돌한다.

다윈은 『종의 기원』에서 성선택을 언급하지만 이 문제를 더욱 자세히 언급한 책은 1871년에 출간한 『인간의 기원』이다. 이 책의 완전한 제목은 『인간의 기원과 성선택The Descent of Man, and Selection in Relation to Sex』이며 성선택이 내용의 절반을 차지하고 있다.

어떤 면에서 다윈이 성선택이라고 부른 과정은 자연선택보다 덜 가혹하다고 할 수 있다. 자연선택에서 최악의 벌칙은 죽음이지만, 성선택에서 최악의 벌칙은 '독신으로 사는 것'이기 때문이다. 그러나 독신으로 산다는 것은 곧 유전적 죽음을 의미한다.

대프니메이저 섬에 사는 핀치들을 생각해보자. 건기에 새들은 몸과 부리를 건사하기 위해 노력하는데, 그중 일부는 성공하여 생존하고 일부는 실패하여 죽는다. 이 경우 선택의 주도권은 자연에게 있으며, 자연선택은 (비유적으로 말해서) 새들의 일거수일투족을 매일 매시간 감시한다. 그러나 번식기이기도 한 우기가 되면 어떨까? 건기를 견뎌낸 생존자들은 활발히 활동하게 된다. 수컷들은 영토를 차지하기 위해 싸우고, 둥지를 짓고, 자기 영토 안에서 가장 높은 선인장 위에 올라가 노래를 부르기 시작한다. 한편 암컷들은 보무도 당당하게 행진하며 수컷들의 둥지와 화산암 영토를 평가하고 노래도 듣는다. 이 경우 선택의 주도권은 자연에서 새들에게로 넘어간다. 새들은 자기들끼리 (자연선택의 경우와는 달리 문자 그대로) 매일 매시간 철저하게 감시한다.

다시 말해서 자연이 새들을 선택하는 일을 중단하자마자, 새들은 자기들끼리 서로 견제하고 선택하기 시작한다. 이 경우에도 일부는 성공하고 일부는 실패한다.

다윈은 자연선택의 힘을 확신한 것처럼 성선택의 힘도 확신했다. 그러나 그는 자연선택이든 성선택이든 어느 쪽 과정을 통해서도 진화가 일어나는 것을 결코 보지 못했고, 성선택 이론은 그가 세상을 떠난 뒤에 기나긴 쇠퇴기에 들어갔다. 그러다 그 이론은 1971년 『인간의 기원』이 100주년 기념판으로 다시 간행된 후에야 재부상하기 시작했다.

오늘날에는 성선택 과정이 수많은 장소에서 수도 없이 작용하는 것으로 증명되었으며, 그중 가장 극적인 사례 중 하나는 보그가 발표한 '대프니메이저에서 일어난 가뭄'의 여파였다. 암컷들이 가장 덩치 크고 가장 큰 부리를 가진 수컷들만 선택했으므로, 성선택 과정은 자연선택 과정과 같은 방향으로 작용하여 그 영향을 증폭시켰다.

가뭄 때문에 지나치게 왜곡된 성비는 섬에서 오랫동안 지속되었다. 트레버가 섬을 관찰하던 시기에 수컷 중간땅핀치와 암컷 중간땅핀치의 비율은 2:1 또는 3:1이었다. 이는 트레버에게 성선택의 힘을 여실히 보여줬다. 왜곡된 성비는 대프니메이저 섬을 성선택이라는 희극을 위한 극적인 무대로 바꿨다. 1977년의 가뭄이 섬을 자연선택이라는 비극을 위한 무대로 바꿨던 것처럼 말이다.

그 시절에 독신으로 지낸 암컷은 단 한 마리도 없었고, 일부 암컷은 세컨드를 꼬불쳐두기도 했다. 하지만 섬 전체에 깔린 수컷들은 우기 동안 영토 내 선인장에 둥지를 짓고 가장 높은 곳에서 노래를 불렀지만, 결국 상당수가 배우자를 얻지 못했다. 트레버가 아는 범위 내에서 양다리를 걸친 수컷은 한 마리도 없었다. 그는 워싱턴에서 파견된 특파원처럼 현장상황을 면밀히 주시하고 있었다.

다윈핀치들은 다윈의 기대를 다시 한 번 충족시키는 정도가 아니라, 아예 능가하고 있었다. 다윈은 성선택 압력이 일부일처형 종monogamous species보다 일부다처형 종polygamous species에서 더 클 거라고 가정했다. 예를 들면 갈라파고스 바다사자의 경우에는 수컷 한 마리가 하렘(번식을 위해 한 마리의 수컷을 공유하는 암컷들_옮긴이)을 독차지하고, 나머지 수컷들은 쓸쓸히 독신으로 지낸다. 따라서 일부다처형 종의 경우에는 수컷 사이의 선택압이 엄청나게 크다. 그렇다면 핀치와 같이 어느 정도 일부일처형인 새들의 경우에는 어떨까? "각 세대마다 암수의 숫자가 비슷하여 모두 짝을 이룰 수 있는 것이 상례이므로, 일부일처형 새의 경우에는 성선택의 압력이 좀 더 누그러질 것이다"라고 다윈은 가정했다. 다윈의 가정은 충분히 합리적이었지만, 문제는 대프니메이저에서의 성비가 가뭄 뒤에 심하게 왜곡되었다는 거였다. 왜곡된 성비 때문에, 핀치들 간의 성선택 압력은 (바다사자들 사이에서 볼 수 있는) 승자독식의 수준으로 상승했다. 해마다 수많은 수컷들이 독신으로 남은 반면, 소수의 수컷들은 짝짓기를 하여 많은 새끼들의 아버지가 되었다.

'어느 핀치가 번번이 성선택의 승자가 되고, 어느 핀치가 계속 패자가 되는지'를 육안으로 구별할 수는 없었다. 그래서 트레버는 섬을 떠난 후, 컴퓨터에 그동안 수집한 자료들을 모두 입력했다. 그것은 1979, 1980, 1981년 섬에 살고 있던 핀치들의 체중, 날개 길이, 부리의 길이·두께·너비에 관한 자료였다.

1979년과 1981년 두 해에, 핀치들은 극심한 가뭄에서 살아남은 후 번식하고 있었다. 그 핀치들은 끔찍한 시기(1977년의 극심한 가뭄과 1980년의 다소 완화된 가뭄)를 견디고 살아남은 역전의 용사들이었다. 두 번식기에 벌어진 짝짓기 경쟁의 승자는 '가장 몸집이 크고 가장 큰 부리를 가진 수컷'이었다. 암컷들이 선택한 것은 바로 '힘든 시기를 견뎌내게 해준 특징'이었던 것이다.

연구를 계속하면서 트레버는 수컷들의 영토와 부富의 크기(각 수컷의 영토에 열매와 씨앗을 맺는 나무들이 얼마나 많은지)를 측정했는데, 그는 여기서도 특정한 패턴을 발견했다. 즉, 큰 영토를 가진 수컷들이 작은 영토를 가진 수컷들에 비해 암컷을 차지할 가능성이 더 높은 것으로 나타난 것이다.

깃털도 암컷을 차지하는 데 중요한 요인인 것으로 드러났다. 대프니메이저에 사는 새까만 중간땅핀치 수컷이 1979년과 1980년에 암컷을 차지할 확률은 모두 50퍼센트 이상이었다. 그러나 깃털이 아직 새까매지지 않은 수컷, 즉 약간 영계처럼 보이는 수컷이 암컷을 차지할 확률은 16퍼센트 정도였다.

까만 깃털은 나이와 경험을 의미하는데 나이와 경험에 따라 부부가 낳는 자녀의 수가 달라질 수 있다. 예를 들어 제노베사 섬에서 초보 아빠의 둥지는 경험 많은 아버지의 둥지보다 올빼미의 습격을 더 자주 받는다. 또 경험 많은 새까만 수컷과 짝을 이룬 암컷은 우기에 일찌감치 번식할 가능성이 더 높다. 그렇다면 암컷과 수컷이 모두 경험이 많을 경우에는 어떤 일이 벌어질까? 그런 커플은 간혹 번식기가 끝나기 전에 이모작(알을 두 번 낳음)을 하는 경우도 있다.

그런데 궁금한 점이 하나 있다. 만약 새까만 수컷이 암컷을 더 잘 얻는다면, 모든 수컷이 가능한 한 빨리 까맣게 변하지 않는 이유는 뭘까? 어떤 수컷들은 첫해에 까맣게 변하는 데 반해, 어떤 수컷들은 트레버가 측정한 강력한 성선택 압력에 직면하고 있음에도 불구하고 몇 년 동안 매력 없는 갈색 깃털을 유지하는 이유는 뭘까? 핀치의 깃털에 커다란 변이가 존재한다는 것은 '까만색 깃털에도 숨겨진 비용이 있고, 갈색 깃털에도 숨겨진 이득이 있음'을 암시한다.

암컷들이 수컷들의 영토 위를 날아다니며 품평회를 하는 동안, 수컷들은 화산암 조각들로 이루어진 영토를 확장하기 위해 이웃의 수컷들과 전쟁을 벌인다. 그런데 까만색 수컷은 갈색 수컷보다 더 많이 싸움에 말려들므로 가장 활발한 수컷은 '많은 영토를 소유한 까만색 수컷'이다.

갈색을 유지하는 수컷은 빈번한 싸움에 불필요하게 말려들지 않을 수 있으므로 소리소문 없이 자신의 영토를 확보할 수 있다. 트레버는 이렇게 말한다. "영토를 확보하는 것은 수컷에게 꽤 중요한 문제인 것 같아요. 한번은 어린 선인장핀치 수컷이 잠에서 깨어나 나이 든 수컷의 영토 한구석에서 노래 몇 소절을 부르는 것을 봤어요. 그러자 나이 든 수컷이 화살처럼 날아와 어린 수컷을 부리로 마구 쪼더라고요. 또 한 번은 이런 수컷을 본 적도 있어요. 그 수컷은 갈색으로 있을 때 조그만 영토를 그럭저럭 유지하다가 까만색으로 변하자마자 이웃의 수컷에게 집중포화를 맞아 쫓겨났어요."

우리는 독특한 깃털을 가진 새들을 떠올렸다. 홍관조cardinal는 수컷의 붉은색과 암컷의 갈색이 유명하고, 청둥오리mallard는 수컷의 녹색 머리와 암컷의 갈색 머리가 유명하다. 그러다 보니 우리는 새의 깃털이 다른 생물들의 특징처럼 고정적이고 영구적이거나 자연물의 형태처럼 일정하다고 생각하기 쉽다. 시냇물이 매시간 흘러도 그대로 있는 바위처럼 새의 깃털은 시간이 흘러도 그대로 머물러 있는 것처럼 보인다. 그러나 부리 하나, 날개 둘, 다리 둘과 같은 체제body plan는 바위처럼 변함이 없는 반면, 외관상 영구적인 것처럼 보이는 다른 특징들은 그렇지 않다. 그것들은 상충되는 힘들contending forces이 끊임없이 충돌하여 나타난 산물로 겉으로는 단단해 보이지만 연못의 잔물결처럼 유동적이다. 연못의 잔물결은 진행파progressive wave가 아니라 물의 흐름이나 바위의 변화에 따라 커지거나 작아지고, 방향을 바꾸거나 사라지는 정상파standing wave이다.

성선택과 자연선택 간의 힘겨루기는 오직 다윈만이 상상할 수 있었던 투쟁 중의 투쟁, 전쟁 중의 전쟁이다. 성선택과 자연선택은 밀고 당기는 힘겨루기를 하며 세대를 거듭함에 따라 생명의 형태를 이 방향 또는 저 방향으로 몰아간다. 『야생에서의 자연선택Natural selection in the Wild』의 저자 존 엔들러John Endler는 진화에 대한 가장 격조 높고 정확한 실험을 통해 성선택과 자연선택 간의 갈등을 오랫동안 실시간으로 관찰해 왔다.

다윈핀치를 이용했던 그랜트 부부와 달리 엔들러는 구피guppie를 대상으로 삼았다. 그런데 엔들러가 사용한 구피는 애완동물 상점에서 판매하는 품종이 아니다(그는 그런 물고기들을 '쓰레기'로 여긴다). 그의 구피는 남아메리카 북동부의 베네수엘라, 마르가리타 섬, 트리니다드, 토바고의 산맥을 지그재그로 내려와 가파르고 파괴되지 않은 푸른 숲 사이를 전광석화 같이 통과하여, 오래된 카카오 농장과 커피농장들을 가로질러 카리브해와 대서양으로 흘러들어가는 조그만 하천에서 산다.

수컷 구피는 크기, 모양, 색조, 조합이 제각기 다른 흑색, 적색, 청색, 황색, 녹색, 무지개색 반점을 갖고 있다. 사실 구피의 반점은 매우 다양해서 지문이나 마찬가지이다. 이 세상에 똑같은 반점을 가진 구피는 하나도 없다.

구피의 반점은 다윈핀치의 부리처럼 유전된다. 반점의 정확한 위치와 배열은 독특하지만, 색깔의 종류와 가짓수, 일반적인 크기와 밝기를 부모에게서 물려받는다. 반점은 수컷에서만 나타나지만, 암컷의 경우에도 테스토스테론을 처리하면 반점들이 나타날 수 있다.

핀치 부리의 미세한 변이와 마찬가지로 구피의 반점도 매우 디테일해서 사람들은 '구피의 반점은 자연선택에게 주목받을 만한 가치가 없다'라고 상상하기 쉽다. 자연선택은 가장 미세한 변이까지도 샅샅이 조사하겠지만, 다윈과정조차도 감지할 수 없는 게 있기 때문이다. 그렇게 작은 것을 디자인으로 통제하는 것은 불가능해 보인다.

피터와 로즈메리 그랜트가 갈라파고스의 핀치를 관찰하고 있던 1970년대 엔들러는 베네수엘라의 파리아 반도와 트리니다드의 북부 산맥에 서식하는 구피를 관찰하기 시작했다. 그곳에는 마치 여러 개의 띠가 수직으로 죽 늘어서 있는 것처럼 산맥을 따라 거의 평행하게 흘러내리는 하천들이 있다. 하천들은 물살이 빠르고 맑고 깨끗하며, 열대 상록수림의 짙은 그늘에 가려져 있고, 간간이 폭포를 만나 흐름이 끊기기도 한다. 하천 바닥에는 애완동물 상점의 어항 바닥처럼 다양하고 밝은 색깔의 자갈들이 깔려 있다.

알록달록한 자갈과 모래가 조화를 이룬 하천 바닥에서 구피 떼를 관찰해본 사람이라면, 구피의 반점이 탁월한 위장수단임을 알 수 있다. 구피는 해가 떠 있는 동안 자갈에 바짝 달라붙어 헤엄을 치므로, 구피를 찾으려면 맑은 하천을 꽤 오랫동안 들여다봐야 하기 때문이다.

구피가 위장에 이토록 신경을 쓰는 이유는 물고기 6종과 커다란 민물새우 1종, 총 7종의 천적이 있기 때문이다. 이 일곱 가지 천적들은 모두 동이 틀 때부터 땅거미가 질 때까지 구피를 사냥한다. 그중에서도 가장 위험한 천적은 시클리드cichlid의 일종인 크레니키클라 알타Crenicichla alta로 한 시간당 약 세 마리의 구피를 잡아먹는다. 가장 덜 위험한 천적은 리불루스 하르티Rivulus hartii로 약 다섯 시간당 한 마리의 구피를 잡아먹는다.

엔들러의 조사 결과, 거의 모든 하천의 거의 모든 구역에서 구피와 포식자가 발견되었다. 산맥의 정상 부근에 있는 상류에서부터 하류의 평원과 농장에 이르기까지 하천의 거의 모든 구역에서 구피와 최소한 한 가지 이상의 천적들이 함께 사는 것으로 밝혀졌다. 구피와 포식자는 모두 폭포를 거슬러 올라가지 못하며, 하천의 각 구역에 서식하는 개체군은 한곳에 머무르는 경향이 있다(가끔 소수의 물고기가 물살에 휩쓸려 하류로 내려오기도 하지만, 그들 중에서 상류로 되돌아갈 수 있는 것은 하나도 없다).

각 하천의 상류 부근까지 올라가면 비교적 성질이 온순한 리불루스 하르티가 유일한 천적이다. 그러나 하류로 내려갈수록 점점 더 많은 천적들이 구피의 목숨을 노리며, 각 산맥의 끝자락까지 내려가면 7종의 포식자들이 모두 버티고 있다. 그러므로 구피의 위험은 하천의 구역과 밀접하게 관련되어 있다. 즉, 구피의 위험은 상류로 올라갈수록 감소하고 하류로 내려갈수록 증가한다. 자연선택의 강도도 마찬가지여서 상류에 있는 구피에게는 부드러운 압력이, 하류에 있는 구피에게는 극심한 압력이 가해진다.

엔들러는 남아메리카의 하천들이 자연선택 연구를 위한 경이로운 천연실험실이 될 것임을 대번에 알아차렸다. 그리하여 그는 구피의 반점을 측정하는 표준방법을 개발했는데, 그것은 그랜트 부부가 다윈핀치를 측정한 방법과 마찬가지로 세심하고 의례적이었다. 그는 생포한 구피를 마취하는 방법과 사진 찍는 방법을 터득했다(다윈핀치와 마찬가지로 구피도 사람을 만나본 경험이 거의 없어서 잡기가 쉽다). 엔들러는 사진을 이용하여 구피를 열두 부분으로 나눠, 읽고 집계하고 컴퓨터에 입력하기 편리한 표준 구피지도를 만들었다. 그러고는 이 지도를 이용하여 모든 수컷 구피에 대해 반점 하나하나의 색깔과 위치를 기록했다.

자신의 조사자료를 분석하던 엔들러는 하나의 패턴을 발견했다. 각각의 구피가 지닌 반점들은 무질서하게 보이지만, 한 하천의 상류에서부터 하류에 이르기까지 모든 구피 개체군의 반점을 모아 분석해보면 어떤 질서가 나타난다. 각 개체군이 보유한 반점들은 하천의 각 구역에 서식하는 포식자들의 수와 단순한 수학적 관계를 갖고 있다. 즉, 포식자의 수가 늘어날수록 반점은 작아지고 흐릿해지며, 포식자의 수가 감소할수록 반점은 커지고 선명해진다.

상류에 사는 운좋은 구피는 화려한 총천연색 피부를 갖고 있으며, 우스꽝스러울 정도로 커다란 반점은 제각기 다른 색깔을 띠고 있다. 반점 중에는 푸른색이 많은데, 이 푸른 반점들은 사이클 선수들이 사용하는 데이글로Day-Glo(형광 안료를 포함한 인쇄용 잉크_옮긴이) 패치처럼 영롱한 무지개 빛깔을 띤다. 이 반점들은 구피가 헤엄칠 때마다 반짝이며, 맑은 물을 통해 멀리서도 볼 수 있다.

이와 대조적으로 하류에 사는 구피들은 검은색과 붉은색 점이 찍힌 수수한 피부를 갖고 있다. 점은 보일 듯 말 듯 작으며, 파란색 점은 아주 조금밖에 없다.

엔들러는 자신이 수집한 자료를 하천별로 살펴봤다. 그 결과 모든 하천에서 하류로 내려갈수록 반점의 수와 크기는 급격한 하향곡선을 그리는 것으로 나타났다. 엔들러는 랙이 갈라파고스에서 부리의 패턴을 살펴봤을 때와 유사한 스타일의 결론에 도달했다. "구피는 포식자의 압력이 클수록 위장을 더 많이 하며, 압력이 작을수록 위장을 덜 한다." 엔들러는 '구피들 사이에서 자연선택의 손길이 작용하는 것을 보고 있다'라는 생각이 들었다.

물론 엔들러의 해석은 '구피가 도대체 왜 멋을 부리는지'를 설명해주지 못한다. 하천의 어느 구역에나 얼마간의 위험이 존재하며 심지어 상류에도 위험이 있다면, 자연선택이 상류든 하류든 모든 장소에서 '최고의 위장술을 가진 구피'를 선호하지 않는 이유가 뭘까?

그에 대한 답변은 "수컷 구피의 삶은 '단지 목숨을 부지하는 것' 이상"이라는 것이다. 예를 들면 구피는 짝짓기도 해야 한다. 물론 생존하기 위해서는 하천 바닥에 있는 색색의 자갈들과 떼 지어 있는 구피들 사이에서 자신을 감춰야 한다. 그러나 짝짓기를 하려면 자갈이나 구피 무리 사이에서 두드러져야 한다. 따라서 수컷 구피는 한편으로 암컷의 시선을 사로잡으면서 다른 한편으로 시클리드나 민물새우의 시선을 피해야 한다.

빛깔이 야한 수컷일수록 성생활은 더 좋아진다. 빛깔이 야한 수컷은 암컷들 사이에서 인기가 좋고 살아 있는 동안 자신의 화려한 유전자를 자손에게 넘겨줄 기회를 더 많이 얻는다. 하천 상류 근처의 고요한 지점에 산다면, 만수무강하며 잘생긴 새끼들을 무수히 많이 낳게 될 가능성이 높다. 그러나 하류 부근에서는 상황이 달라진다. 빛깔이 야한 수컷은 한 마리 구피의 아버지가 되기도 전에 시클리드의 아가리 속으로 사라지게 될 것이다.

빛깔이 수수할수록 암컷에게 구애할 때 성공할 가능성은 낮아진다. 그러나 다른 한편으로 수수한 수컷들은 암컷에게 구애할 기회가 더 많이 생길 수도 있다. 동료들 중에서 덜 두드러질수록 적들의 눈에 덜 띄여 살아남을 가능성이 높아지기 때문이다.

이것은 트리니다드에 사는 구피들만의 문제가 아니라, 수컷이 암컷에게 구애하는 곳이라면 어디에서나 나타날 수 있는 문제이다. 구피나 붉은어깨검은새red-winged blackbird의 선명한 총천연색 반점이든, 아니면 개구리나 귀뚜라미의 우렁차고 멀리 전달되는 노래든, 그들의 구애신호는 항상 적에게 발각될 위험을 안고 있다. 즉, 강렬한 색깔이나 우렁찬 소리는 한편으로는 짝을 유혹할 수 있고, 다른 한편으로는 포식자를 유인할 수 있다. 캐플릿 저택의 발코니 밑에서 '창문을 열어다오'를 부르는 로미오처럼, 매일 밤 큰 소리로 암컷을 부르는 황소개구리는 절체절명의 위험에 놓여 있다. 몇몇 종은 이 문제를 교묘하게 처리하는 방법을 발견했다. 예컨대 양놀래기과wrasse의 바닷물고기 중 일부는 위험한 물속에서 구애신호를 보내기 위해 아주 잠깐 동안만 색깔을 바꾼다. 이것은 인간이 조용히 남의 관심을 끌기 위해 "저기요~"라고 말하는 것과 비슷한 매우 섹시한 속삭임이다.

데이터를 곰곰이 살펴보던 엔들러는 구피의 딜레마를 '상충되는 두 힘 간의 투쟁'으로 해석했다. 화려한 물고기들은 하천의 모든 지점에서 화려한 새끼를 낳아, 후손을 화려한 색깔과 자기과시 쪽으로 몰고 간다. 한편 수수한 물고기들은 하천의 모든 지점에서 수수한 새끼를 낳아 후손을 수수한 쪽으로 몰고 간다. 비교적 안전한 상류의 화려한 구피는 포식자에게 잡아먹히기 전에 많은 암컷을 만날 수 있을 만큼 오래 산다. 따라서 상류의 개체군은 점점 더 화려한 방향으로 진화하며 거의 모든 수컷은 다양한 색깔의 피부를 갖게 된다. 그러나 위험한 하류의 경우, 화려한 구피는 수명이 짧으므로 수수한 구피들이 더 많은 자손을 남기게 된다. 이에 따라 하류의 개체군은 점점 더 칙칙한 방향으로 진화한다. 하류에 사는 수컷들은 암컷을 2~4센티미터 거리에서 유혹하는데, 그 거리에서는 작은 반점들이 보인다. 하지만 그보다 더 먼 거리에서는 수컷과 자갈을 구분하기가 어렵다. 엔들러는 이렇게 말한다. "칙칙한 수컷을 우습게 보면 안 된다. 그들도 나름 암컷에게 어필하고, 암컷을 자극할 수 있다."

구피가 서식하는 하천을 처음 연구하기 시작했을 때, 엔들러는 갈라파고스를 찾아간 데이비드 랙과 같은 처지에 놓여 있었다. 엔들러는 선택의 힘들이 작용하고 있음을 강력하게 시사하는 패턴들을 볼 수 있었다. 그는 선택이 패턴을 형성하는 것을 실제로 보지는 못했지만, 자세히 들여다볼수록 자연선택의 손길이 그 패턴을 형성한다는 것을 더욱 확신했다. 엔들러가 계속 발견해내던 광범위한 패턴 속에는 호기심을 끄는 부수적인 패턴들이 포함되어 있었다. 예를 들면 몇몇 하천의 상류에는 민물새우가 살고 있는데, 구피는 이런 상류에서는 붉은 반점을 선호한다. 이 같은 적색편이red shift는 민물새우와 상대하는 데 의미가 있다. 왜냐하면 구피나 다른 물고기들은 사람과 마찬가지로 붉은색을 인식하지만, 민물새우와 새우들은 적색색맹이기 때문이다. 즉, 민물새우와 새우는 안타깝게도 무지개의 마지막 띠를 볼 수 없다. 따라서 어느 특정한 하천의 상류에서 큰 붉은 반점을 가진 수컷 구피는 민물새우의 눈을 피해 암컷 구피에게 강하게 어필할 수 있다.

1940년대를 되돌아보면, 랙은 측정을 통해 자신의 생각이 옳은지 확인하지 않은 상태에서 다윈핀치의 선택에 관한 주장을 펼쳤다. 그러나 엔들러는 랙의 입장에서 한 걸음 더 나아가, 자연선택과 성선택이 작용하는 것을 확인함으로써 자기 이론의 예측력을 검증하기로 마음먹었다. 그는 프린스턴 대학교의 온실에 연못(인공하천) 열 개를 만들었는데, 그중 네 연못은 크레니키클라 알타가 사는 하류 정도의 크기(길이, 폭, 깊이)였고, 다른 여섯 연못은 비교적 온순한 이불루스 하르티가 사는 상류 정도의 크기였다. 엔들러는 이 인공하천 바닥에 흑색, 백색,

녹색, 청색, 적색, 황색 자갈을 깔고 펌프를 통해 야생 하천처럼 물을 흘려보냈다.

한편 엔들러는 트리니다드와 베네수엘라의 열두 개 하천에서 상하류를 오르내리며 구피들을 수집했다. 그는 각기 다른 위험수준에서 살아가는 야생 상태를 시뮬레이션하기 위해 모든 범위whole spectrum의 환경 위험하에서 진화한 야생 구피 집단을 원했다. 그래서 엔들러는 한 종류의 포식자, 두 종류의 포식자, 그리고 최대 일곱 종류의 포식자가 존재하는 곳에 서식하는 구피들을 수집했다. 그러고는 각각의 집단을 각기 다른 수조에 넣었다.

인공하천이 구피를 받아들일 준비가 되자, 엔들러는 각 집단에서 무작위로 다섯 쌍씩을 골라 두 연못에 한데 몰아넣고 서로 짝짓기를 하고 뒤섞이면서 새로운 보금자리에 익숙해지도록 했다. 구피는 5~6주가 되면 알을 낳을 수 있는 데다, 암컷 구피는 알을 많이 낳기 때문에, 개체군의 규모가 두 배로 늘어나는 기간도 짧다. 그로부터 한 달 후, 엔들러는 두 연못에서 구피를 꺼내 다른 두 연못으로 옮겼다. 다시 한 달 후, 열 개의 연못이 각각 200마리의 물고기로 채워질 정도로 구피의 개체수가 불어났다.

결과적으로 엔들러가 한 일은 카드를 섞고 또 섞은 것이나 마찬가지였다. 그리하여 매우 이질적인 구색의 구피를 얻었다. 구피들은 온갖 다양한 반점들을 갖고 있었고, 그 반점들은 야생 하천 바닥의 자갈과 비교하면 완전히 무작위적이었다.

엔들러는 2,000마리의 구피들을 몇 달 동안 새로운 연못에서 키웠다. 그런 다음 세심한 계획에 따라 천적들을 투입했다. 이제 바야흐로 진화실험이 시작된 것이다.

엔들러의 예상대로라면 구피들은 이제 급속도로 진화해야 했다. 즉, 각 연못에 있는 구피들은 특정 구피(야생에서 동일한 포식자들과 함께 사는 구피)들을 닮기 시작해야 했다. 이와 동시에 각 연못에 있는 구피들은 그 연못 바닥에 있는 자갈을 모방해야 하며, 가장 위험한 연못에 있는 구피들은 그보다 안전한 연못에 있는 구피들보다 자갈을 더 많이 모방해야 했다.

5개월 후, 엔들러는 물고기 인구조사에 착수했다. 모든 연못에서 물을 빼고, 야생에서 수행한 것과 동일한 조사를 실시했다. 모든 수컷의 반점 수와 위치를 기록하고, 마취시켜 사진촬영을 한 다음, 연못에 다시 물을 채웠다. 9개월 후 2차 인구조사를 실시했는데, 그동안 구피들의 세대는 9~10번 바뀌었다.

먼저 포식자가 구피에게 미친 영향을 살펴보자. 적이 없는 안전한 연못에서 생활한 구피들의 경우 1차 조사에서 원래 집단보다 더 선명해진 것으로 나타났고, 2차 조사에서는 더욱더 선명해진 것으로 나타났다. 수컷들은 반점의 개수가 점점 더 많아지고, 색깔은 다채롭게 진화했다.

이와 대조적으로 시클리드가 있는 위험한 연못에서 생활한 구피들은 반점의 개수가 적고 크기가 작은 쪽으로 진화했다. 암컷에게는 여전히 보이지만, 20~40센티미터 떨어진 곳에서 공격하는 시클리드에게는 잘 보이지 않았다. 야생에서 시클리드와 함께 사는 구피들과 마찬가지로 이 구피들은 데이글로 패치를 연상시키는 청색과 무지개색을 잃게 되었다. 그랜트 부부가 핀치의 부리를 측정했던 것처럼, 엔들러는 구피의 반점 차이를 꼼꼼하게 측정했다. 그 결과 "반점의 높이, 면적, 총면적, 체표면적에 대한 비율은 포식강도predation intensity가 증가함에 따라 크게 감소한다"라는 결론을 얻었다. 구피는 반점뿐만 아니라 몸집도 변했다. 위험한 연못에서는 성숙한 구피의 몸집이 작아진 반면, 안전한 연못에서는 성숙한 구피의 몸집이 커졌다.

다음으로 자갈이 구피에게 미친 영향을 살펴보자. 각각의 연못 바닥에는 색깔과 크기가 다른 자갈들이 깔려 있었다. 포식자가 없는 연못에서 구피들의 반점은 자갈과 조화를 이루는 쪽으로 변하지 않았다. 반대로 반점은 큰 자갈보다 작고 작은 자갈보다는 크게 진화하여, (마치 배경과 정반대 색깔을 지닌 카멜레온처럼) 더 쉽게 식별할 수 있게 되었다. 무지개색 반점을 지니게 되었고, 반점의 색깔도 더 다양해졌으며, 세대를 거듭하면서 배경과 점점 더 달라졌다. 이 모든 현상들은 '구피들이 암컷의 주의를 끌기 위해 서로 경쟁한다'라고 생각할 때 나타날 수 있는 현상들이었다. 즉, 성선택은 '수컷들을 자갈바닥과 가능한 한 달라지게 하는 방향'으로 작용하고 있었던 것이다. 이와 대조적으로 포식자가 있는 연못에서 생활한 구파들의 반점은 자갈과 조화를 이루는 쪽으로 변했다.

만약 자연선택과 성선택 중 오직 하나의 힘만 작용했다면 구피들은 이처럼 주목할 만한 방향으로 진화하지 않았을 것이다. 자연선택이 없고 성선택만 있었다면 모든 구피들은 더 화려해졌을 것이고, 성선택이 없고 자연선택만 있었다면 더 화려해진 구피들은 한 마리도 없었을 것이다. 그러나 성선택으로 인해 청색 반점이 추가되면서 구피라는 물고기는 훨씬 더 다채로워졌다. 거의 모든 수컷 구피는 몸 어딘가에 청색 반점을 갖고 있으며, 심지어 가장 위험한 포식자가 존재하는 하류에 사는 수컷 구피도 마찬가지이다. 구피의 망막이 청색에 특히 민감한 것은 우연의 일치가 아니다. 청색 반점은 십중팔구 수컷 구피의 특별한 매력포인트, 즉 구혼의 필수요소sine qua none인 것 같다.

엔들러의 온실에서 사육된 구피들은 자연계에서 나타나는 패턴을 복제해낼 때까지 진화했고, 매우 짧은 시간 내에 해냈다. 하지만 엔들러의 하천은 인공적이었고, 야생 상태에서 자연선택이 작용하는 것을 본 게 아니었으므로, 회의론자들은 여전히 "야생 상태의 패턴에 대한 엔들러의 설명이 잘못되었다"라고 주장할 수 있었다. 따라서 엔들러는 똑같은 진화실험을 자연계에서 수행하는 방법을 고안해냈다.

현장연구 초기에 엔들러는 용케도 트리니다드에서 특이한 하천을 하나 발견했다. 그 하천에는 구피는 없고, 포식자인 라불루스 하르티만 살았다. 그리고 그곳에서 약 2킬로미터 떨어진 곳에는 구피와 포식자가 모두 사는 하천이 있었다. 엔들러는 두 번째 하천의 고위험수역 중 한 곳에서 구피 200마리를 무작위로 수집했다. 그러고는 각각의 구피를 늘 하던 방식으로 측정한 다음, 첫 번째 하천의 안전수역에 방류했다. 그로부터 1년도 더 지난 후 그 후손들을 수집했는데, 무려 15세대가 경과해 있었다.

두 번째 하천에서 여전히 많은 천적에게 부대끼는 직계조상들에 비해, 안전한 하천으로 이주한 수컷 자손들은 색깔이 훨씬 더 화려해져 있었다. 더 크고 더 많은 반점을 갖고 있었고, 색깔의 구색도 훨씬 더 다양했다. 자연선택은 예상했던 것과 똑같이 작용했고, 진화는 야생에서도 연못에서만큼 빠르게 일어났다.

자연선택은 하천의 모든 곳에서 시클리드와 민물새우의 탈을 쓰고 매일 그리고 매시간, 수컷 구피들의 일거수일투족을 비유가 아니라 문자 그대로 샅샅이 살펴본다. 그 결과, 천적들의 포식은 각 세대의 수컷들을 '하천 바닥과 조화를 이루는 방향'으로 몰아간다. 이와 동시에 암컷 구피의 탈을 쓴 성선택은 매일 매시간 똑같은 수컷들의 일거수일투족을 살펴본다. 그 결과, 성선택은 세대를 거치면서 수컷들을 '튀는 방향'으로 몰아간다.

이제 '수컷 구피의 반점에서 그렇게 무한한 변이가 나타나는 이유'가 명확해졌다. 위장camouflage이라는 측면에서 무작위적 패턴을 가진 무수한 반점들 간에 우열관계는 없으며, 모두 동등한 위장 수단이라고 할 수 있다. 왜냐하면 하천 바닥의 패턴 자체가 무작위적이기 때문이다. 다른 구피들과 똑같은 패턴을 보인다는 것은 구피에게 도움이 될게 없으며, 사실상 그들에게 해害가 될 것이다. 만일 구피들이 모두 똑같이 생겼다면 천적들은 탐색 이미지search image, 즉 내면의 주형inner template을 개발할 수 있기 때문이다. 우리가 군중 속에서 친구의 얼굴을 찾듯, 그들은 이 주형을 이용하여 패턴을 탐색할 것이다. 따라서 희귀한 부적응자rare misfit는 매우 유리하다. 한편 암컷들도 그 특이한 수컷을 좋아하게 되어 패턴을 점점 더 다양한 쪽으로 유도할 것이다. 이 점에서 볼 때 자연선택과 성선택은 상반되는 움직임을 멈추고 수컷을 같은 방향, 즉 거의 무한한 다양성 쪽으로 유도할 것이다.

우리는 여기서 '다윈이 넓은 세계에서 봤던 것'의 한 가지 사례를 보고 있다. 다윈은 자신의 단순한 과정이 다양성과 변이를 이끌어낼 수 있으며, 그것이 무척 당혹스럽고 혼란스러워 보일 수 있음을 이해했다. 그러나 그에 의하면, 다양성과 변이의 근저에 깔린 원동력은 모든 생명체의 발전을 이끄는 일반원칙('증식하고 변화하며, 최강자는 살아남고 최약자는 죽는다')의 결과만큼이나 단순하고, 평이하고, 상식적이라고 한다. 구피의 실험이 엔들러에게 준 교훈은 거의 같은 시기에 다윈핀치들이 갈라파고스의 핀치 관찰자들에게 준 교훈과 똑같다. "자연선택은 빠르고 확실하게 진행될 수 있다. 자연선택은 우리 주변 어디에서나, 다윈이 꿈꿨던 것보다 훨씬 더 빠르게 흘러가고 있다."

엔들러의 연구는 그를 점점 심오한 경지로 이끌어가고 있다. 그는 지금 "구피의 반점, 짝짓기 습관, 색각color vision이 모두 동시에 진화하며, 어느 한 요인에 일어나는 변화가 다른 요인에 변화를 가져올지 모른다"라고 생각한다. 그래서 생리학자들과 공동으로 구피 망막의 변이를 측정하고 있다. 이러한 경성과학hard science은 종종 그에게 '외부인들이 (심지어 생물학자들까지도) 진화학을 얼마나 연성과학soft science으로 인식하고 있는지'를 상기시킨다. 엔들러는 이렇게 말한다. "언젠가 누군가와 시각 생리학vision physiology에 대해 이야기하고 있었죠. 그러던 중 그가 불쑥 이렇게 말하더군요. '와, 진화학 분야가 그렇게 엄밀할 거라고는 전혀 생각하지 못했어요. 당신이 실제로 실험을 했으리라고도 생각하지 못했고요.'"

"진화학에 대한 홍보가 아직 많이 부족해요. 사람들은 이게 진짜 과학이라는 걸 깨닫지 못하고 있거든요"엔들러가 힘주어 말한다.

트레버 프라이스의 관찰이 막바지에 이를 무렵, 핀치 유닛의 대원들은 거의 10년 동안 대프니메이저에서 살다시피 해왔다. 그동안 그들이 봤던 사항들을 총정리해보면 이렇다. (1)1977년, 자연선택에 따른 진화는 새들의 몸집을 더 크게 만들었다. (2)1978년, 성선택에 따른 진화는 새들을 더욱 크게 만들었다. (3)1979, 1980, 1981, 1982년, 자연선택과 성선택 중 어느 한 가지, 또는 두 가지가 모두 압력을 행사하여 섬에 있는 새들을 더욱더 크게 만들었다. 요컨대 대프니메이저의 생태계에 가해진 다양한 압력들의 총합이 핀치들을 한 방향으로 몰아간 듯했다. 이런 추세대로 나가면 직경이 점점 더 커지는 탐조등처럼 핀치의 대형화는 계속될 수밖에 없을 듯했다.

그러므로 핀치 관찰의 결과는 역설적이었다. 왜냐하면 대프니메이저에는 작은땅핀치, 중간땅핀치, 큰땅핀치가 공존하고 있었기 때문이다. 만약 커다란 몸집을 선호하는 선택이 해마다 강력하게 일어났다면, 자그마한 핀치들이 모두 커다란 핀치로 변신하지 않은 이유는 뭘까? 즉, 작은땅핀치가 모두 중간땅핀치로, 중간땅핀치가 모두 큰땅핀치로 바뀌지 않은 이유는 뭘까? 혹시 '가던 날이 장날'이라고 핀치의 대형화 과정이 이제 막 시작되고 있었던 것은 아닐까? 다시 말해서, 그랜트 부부와 학생들이 핀치를 관찰하기 위해 갈라파고스에 도착하자마자 진화과정이 대형화를 향해 시동을 걸었던 건 아닐까?

그러나 '가던 날이 장날'이라는 식의 설명은 해도 너무했다. 그건 마치 천문학자가 "새 망원경을 까마득히 먼 별에 들이대고 성능을 실험하려고 하는데, 그 순간 눈 앞에서 초신성이 폭발했다"라고 말하는 거나 마찬가지였다. 그러므로 다윈핀치가 근본적인 변혁기radical transformation에 들어가고 있는데, 그랜트 부부가 타이밍을 절묘하게 맞춰 관찰을 시작한 건 아닌 게 분명하다.

그렇다면 이제 곧 뭔가가 일어나 대형화 추세가 깨져야 한다는 결론이 나온다. 모종의 힘이 새들의 몸을 휘감아 다른 방향으로 강제로 돌려세워야만 했다. 그래야만 대프니메이저에 작은땅핀치, 중간땅핀치, 큰땅핀치가 공존한다는 현실을 설명할 수 있을 것 아닌가!

트레버 프라이스는 "다음 우기에 비가 많이 내리면 뭔가 새로운 것을 볼 수 있을 것"이라고 확신했다. "기존의 힘이 '미는 힘'이었다면, 다음 우기에 작용하는 힘은 '당기는 힘'이 될 것이다. 다음 우기의 폭우 속에서 나는 '건기에 나타난 추세를 역전시키는 대형사건'을 찾아낼 것이다" 그는 다짐했다.

그러나 자연은 프라이스의 뜻대로 움직여주지 않았다. 1980년을 통틀어 대프니메이저에는 비가 두 차례 찔끔 내렸다. 강수량이 부족해서 그런지 핀치들은 짝짓기를 하는 둥 마는 둥 하며 프라이스의 애간장을 태웠다. 프라이스가 원하는 것은 단 하나, 핀치들의 짝짓기를 자극할 만큼 '화끈한 비' 한 방이었다.

프라이스는 선임자 보그만큼이나 간절하게 비를 기다리며 몇 달 동안 섬을 끊임없이 순회했다. 비가 한 방울도 내리지 않자, 반쯤 실성한 상태로 산타크루즈 섬에 있는 푸레르토아요라Puerto Ayora 어촌에 무작정 들이닥쳤다. 외관상으로만 보면 덥수룩한 수염과 맨발에 낡은 줄무늬 셔츠와 체크무늬 바지를 걸친, 영락없는 부랑자의 모습이었다. 그러나 그는 자연스럽고 우호적인 태도를 보였으며, 매우 강한 영국식 억양으로 알아듣기 힘든 스페인어를 구사했다. 몇 달 동안 마을에 머물며 친구를 사귀고 즐거운 시간을 보냈다. 푸에르토아요라의 주민들 중에서 그를 모르는 사람은 한 명도 없게 되었다.

그러나 프라이스는 신념을 결코 굽히지 않았다. '제대로 된 비가 한 번만 내리면, 과학계에 길이 남을 업적을 남길 수 있다'라는 신념 하에, 가뭄이 닥칠 때마다 매번 꿋꿋이 견뎌냈다. 갈라파고스 제도의 다른 섬에 진치고 있던 관찰자들은 모두 그를 응원했다.

한 친구는 달관한 듯한 표정으로 자못 철학적인 메시지를 내놓았다. "현장생물학field biology과 물리학의 차이는 바로 그거야. 현장에서 생물학 연구를 하다 보면, 날씨에 목숨을 거는 경우가 부지기수지. 연구 계획을 멋지게 세워놓았으니, 이제 비만 오면 다 해결되는 거야."

박사과정 마지막 해인 1981년, 프라이스는 아이세 우날Ayse Unal이라는 터키 수학자를 대프니메이저의 현장 보조원으로 배정받았다. 그녀는 프라이스와 함께 몇 달 동안 비를 기다리며 멍하니 허송세월했다. 그러다 3월에 마침내 비가 왔을 때, 프라이스가 넝마를 걸치고 봉두난발한 더비시dervish(회교 금욕파의 수도사_옮긴이)의 모습으로 빗속에서 고래고래 소리지르며, 하늘을 찬양하며 두 시간 동안 막춤을 추는 것을 봤다.

그러나 이번에도 비는 너무 늦게 내렸고, 양도 너무 적었다. 그래서 짝짓기를 한 핀치는 그리 많지 않았다. 프라이스는 지금도 그 '짧고 아쉬웠던 시간' 동안 내린 마지막 비를 생각한다. 그러면서 "만약 그 비가 1~2월에 내렸거나 만일 내 관찰이 1년만 더 계속되었다면, 놀라운 박사학위 논문이 탄생했을 거예요"라고 말한다. 그러자 잠자코 앉아 있던 피터 그랜트가 안됐다는 표정으로 한마디 거든다. "좌우지간 그건 놀라운 논문이었어요."

그런데 이번에는 관찰자들에게 변화의 시간이 찾아왔다. 프라이스가 임무를 마치고 미국으로 돌아가자, 캐나다 출신 피터 그랜트의 대학원생 라일 깁스Lisle Gibbs가 관찰자 자리를 이어받았다. 1981년 12월, '틀림없이 비가 시작될 것 같다'라는 예감을 품고 현장보조원 한 명을 대동하고 대프니메이저에 도착했다. 그러나 웬걸, 이 두 남자는 메마른 섬에 자리를 잡고 앉아, 반 년 동안 회색 구름이 비를 퍼붓기를 기다렸나. 비가 소금 내리기는 했지만 충분하지 않았다. "『고도를 기다리며』의 한 장면이었어요"라고 깁스는 회고한다.

1982년의 관찰 시즌이 끝나자, 그들은 다음 시즌을 기약하며 미시간의 집으로 돌아갔다. 그리고 그해 말 크리스마스가 다가오고 있을 때, 깁스는 푸레르토아요라 마을의 주민이 보낸 엽서 한 장을 받았다.

"지금 비가 내리고 있어요."

chapter 7

2만 5,000다윈

하늘의 창문들이 열려 사십 일 동안 밤낮으로 땅에
폭우가 쏟아졌다.
- 창세기 7:11-12

라일 깁스는 자신이 그 섬에 가게 된 과정을 더 이상 기억하지 못하고 있다. 그저 혼잣말로 "나는 거기로 가고 있었어요"라고 할 뿐이다. 그로부터 72시간 후, 그는 팡가(노젓는 배)에서 뛰어내려 대프니메이저의 레지 위에 발을 디뎠다.

불쌍한 프라이스는 3년 동안 비를 기다리다 맥이 빠졌고, 깁스는 6개월 동안 비를 기다리다 고향에 다녀왔다. 마침내 비는 내렸지만 스케줄보다 훨씬 더 먼저 내리는 바람에 대프니메이저에 비가 내리는 것을 본 팀원은 아무도 없었다.

깁스는 현장 보조원과 함께 절벽을 기어올라 주변을 살폈다. 암컷 핀치들의 부리는 벌써 짙게 변했고, 수컷들의 부리는 까만색이 되었다. 선인장에는 새로 지은(지붕 덮인) 둥지들이 달려있고, 둥지 안에는 짹짹거리는 핀치 새끼들이 득실거렸다. 이 새끼들은 가장 최근 세대, 즉 새해가 오기 직전에 임신되어 부화된 새들이었다. "우리는 섬에 도착하자마자 부리나케 고리부터 달았죠" 깁스가 말했다.

핀치 유닛의 대원 중에서 우기가 그렇게 빨리 찾아오리라고 예상한 사람은 아무도 없었다. 아무리 오랫동안 기다렸다고 해도, 섬을 떠난 후 몇 주 동안 내린 비의 양은 등골이 오싹할 정도였다. 몇 주 동안 쏟아부은 비의 양이 1년 치 강우량을 넘어설 것 같았다. 10여 년 전보다는 덜하지만, 1982년 12월 대프니메이저의 침수 상황은 엄청났다. 옆 동네인 산타크루즈 섬에는 예년 강우량의 네 배나 되는 비가 쏟아져, 찰스 다윈 연구소 사람들은 1960년 연구소가 설립된 이래 가장 많은 빗속에서 연말을 보내야 했다. 훨씬 더 북쪽에 있는 제노베사 섬의 사정도 마찬가지였다. 그해 말, 제노베사 섬에 도착한 다른 핀치 연구팀에 의하면 로즈메리의 우량계rain gauge에서 이미 빗물이 흘러넘치고 있었다고 한다.

엄청난 뇌우가 섬을 덮치자, 산타크루즈의 소 떼는 벌벌 떨었다. 왜냐하면 갈라파고스 제도를 뒤덮은 구름은 조용한 경우가 대부분이었기 때문이다. 하룻밤 사이에 홍수가 나고 폭포가 생겨났으며, 분화구의 가파른 경사면에서 산사태가 일어났다. 한 세기 동안 섬을 지켰던 선인장과 파두croton가 뿌리째 뽑혀, 잔가지처럼 뒹굴며 화산의 경사면을 따라 휩쓸려 내려갔다. 섬의 가장자리에 자리 잡은 깁스의 텐트에서 바라본 하늘과 바다의 모습은 끔찍했다. 머리 위에 낮게 드리운 시커먼 하늘은 연신 우렁찬 굉음을 내며 번쩍거렸고, 바로 아래에 펼쳐진 바다에서는 파랗고 하얀 쇄파碎波, breaker(해안을 향해 부서지며 달려오는 큰 파도_옮긴이)가 절벽을 강타하며 솟구쳐 올랐다. 폭풍 속으로 들어가는 배처럼 대프니메이저 섬은 다가오는 새해를 향해 돌진했다.

지구를 만성적으로 괴롭히는 기후 병리현상pathology of weather 중 최악의 상습범은 성탄절을 즈음하여 남아메리카의 태평양 해안을 찾아오곤 하는 이른바 엘니뇨El Nino이다(엘니뇨란 스페인어로 남자아이를 뜻한다). 엘니뇨 기간 동안 '비정상적으로 따뜻한 물'이 태평양 동부에 나타나 그 일대를 휘젓고 다니며 상당량의 바닷물 온도를 몇 도씩이나 상승시킨다. 비정상적으로 따뜻한 물이 이처럼 광대한 해역을 차지하면 거의 전 세계에 걸쳐 비정상적인 바람과 기후변화가 일어난다.

갈라파고스 제도는 공교롭게도 비정상적으로 따뜻한 물의 중심부에 자리 잡고 있다. 엘니뇨는 보통 3~6년의 간격을 두고 불규칙하게 발생하는데, 그랜트 부부는 마지막 엘니뇨가 지나간 직후에 연구를 시작했다. 그런데 1983년 1월이 되자 갈라파고스를 잘 아는 사람들은 이구동성으로 "엘니뇨가 돌아오고 있으며, 이번 엘니뇨는 범상치 않아 보인다"라고 확신했다. 갈라파고스에 살고 있는 박물학자이자 선원인 고드프리 멀린Godfrey Merlen은 한 종말론적 비망록에 이런 기록을 남겼다. "엘니뇨를 감안하더라도 바닷물은 너무 뜨겁다. 태평양에 피어오른 구름들을 보니 바다 자체의 폭풍이 엄청난 것 같다. 바다에서 거대한 버섯 모양의 나무가 돋아나더니, 삽시간에 수천 미터 상공까지 솟구쳐 올랐다."

라일 깁스는 그저 그런 비를 맞은 게 아니었고, 평범한 엘니뇨만 만난 것도 아니었다. 깁스는 평생 동안 그렇게 강력한 엘니뇨를 겪어 본 적이 없었다. 아마 20세기에 발생한 엘니뇨 중에서 가장 강력했을 것이다.

불과 한 달 전까지만 해도 사막섬이었던 대프니메이저에서 깁스는 주룩주룩 쏟아지는 신선한 빗줄기를 누비고 다녔다. 질퍽거리는 검은 흙을 힘겹게 헤치며, 새로 태어난 핀치 새끼들에게 미친 듯이 고리를 달았다. 새끼들은 깁스와 보조원이 따라잡을 수 없을 정도로 날마다 빠르게 태어났다. 두 사람은 벌거벗은 채 모자도 쓰지 않고 폭우를 고스란히 맞으며 작업했다. 사실 판초 우의는 아무짝에도 쓸모가 없었다. 겉은 비에 젖어 번들거리고, 속은 땀에 젖어 미끌거렸을 테니까 말이다.

가뭄을 겪었던 보그나 래트클리프와 달리, 홍수를 겪고 있는 깁스는 뭔가 특별한 선택사건이 진행되고 있을 거라 확신했다. 빗속에서 새끼들의 발에 고리를 끼우며 '이들이 과연 무슨 행동을 할까?'라는 궁금증에 휩싸였다.

먼 훗날 라일 깁스의 논문에 수록된 사진들을 보며 트레버 프라이스는 어이없다는 표정을 지으며 이렇게 말했다. "정말 황당하네요. 사막이 정글로 돌변하고 있는 것 같군요." 주변의 덩굴식물들이 깁스의 텐트 기둥으로 기어올랐는데 깁스는 (아침부터 정오까지, 그리고 정오에서 저녁까지) 하루에 몇 센티미터씩 자라는 것을 볼 수 있었다. 파두 나무는 한두 번이 아니라 일곱 번씩이나 꽃을 피웠는데, 씨앗이 일곱 번 맺혔을 뿐 아니라 씨알도 굵었다. 파두 씨앗은 12월에 땅에 떨어져 이듬해 5월이 되자 키 큰 사람의 눈높이까지 자라나 다시 꽃을 피웠다. 6월이 되자 섬 전체에 널려 있는 파두 씨앗은 1년 만에 열두 배로 늘어났다. 어머니 자연의 마음 씀씀이가 갑자기 후해진 것 같았다. 모든 핀치에게 씨앗을 매년 한 접시만 내놓다가, 이제 갑자기 열두 접시를 내놓는 걸 보니 말이다. 늘어난 먹이는 씨앗만이 아니었다. 핀치의 또 다른 먹이인 애벌레는 마릿수가 다섯 배나 늘었고, 덩치도 네 배로 늘었다.

선인장은 수분이 너무 많았고, 벽을 타는 덩굴식물creeping vine이 무성하게 자라 남가새를 뒤덮었다. 그러다 보니 작은 씨앗은 풍년이 든 반면, 큰 씨앗은 흉년이 들었다. 덕분에 무일푼이었던 다윈의 땅핀치들은 졸지에 거부巨富가 되었다. 그런데 졸부가 된 핀치들의 행동이 심상치 않았다.

"새들이 미쳤었나 봐요. 그 전해에는 전혀 짝짓기를 하지 않더니, 그해에는 죽기 살기로 짝짓기를 했어요"라고 깁스가 말한다. 대프니메이저의 암컷들은 40개의 알을 낳아 25마리의 새끼를 키웠다. 제노베사에서 가장 왕성한 번식력을 보여준 커플은 일곱 차례에 걸쳐 알을 29개씩 낳아, 매번 20여 마리의 새끼가 둥지를 박차고 날아오르는 기록을 세웠다. 고온다습한 기후에서 점점 더 많은 새들이 일부일처monogamous에서 중혼bigamous이나 일부다처polygamous로 전환하고 있었다. 제노베사의 한 암컷 핀치는 수컷 네 마리와 연거푸 짝짓기를 했다.

광란의 교미가 오래 지속될수록 (깁스가 잡아서 고리를 달아야 할) 새끼 수가 점점 더 불어나 젖은 화산암 위를 깡총깡총 뛰어다녔다. 6월이 되자 대프니메이저 섬에 사는 핀치의 수는 2,000마리를 넘어섰다.

대부분의 핀치들은 두 살이 될 때까지 짝짓기를 하지 않으며, 그때까지 핀치 관찰자들은 핀치들과 개인적으로 익숙해지게 된다. 그러나 번식기가 계속되던 중, 깁스와 보조원은 "우리가 고리를 끼운 어린 새들 중에 데면데면한 게 있다"라고 웅성거리기 시작했다. 그건 그 새들이 어린 나이에 짝짓기를 하고 있음을 시사했다. 그런데 알고 보니, 그들은 놀랍게도 생후 3개월짜리 청소년들이었다.

생후 일주일 이내에 발에 고리를 착용한 새끼들이, 생후 3개월 만에 선인장 덤불에서 짝을 이루어 교미를 한다는 것은 충격적인 사실이었다. 지구상에서 어느 누구도 그런 현상을 보고한 적이 없었다. 연작류passerine 새들이 태어난 첫해에 짝짓기를 한다는 건 금시초문이었다. 그러나 비가 계속 내리자 섬에 있는 새들이 거의 모두 마치 골드러시처럼 짝짓기 러시에 휘말렸다. 어린 수컷 중 일부는 선인장이 하나도 없는 영토를 차지했지만 그럼에도 불구하고 짝을 만났다. 원조교제 커플 중 많은 커플이 새끼를 얻는 데 성공했는데 '어린 암컷과 나이 든 수컷' 커플의 성공률이 특히 높았다. 짝짓기 한 암컷 중간땅핀치 중 가장 어린 것은 생후 3개월 미만이었다. 그녀는 첫 산란 때 알을 네 개 낳았는데, 그중 두 마리가 살아남아 둥지를 떠났다.

그해에 선인장핀치들이 낳은 알의 수는 이전 번식기의 여덟 배였다. 실제로 그 한 해 동안 핀치들은 평생 낳을 새끼들의 절반 이상을 낳았다. 대프니메이저에서 선인장핀치와 중간땅핀치의 개체수는 400퍼센트 이상 증가했다.

울프에서 산티아고까지, 그리고 이사벨라에서 에스파뇰라까지, 갈라파고스 제도 전체에 걸쳐 그해는 정말로 경이로운 해였다. 그러나 제노베사에서 일어난 골드러시에는 어두운 측면이 있었다. '알낳기 신기록'이 '사망자 신기록'으로 이어진 것이다. 핀치들은 차가운 소나기를 맞으며 둥지에 오래 앉아 있곤 했으며, 알은 물론이고 때로는 보채는 새끼들까지도 방치했다. 폭우와 세찬 바람이 나뭇가지를 부러뜨려 새끼들을 둥지째 땅바닥으로 내동댕이치기도 했다. 핀치들에게 이런 비극이 일어나고 있는 사이, 제노베사의 많은 흉내지빠귀들은 빗속에서 시름시름 앓고 있었다. 그들의 발과 발톱은 (아마도 수두pox에 걸린 듯) 물집이 생기고 부어올랐다.

갈라파고스의 흉내지빠귀 중 하나인
미무스 파르불루스Mimus parvulus.
출처: 찰스 다윈,
『H.M.S. 비글호 동물학』,
스미소니언협회 제공.

제노베사의 핀치들은 대부분 수두에 걸리지 않았지만, 흉내지빠귀의 전염병에 피해를 입었다. 정상적인 흉내지빠귀들은 작은 집단을 이루어 긴밀한 공동생활을 하며, 혼인하지 않은 어린 수컷들은 나이 든 새들을 돕는다(흉내지빠귀들의 이런 협동정신을 발견한 사람은 그랜트 부부의 딸 니콜라였다. 그녀는 열두 살 때 제노베사에서 이 사실을 발견했다). 하지만 그해에 모든 집단의 나이 든 새들이 수두에 걸려 쓰러지자, 구심점을 잃은 생존자들은 뿔뿔이 흩어졌다. 어른 흉내지빠귀들은 어딘가 다른 곳에 정착하여 둥지를 지었지만, 어린 새들은 바람과 비를 맞으며 계속 떠돌아다녔다. 피터 그랜트의 박사과정 학생이자 흉내지빠귀 전문가인 보브 커리Bob Curry는 어린 흉내지빠귀들이 때로는 단독으로, 때로는 (마치 비행청소년처럼) 패거리를 이루어 핀치 둥지 주변을 배회하는 장면을 목격했다. 그들은 광범위한 화산암 지대를 휘젓고 다니며 핀치 둥지를 위협하다가, 때때로 핀치 부모들을 쫓아내고 새끼들을 잡아먹었다. 한 불운한 선인장핀치는 여덟 차례에 걸쳐 22개의 알을 낳았지만, 살아남아 둥지 밖으로 뛰어나간 것은 단 한 마리도 없었다.

비가 그친 뒤, 갈라파고스 제도는 스스로 원상복구를 시작했다. 이글거리는 태양이 작열하자 붉은 진흙이 구워져 거북이 등처럼 쩍쩍 갈라졌다. 가을이 되자 고방오리pintail duck들의 보금자리였던 고지대의 담수연못들이 상당히 말랐고, 작은 새우들이 마법처럼 깜짝 등장했던 화산암 구멍의 무수한 빗물 웅덩이들도 바짝 말라붙었다. 갈라파고스땅거북들은 풀을 뭉개고 짓밟음으로써 고지대를 원상으로 복귀시켰고, 양쪽 발로 바닥을 때려 도랑을 메웠다. 원상복구가 예상 외로 빠르게 진행되자 9월 초에 산타크루즈의 고지대를 걷던 한 박물학자는 깜짝 놀랐다. "올해 초부터 원래 이런 모습이었나?"

장대비가 멈춘 후 갈라파고스 제도에는 온통 핀치가 득실거렸다. 엘니뇨가 지나간 후 한두 해 동안 대프니메이저 섬에는 마치 『아라비안나이트』의 동굴 속에 금은보화가 잔뜩 쌓여 있는 것처럼 작은 씨앗들이 무진장 널려 있어, 엄청나게 늘어난 새들을 충분히 먹여 살릴 수 있었다. 하지만 비와 풍작이 선물해준 호시절은 이제 끝이었다. 홍수가 끝난 후 그해에 내린 비는 고작 53밀리미터였고, 그다음 해에는 겨우 4밀리미터였다. 식물들은 엘니뇨가 찾아왔던 해의 절반에도 못 미치는 씨앗을 맺었다.

식량이 부족해지자 핀치의 개체수는 사막섬의 수용능력을 초과했고, 깁스는 이제 개체군이 붕괴되는 과정을 지켜봤다. 1983년과 1984년 두 해 동안, 새로운 새들에게는 다리에 고리를 달아주고 죽은 새들에 대해서는 노트에 작은 가위표를 치면서 대프니메이저의 거대한 다윈핀치 떼의 동향을 계속 주시했다. 보그의 가뭄 때처럼 핀치들은 사방에서 계속 죽어가고 있었다.

진화는 기존의 방향으로 화살처럼 날아갈까, 아니면 방향을 급선회할까? 새들은 지금 어떻게 진화하고 있을까? 충분히 많은 자료를 수집하여 컴퓨터에 입력할 때까지 깁스는 어떤 말도 할 수 없었다.

1985년 9월, 깁스는 당시 그랜트 부부가 학생들을 가르치던 미시간 대학교로 돌아왔다. 그는 방수처리된 노트에 적힌 자료들을 모두 컴퓨터에 입력하는 데만 꼬박 1년이 걸렸다. 그 후 몇 달에 걸쳐 데이터 오류를 체크하고, 다시 몇 달에 걸쳐 데이터 오류를 이중체크했다. 마지막으로 진화 추세를 분석하는 데 사용할 프로그램을 점검하고 다시 점검했다.

이제 프로그램을 실행할 차례였다. "나는 엔터 키를 눌렀던 순간을 지금도 기억해요. 좋은 결과가 나오기를 간절히 기도하고 있었죠"라고 깁스는 말한다.

그가 컴퓨터 화면에서 본 내용은 너무나 극적이어서, 처음에는 믿기지 않았다. 검토와 재검토를 거쳤지만, 그것은 분명히 진실이었다. 자연선택이 새들을 반대 방향으로 돌려놓은 것으로 나타났다. 다시 말해서 부리가 크고 몸집이 큰 새들은 죽고, 부리가 작고 몸집이 작은 새들은 번성하고 있었다. 선택이 역전되었다.

덩치 큰 수컷과 암컷이 모두 죽어갔지만, 암컷보다는 수컷이 더 많이 죽었다. 이 역시 가뭄 때와 정반대 현상이었다. 가뭄 때는 체중, 날개 길이, 다리 길이, 부리의 길이·두께·너비가 모두 큰 핀치가 선호되었지만, 홍수가 지난 뒤에는 작은 핀치가 선호되었다.

처음에 라일 깁스와 그랜트 부부는 '홍수가 새들을 뒤로 잡아당기는 이유'를 확신할 수 없었다. 물론 '대홍수가 대가뭄의 결과를 무효화한다'라는 말이 직관적으로는 의미가 있었지만 말이다. 그러나 결국 '홍수가 덩치 큰 핀치보다 작은 핀치를 선호하는 이유'를 납득하게 되었다. 작은 씨앗들이 열 배나 많이 널려 있는 상황에서 큰 핀치들은 큰 씨앗들을 찾는 데 어려움을 겪었다. 물론 큰 핀치들도 작은 씨앗을 먹을 수는 있지만, 큰 핀치들은 커다란 도구를 장착하고 평생 동안 큰 씨앗을 찾아 깨뜨리는 일만 해왔다. 게다가 덩치 큰 핀치가 작은 씨앗으로 연명하려면, 엄청나게 많은 양을 먹어야 했다.

따라서 큰 씨앗의 공급량이 점점 더 줄어들수록 덩치 큰 새들은 점점 더 많은 어려움을 겪게 되었다. 그들은 '몸집 큰 어린 핀치'들이 생애 초기에 몇 달 동안 겪었던 것과 똑같은 궁지에 몰렸다. 그들은 큰 몸집 때문에 비싼 대가를 치러야 했다. 큰 몸집은 더욱 큰 식욕을 낳았고, 큰 부리로는 그것을 감당할 수가 없었기 때문이다. 큰 부리를 가진 새들 중 일부는 그럭저럭 버텼지만, 작은 씨앗에 적당한 부리를 갖춘 새들보다는 아무래도 더디고 서툴 수밖에 없었다.

깁스가 홍수 때 관찰한 자연선택의 순결과net result는 보그가 가뭄 때 관찰한 것만큼이나 엄격했다. 새들은 일보 크게 전진한 후 일보 크게 후퇴한 셈이었다.

1977년에 발생한 지독한 가뭄은 핀치가 평생에 한두 번 겪는 사건이고, 1983년에 발생한 엘니뇨로 인한 대홍수는 인간의 평생에 한 번 있을까 말까 한 사건이었다. 그러므로 대가뭄과 대홍수를 둘 다 목격한 관찰자들은 예외적인 그림을 본 것이다. 분명히 말하건대 야생 상태에 있는 생물은 어떤 해에 유난히 강한 선택압에 직면할 수 있다. 그러나 그 생물이 살아 있는 동안, 그보다 훨씬 더 강한(심지어 가장 강력한) 선택압이 나타나 선택의 진행방향을 역전시킬 수 있다. 진화는 종을 한쪽 방향으로만 계속 빠르게 밀어붙이는 게 아니라, 방향을 바꿔 빠르게 되밀 수도 있음을 명심해야 한다.

사실 이것은 다윈핀치에게만 나타나는 특이현상이 아니다. 오늘날 박물학자들은 자연계의 도처에서 이와 비슷한 운명의 역전 현상을 보고하고 있다. 다윈이 말한 '어둠의 도깨비', 즉 갈라파고스의 해양이구아나 집단도 그런 현상을 보이는 집단 중 하나이다. 이구아나는 얕

갈라파고스 이구아나.
출처: 찰스 다윈, 『H.M.S. 비글호 동물학』, 스미소니언협회 제공.

은 물에서 해초를 뜯어 먹은 다음, 느긋하게 일광욕을 하며 소화시킨다. 핀치들은 그동안 이구아나의 몸 위를 뛰어다니며, 그의 이마나 볏comb에 붙어 있는 파리 한두 마리를 잡아먹기도 한다. 생활방식이 다른 동물들이 사이좋게 지내는 것도 상상하기 어렵지만, 핀치의 경우와 마찬가지로 이구아나의 진화과정에서 가뭄과 홍수의 압력이 상쇄된다는 것도 상상하기 쉽지 않다.

대부분의 사람들은 야생 상태에서 작용하는 생명의 압력이 거의 정적靜的일 것이라 간주한다. 개똥지빠귀는 해마다 참나무에서 노래를 부르는데, 우리는 개똥지빠귀와 참나무에게 가해지는 생명의 압력이 매년 비슷할 거라고 생각한다. 그러나 다윈핀치들의 삶을 관찰해보면 자연을 이런 식으로 개념화하는 것이 틀렸음을 알 수 있다. 우리 주변에 있는 대다수 동식물들의 삶에서 선택압은 평생 동안 격렬하게 요동친다. 시시각각으로 방향이 바뀌는 바람 앞에서 개똥지빠귀는 어떻게든 참나무에 매달려야 하고, 참나무는 어떻게든 땅바닥에 달라붙어 있어야 한다. 험한 바닷가에서 풍파에 시달리는 생물들을 생각해보라. 거센 파도가 해안으로 밀려들어올 때마다 흔들리고, 부서진 파도가 다시 밀려나갈 때마다 비틀거리지 않는가!

이처럼 오락가락하는 선택압은 야생 상태에 있는 생물집단 연구의 대부분이 자연선택을 누락시켜온 또 다른 이유이다. 만약 당신이 핀치에게 작용하는 자연선택을 한 세대 내내 측정한다면 당신은 그 과정에서 수많은 화살과 돌팔매를 누락시킬 것이다. 둥지에 있을 때, 둥지를 떠난 후 며칠 동안, 한 살이 되었을 때, 성체가 되었을 때 가해지는 상충된 압력들을 말이다. 또한 맛있는 도토리와 파릇파릇한 새싹을 찾을 때나, 높이 솟은 참나무에 둥지를 지을 때 직면하는 압력들도 있다. 삶의 각 단계에서 자연선택의 강렬한 에피소드를 경험했더라도 그 영향들은 세대의 마지막이 될 때쯤 상쇄되어 서로의 흔적을 모호하게 만들 수 있다. 동물과 식물의 종은 우리에게 일정한 것처럼 보이지만, 사실 각 세대는 자연선택의 손이 매번 조금씩 다르게 덧칠하는 캔버스이자 지우고 다시 쓰는 양피지이다.

핀치 관찰 전문가 제이미 스미스가 갈라파고스를 떠나 브리티시컬럼비아의 만다르테 섬에서 참새를 관찰하기 시작했을 때, 스미스는 그곳에서 선택사건을 발견하리라는 것을 알지 못했다. 그의 연구는 좋은 비교대상이다. 참새와 핀치는 가까운 친척이며, 만다르테의 노래참새 song sparrow가 처한 상황은 어떤 면에서 대프니메이저의 다윈핀치들이 처한 상황과 매우 비슷하다. 그곳에는 소규모 참새집단이 상주하고 있는데, 1년 내내 이동하지 않고 눌러앉아 있다.

1970년대 초 이후 스미스와 다른 학자들이 수행한 연구 중 상당수는 대상만 다를 뿐, 엘 그루포 그란트가 다윈핀치를 대상으로 수행한 연구와 비슷하다. 그들은 참새를 잡아 다리에 고리를 끼우고, 부리와 날개의 치수를 측정한 다음 날려 보냈다. 그러고는 섬 전체를 수도 없이 맴돌며 참새들의 운명을 계속 추적했다.

몇 년 전 스미스는 노래참새들을 대상으로 다윈핀치와 같은 형질을 살펴보며 노래참새의 자연선택에 관한 논문을 쓰고 있었다. 연구의 주요 결과는 '노래참새에게는 진화가 없다'라는 것이었다. 그래서 그는 노래참새의 자연선택을 전혀 보고하지 않을 예정이었다.

스미스가 이 논문을 발표하기 전, 갈라파고스핀치 관찰의 또 다른 전문가인 돌프 슐러터가 밴쿠버의 브리티시컬럼비아 대학교로 찾아와 스미스와 합류했다. 스미스는 슐러터에게 "자연선택이 나의 참새에게는 아무런 일도 하지 않고 있군요"라고 말했다.

"난 그의 말을 믿지 않았죠." 슐러터는 웃으면서 그때의 기억을 떠올린다. 슐러터는 당시 갈라파고스에서 막 돌아와 자연선택의 힘이 충만해 있었다. "내가 못미더워하며 떨떠름한 표정을 지었더니, 제이미가 내게 이렇게 말하더군요. '좋아요. 여기 데이터가 있으니 어디 한번 알아서 해보시구려.'"

슐러터는 스미스가 내민 데이터를 한 번 훑어보고, "제이미는 참새의 진화경향을 파악하기 위해 세대별로 탄생과 사망을 비교했군"이라고 중얼거렸다. 슐러터는 스미스와 달리, 참새들을 연도별로 살펴보기로 했다. 또한 그는 1년을 세 부분(세상에 태어나 첫겨울을 견뎌냄, 어른 참새로 성장함, 짝짓기를 하고 새끼를 낳아 기름)으로 나눠, 좀 더 상세히 분석했다.

참새를 세밀하게 분석해본 결과, 자연선택은 참새들 사이에서 매우 냉혹하게 작용해온 것으로 드러났다.

수컷들의 경우 선택은 극단치outlier, '크거나 작은 쪽으로 가장 치우친 새들'을 제거하는 방향으로 작용했다. 이것은 안정화선택stabilizing selection으로 알려진 현상인데, 이런 종류의 선택압은 그 섬의 참새들이 대프니메이저의 핀치들보다 훨씬 덜 다양한 이유를 설명하는 데 도움을 준다.

암컷들의 경우, 슐러터는 진동선택oscillating selection을 찾아냈는데, 이는 대프니메이저의 경우와 매우 비슷했다. 만다르테 섬에서 연구하는 동안 대프니메이저에서 벌어졌던 것과 같은 엄청난 개체군붕괴population crash가 두 번 있었다. 첫 번째 개체군 붕괴는 1987~1988년 사이의 겨울에 있었던 혹한, 세찬 바람, 강설이 원인이었다. 만다르테의 관찰자들은 혹한을 전후로 인구조사를 실시했다(혹한기 한복판에 섬으로 들어간다는 것은 쉽지 않았을 것이다. 조디악Zodiac을 타고 날면 거의 한 시간이 걸리며, 날씨가 나쁠 때는 온통 눈과 얼음으로 뒤덮인 섬에 도착하게 된다). 혹한기가 끝난 뒤 섬에 도착한 관찰자들은 참새들이 여덟 마리로 줄어든 것을 발견했다. (스미스는 소름이 오싹 끼쳤다. 왜냐하면 새 떼가 거의 전멸했으니까.) 두 번째 개체군 붕괴는 혹한 때문에 일어난 게 아니었다. 사실 관찰자들은 참새들을 죽인 이유가 뭐였는지를 아직도 모르고 있다. 하지만 대프니 메이저에서와 마찬가지로 암컷들은 첫 번째 붕괴로 인해 한쪽으로 밀렸다가 두 번째 붕괴로 인해 다른 쪽으로 밀렸다.

"내 분석결과에 의하면 만다르테의 참새들은 선택을 많이 경험했어요. 해마다 적어도 한 번씩은 사건이 터졌죠. 그러나 참새 한 세대 동안 일어난 변화를 모두 취합해본 결과, 스미스가 말했던 것처럼 선택을 전혀 찾아볼 수 없었어요." 슐러터는 유쾌하게 말한다.

"그러므로 우리 둘 다 옳았어요"라고 슐러터는 결론짓는다. 여러 해 동안의 변화를 취합해보면 자연선택의 영향은 보이지 않는다. 그러나 매년 삶의 각 단계에서 자연선택은 그 작은 섬에 사는 참새들을 다윈이 상상했던 것처럼 매일 매시간 면밀히 조사해왔다. 다만 다윈의 상상과 다른 게 하나 있다면, 자연선택의 움직임이 매우 빨랐다는 것이다.

만다르테의 개체군은 지금도 매년 좌우로 떠밀리고 있다. 처음에는 왼쪽, 다음에는 오른쪽. 이 같은 떠밀기의 배후에 도사리는 원인을 밝혀내는 데 있어 스미스가 이끄는 연구진은 그랜트 부부만큼 진전을 보지 못하고 있다. 예컨대 그들은 섬에 있는 씨앗과 벌레의 수를 세어 그것을 참새의 수와 맞춰보려는 시도를 해본 적이 없다(만다르테는 대프니메이저보다 훨씬 더 복잡하다). 그러나 그들은 매년 삶의 각기 다른 단계에서 요동치는 선택fluctuating selection을 보고 있는데, 이는 다윈핀치가 유년단계와 노년단계에서 보여줬던 상반되는 선택opposing selection과 유사하다. 또 그들은 한 해에서 다음 해로 넘어가며 진동하는 선택도 보고 있는데, 이 역시 다윈핀치에서 봤던 것과 마찬가지이다.

슐러터는 이렇게 말한다. "우리는 종을 불변의 실체constant entity가 아니라, 요동치는 존재로 간주하기 시작했어요. 종은 여러 해에 걸쳐 바라보면 안정된 것처럼 보이지만 실제로 확대경을 통해 들여다보면 끊임없이 흔들린다는 것을 알 수 있죠. 나는 그것을 '작용하고 있는 진화'의 모습이라고 생각해요. 세상은 당신이 생각하는 것처럼 안정적인 게 아니에요."

스미스의 데이터에 감춰진 선택사건들을 연구하던 슐러터가 가장 놀랐던 점은 스미스의 새들이 지루할 정도로 균일하다는 것이었다. 다윈핀치들에 비교하면 만다르테의 참새들은 마치 기계로 찍어낸 것처럼 똑같아 보였다. 그들의 부리 길이와 다리 길이에 나타난 변이는 지극히 미세했다. 그러나 사소해 보이는 변이들조차도 누가 살고 누가 죽을지를 결정하는 데 기여했다. "이건 매우 놀라운 사실이에요. 개체군이 자연선택을 겪는 데는 그다지 높은 수준의 다양성이 필요하지 않아요"라고 슐러터는 말한다.

"선택은 갈라파고스에서만 일어나는 게 아니에요. 당신의 뒤뜰에서도 일어난답니다"라고 슐러터는 결론지었다.

화석 기록을 살펴보던 다윈은 선택이 매우 오랫동안 정적이고 고정되어 있었다는 것을 알았다. 앞에서 언급한 내용을 생각해보면 그리 놀랄 일이 아니다. 스미스가 참새 한 세대의 삶을 모두 취합했을 때, 참새 떼 중에서 일어난 선택사건들이 모습을 드러내지 않았음을 상기하라. 하물며 발밑의 암석층에 누적되어 있을 수백만 세대의 삶은 오죽하겠는가? 수백만 세대의 삶을 모두 취합한다면 선택사건은 더더욱 눈에 띄지 않을 것이다.

화석 기록에서 발견된 급속진화 사례 중에서 가장 유명한 것 중 하나는 현생 말modern horse 조상의 계보이다. 이것은 헉슬리가 자신의 강연「진화의 확실한 증거」에서 고른 주제였다. 히라코테늄에서 메소히푸스Mesohippus에 이르기까지 나타난 윗어금니의 변화과정은 (명멸하는 무성영화의 필름처럼) 암석기록에 보존된 연속장면 중에서 가장 빠른 변화 중 하나이다. 이 사건이 일어나는 데 걸린 시간은 약 150만 년, 즉 50만 세대쯤 된다. 그러나 이 변화속도가 아무리 빠르다 한들, 살아 있는 핀치와 참새의 비틀거리는 걸음걸이에 비하면 한없이 느리고 정체되어 있다.

지상에 살고 있는 생명체들과 비교하면 암석 속에 기록된 생명의 역사는 암석 자체만큼이나 느리게 흐른다. '자연선택은 화석기록에서 잘 드러나지 않는다'라는 사실은 다윈의 믿음을 확인시켰다. 그는 "자연선택에 따른 진화는 극히 드문 사건이며, 그 어떤 작용도 지질학적으로 견딜 수 없을 만큼 느린 것이 분명하다"라고 확신하게 되었다. 그는『종의 기원』에서 이렇게 말했다. "시간의 손hand of time이 연대의 경과

lapse of ages를 표시할 때까지 우리는 서서히 일어나는 변화를 전혀 감지하지 못한다. 왜냐하면 우리 주변의 변화는 당시에 보이지 않았으며, 기록된 변화도 현재 보이지 않기 때문이다."

1949년 진화학자 J. B. S 홀데인J. B. S Haldane은 "살아 있는 것에서 일어났든, 오래전에 멸종한 동물계나 식물계에서 일어났든, 진화의 속도는 보편적인 단위universal unit로 기술해야 한다"라고 주장했다. '발견자의 이름을 따서 대륙과 대양의 이름을 붙인다'라는 정신에 따라 그는 이 단위를 '다윈darwin'이라고 불렀다.

단순화를 위해 홀데인은 'darwin'을 '어떤 형질의 길이에 나타난 변화'로 정의하자고 제안하고, 1darwin을 '100만 년당 1퍼센트의 변화'라고 정의했다. "우리는 생물의 몸집에 따라 달라지는 단위가 아닌 보편적인 단위를 원하므로 퍼센트 변화percent change를 사용하기로 하자. 오리주둥이공룡duck-billed dinosaurs의 부리는 100만 년 동안 몇 미터 길어졌고, 새의 부리는 100만 년 동안 몇 밀리미터 길어졌겠지만, 퍼센트 변화율로 따지면 둘 다 10퍼센트 정도일 것이다"라고 홀데인은 설명했다. 새의 부리에서 하이에나의 이빨에 이르기까지, 말의 두개골과 경골에서 암모나이트 안쪽의 소용돌이 무늬에 이르기까지, 퍼센트 변화는 현재 살아 있거나 과거에 살아 있었던 무수한 생명 형태에 대해 같은 의미를 지닐 것이다.

진화에 관한 몇몇 대표적인 화석 기록들을 살펴본 결과, 홀데인은 변화의 속도가 100만 년당 1퍼센트, 즉 1darwin으로 매우 느리다는 것을 알았다. 다윈과 마찬가지로 홀데인은 이렇게 결론지었다. "우리 주변의 세계에서 나타나는 '자연선택에 따른 진화'의 속도는 너무 느려서 도저히 관찰할 수 없으며, 오직 오랜 세월에 걸쳐 서서히 화석 기록에 추가됨으로써만 관찰될 수 있다. 생물 세계의 변화속도는 밀리다윈 milidarwin으로 수정되어야 할 것이다. 인공선택artificial selection에서는 수천 darwin의 속도를 얻을 수 있지만, 야생 상태에서는 그런 속도를 볼 수 없다. 자연에서는 1darwin이라는 속도조차 예외적일 것이다."

홀데인의 계산은 지극히 개략적이지만 "자연선택이 진화에 큰 영향을 미침에도 불구하고 매우 낮은 차수次數의 선택력selective force들이 작용하기 때문에 자연선택이 작용하고 있음을 설명하기가 극히 어렵다"라는 점을 시사한다. 홀데인 이후 다른 연구자들은 '화석 기록의 전형적인 특징은 굼벵이 속도'라는 홀데인의 추측을 입증해왔다.

이쯤 됐으면 가뭄과 홍수 때 다윈핀치가 진화한 속도를 (홀데인이 엉뚱하게 이름 붙인 단위인) darwin으로 환산해볼 필요가 있다. 단도직입적으로 말해서 가뭄 때 다윈핀치의 진화속도는 2만 5,000darwin이었으며, 홍수 때는 약 6,000darwin이었다. 이는 '자연에서는 1darwin이라는 속도조차 예외적'이라는 홀데인의 결론을 무색케 하는 어마어마한 속도이다. 홀데인의 추측은 틀려도 한참 틀렸다.

'살아 있는 생물의 세계'를 관찰할 때 보이는 것과 '돌에 기록된 생물의 세계'를 살펴볼 때 보이는 것 사이에는 이처럼 엄청난 간극이 있다. 이 같은 불일치를 좀 더 넓은 관점에서 바라보기 위해, 얼마 전 한 진화학자는 인공선택을 통한 짧고 빠른 실험(몇 달 또는 기껏해야 1년 반쯤 걸리는 사건)에서부터 화석에 기록된 진화실험(수백만 년이 걸리는 사건)에 이르기까지, 500가지 이상의 진화적 변화사례를 수집했다. 그 진화학자는 필립 깅거리치Philip Gingerich로, 모든 사례의 속도를 darwin으로 환산했다. 그 결과 단순한 패턴을 하나 발견했는데(다윈에서부터 홀데인에 이르기까지) 모든 선배 진화학자들이 예상했던 것과 정반대였다. "생명을 가까이서 살펴볼수록 진화적 변화는 점점 더 빠르고 강렬해 보인다. 생명에서 멀어질수록 진화적 변화는 점점 더 느리고 희미해진다."

이제 진화의 속도에 관한 논의를 마무리할 때가 된 것 같다. 대프니메이저에서 1년 동안 연구하면 6만 darwin정도의 빠른 변화속도를 관찰할 수 있지만, 화석에 기록된 변화속도는 평균적으로 1darwin의 10분의 1에 불과하다. 그 이유는 뭘까? 이 같은 불일치의 원인을 찾아내기는 어렵지 않다. 만약 어떤 종이 수백만 년 사이에 몇 번 빠르게 변했고 나머지 시기에는 서서히 변했다면, 화석을 토대로 하여 계산한 평균 변화속도는 매우 느릴 것이다. 만일 대프니메이저에서 그랜트 연구팀이 지켜보는 동안 다윈핀치들이 그랬던 것처럼, 한 번은 이쪽으로 변했다가 또 한 번은 저쪽으로 변하기를 수백만 년 동안 계속 반복했다면 어떨까? 그랬다면 평균 변화속도는 0이 나올 것이다. 그러나 대프니메이저에서는 핀치의 부리가 빠르게 진화하고 있으므로 눈을 부릅뜨고 있던 관찰자들은 그 변화가 나타나자마자 곧바로 확인할 수 있었다.

피터 그랜트는 이렇게 말한다. "화석에도 꽤 많은 요동이 기록되어 있어요. 하지만 우리는 보통 그것을 보지 못하죠. 일련의 연속된 화석 기록들을 살펴볼 때 3,000년이나 5,000년이나 1만 년 단위로 끊는 것이 관행이에요. 그런 다음 각 구간별로 평균 변화속도를 구하고, 최종적으로 총평균을 구하는 거죠."

"설사 그렇더라도 화석 기록에서 요동을 찾아볼 수는 있어요. 원한다면 1,000번의 요동 중 한 번이라도 말이죠. 하지만 연속된 세대들이 모두 화석으로 보존되어 있는 경우는 매우 드물어요. 마치 다윈핀치의 표본 중에서 1874년, 1932년, 1987년의 것을 살펴보는 것이나 마찬가지예요. 거기서도 약간의 요동을 찾을 수는 있지만 그 사이에 나타났던 사건들은 모두 놓치게 되는 거죠."

화석은 구닥다리 영화 카메라 같아서 빠르게 움직이는 생명체를 제대로 포착할 수 없다. 빠른 움직임은 윙윙거리는 벌새hummingbird의 날갯짓과 같다. 화석 기록에 의존할 경우, 다윈핀치가 두 번(한 번은 가뭄, 또 한 번은 홍수)에 걸쳐 보여줬던 극단적인 변화는 벌새가 위아래로 날갯짓을 한 번씩 한 것처럼 상쇄되면서 시야에서 사라질 것이다.

소용돌이치는 화산연기를 가까이서 살펴보면 '강하고 빠른 움직임'과 '크고 위험한 난기류turbulence'를 볼 수 있다. 그러나 아주 멀리서 화산분출을 바라보면 어떨까? 화산연기는 거의 움직임 없이 허공에 매달려 있는 것처럼 보일 것이며, 조그만 움직임이라도 보기 위해서는 오랫동안 지켜봐야 할 것이다. 생명의 진화는 화산폭발과 비슷한 것으로 밝혀지고 있다. 가까이서 살펴볼수록 그 움직임은 더욱 요동을 치며 위험해 보인다. 더 멀리 갈수록 생물계는 거의 움직이지 않은 채, 마치 고정되고 안정된 것처럼 보인다.

'우리 주변의 모든 종들이 고정된 것이 아니라, 마치 신경이 곤두선 것처럼 예민하게 움직인다'라고 생각하는 것은 놀라운 발상이다. 그것은 기존의 세계관(우리 주변의 고체물질에 대한 뉴턴 시대의 세계관)과 지금의 세계관(각 원자와 분자 수준, 그리고 그보다 작은 기본 입자들이 쉴새 없이 충돌하며 무한히 움직인다는 세계관) 간의 차이와 같다. 보어의 원자가 현대 물리학의 상징인 것처럼 핀치의 부리는 진화의 아이콘이다. 현대 물리학을 공부하든 진화론을 공부하든, 우리는 기존의 관념에서 벗어나 '더욱 원천적인 에너지'와 '더욱 영구적인 변화'에 눈을 뜨게 된다. 그러나 원자처럼 움직이는 진화의 모습, 살아 있는 진화의 모습은 '생명이 무엇인가'라는 우리의 현실감각sense of reality은 물론, 또 '우리가 생명으로 무엇을 할 수 있는가'라는 우리의 권력감각sense of power에도 엄청난 영향을 미친다.

돌프 슐러터는 이렇게 말한다. "예민한 움직임은 도처에 존재하는 모든 개체군들의 한 측면입니다. 그것은 개체군이 역동적이며, 아직 요동치고 있음을 증명합니다. 그러므로 언제든 좀 더 큰 환경변화가 일어나는 순간, 개체군들이 이쪽 또는 저쪽으로 떠밀릴지도 모릅니다." 만약 개체군들이 환경변화에 예민하게 반응하지 않는다면, 그들을 여기까지 이끌어온 과정은 완료되었으며 생명창조가 끝났음을 시사한다. 원자가 전혀 움직이지 않는다면 우주가 죽거나 소멸하는 것처럼 말이다. 그러나 걱정할 필요는 없다. 개체군의 움직임은 어디서나 발견되기 때문이다. 슐러터에 의하면 그것은 항상 존재한다.

대프니메이저의 가장자리에서 자연선택을 많이 관찰했다고 해서 이런 이야기를 하는 건 아니지만, 우리는 더 이상 생명의 스토리를 '느리고 정적인 것'이라고 묘사해서는 안 된다. 암석 속에 들어 있는 화석은 더 이상 진화적 변화의 주요 상징이 아니다. 우리가 묘사해야 하는 것은 화석이 아니라 '움직이는 생명'의 상징이다. 우리 자신을 포함한 모든 종에서 생명의 진정한 모습은 '즉시 날아오를 채비를 갖추고, 사주경계를 하며 앉아 있는 새', 바로 연작류이다. 생명은 항상 땅을 박차고 오를 준비가 되어 있다. 멀리서 보면 그것은 밝은 하늘이나 어두운 땅을 배경으로 조용히 실루엣을 보여주는 것처럼 보인다. 그러나 가까이 다가가서 보면 이쪽저쪽으로 가볍게 몸을 움직이고 있다. 마치 1,000가지 방향 중 어느 한곳을 향해 하시何時라도 이륙할 준비를 하고 있음을 세상에 은근히 과시하는 듯….

2부

지상의 새로운 존재들

지금부터 생존경쟁에 대해

좀 더 자세히 논의하고자 한다.

– 찰스 다윈, 『종의 기원』

chapter 8

프린스턴

이 새들은 갈라파고스 제도에서 가장 특이한 존재이다.
- 찰스 다윈, 『연구자』

더 많이 바라볼수록 더 많이 보인다.
- 피터 그랜트, 『다윈핀치들의 생태와 진화』

1991년 6월 중순의 어느 날 오전, 뉴저지 주 프린스턴. 로즈메리 그랜트는 에노 홀Eno Hall 106호 자신의 연구실을 지키고 있다. 아이슬랜드풍의 스웨터와 기다란 청색 로라 애슐리 드레스를 입고, 샌들을 신었다. 내달이창(실내에 구석진 부분을 만들기 위해, 벽을 밖으로 내물려 만든 창_옮긴이)에 굴절된 햇빛이 계수나무의 녹색 가지들 사이로 비스듬하게 파고든다.

로즈메리는 매끄러운 철제다리를 가진 탁자 앞에서 등받이 없는 덴마크제 의자에 앉아 있다. 탁자는 방 한쪽 벽을 전부 차지하고 있으며, 그 위에는 IBM의 복제품인 Casper GM-1230 컴퓨터, 휴렛패커드 레이저젯 프린터 한 대와 다른 프린터 한 대, 거실용 TV만 한 크기의 화면이 달린 매킨토시 II 가 놓여 있다.

그랜트 부부가 갈라파고스 제도에서 돌아온 것은 불과 몇 주 전이었다. 그들은 이미 방수처리된 노트에 적힌 숫자 전부를 컴퓨터에 입력했다. 그랜트 부부는 강의를 하지 않고, 오랫동안 누적된 데이터 및 기록들과 씨름하며 1년을 보낼 계획을 세웠다. 피터는 프린스턴 사람들에게 이렇게 말한다. "우리는 당분간 일을 하지 않을 예정입니다. 안식년의 목적은 손으로 일하지 않고, 느긋하게 데이터 분석만 하는 겁니다."

그러자 로즈메리가 바로 이런 볼멘소리를 한다. "우리가 대체 왜 일손을 놓았다는 거죠? 분석하는 게 일이 아니면 뭐예요?"

"하긴 그래. 어떤 의미에서는 그게 진짜 일이고, 다른 것들은 죄다 노는 거라고 할 수 있지."

로즈메리는 컴퓨터 책상 위의 선반에 빽빽하게 놓인 상자들 위로 손가락을 움직인다. 찰스 다윈은 자신의 노트를 30~40개의 커다란 서류철에 보관했었다. 그리고 서재의 벽난로 오른쪽에 특별히 설치한 선반 위에 서류철을 잘 보관했다. '체계적으로 정리하는 능력'과 '폭넓은 사고력' 덕분에 다윈은 대단히 넓고 깊은 정보를 그 서류철에 용케 저장하고 인출할 수 있었다. 그러나 다윈이 제아무리 탁월한 능력의 소유자라 하더라도, 피터와 로즈메리가 선반에 길게 늘어놓은 상자들만큼 방대한 자료를 다룰 수는 없었다. 그곳의 공식 명칭은 국제핀치조사단의 자료보관소였다.

로즈메리는 한 상자에서 디스켓을 꺼내 매킨토시에 넣는다. 그러고는 잠깐 검색하더니 곧 "찾았어요. 3425번이 여기 있네요"라고 말한다. 3425번은 로즈메리가 반년 전에 대프니메이저의 북쪽 가장자리에서 생포한 말썽꾸러기로 그녀의 덫에 뛰어든 선인장핀치 두 마리 중 첫 번째였다. 모니터에 가득 표시된 숫자들은 그랜트 부부와 보조원들이 그날 그 시간 이후 3425번의 운명에 대해 알게 된 정보들을 요약하고 있다.

"이 새는 이때까지 알을 두 번 낳았네요." 로즈메리는 화면의 숫자와 문자들을 해독하면서 느릿느릿 말한다. "그리고 배우자는 두 번 모두 5582번이었네요. 처음에는 알이 세 개였는데, 그중 두 개가 부화했고 결국에는 한 마리만 살아남아 둥지를 떠났어요. 두 번째로 낳은 알 중에서는 세 개가 부화했고, 역시 한 마리만 살아남았어요."

가뭄이 끝나자 섬은 매우 바빠졌다. 대프니메이저의 첫비는 2월에 내렸는데, 며칠이 채 지나지 않아 쇠비름에서 꽃이 피고 불꽃나무에서 잎이 돋아나 연녹색 꽃들의 (영원히 잊혀지지 않을) 향기가 대기를 가득 채웠다. 키 큰 풀들이 자라나 모든 길을 뒤덮자, 그랜트 부부는 1973년 이후 갈라파고스에서 산전수전을 다 겪었음에도 불구하고 대프니메이저의 놀라운 변신속도에 여전히 혀를 내둘렀다.

핀치들은 계속 번식했다. 피터와 로즈메리, 그리고 올해의 보조원들은 화산의 경사면을 위아래로 뛰어다니며 가장 최근의 다윈핀치들, 즉 수백 마리의 새끼들이 태어나는 속도를 따라잡으려 안간힘을 썼다. 그런 다음, 그랜트 부부는 레지로 기어내려가 플라밍고라는 이름의 작은 보트를 타고 가드너, 플로레아나, 제노베사, 에스파뇰라의 핀치들을 찾아다녔다.

플로레아나 섬을 출발하자마자 플라밍고의 엔진이 고장났는데, 원인은 케이블 파손으로 밝혀졌다. 그러자 선장은 파손된 케이블을 수리하기 위해 주 갑판 아래로 들어갔다. 플라밍고는 엔더비Enderby라는 암초에 부딪쳐 되돌아오는 파도를 향해 표류했다. 너울은 매우 길고 깊어, 그들을 사나운 파도와 암초 쪽으로 점점 더 가까이 끌어당겼다. 로즈메리, 피터, 탈리아는 엔진이 다시 가동되기를 기다리며 난간에 기대서서 점점 더 가까이 다가오는 암초를 바라보고 있었다. 플라밍고가 암초에 충돌하기 직전, 선장이 극적으로 케이블을 수리하여 엔진이 작동했다. 그리하여 또 한 시즌의 고귀한 숫자들이 수록된 디스켓이 프린스턴의 선반 위에 쌓이게 되었다.

로즈메리는 매킨토시에서 디스켓을 꺼내고, '76-91 둥지 종합NES-TOTAL 76-91'이라는 라벨이 부착된 디스켓을 넣었다. 컴퓨터가 오랫동안 딸깍딸깍 소리를 내며 파일을 찾는 동안, 화면에는 아무것도 나타나지 않는다. "이건 큰 파일이라서 그래요." 로즈메리는 기다리는 동안 무료함을 달래기 위해 말한다. "5,575킬로바이트예요." 5,575킬로바이트짜리 파일에는 글자로 치면 약 100만 단어를 저장할 수 있고, 책으로 치면 다윈의 '큰 책Big Book'인 『자연선택』의 원고 전문을 저장하고도 공간이 남아, 추가로 『종의 기원』과 『인간의 기원』의 여러 판을 저장할 수 있다. 그러니 그랜트 부부와 현장보조원들이 1976년에서 1991년까지 대프니메이저에서 태어난 다윈핀치들에 대해 얼마나 많은 정보를 수집했는지 능히 짐작할 수 있다.

갑자기 숫자의 행렬이 위에서부터 쏟아져 내려와 화면을 한 가득 채운다. "이래서 오래 걸린 거예요." 로즈메리는 빼곡히 들어찬 작은 숫자들을 가리키며 말한다. "게다가 이건 파일의 앞부분에 불과해요." 그러면서 그녀는 화면을 계속 스크롤한다. "됐어요. 3425번이 여기 다시 나타났네요. 3425번은 꽤 나이 든 수컷이에요. 이 숫자들은 3425번이 평생 동안 짝짓기 한 내력이죠. 한 번, 두 번, 세 번, … 모두 열 번이네요. 1982년이 처음이었고, 그런 다음 (그녀는 이 부분을 강조하려는 듯 큰 소리로 센다) 1983년에는 무려 여덟 번 짝짓기를 했어요." 1983년은 대박이 난 해, 즉 엘니뇨가 찾아와 단비를 마구 퍼부은 해였다. "1984년에는 단 한 번 짝짓기를 했는데, 그해에는 다들 그 정도였어요. 그리고 올해까지는 짝짓기를 한 번도 하지 않았어요."

로즈메리는 자판을 몇 번 두드려 이 나이 든 핀치와 짝짓기를 했던 암컷들을 모두 보여줄 수도 있다. 3425번이 일생 동안 경험한 삶과 사랑의 역사를 말이다. 로즈메리는 검지를 볼에 댄 채 화면을 살펴본다. "1983년에는 1982년에 짝짓기를 했던 그 암컷과 일곱 번이나 짝짓기를 했어요. 그러나 그해 번식기 중간에 4629번과도 짝짓기를 했네요." 홍수 난 해에 그는 여느 핀치들과 마찬가지로 카사노바로 변신해 스와핑을 시도했던 것이다. "그녀는 1987년에 죽었고요, 그는 1984년에 또 다른 암컷 5538번과도 짝짓기를 했어요. 그녀도 지금은 죽었죠."

이때 피터가 로즈메리의 방문 틈으로 머리를 들이민다. 갈라파고스에서 쓰는 검은 쌍안경 대신, 까만 독서용 안경을 줄로 연결해 목에 매달고 있다. 새카맣게 탄 얼굴에 열대 카키색 셔츠를 말쑥하게 차려입었다. 어느 편인가 하면, 그는 갈라파고스 제도에 있었을 때보다는 프린스턴에 있을 때 찰스 다윈과 더 닮아 보인다. 그의 동료들 중 몇 명은 '일부러 다윈과 닮아 보이려고 저러는 거 아닐까?'라는 의구심을 품고 있을 정도다. 이런 의심을 불식시키려는지 피터는 자신의 연구실 문에 노랗게 바랜 신문사진(수염 난 스코틀랜드 백파이프 연주자의 사진)을 한 장도 아니고 두 장이나 붙여놓았다. 그는 다윈보다는 그 백파이프 연주자를 훨씬 더 닮았다.

"어떻게 진행되고 있어?" 피터는 몸을 굽혀 화면을 들여다본다. 화면에서는 아직도 3425번의 사랑 이야기가 펼쳐지고 있다. 맨 위에는 종species, 알egg, 병아리nestling(날지 못하는 어린 새), 새끼fledging(막 날기 시작한 새), 구역sector 등의 제목이 씌어 있다. 화면을 자세히 살펴보지도 않은 채, 활기차게 허리를 꼿꼿이 세운다. 그러고는 청산유수로 읊어댄다. "그는 올해 이전에 평생 동안 열 마리의 새끼를 키웠어요. 올해에는 두 마리를 길렀고요. 그런데 그들 중 아무도 새끼를 갖지 못했어요."

"우와, 그걸 머릿속에 다 담고 있네요?" 로즈메리가 묻는다.

"난 실제로 분명히 기억하고 있어요." 피터가 말한다. "스와핑은 그에게 도움이 되지 않았어요. 그가 예전에 기른 열 마리 중 두 마리는 1984년에 태어났고, 여덟 마리는 1983년에 태어났죠. 그런데 그들 중 아무도 후손을 배출하지 못했어요. 그러니 3425번은 루저인 셈이죠."

로즈메리는 다른 늙다리 수컷 2666번의 평생 타율batting average을 화면에 띄운다. 그는 3425번과 같은 세대에 속한다.

"2666번은 새끼를 꽤 많이 낳았어요." 피터는 이번에는 화면을 아예 쳐다보지도 않은 채 말한다. "한 30마리쯤 될 겁니다. 그중 일부는 지금도 섬에서 현역으로 뛰며 새끼를 낳고 있죠. 최소한 두 마리는 될 겁니다. 어쩌면 그보다 더 많을지도 모르고요."

"그래도 번식왕은 따로 있었어요." 로즈메리가 말한다. "바로 720번이에요. 맞죠, 피터? 무려 열 마리의 후손들이 아직도 새끼를 낳고 있으니, 대단한 업적이죠."

"그래, 맞아. 720번은 가장 성공한 새였어. 평안히 잠드소서, 신의 축복이 있기를!"

이제 태양은 구름 뒤로 숨었다. 오늘 기온은 섭씨 30도를 웃돌 거라고 예보되었지만, 로즈메리의 연구실은 시원하다. 문가에 놓인 옷걸이에 우산과 비옷이 걸려 있을 뿐, 그녀의 연구실에는 개인용품이 거의 없다. 비품 또는 사무용품이라고 해봐야 컴퓨터 몇 대, 디스켓이 놓인 선반, 거대한 담벼락을 연상시키는 책더미, 선인장핀치 액자 몇 개, 그리고 전화기 몇 대가 전부이다.

딸들이 성장하여 엄마의 손이 덜 가는 덕분에 로즈메리가 연구에서 차지하는 비중이 늘어났다. 1986년 발표된 첫 번째 모노그래프는 피터 그랜트가 단독으로 썼다. 1989년에 발표된 두 번째 모노그래프는 제노베사(일명 '로즈메리의 섬')에 초점을 맞췄으며, 로즈메리 그랜트와 피터 그랜트가 공동으로 썼다. 두 사람을 오래전부터 알던 한 친구는 이렇게 말한다. "그들은 부부가 세트로 일해요. 하나의 단위unit로서 일하는 거죠. 세상은 그들이 수행한 연구 중 상당부분을 피터에게 귀속시키지만, 그건 뭘 모르고 그러는 거예요. 실제로 두 사람은 개개인을 초월하여 시너지 효과를 내고 있어요. 시너지 체제는 오랜 기간에 걸쳐 형성되었고, 아마 그들 자신이 인식하는 것보다 훨씬 더 고도로 발전했을 겁니다."

피터는 어느 틈엔가 로즈메리의 연구실에서 빠져나갔다가 잠시 후 돌아와 사무실 문에 머리를 또 들이민다. "자기야, 점심은 내가 준비하고 있어." 그러자 로즈메리는 하던 일을 계속한다. 그녀는 또 다른 악동 핀치 5608번, 일명 '프린스턴'의 생활사를 디스켓에서 불러온다. 프린스턴은 1991년 1월 25일 아침, 대프니메이저의 북쪽 가장자리에서 3425번과 함께 로즈메리에게 생포되었다. 프린스턴은 까만색 고리 위에 오렌지색 고리를 달고 있다. 그 역시 루저이지만 세상에는 으레 루저가 승자보다 훨씬 더 많은 법이다.

화면을 뚫어지도록 바라보며 바쁘게 키보드를 두드리던 로즈메리가 마침내 입을 연다. "어떤 새든 마찬가지예요. '부리의 치수가 어떻게 되는지', '부모가 누구인지', '언제, 어디서 태어났는지', '둥지에서 함께 살았던 형제가 누구인지'를 알고 싶다면(그녀는 주문을 외우는 듯한 말투로 이 목록을 암송한다), 우리는 이 자리에서 지금 당장 4~5대代까지 거슬러 올라갈 수 있어요." 그녀가 말하는 4~5대는 핀치의 수명을 기준으로 한 것이므로, 세대로 환산하면 20세대가 넘는다. 20세대라면 다윈핀치에게 바치는 연대기, 즉 구약성서에 나오는 열왕기나 마찬가지라고 할 수 있다.

"하지만 이게 전부가 아니에요. 우리는 식생에 관한 자료도 갖고 있어요." 로즈메리는 가볍게 웃으며 손가락으로 다른 작은 상자들을 가리킨다. "모두 저기에 들어 있어요. 예컨대, 이 디스켓에는 선인장에 관한 자료가 들어 있어요." 로즈메리는 매킨토시에서 핀치에 관한 자료가 수록된 디스켓을 꺼내고(디스켓이 튀어나올 때, 매킨토시에서는 〈스타트렉Star Trek〉 음향이 흘러나온다), 선인장에 관한 자료가 수록된 디스켓을 삽입한다. 자판을 몇 번 누르니, 매킨토시는 지난 15년간 대프니메이저의 선인장 산출량 추이를 그래프로 보여준다.

"그리고 씨앗도 마찬가지예요. 우리는 씨앗에 관한 정보를 연도별로 수록한 파일도 갖고 있어요." 로즈메리는 디스켓 중 하나를 골라, '연도별 씨앗 정보SEEDYEARN'이라는 이름의 대용량 파일을 불러온다.

"물론 강우량이나 기온 등에 관한 자료가 포함된 디스켓은 기본이죠." 로즈메리가 다른 상자에서 새로운 디스켓을 꾸역꾸역 꺼내며 말한다. 상자에 담긴 디스켓은 꺼내도 꺼내도 끝이 없다. "섬에서 그때그때 관찰한 내용을 적은 노트와 일지도 있어요" 대부분의 일지들은 저녁 때 작성되었는데, 그날 하루 종일 노트에 휘갈겨 쓴 내용들을 옮겨 적은 거예요." 그녀가 내놓은 가장 최근의 일지 중 하나를 들춰보니,

각 페이지마다 깨알 같은 숫자들이 빼곡하고 가지런하게 적혀 있다.

"그리고 이건 노래들이에요." 대프니메이저에 사는 다윈핀치들이 대대손손 부른 노래들은 로즈메리의 연구실 내달이창 밑에 차곡차곡 쌓여 있다. 학생들은 음향분석기sound spectrograph라는 장치를 이용하여 테이프에 녹음된 노래들을 한 곡도 빠짐없이 분석하고 있다. 음향분석기는 테이프에 담긴 노래들을 촘촘하게 늘어선 수직선으로 바꿔주는데, 분석이 완료된 노래들은 스냅사진 크기의 백지 한 장에 인쇄된다.

"음향분석 작업은 오늘에서야 시작됐어요." 로즈메리는 쌓여 있는 테이프들을 들추며 잠시 못마땅한 표정을 짓더니, 이내 다시 웃는다. "꼬리에 꼬리를 무는 데이터를 입력하고 분석하는 데는 엄청나게 많은 시간이 걸리지만, 그래도 재미있어요. 지금 이 순간, 섬에 있는 새들 중에서 고리를 달지 않은 새는 딱 한 마리예요. 그 주인공은 4구역 맨 꼭대기에서 살고 있어요. 몇 년 동안 거기에서만 맴돌고 있죠. 그곳은 정말로 끔찍한 곳이에요. 모두가 생포하려고 시도했지만, 번번이 실패했어요. 여기가 바로 거기죠." 그녀는 섬의 지도에서 한곳을 가리키며 말한다. "급경사로 악명 높은 곳이에요. 자칫 잘못하면 그대로 분화구 안으로 다이빙하는 거죠. 거기에는 그물을 설치할 수도 없어요. 게다가 수시로 날아다니죠. 정말로 악질 중의 최악질이에요."

그랜트 부부는 주머니 속에 섬들을 통째로 넣고 다닌다. 그들은 지금 프린스턴의 연구실 한 구석에 앉아 대프니메이저의 가장자리에서 은밀하게 일어나는 행동을 지켜볼 수 있다. 과거에 너무 가까이서 들여다보는 바람에 보지 못했던 비밀들이다. 예컨대 한 마리 핀치의 부리를 측정하는 동안, 세 마리의 다른 핀치들은 부부의 손목을 오르내리며 뭔가를 지켜보고 있었다.

그랜트 부부의 안식년은 이제 막 시작되었을 뿐이어서 아직은 컴퓨터를 켠 다음 데이터를 검토, 재검토하는 수준에 머물러 있을 뿐이다. 그러나 그랜트 부부는 아무에게도 뚜렷하게 설명할 수 없는 야릇한 흥분을 느끼고 있다. 가장 최근 현장에서 입수된 수치들 중에 헷갈리는 것들이 몇 가지 있기 때문이다. 피터와 로즈메리는 상식에 배치되는 일련의 통계수치들을 발견했는데, 뭔가 놀라운 의혹이 담겨 있는 것 같았다. 그랜트 부부가 섬에 있을 때 그런 이상징후를 처음 눈치챘으며, 그 후 몇 년 동안 긴가민가하는 마음으로 늘 주목해왔다. 그런데 이제 연구를 거듭하면 할수록, 점점 더 풍부하면서도 왠지 이상한 뉘앙스가 느껴진다.

예컨대 1983년 초 슈퍼 엘니뇨가 몰려오는 동안, 대프니메이저의 수컷 보통선인장핀치 한 마리가 암컷 중간땅핀치에게 구애를 한 일이 있었다. 그들은 진정으로 불행한 연인이었는데, 왕자와 쇼걸처럼 신분이 완전히 다르거나 로미오와 줄리엣처럼 전쟁 중인 가문 출신이어서가 아니었다. 둘은 서로 다른 종種에 속해 있었으므로, 짝짓기를 하더라도 자손을 낳을 수가 없었던 것이다. 하지만 대홍수라는 혼돈 속에서 그들은 짝짓기를 했고, 결국 새끼를 네 마리나 낳아 길렀다.

"알을 한 번에 네 개 낳으면, 설사 모두 부화하더라도 결국에는 다 죽거나 겨우 하나만 살아남는 게 보통이에요. 어쩌다 두 마리가 살아남는 경우도 있긴 하지만요. 그런데 이 경우에는 네 마리가 모두 부화하여 살아남았어요. 5626번, 5627번, 5628번, 5629번이 바로 그들이에요. 앞의 세 마리는 암컷이고, 마지막 한 마리는 수컷이었죠. 수컷은 1년 이내에 짝짓기를 하고 행방불명이 되었지만, 암컷들은 아주 잘 살았어요." 피터의 말이다.

"그리고 그들의 자식들도 짝짓기를 했어요." 로즈메리가 말을 이어받는다.

"그리고 그들 자식의 자식들도 짝짓기를 했죠." 피터가 한마디 거든다. "나는 5629번이 올빼미의 대변으로 배설되었을 거라고 생각해요. 하지만 그도 죽기 전에 짝짓기를 했으므로, 4남매는 모두 짝짓기를 했던 게 분명해요."

"이게 바로 그들의 가족사항이에요." 로즈메리는 '잡종둥지HYBRID-NEST'라는 이름의 파일을 열며 말한다. "자식들은 1983년에 태어났죠. 아빠는 보통선인장핀치 4053번, 엄마는 중간땅핀치 1536번. 1남 3녀."

로즈메리는 먼저 아들의 파일을 연다. "여기 봐요. 처음 짝짓기를 했을 때 알을 네 개 낳았고, 그중 세 마리가 부화하여 살아남았어요." 따라서 그 아들은 올빼미의 뱃속으로 사라지기 전에 힘차게 스타트를 끊었던 것이다.

다음으로 로즈메리는 딸들의 파일을 연다. 그러자 마치 1개 사단의 병력이 몰려오듯, 수많은 숫자들이 화면을 가득 메운다. "이제 이걸 보세요. 최근 몇 년간의 자료가 일부 누락되기는 했지만, 모두 합쳐보면 세 마리의 딸이 지금까지 마흔세 마리의 손주를 낳았어요. 이건 그들이 대프니메이저에서 늘 승자였던 건 아니지만, 승률이 꽤 높았음을 의미해요. 네 마리의 조상이 태어난 게 겨우 1983년이었는데 손주가 전부 마흔여섯 마리였다면, 성공률이 매우 높다고 할 수 있어요."

"계속 추적하다 보면 증손주도 나타나겠죠. 증손주가 꽤 많을 거예요. 왜냐하면 마흔여섯 마리 손주들 중에서 상당수가 짝짓기 했다는 걸 알고 있으니까요. 손주들 중에는 심지어 1983년에 원조교제를 한 것들도 있어요. 그러니 증손주가 훨씬 더 많을 거예요."

"세상에나! 5626번이 올해에 알을 여섯 개나 낳아 여섯 마리의 새끼를 얻었네요. 그리고 5627번은 여섯 개의 알에서 다섯 마리의 새끼를 얻었고, 5628번은 다섯 개의 알에서 네 마리의 새끼를 얻었어요."

일반적인 통념에 따르면 이런 일은 일어날 수가 없었다. 반세기 전 갈라파고스 제도에 있었던 데이비드 랙의 경우, 한 종의 핀치가 다른 종의 핀치와 짝짓기 하는 장면을 포착하려고 무던히도 애썼다. 그러나 그는 그런 사례를 단 한 번도 발견하지 못했다. 랙보다 먼저 갈라파고스를 방문했던 조류학자들 중에서도 그런 사례를 보고한 사람은 한 명도 없었다. 랙은 핀치 여러 마리가 들어 있는 새장을 배에 실어 샌프란시스코로 보냈고, 캘리포니아 과학 아카데미에 있던 로버트 오어Robert Orr는 핀치들을 교배시키려 노력했다. 그 새들은 샌프란시스코에서 짝짓기를 했지만, 같은 종 사이에서만 끼리끼리 짝짓기를 했다. 그리하여 랙은 『다윈의 핀치』이라는 책에서 "이종교배는 전혀 없거나 매우 드물다"라고 결론지었다.

핀치들 사이의 잡종을 처음 목격한 사람들은 그랜트 부부가 이끄는 핀치 유닛이었다. 피터 보그와 로렌 래트클리프는 대가뭄이 발생하기 전해인 1976년에 잡종을 발견했다. 그즈음 관찰자들은 "새들이 충분히 많아, 특이하고 드문 사건이 일어나기 시작할 것 같다"라고 생각하고 있었다. 그해에 보그와 래트틀리프는 수컷 중간땅핀치 다섯 마리가 암컷 작은땅핀치 다섯 마리와 짝짓기 하는 광경을 목격했다. 이 다섯 쌍이 낳은 알은 모두 열두 개였는데, 1976년에 살아남은 새끼들 중에서 1977년의 가뭄을 견뎌낸 새는 한 마리도 없었다. 그러나 1977년의 가뭄을 견뎌낸 새들이 짝짓기를 할 때, 이종교배 커플이 한 쌍 등장했다. 이종교배 커플의 주인공은 이번에도 수컷 중간땅핀치와 암컷 작은땅핀치였다.

자연계에서 자매종sibling species 사이의 격리가 절대적인 경우는 거의 없다. 근연식물closely related plant(분류학적으로 유연관계가 깊은 식물)에서 이종교배는 예외라기보다는 규칙이다. 다윈은 "심지어 일년생 식물과 다년생 식물, 낙엽수와 상록수도 종종 쉽게 이종교배할 수 있다"라고 썼다. 동물 사이의 이종교배는 식물보다 덜 흔하지만, 그래도 일어난다. 예컨대 물오리와 고방오리는 자유롭게 서로 교미한다. 동물원에서는 사자와 호랑이가 이종교배하여 티글론tiglon을 낳을 수 있다. 얼룩말과 말도 이종교배하여 줄무늬가 있는 불임 지브로이드zebroid를 낳을 수 있다.

만일 두 종 간의 이종교배가 매우 드물다면 이종교배가 유전자풀gene pool을 극적으로 변화시키지 않을 것이다. 이종교배 자손은 순종 자손들보다 적합성fitness이 떨어지는 경우가 많다. 말과 당나귀는 항상 이종교배하며, 종종 부모보다 더 튼튼하고 강한 자손들이 태어나는 것으로 유명하다. 하지만 전문적인 의미(즉, 진화학자들이 보는 의미)에서 보면 그런 잡종은 부적합하다. 그도 그럴 것이 진화학자들은 적합성을 '미래 세대에 기여하는 자손의 수'로 정의하고 측정하는데, 암말과 수탕나귀가 교배할 경우 말과 당나귀 각각의 유전자풀 중에서 단 하나의 유전자조차도 변화시킬 수 없기 때문이다. 왜냐고? 모든 노새mule는 불임이라는 것을 모르는가? 수말과 암탕나귀의 교배는 더욱 그렇다. 왜냐하면 버새hinny는 덩치가 작고 농장에서 쓸모가 거의 없기 때문이다. 따라서 모든 버새가 불임이 아니라 해도, 농부들은 수말과 암탕나귀가 교미하도록 내버려두지 않을 것이다.

다윈이 이종교배에 관심을 갖게 된 이유는 이종교배의 그런 측면 때문이었다. 『종의 기원』에서 「잡종」이라는 장을 읽어보면, 주로 잡종 불임성hybrid sterility을 다루고 있다. 그는 "대부분의 종이 이종교배하면, 그 자손은 불임이 된다"라고 가정하고 있다. 만약 한 지역에 있는 종들이 자유롭게 교배할 수 있었다면 독특성을 유지할 수 없을 것이기 때문이다.

그랜트 부부도 다윈과 마찬가지로 갈라파고스 잡종들의 자손은 상대적으로 적합성이 떨어질 것이라고 가정해왔다. 그들은 자연선택이 잡종을 거부하고 도태시키고 솎아낼 것이라고 생각했다. 따라서 이종교배 성향도 그렇게 될 것이라고 보았다. 불행한 결혼으로 이어지는 '드물고 특이한 취향'은 드물고 특이한 상태로 남을 것이다. 이 같은 이종 간 결혼의 산물이 생존경쟁에서 어떤 이점을 지니고 있다면 이종교배 성향이 선호되었을 것이고, 잡종이 더욱 흔해졌을 것이기 때문이다. 그리고 만일 이종교배가 흔해진 다음 충분히 오랫동안 흔한 상태가 유지되었다면 모든 종들은 융합되었을 것이다. 그 결과, 13종으로 구성된 핀치의 계통수는 하나의 가지로 줄어들고, 축복받은 부리(각 종의 다양한 용도에 적합하도록, 정교하게 변이된 도구)도 하나가 되었을 것이다.

'갈라파고스에는 다윈핀치들이 한 종種만 있는 게 아니므로 실험적 부리experimental beak를 가진 잡종은 불리한 입장에 놓일 게 분명하다'라는 게 로즈메리와 피터의 생각이었다. 부부는 자신들이 그 이유를 잘 알고 있다고 생각했다. 그들이 갈라파고스 제도에서 터득한 '생존경쟁에 관한 지식'에 의하면 잡종은 불리한 게 분명했다. 새의 부리에 나타난 가장 미미한 변화가 새의 운명을 바꿀 수 있으며 0.5밀리미터 차이로 생사가 결정될 수 있음이 누차 확인되었다. 이처럼 미세한 변이들이 한 세대에서 다음 세대로 전달되기 때문에 작은 부리를 가진 핀치와 중간 부리를 가진 핀치가 이종교배를 하면 부모와 (0.1~0.2밀리미터가 아니라) 1밀리미터 이상 차이나는 부리를 가진 잡종이 탄생할 것이다. 그리하여 만약 두 잡종이 교배를 하면 그 둥지는 엄마의 악몽mother's nightmare, 즉 온갖 특이한 부리들을 모아놓은 만물상이 될 것이다. 그러나 대프니메이저는 너그러운 곳이 아니어서 환경에 부적합한 혈통은 존속할 수 없다.

연구의 상반기에는 대홍수가 일어나기 전이어서 잡종이 매우 드물었으므로 그랜트 연구팀은 명확한 결론을 내릴 수 없었다. 다만 잡종은 순종보다 생존능력이 떨어지는 것 같았다.

그랜트 부부가 지금 헷갈리는 건 바로 그 때문이다. 지금까지 우연의 탓으로 돌릴 만한 사례는 꽤 많았다. 몇 년 전 대프니메이저에서 그랜트 부부가 가장 좋아하는 왕조 중 하나가 탄생했는데, 그 시조는 암컷 작은땅핀치와 수컷 중간땅핀치였다. "그녀는 섬에서 가장 작은 새였죠. 우리가 지금껏 섬에서 본 작은땅핀치 중 가장 작았어요. 그런데 중간땅핀치 한 마리와 짝짓기를 해서 많은 알을 낳았어요. 특이하게도 작은땅핀치와는 절대로 짝짓기를 하지 않았죠." 피터가 말한다.

이 조그마한 작은땅핀치의 번호는 006번이며 456번 중간땅핀치와 짝을 이루었다. 그들은 분화구 꼭대기 근처의 안쪽 벽에 둥지를 틀었는데, 그곳은 그랜트 부부가 아래층이라고 부르는 지역의 경사가 막 시작되는 지점이다. "그들은 짝짓기를 매우 잘한 거예요. 지금 섬에 있는 새들 중에는 그들의 손주나 증손주도 있으니 말이에요." 피터는 말한다.

이 부적응자들은 멸종하지 않고, 번성하고 있는 듯하다. 피터와 로즈메리는 몇 마리 흥미로운 개체가 아니라 두드러진 가족을 관찰하고 있다. 제노베사('로즈메리의 섬')에서 10년간 관찰해보니, 이 같은 잡종 가문들 중 일부는 마치 제노베사의 왕족royalty 같았다. 주변의 다른 가문들이 멸종하여 사라지는 동안에도 그들은 계속 새끼를 낳아 새로운 구성원을 배출하고 있었다. "이 가문은 3세대가 지나는 동안 끄떡없어요." 로즈메리는 말한다.

에노홀은 대프니메이저보다 더 혼란스러워, 안식년 동안에도 그곳 일은 중단과 재계를 반복한다. 피터와 로즈메리는 피터의 연구실 구석에 놓인 책상에 앉아서 점심을 먹다가 벌떡 일어나 칠판으로 달려가 글씨를 쓴 다음, 반쯤 열린 문을 통해 자신의 연구실로 돌아가곤 한다. 그곳은 일종의 섬이지만 다행히 전화기가 설치되어 있다.

"뉴질랜드에서 팩스를 받지 못했다는군." 피터가 문 반대편에서 소리친다.

"노스캐롤라이나 바이올로지컬에서 전화가 왔기에, 당신 이름으로 물품을 주문했어요." 로즈메리가 말한다.

어쩌다 한 번씩 그랜트 부부는 대홍수가 시작된 후에 수집된 잡종에 관한 기록들을 모두 모아, 데이터를 취합하고 수정하면서 숫자들을 분석한다. 피터는 9월에 헝가리로 날아가 유럽 진화학회 국제회의에서 논문을 발표해야 한다. 그와 로즈메리는 피터가 떠나기 전에 논문을 마무리하기 위해 계산을 서두르고 있다. 그들은 잡종의 생존율을 순종의 생존율과 비교한다. 둥지에서 잡종의 번식 성공률을 분석하고, 세대별로 성공과 실패를 비교한다.

"이것 봐, 뭔가가 나왔어!" 피터가 마침내 소리친다. 관련 데이터를 모두 취합하여 비교분석한 결과, 그들이 생각했던 대로 기묘한 결과가 나온 모양이다.

1983년 홍수가 일어나기 전, 대프니메이저에 살던 중간땅핀치와 작은땅핀치 커플들은 32마리의 새끼를 얻었다. 이 잡종 새끼들 중 홍수가 일어날 때까지 짝짓기를 한 것은 한 마리도 없었다. 홍수가 일어날 때까지 살아남은 건 불과 두 마리뿐이었으므로 이 부적합자들은 실제로 환경에 적응하지 못했던 게 분명해 보인다.

하지만 진정한 분수령의 해watershed year라고 부를 수 있는 1983년 이후, 잡종들은 면모를 일신했다. 그해 이후 부화한 새들은 대홍수 이전의 잡종보다 생존율이 높고 짝짓기도 더 잘했다. 또한 그들은 중간땅핀치나 작은땅핀치의 순종 자손들보다 약간 더 성공적이었다. 그리고 이 특이한 커플(중간땅핀치+작은땅핀치)들은 1980년대 내내 자손을 낳았다.

모든 인구통계학 연구에서 핵심적인 통계량statistics 중 하나는 대체율rate of replacement, 즉 출생과 사망을 비교하는 비율이다. 여기에는 항상 세 가지 가능성이 있다. 첫째 시간이 경과하면서 출생이 사망을 따라잡아 코호트cohort가 대체되는 경우, 둘째 출생이 사망을 초과하여 코호트가 성장하는 경우, 셋째 사망이 출생을 초과하여 코호트가 줄어드는 경우가 그것이다.

대프니메이저의 핀치와 관련된 통계량 중에서 가장 최근 것을 살펴보니 1987년에 태어난 순종 중간땅핀치와 작은땅핀치는 스스로 대체되지 않는 것으로 나타났다. 즉, 그들은 새끼를 충분히 낳지 못해 사라져가는 속도를 스스로 따라잡지 못하고 있는 것이다. 그랜트 부부의 말처럼, 1991년에 태어난 새끼는 1987년에 태어난 새끼보다 적다.

그러나 중간땅핀치와 작은땅핀치 사이의 잡종들은 훨씬 더 잘나가고 있다. 1987년에 태어난 새끼들은 잡종을 대체하는 것을 뛰어넘어, 오히려 성장시키고 있다(factor = 1.3).

중간땅핀치와 보통선인장핀치의 잡종들도 아직까지는 선전하고 있다. 이 잡종들은 1983년 이전과 두드러진 대조를 보인다. 홍수 이전에 대프니메이저에는 이 같은 커플이 한 쌍뿐이었다. 이 커플은 새끼를 겨우 한 마리 낳았는데, 그나마 그 새끼도 1년을 못 넘기고 죽었다. 그러나 1987년의 번식기가 끝날 무렵, 핀치 유닛은 총 다섯 쌍의 '중간땅핀치+보통선인장핀치' 커플을 발견하여 모니터링해왔는데 그들이 낳은 새끼는 모두 23마리였다. 이 새끼들 중 상당수는 양쪽의 순종 자손들보다 더 오래 살았으며, 심지어 '중간땅핀치+작은땅핀치' 잡종들보다 더 오래 살았다.

대홍수 이후에 뭔가가 변했다. 아니, 뭔가가 일어나고 있다. 이상하게 들리겠지만, 이 잡종들은 이 섬에서 가장 적합한 핀치들이다. 만약 그랜트 부부의 예상이 옳다면 이것은 그들이 지난 20년 동안 씨름해온 '누락된 퍼즐 조각'이자, 종의 기원과 관련된 '미스터리 중의 미스터리'라고 할 수 있다.

chapter 9

변이에 의한 창조?

갈라파고스는 새로운 것들의 영원한 화수분인 것 같아.
- 찰스 다윈, 조지프 후커에게 보낸 편지 중에서

"진화는 한시도 쉬지 않고 일어나고 있어요." 피터 그랜트는 프린스턴의 학생들에게 이렇게 말한다. "아니, 왜 이렇게 놀라는 거죠? 그 진화는 항상 일어나고 있는 게 분명해요. '생명체는 천천히, 매우 천천히, 아주 띄엄띄엄 진화한다'라던 다윈의 생각과 정반대로 말이죠."

"유전학자들에 의하면 현세대의 유전자가 앞 세대의 유전자와 정확히 똑같지 않다고 해요. 물론 현세대의 유전자는 다음 세대의 유전자와도 똑같지 않겠죠. 진화란 바로 유전자의 변화를 의미하는 거예요. 유전자가 일정하지 않다는 건 수학적으로도 거의 확실해요."

"다윈은 사람들이 진화를 감지하지 못할 거라고 생각했는데, 그건 어떤 면에서 옳았어요. 여러분은 창문 밖으로 교정에 있는 단풍나무나 개똥지빠귀나 회색다람쥐를 내다볼 수 있는데, 그 생물들은 매년 똑같아 보이지만 사실은 그때그때 달라요. 그런데 여러분은 그걸 분간할 수 없어요. 차이가 아주 미세하기 때문이죠."

피터는 가끔 '다윈에게도 진화가 일어나는 것을 거의 볼 뻔했던 시기가 있었다'라고 생각하며 아쉬움을 삼킨다. 다윈은 매우 규칙적인 생활습관을 지닌 인물이었다. 건강이 허락하는 한, 하루에 두 번씩 현관을 나와 텃밭 끝까지 직진한 다음, 뒤쪽 울타리에 난 쪽문을 통해 다운하우스 밖으로 나갔다. 그러고는 오솔길을 따라 이웃의 부유한 천문학자에게 빌린 좁은 땅까지 걸어갔다. 오솔길 양 옆에는 고립된 목초지가 하나씩 있었는데, 겨울이 되면 나뭇잎이 떨어지고 풀잎이 시들어 황량하기 이를 데 없었다.

다윈은 천문학자의 허락을 받아 좁은 땅에 나무를 심고, 그 사이에 산책로를 만들었다. 다윈은 그 산책로를 사색의 길로 사용했는데, 오늘날에는 샌드워크Sandwalk라는 이름으로 널리 알려져 있다. 샌드워크 바닥에는 단단한 돌들이 어지럽게 널려 있었는데, 그 길을 처음 본 순간 다윈은 '길고 커다란 뼈처럼 생겼구나'라고 생각했다. 다윈은 산책을 시작할 때마다 그런 돌들을 한 무더기 주워모아 길 한쪽에 죽 늘어놓곤 했다. 그런 다음 산책을 하면서 몇 바퀴 돌았는지 표시하기 위해 돌을 발로 걷어차거나 쇠징이 박힌 지팡이로 때려 하나씩 옆으로 밀어냈다.

비록 다윈은 보지 못했겠지만, 샌드워크는 해마다 날마다 그의 주위에서 진화하고 있었다. 예컨대 춥고 음울한 3월의 어느 날, 온 가족이 기침·감기·류머티즘·백일해로 고생하고 있을 때 다윈은 나무에 앉아있던 새들이 단체로 얼어 죽은 것을 발견했다. 그는 『종의 기원』의 3장 「생존경쟁」에서 이렇게 말했다. "내 땅에 사는 새들이 혹한酷寒으로 인해 5분의 4쯤 죽은 걸로 추정된다. 전염병이 돌 때 인간의 사망률이 10퍼센트만 돼도 심각한 수준으로 간주된다는 점을 감안하면, 이건 엄청난 재난이다."

이 구절은 피터의 호기심을 동하게 만든다. 그즈음(아마도 1855년 겨울이었던 것 같다), 다윈은 자신이 '큰 책'이라고 이름붙인 『자연선택』을 쓰고 있었다. 피터는 이렇게 말한다. "장담컨대 만약 '선택은 관찰될 수 있다'라는 생각이 눈곱만큼이라도 있었다면, 다윈은 그 겨울에 무슨 일을 하고도 남았을 거예요. 나는 그가 마음만 먹었다면, 자연선택 과정을 기록으로 남길 수 있었을 거라 믿고 있어요." 그런데 다윈은 샌드워크에 있는 새들 사이에서 자연선택이 작용하는 것을 보리라고 꿈도 꾸지 않았으니, 그런 시도조차 했을 리 만무하다.

잉글랜드와 뉴잉글랜드에서는 극심한 추위 때문에 나무 위의 새들이 모조리 얼어 죽는 게 다반사였다. 그런 상황에서 다윈이 할 일이라고는 정원사들을 불러 '검은새들의 시체를 좀 모아달라'라고 부탁하는 것밖에 없었다. 그게 뭐 그리 어려운 일이었겠는가? "만약 그랬다면 다윈은 새의 몸집, 영양상태, 부리, 다리, 그 밖의 특이사항에 주목했을 거예요." 피터는 말한다. "그런 다음, 참을성 많은 집사 파슬로Parslow에게 '살아남은 새들을 총으로 몇 마리 잡아달라'라고 해서 죽은 새와 살아남은 새를 측정하고 비교·검토했을지도 몰라요."

"혹시 다윈이 아무것도 발견하지 못했을지도 모르죠." 피터는 말한다. "그러나 무려 5분의 4가 몰살당했다는 걸 생각해보세요. 그 정도라면 우리가 갈라파고스에서 처음 관찰을 시작했을 때와 상황이 비슷해요. 1976년에서 1977년 사이에 핀치가 85퍼센트나 죽었으니까요. 80퍼센트가 죽었다는 것은 검은새들이 다윈에게 뭔가 큰일을 할 기회를 줬다는 걸 의미한다고 봐요."

다윈 이후의 진화학자들이 다운하우스를 방문하여 순례자들처럼 반복해온 일들을 생각해보자. 다운하우스를 둘러본 후 사색의 길에 들어선 그들은 발끝에 걸리는 돌을 계속 걷어차며 다윈이 400미터 코스를 맴돌며 떠올렸던 아이디어들을 검증하고 확장하는 방법을 모색한다. 다윈의 후계자들은 다윈이 본 것을 확인할 때마다 짜릿한 스릴을 느끼며, 다윈이 간과했던 것을 볼 수 있을 때는 전율을 느낀다. 오늘날 모든 과학분야를 통틀어 한 사람의 사유가 이만큼 커다란 그늘을 드리우며 분위기 전체를 지배하고 이끌어가는 분야는 아마 없을 것이다.

그랜트 부부는 다윈의 출발점에서 시작하여 다윈이 걸었던 사색의 길을 되짚어가고 있다. 그러나 그 길은 하나만 나 있는 것이 아니다. 그들은 갈라파고스 제도 한복판에서뿐만 아니라, 여러 장소에서 데이터를 수집한다. 그랜트 부부는 다윈이 모든 진화의 기원이라고 생각했던 단순하고 구체적이고 객관적인 단위로 데이터를 수집하는데, 그들이 채택한 단위는 '밀리미터 단위로 측정된 개체변이'이다. 모든 진화학자들은 다윈이 변이에 부여한 가치를 이해하지만, 피터 그랜트만큼 변이에 열광하는 사람은 별로 많지 않다. 피터의 강의를 들어보면 간혹 진화보다 변이에 훨씬 더 관심이 많은 것 같다. "진화란 변이의 변화change in variation를 의미합니다. 우리는 진행 중인 진화를 연구함으로써 변이를 더 잘 이해할 수 있습니다." 그는 칠판에 종형 곡선bell curve을 하나 그린 다음, 그 곡선을 칠판에서 떼어내는 제스처를 취한다. 그러고는 곡선이 마치 공기 중에 떠 있는 것처럼 손으로 주무르며, 학생들에게 시간의 차원을 설명하려고 한다. 그는 칠판의 곡선을 가리키며 말한다. "우리가 설명해야 하는 것은 바로 이것, 즉 변이입니다." 그리고 곡선이 허공을 지나가는 경로를 응시하며 이야기를 마무리 짓는다. "그리고 시간의 경과에 따른 변이의 변화가 바로 진화입니다."

새로운 종을 만드는 게 뭘까? 정확히 말해서, 변이variation는 어떻게 창조creation로 이어질까? 하나의 혈통이 수천 년, 수만 년, 심지어 수백만 년 동안 다소 같은 습성을 유지하다가 새로운 혈통, 형태, 습성으로 갈라져나가는 이유는 뭘까? 다윈이 알고 싶어 했고, 그랜트 부부가 알고 싶어 하며, 다윈의 추종자들이 다윈 이후 계속 논쟁을 벌여온 문제가 바로 이것이다.

사실 '자연선택이 진화로 이어지는 과정'과 '진화가 종의 탄생으로 이어지는 과정'은 별개의 문제이다. 그랜트 부부는 '자연선택이 어떻게 진화로 이어지는가'를 증명했지만, '진화가 어떻게 새로운 종으로 이어지는가'를 정확히 증명하는 것은 훨씬 더 복잡하다. 다윈의 가장 위대한 책의 제목이 『종의 기원』임에도 불구하고 다윈 자신은 종의 기원을 결코 자세히 설명한 적이 없다.

다윈은 『종의 기원』을 하나의 긴 논증one long argument이라고 불렀거니와, 수많은 독자들이 그의 논증에서 가장 따라잡기 어렵다고 느끼는 단계이자, 신념의 비약leap of faith이라고 느끼는 단계는 바로 이 부분이다. "하나의 둥지, 묘판, 가족앨범에 나타난 미세한 개체차이slight individual difference가 현저한 종별차이striking difference between species로 이어진다." 그들은 '다윈의 메커니즘인 자연선택이 적응도를 향상시킬 수 있다'라는 사실을 받아들일 수 있으며, '자연선택이 부리와 신체의 교정자editor나 혈통의 개량자improver로서, 일종의 보조역할을 한다'라고 이해할 수도 있다. 그러나 '그러한 과정이 뭔가 새로운 것을 창조할 수 있다'라고 믿지는 못한다.

심지어 다윈의 친구들까지도 '자연선택이 종의 기원으로 이어진다'라는 점을 납득하지 못했다. 식물학자 후커는 다윈에게 쓴 편지에서 이렇게 에둘러 말했다.

> 너무 자주 써먹는 걸 보니 자연선택은 자네의 취미인 게 분명해. 물론 그게 자네의 단골메뉴인 건 당연하지. 하지만 변이에 의한 창조creation-by-variation라는 원칙을 가다듬을 생각이 있다면, 자연선택 이론의 비중을 줄이는 방향을 고려하는 게 좋을 듯해. 자연선택은 언뜻 보기에 부담스러워. 즉, 너무 많은 것을 설명하려 한다는 거야.

다윈의 기수旗手인 헉슬리는 「종의 기원 시대의 도래The Coming of Age of the Origin of Species」라는 제목의 연설을 통해 진화론의 승리를 선포하는 데 앞장서왔으면서도, 자연선택은 단 한 번도 언급하지 않았다.

다윈이 세상을 떠난 후, 많은 생물학자들은 '진화를 받아들이는 것은 쉽지만, 진화에 대한 다윈의 주된 설명을 받아들이는 것은 불가능하다'라고 생각했다. 간단히 말해서 "진화는 yes, 자연선택은 no"였다. 현대 유전학의 창시자인 윌리엄 베이트슨William Bateson은 1913년에 쓴 「다윈주의를 위한 비가elegy」에서 "자연선택은 너무나 비현실적이어서, 그런 명제를 옹호하는 사람들의 통찰력이 얼마나 부족한지 놀라게 된다"라고 말했다.

1924년에 나온 노르덴스키욀드Nordenskiöld의 『생물학사』는 다윈주의를 완전히 묵살했다.

> 물론 선택이론을 뉴턴이 확립한 중력법칙에 비견되는 자연법칙의 반

열로 격상시킨 경우가 종종 있었다. 그러나 시간이 이미 말해준 바와 같이 그것은 매우 불합리하다. 다윈의 '종의 기원 이론'은 오래전에 폐기되었다.

그리고 1931년에 나온 찰스 싱어Charles Singer의 『생물학 약사』는 다윈을 넌지시 비판했다.

다윈의 책이 나온 직후에 그랬던 것과 달리, 오늘날의 박물학자들은 '적자생존을 통한 자연선택'을 그다지 강조하지 않는 게 분명하다. 하지만 그 당시만 해도, 자연선택은 대단히 자극적인 주장이었다.

1981년에 다윈 서거 100주년 기념식이 다가오자, 사우스켄싱턴South Kensington에 있는 영국 자연사박물관의 스태프는 「종의 기원」이라는 이름의 상설전시관을 설치하겠다는 구상을 발표했다. 11개 부스, 도표, 전시물, 자연선택에 관한 컴퓨터게임, 그리고 다음과 같은 내용의 내레이션이 포함된 동영상으로 구성된 초호화 전시관이었다.

적자생존은 공염불이며, 말장난에 불과하다. 이 때문에 많은 비평가들은 '진화라는 아이디어는 비과학적이며, 자연선택 개념도 마찬가지'라고 느끼고 있다. '자연선택에 의한 진화'라는 아이디어는 논리의 문제이지 결코 과학이 아니다. 따라서 엄밀히 말하면, 자연선택에 의한 진화라는 개념은 과학적이지 않다.

이 동영상은 "다윈, 사우스켄싱턴에서 사망하다"라는 제목의 사설

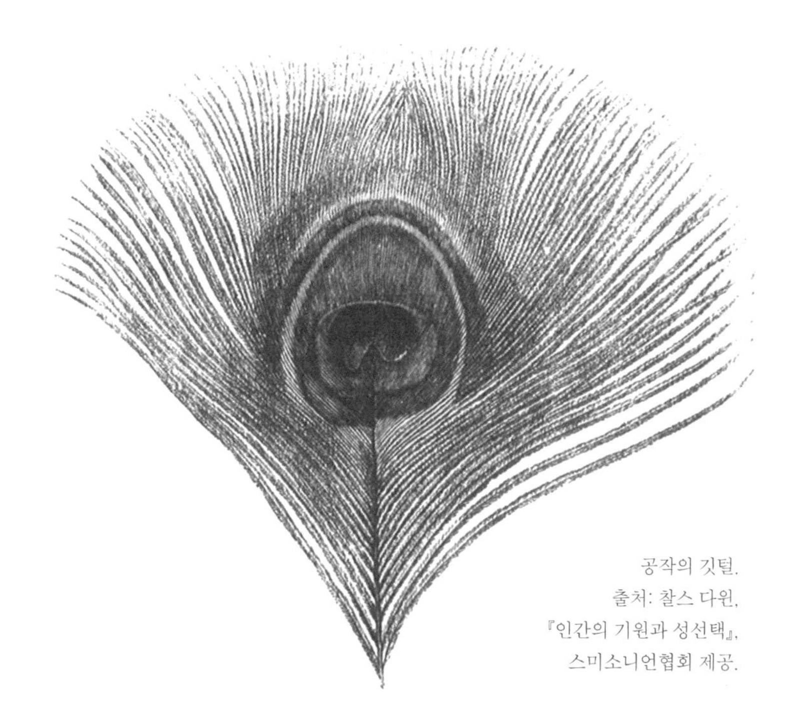

공작의 깃털.
출처: 찰스 다윈,
『인간의 기원과 성선택』,
스미소니언협회 제공.

이 실릴 정도로 《네이처Nature》 편집진의 분노를 샀다. 그리고 이 사설이 도화선이 되어 맨체스터, 시카고, 브뤼셀, 덴마크의 오덴세Odense에 있는 과학자와 철학자들의 기고가 꼬리에 꼬리를 물고 이어졌다. 결국 그해 내내 《네이처》의 지면은 격렬한 찬반논쟁으로 가득 찼다. "진화론은 얼마만큼이나 진실인가?", "다윈의 생존", "진화를 둘러싼 워털루 전쟁", "도대체 무엇에 적합하다는 말인가?"

심지어 다윈 자신도 '샘솟는 의문 때문에 고통스럽다'라고 시인했다. 다윈은 『종의 기원』에서 이렇게 묻는다. "우리는 자연선택이 한편으로는 (파리채 기능을 하는 기린의 꼬리처럼) 그다지 중요하지 않은 신체

기관을 만들고, 다른 한편으로는 (세상을 바라보는 눈처럼) 경이로운 기관을 만들 수 있다는 사실을 믿을 수 있을까?" 비록 그는 긍정적인 답변을 내놓긴 하지만, 질문은 단순한 수사학적 표현이 아니다. 다윈은 한 친구에게 보낸 편지에서 다음과 같이 털어놓았으니까 말이다.

> 나는 눈eye에 대해 생각하면서 온몸이 오싹했던 순간을 잘 기억하고 있어. 그러나 그런 단계는 이미 넘어섰고, 이제는 작고 사소한 신체 구조가 나를 매우 불편하게 만들어. 아 글쎄, 공작의 꼬리깃털을 바라보고 있으면 병이 날 지경이라니까.

다윈과정이 눈, 날개, 깃털과 같이 경이로운 것들을 정말로 만들어낼 수 있을까? 날아다니는 새나 생각하는 인간은 차치하더라도 말이다. 이제 과학자들은 알게 되었다. '관찰이 허락되거나 눈앞에서 그런 장면이 실제로 펼쳐지지 않는 한, 다윈과정이 그런 장엄한 결과를 반복적으로 이끌어낼 수 있음을 상상하기 어렵다'라는 것을. 진화학자 조지 윌리엄스George Williams가 말하는 것처럼 마음의 눈은 그렇게 멀리까지 볼 수 없다.

명시적으로든 암묵적으로든 자연선택을 반대하는 오늘날의 견해는 (지금 불신을 얻고 있는) 19세기 이론들과 같은 원천에서 유래한다. 다윈 자신이 목격했던 것처럼, 자연선택을 반대하는 의견은 '이성의 명령'이 아니라 '상상력이 받아들일 수 있는 한계'에서 유래한다.

지난 한 세기 동안 자연선택을 둘러싸고 있었던 논란과 추상적 개념들, 그리고 철학적 안개를 절반쯤 헤쳐나가는 한 가지 방법이 있다면, 그것은 '지금 작용하고 있는 자연선택을 지켜보는 것'일 게다. 그

갈라파고스땅거북의 머리 위에 올라탄 갈라파고스 핀치.
그림: 탈리아 그랜트

랜트 부부는 그 적임자라고 할 수 있다. 그들은 자연선택을 관찰하고 살펴볼 수 있을 뿐만 아니라, 올해(1991년)에는 잡종의 도움을 받아 지금까지 봤던 것보다 좀 더 많은 것을 볼 수 있기를 기대하고 있다.

최근 피터 그랜트는 "개체변이에서 신종new species으로 넘어가는 단계가 진화생물학자들의 생각을 다음 세기로 인도할 것이다"라고 썼다. 과정이나 방법이야 어찌됐든, 신종 탄생은 자주 일어나는 것이 분명하다. 피터는 자신의 마지막 스승 예일 대학교의 이블린 허친슨Evelyn Hutchinson이 자주 던지던 질문을 종종 떠올린다. "세상에는 왜 그렇게 많은 종류의 동물들이 존재하는 걸까?"

갈라파고스만 해도 그렇다. 그곳에는 세계 어느 곳에서도 발견할 수 없는 13종의 핀치가 살고 있을 뿐만 아니라, 그 유명한 갈라파고스흉내지빠귀와 갈라파고스땅거북, 그리고 '어둠의 도깨비'로 유명한 갈라파고스이구아나도 산다. 그러나 그게 전부가 아니다. 갈라파고스펭귄, 갈라파고스상어, 갈라파고스매, 갈라파고스비둘기, 갈라파고스딱새, 흰털발제비, 지네, 나비, 꿀벌, 쥐도 있다.

왜 그렇게 많은 종류의 동물들이 살고 있을까? 식물은 또 어떻고? 갈라파고스에는 700종이 넘는 식물들이 서식하고 있으며, 지금도 새로운 종이 계속 발견되어 기술記述되고 있다. 700여 종 중에서 200종은 오직 갈라파고스에서만 발견되는데, 그중에는 변이가 매우 심한 갈라파고스토마토 한 종이 포함되어 있다. 가시배선인장prickly-pear cactus은 6종이 있고, 스칼레시아Scalesia 나무는 종과 아종을 합쳐 13종류가 있는

데, 피터 그랜트에 의하면 스칼레시아 13종이 다윈핀치 13종과 상응한다고 한다. 스칼레시아는 국화과에 속하는데, 다른 대륙에서는 정원의 잔디밭에서 흔히 자라는 아담한 꽃나무가 그곳에서는 나무 크기만큼 자란다.

후커가 다윈의 갈라파고스 식물 표본들을 분류하고 난 뒤, 다윈은 후커에게 쓴 편지에서 이렇게 말했다. "갈라파고스는 새로운 것들의 영원한 화수분인 것 같아." 물론 '미스터리 중의 미스터리'를 간직하고 있는 곳이 갈라파고스뿐만은 아니다. 지구상의 거의 모든 땅에 다양한 동식물들이 우글거리고 있다. 다윈은 언젠가 켄트의 작은 휴경지를 식물학적 증명의 대상으로 선택한 적이 있는데 『종의 기원』에서 그곳을 '물도 없고, 최악의 점토로 뒤덮인 척박한 땅'이라고 썼다. 그런데 그의 친구 중 하나가 그 땅에서 1년 동안 무려 108속屬의 식물을 채집했다. 다윈은 한 식물학자를 만나 다음과 같은 이야기를 들은 적이 있다. "랜즈엔드Lands End 근처에서 모자로 땅을 덮으면 토끼풀 6종과 연꽃, 안실리스Anthyllis 한 종씩이 들어가고, 그보다 테가 좀 더 넓은 모자를 쓰면 연꽃과 양골담초Genista 한 종씩이 더 들어갑니다."

다윈은 한 걸음 더 나아갔다. 『종의 기원』을 보면 다음과 같은 이야기가 나온다. "2월의 어느 날, 연못의 가장자리 세 군데에서 물속의 진흙을 한 숟가락씩 떴다. 진흙을 말린 후 무게를 달아보니 고작 180그램이었다. 나는 연구를 위해 진흙을 여섯 달 동안 덮어 둔 후, 거기서 자라나는 식물의 수를 헤아렸다. 그 결과 수많은 식물들이 자라났는데, 모두 합쳐보니 537개였다. 겨우 모닝컵(아침식사용 큰 커피잔_옮긴이) 하나에 담긴 끈끈한 진흙에서 말이다."

오늘날 지구상에는 200만~3,000만 종의 동식물이 있는 것으로 알려져 있다. 약 5억 4,000만 년 전 캄브리아기 폭발로 최초의 연체동물 화석들이 나타난 이후, 가장 보수적으로 잡아 그보다 1,000배 많은 약 20억 종의 생물이 진화·경쟁·번성·멸종했다. 진화학자들은 그 이유를 궁금해한다. 도대체 그 이유는 뭘까?

다윈은 자연선택이 종의 기원의 독점대리인exclusive agent이라고 주장하지는 않았다. 그러나 그는 자신의 메커니즘이 신종을 만드는 방법 중 하나이며, 그것이 주된 방법일 거라는 주장을 굽히지 않았다. 그래서 그는 이 주장을 자신의 가장 중요한 책의 제목에 담았다. 『자연선택에 의한 종의 기원에 대하여On the Origin of Species by Means of Natural Selection』라고 말이다.

자신의 첫 비밀노트에서 다윈은 종의 기원을 몇 개의 엉성한 나뭇가지처럼 그려놓고 생명의 산호Coral of Life라고 불렀다. 생명의 산호를 들여다보면 하나의 종이 둘로 갈라지고 두 개의 종이 넷으로 갈라지며, 계속 성장하고 가지를 쳐나가는 것을 알 수 있다. 훗날 독일의 생물학자이자 철학자인 에른스트 헤켈Ernst Haeckel과 같은 후계자들은 그 그림을 정교하게 다듬었다. 그리하여 울퉁불퉁하고 비틀린 거대한 참나무 그림이 탄생했는데, 잔가지 끝에는 수백 개의 종 이름이 깔끔하게 적혀 있었다. 데이비드 랙은 바로 그런 방법으로 다윈핀치의 가계도를 그려냈다.

랙의 그림은 계통수의 가지 하나를 클로즈업해 보여주는데, 이 가지에는 열두 개의 잔가지가 달려 있다. 그랜트 부부가 평생의 연구과제로 정한 것은 그중 절반을 차지하는 여섯 개인데, 그림의 중앙에 자리잡은 땅핀치 속Geospiza 6종이 바로 그것이다. 6종 중에서 세 종은 왼쪽으로, 나머지 세 종은 오른쪽으로 가지를 쳤다.

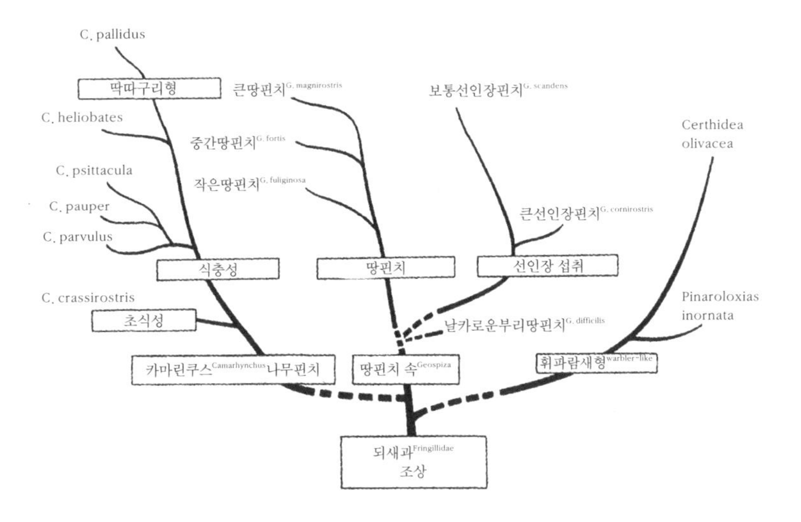

출처: 데이비드 랙, 『다윈의 핀치』, 케임브리지 대학교 출판부.
필라델피아 자연과학아카데미 도서관 제공.

물론 다윈핀치는 적응adaptation의 고전적인 모델로 많은 교과서들이 열세 개의 부리라는 유명한 도구를 이용하여 이 과정을 설명해왔다. 또 다윈핀치는 종분화speciation의 고전적인 모델로 이 역시 거의 모든 교과서에 가장 핵심적인 그림으로 수록되어 있다. 다윈핀치가 다윈과정의 보편적인 심볼이 된 것은 바로 이 때문이다. 뉴턴의 사과가 중력을 의미하고, 아담과 이브의 사과가 원죄原罪를 의미하듯, 다윈핀치들의 부리는 진화를 의미한다.

표준 교과서에서는 종분화를 마치 과학책에 실린 창세기처럼 까마득히 먼 과거에서부터 설명해나간다. 교과서에 첨부된 그림과 도표는 갈라파고스 제도의 동식물들이 종착점임을 암시한다. 즉, 그들은 태초에 한 번 진행된 창조과정의 산물이며, 지금은 어느 정도 완성된 형태라는 것이다.

그러나 갈라파고스 제도에서는 창조의 힘이 아직도 작용하고 있다. 다시 말해서, 종을 제조하는 공장이 아직 가동되고 있다는 것이다. 그런데 '핀치의 부리를 개량refinement하는 다윈의 메커니즘'은 '신종을 제조manufacturing하는 메커니즘'이기도 하므로, 그랜트 부부의 데이터베이스는 두 가지 과정을 한꺼번에 검사할 수 있게 해준다. '적응을 가능케 하는 힘'뿐만 아니라, '새로운 존재를 지구상에 출현시키는 힘'도 분석할 수 있는 것이다.

계통수도의 가지가 성장하고 갈라지는 방법을 생각할 때마다 다윈의 머릿속에서 제일 먼저 떠올랐던 심상mental image이 하나 있다. 옛날 옛적 갈라파고스에서 일어났을 거라고 상상했던 바로 그 이미지였다. 다윈은 이렇게 가정했다. "이 고독한 화산섬에 맨 처음 정착한 이주자는 먼 옛날 남아메리카 해안에서 우연히 바람이나 파도에 휩쓸려 여기까지 왔을 거야. 그런데 헐벗은 화산암에서 번성한 첫 번째 이주자는 동물이 아니라 식물이었음에 틀림없어. 식물보다 먼저 섬에 도착한 동물들은 오래 살아남지 못했을 테니까 말이야. 씨앗을 먹는 핀치는 씨앗 없이 하루도 살 수 없잖아."

사회적 통념에 따르면 씨앗은 바닷물 속에서 생명을 유지할 수 없다고 했다. 그래서 다윈은 다운하우스의 정원에서 채취한 상추, 당근, 셀러리 등의 씨앗을 소금물이 든 젤리병에 담가봤다. 그러고는 씨앗들을 유리 접시에 뿌린 다음, 접시를 서재의 벽난로 선반 위에 올려놓고 지켜봤다. 그 결과는 놀라웠다. 씨앗들은 무려 42일간 소금물에 담가 놓았는데도 싹이 트는 게 아닌가! 42일이면 대서양의 보통 해류가 씨앗을 2,500킬로미터쯤 운반할 수 있다. 그렇다면 씨앗은 대양을 항해하는 동안에도 살아남을 수 있었다는 이야기가 된다.

다윈이 연못가의 진흙을 만지작거린 이유도 비슷했다. 연못의 진흙탕을 들락거리는 새들이 갑자기 날아오르면 어떻게 되겠는가? 새들의 발가락은 진흙으로 범벅이 되어 있을 테니, 진흙과 함께 그 속에 포함된 씨앗들을 이곳저곳으로 옮기게 될 것이다.

다윈은 새의 배설물에도 눈을 돌렸다. 새의 배설물을 모아 소화되지 않은 씨앗들을 족집게로 골라냈다. 그러고는 그 씨를 심어봤더니 거기에서도 싹이 텄다. 따라서 어떤 섬에 처음 날아든 새는 씨앗을 이리저리 퍼뜨려 그 섬을 더 많은 새의 보금자리로 만드는 데 기여할 수 있을 거라는 결론에 도달했다.

그러나 가끔 실험이 불발에 그치는 경우도 있었다. 다윈은 한 편지에서 이런 불평을 늘어놨다. "자연은 정말 괴팍해서, 내가 원하는 대로 되지 않는 경우가 많아. 저니Journey의 집에 있는 공작비둘기들이 파우터를 공격하여 깃털을 뽑아버렸어. 런던동물원의 물고기들은 씨앗을 먹었다가 죄다 뱉어내곤 해. 씨앗은 소금물에 가라앉을 거야."

하지만 어떤 날에는 엽기적인 실험이 성공하는 것을 보고 배꼽이 빠지도록 웃는 경우도 있었다. 그는 참새에게 귀리를 먹인 뒤, 그 참새를 동물원의 독수리와 흰올빼미에게 먹이로 줬다. 그리고 몇 시간 동안 기다렸다가 독수리와 흰올빼미의 배설물을 수집한 후, 그것을 땅에 심었다. 그랬더니 땅에서 귀리 싹이 텄다. 그는 후커에게 쓴 편지에서 이렇게 말했다. "만세! 독수리가 신사처럼 점잖게 행동했어."

갈라파고스 제도에서는 이상과 같은 실험들이 지금도 늘 수행되고 있다. 갈라파고스 제도는 너무 젊어서, 첫 이주단계가 아직도 끝나지 않은 상태이다. 동식물의 이주 과정이 진행되고 있으며, 핀치 유닛의 구성원들은 눈앞에서 이주 과정이 펼쳐지는 것을 지켜볼 수 있다. 에콰도르의 과야킬Guayaquil에서 갈라파고스 제도 쪽으로 비행기를 타고 가다 보면, 창밖으로 거대한 과야스 강Guayas River이 내려다보인다. 과야스 강은 남적도 해류와 훔볼트 해류의 합류지점으로 흘러가는데, 강을 따라 떠내려온 것들은 모두 태평양으로 들어가 서쪽의 갈라파고스로 향한다. 그랜트 부부는 종종 비행기 안에서 과야스 강에 떠 있는 천연 돗자리 수십 개를 발견하곤 한다. 진흙이 섞인 혼탁한 물은 굽이치며 방향을 바꾸고, 엉겨붙은 나뭇잎들이 녹색 끈과 띠를 형성하며 물결을 따라 흘러간다. 과야킬의 시몬 볼리바르 국제공항을 드나드는 비행기에 탄 사람들은 누구나 그런 부유물들을 내려다볼 수 있다. 서로 뒤엉켜 돗자리 모양을 이룬 부유물들은 계속 바다로 떠내려가며, 그들의 행선지는 거의 확정되어 있다.

다윈의 관점에서 보면 이것은 갈라파고스에서 일어나는 종의 기원의 첫 번째 단계, 즉 유입과 이주 단계이며, 그랜트 부부는 이 단계가 진행되는 것을 지켜볼 수 있었다. 갈라파고스에 처음 왔을 때, 그들은 (제도의 최북단에 있는) 울프 섬에서 불꽃나무 여섯 그루가 자라는 것을 보고 깜짝 놀랐다. 불꽃나무는 (제도의 한복판에 있는) 산타크루즈와 산티아고 일부에서 흔히 볼 수 있지만, 불꽃나무의 씨앗들이 제도의 한복판에서 최북단까지 이동한 과정은 미스터리였다. 울프 섬에서 자라는 불꽃나무의 붉은 꽃들은 선명하고 마치 검은 단춧구멍에 꽂혀 있는 카네이션처럼 시의적절해 보였다. 그랜트 부부는 제노베사의 서쪽 해안에서 400미터쯤 떨어진 곳에서도 이례적인 불꽃나무 한 그루를 발견했다. 그 섬의 유일한 불꽃나무로 늙고 고독하지만 화려했다.

제노베사의 경우 붉은발부비새와 군함조는 종종 해변에서 밝은 빛깔의 플라스틱 조각을 물어, 절벽 꼭대기나 내륙 깊숙한 곳으로 날아가 떨어뜨린다. '필립 왕자의 계단'이라는 이름이 붙은 상륙장 바로 위에 있는 다윈 만의 가파른 절벽을 따라 걷다가 그랜트 부부는 종종 병마개, 빗, 리본 등 온갖 화려한 플라스틱 조각이 놓여 있는 것을 발견했다. 불꽃나무의 씨앗은 꽃만큼이나 붉으므로 그랜트 부부는 '새들이 플라스틱 조각을 해안에서 물어 내륙으로 운반하지 않았을까?'라는 의심을 품었다. 이 아이디어를 검증하기 위해 피터와 로즈메리, 그리고 그들의 어린 딸 탈리아는 바닷물이 담긴 통 속에 30개의 불꽃나무 씨를 넣어두었다. 이 실험은 다윈이 다운하우스에서 했던 실험과 동일한 유형의 실험이었다. 다만, 그랜트 부부는 갈라파고스 제도에 있는 제노베사의 야영지에서 실험하고 있다는 게 다를 뿐이었다. 핀치 관찰을 끝내고 야영지로 돌아올 때마다, 그들은 통 속의 물을 흔들었다. 그러나 3일 후에도 대부분의 씨앗은 여전히 물위에 둥둥 떠 있었다.

거대한 엘니뇨가 막바지에 이를 무렵, 그랜트 부부는 불꽃나무가 한 그루도 없는 제노베사의 남쪽 해안에서 거의 100개나 되는 불꽃나무 씨앗들이 흩어져있는 것을 발견했다. 그 섬에서 전혀 자라지 않는 독사과poison apple의 씨앗도 많이 발견했는데, 이 씨앗들은 엘니뇨에 의해 다른 섬에서 제노베사까지 떠내려온 것이 분명했다. 그랜트 부부는 다음과 같은 기록을 남겼다. "그해에 산타크루즈와 산티아고에서 급류와 일시적인 개천이 자주 형성되어 바다로 흘러갔다. 그러므로 제노베사에서 발견된 불꽃나무 씨앗들은 산타크루즈와 산티아고에서 떠내려왔을 가능성이 높다. 심지어 남미대륙에서 흘러왔을 가능성도 배제할 수 없다."

갈라파고스에서 여러 섬 사이를 항해할 때, 그랜트 부부는 뱃머리에 있는 긴 의자에 앉아 섬 사이를 활발하게 왕래하는 푸른바다거북, 상어, 군함조, 돌고래, 쥐가오리, 고래 등을 보게 된다. 때로는 멸종위기에 처한 희귀종들도 눈에 띄는데, 그중에서 특히 기억에 남는 것은 하와이검은엉덩이바다제비Hawaiian dark-rumped petrel로 검은 테를 두른 우아한 흰 날개가 일품이다. 얼가니새들은 갑판 위에 있는 사람들을 쳐다보며 공중을 나는데, 새들의 갈색 머리와 몸은 바다표범처럼 매끄러워 마치 날개를 가진 바다표범 같다. 날개를 힘차게 휘젓는 모습은 지켜보는 이들을 즐겁게 하고, 새들도 역시 비행을 즐기는 것 같다. 아직 덜 자란 푸른얼굴얼가니새들은 배 주변을 맴돌며, 뱃머리를 지나칠 때마다 핀치 관찰자들을 자세히 들여다본다. 새들은 피터가 내민 손에 점점 더 가까이 다가오는데, 피터가 무심코 지껄이며 손을 뒤로 빼지 않으면, 손바닥 위에 곧 내려앉을 기세이다.

이처럼 갈라파고스 제도의 여러 섬들 사이에서는 수많은 방랑자들이 끊임없이 떠돌아다닌다. 현장 보조원이자 죽마고우인 스파이크 밀링턴과 함께 대프니메이저에서 관찰임무를 수행할 때, 트레버 프라이스는 런던 교외에서 자라던 어린 시절부터 늘 그랬듯이 새들의 목록을 작성했다. 그 결과 그들은 대프니메이저에만 22종의 떠돌이새가 있다는 사실을 알게 되었다. 어느 해 3월과 4월, 그들은 하와이바다제비가 한 주일 내내 밤마다 울어젖히는 소리를 들었다. 가끔 흰꼬리쇠바다제비white-vented storm petrel와 아직 덜 자란 푸른가슴왜가리가 해변에 나타나기도 했다. 또 그들은 송골매, 노랑발도요yellowlegs, 꼬까도요ruddy turnstone, 대형도요willet, 2,000마리쯤 되는 지느러미발도요northern phalarope, 휘파람새와 갈매기 몇 종, 검은부리뻐꾸기도 보았다.

심지어 대프니메이저에 눌러사는 토박이 핀치들 중에서도 일부는 다른 새들보다 유난히 차분하지 못하다. 야영지에서 식사할 때 핀치 관찰자들은 간혹 작은 벌레 같은 것이 분화구 위를 맴돌며 점점 더 가까이 다가오는 것을 본다. 화산의 반대쪽을 자기 영토로 삼은 핀치인데, 낯선 장소로 여행하는 취미를 갖고 있는 듯하다. 식사 때마다 어김없이 나타나 먹이를 조금만 더 달라고 졸라대며 물통 사이를 깡총깡총 뛰어다닌다. 타고난 여행자임이 분명하다.

다윈은 다윈핀치들이 각각의 섬에 어느 정도 고립되어 있다고 생각했지만 그들은 지금도 섬 사이를 왕래하고 배회하거나 제도 전체를 떠돌기도 한다. 20세에 들어설 무렵, 로스차일드 탐험대는 섬에서 몇 킬로미터 떨어진 바다 위를 날고 있는 새를 관찰하기도 했다. 프라이스와 밀링턴은 나무핀치tree finch 몇 마리가 대프니메이저에 상륙했다가 머물지 않고 날아가는 것을 목격했다. 또한 그들은 이주해온 작은땅핀치, 중간땅핀치, 큰땅핀치, 보통선인장핀치 몇 마리도 보았다. 매년 이런 새들이 몇 마리씩 섬에서 발견되는데, 이들은 대개 들떠 있는 어린 새들로 관찰자들에게서 '덜떨어진 새'라는 별명을 얻었다. 때로는 번식기가 끝난 뒤 100여 마리의 덜 떨어진 새들이 섬에 상륙하기도 하는데, 피터에 의하면 그들은 다음 번식기가 오기 전에 모두 떠나거나 죽는다고 한다.

어쨌든 매년 다윈핀치들 중 일부는 섬 사이를 이동하며, 새로운 장소에 상륙하여 새로운 이웃들과 만난다. 대규모 엘니뇨가 일어났을 때도 큰땅핀치 몇 마리를 비롯하여 꽤 많은 핀치들이 대프니메이저를 방문했다. 피터는 이렇게 말한다. "1982년 말에 이주자들이 도착하여 짝짓기를 시작했어요. 대여섯 마리는 머물기로 작정했고, 그들의 자손 중 일부는 아직도 섬에 남아 있어요. 분산dispersal은 드문 현상이 아니에요. 짝짓기도 물론 마찬가지죠." 슈퍼 엘니뇨가 소동을 일으켜 낯선 핀치들을 하나로 만들었고, 그와 동시에 잡종이 발흥勃興하기 시작한 것이다.

chapter 10

계속 회전하는 칼

그는 에덴동산 동쪽에 지품천사Cherubim를 배치하고
사방팔방으로 회전하는 불칼flaming sword을 장치하여
생명나무에 이르는 길목을 지키게 했다.
- 창세기 3: 24

다윈은 초기 비밀노트에 "갈라파고스에서 다양한 생명 계통들이 생겨난 이유는 단지 '그들의 조상이 어쩌다 내려앉게 된 낯선 장소에 적응했기 때문'이 아닐까?"라고 썼다. 즉, 생명체들이 일단 갈라파고스라는 외딴 섬에 격리된 후, 시간이 흐르면서 점점 더 변화함으로써 종분화speciation가 이루어졌을 거라는 이야기이다. 다윈은 비밀노트에서 이렇게 상상했다. "충분히 긴 지질학적 시간 동안 작은 변화들이 충분히 누적되면, 이루지 못할 일이 거의 없을 것이다."

굴드와 만나 다윈핀치를 논의한 직후 갈겨쓴 유명한 메모에 다윈은 많은 내용들을 함축해놓았다. "한 커플이 섬으로 이주해 들어와 수많은 적敵들 사이에서 부대끼며, 가끔 서로 혼인도 하면서 서서히 숫자가 늘어난다고 치자. 이 경우 어떤 결과가 나올지 누가 자신있게 말할 수 있으랴. 이런 관점에서 본다면 격리된 섬에 사는 동물들은 환경이 조금만 달라도 충분히 오랫동안 떨어져 살기만 한다면 서로 달라질 게 틀림없다. 오늘날 갈라파고스땅거북, 흉내지빠귀, 포클랜드여우, 칠레여우, 영국과 아일랜드의 산토끼가 그렇듯 말이다."

이상과 같은 적응 과정이 계속될 수 있고, 실제로 계속되고 있다는 데는 의심의 여지가 없다. 그것은 그랜트 부부가 갈라파고스 제도에서 그토록 자세히 기록했던 바로 그 과정이기도 하다. 그들은 다윈핀치들이 가뭄과 홍수 뒤에 조절adjustment 과정을 겪는 것을 지켜봤는데, 그 내용은 핀치의 조상들이 맨 처음 섬에 상륙했을 때 겪었던 변화와 다를 게 하나도 없다. 사실 대프니메이저는 해마다 새로운 섬이 되고 핀치들은 세대를 거듭하면서 새로운 섬에 적응한다. 따라서 그들의 조상이 처음 섬에 상륙했을 때 시작된 작업은 영원히 완료되지 않을 것이다.

그러나 다윈핀치들은 한 섬에 한 종씩 격리되어 있지 않으며, 갈라파고스 제도의 각 섬에는 평균적으로 7~8종의 핀치들이 살고 있다. 게다가 새들은 여러 섬들을 끊임없이 왕래한다. 맨 처음에는 새들이 격리 상태에서 분화되었는지 모르겠지만, 지금은 완전히 격리되어 있지는 않다.

그렇다면 격리 상태에서 분화되었던 생명 계통들이 다시 만난다면 어떤 일이 벌어질까? 다윈은 이 의문에 대한 해답을 갖고 있었는데 그것은 다윈의 논증 중에서 가장 독창적인 것 중 하나이다.

다윈은 비망록에서 이렇게 회상했다. "다운으로 거처를 옮기고 난지 한참 후에 반가운 일이 생겼다. 마차를 타고 어디론가 가던 도중 어떤 지점을 통과하는데, 오랫동안 품고 있었던 의문에 대한 해답이 머릿속에 불쑥 떠올랐다. 나는 지금도 그 지점을 정확히 기억하고 있다."

갈라파고스를 방문한 지도 10년이 넘은 그즈음, 다윈은 자신의 비밀이론을 35쪽에 걸쳐 매우 추상적으로 요약해놓은 상태였다. 그는 이 개요에 살을 붙여 230쪽짜리 긴 초고草稿로 만들고 있었는데, 그 과정에서 사색의 길을 거닐며 무수한 조약돌을 걷어찼다. 그러나 마차를 타고 달리던 순간, '계통수의 가지들이 갈라져나가는 메커니즘을 완벽하게 이해했다'라는 느낌이 든 것이다.

계통수의 가지가 계속 갈라져나가도록 이끄는 원동력은 무엇일까? '변종 간의 작은 차이'가 '종 간의 더 큰 차이'로 증폭되는 이유는 뭘까? 다윈은 '격리된 작은 섬에 적응한다'라는 것이 완전한 대답이 될 수 없음을 문득 깨달았다. 그는 "지역적 변종local species(다윈의 관점에서 보면 '형성되는 과정에 있는 종', 즉 발단종을 말한다)에 작용하는 자연선택이 변종들 사이에 쐐기를 박아, 지구상의 모든 곳에서 그것들을 갈라놓는다"라고 생각했다.

다윈의 이야기는 콜럼버스의 일화에 나오는 유레카와 비슷했다. 전해지는 이야기에 의하면, 콜럼버스는 달걀 위에 앉은 나비를 보고, 역逆으로 '손바닥 위에 지구가 놓여 있다'라는 상상을 했다고 한다. 콜럼버스가 관점을 바꿔 문제의 핵심을 파악한 것처럼 다윈은 몇 발자국 성큼성큼 뒤로 물러난 다음, 고개를 들어 계통수의 전체적인 모습을 처음으로 바라본 셈이었다.

다윈의 아이디어는 (8장에서 언급한) '불행한 연인'이나 '이종異種 간의 만남 및 짝짓기'와 전혀 무관하며, 경쟁에 더 가까웠다. 다윈은 '나란히 사는 두 변종이 경쟁에 내몰린다'라는 것을 깨달았다. 큰 의미에서 보면 이 경쟁은 그랜트 부부가 현재 대프니메이저의 땅핀치들 사이에서 관찰하고 있는 다툼contest과 같다고 할 수 있다. 큰 부리를 가진 땅핀치 두 마리가 똑같은 남가새 씨앗을 찾아다니는 것처럼, 이웃에 나란히 사는 두 변종들은 닮은 점 때문에 똑같은 먹이를 찾아다니게 될 것이다.

생존경쟁에 직면한 변종들은 종종 상대방을 압박한다. 가장 가까운 이웃, 가장 가까운 사촌들은 세대를 거치면서 서로를 매우 강하게 압박할 것이다. 그들이 충돌하는 이유는 도구, 본능, 욕구 면에서 매우 많이 닮았기 때문이다. 서로 닮은 변종일수록 똑같은 씨앗, 똑같은 피난처, 똑같은 틈새를 놓고 다툴 가능성이 높다. 마지막으로 남은 남가새 씨앗을 찾아 대프니메이저의 화산재들을 뒤적이는 핀치들처럼 말이다. 이것은 친족kinship 간의 경쟁이나 마찬가지이다.

이 같은 상황에서 득得을 보는 것은 유별난 개체들이다. 유별난 개체들은 다른 씨앗, 다른 피난처, 다른 틈새를 발견할 수 있고, 그렇게 되면 경쟁에서 벗어날 수 있다. 아무리 부분적이라고 해도, 숨막히는 경쟁에서 벗어나면 마치 새로운 섬을 발견한 것처럼 엄청난 해방감을 만끽할 수 있다. 운 좋게도 유별나게 태어난 개체는 시시포스 바위Sisyphean rock와 같은 경쟁에서 벗어나 하늘로 비상할 것이다. 그는 번성할 것이고, (자신을 조금 유별나게 만들어준 '운 좋은 특징'을 물려받은) 자손들도 그럴 것이다. 광란의 군중에서 벗어난 개체들은 번성하고, 나머지는 추락할 것이다.

자연선택은 섬에서뿐만 아니라, 지구 전역에서 이런 식으로 똑같이 작용할 것이다. 그 결과 이웃한 변종들은 끊임없이 서로 반발하고 떨어져 나간다. 비록 실제로 치고받지 않는다 해도, 남가새 씨앗이나 선인장 위의 둥지 자리를 놓고 몸싸움을 벌이지 않는다 해도, 자연선택은 점차 그들의 차이를 확대할 것이다.

마침내 두 변종이 서로 멀리 떨어지면 경쟁은 약해진다. 경쟁은 두 변종이 새로운 방향으로 진화할 때, 다시 말해서 분화할 때 약해지기 때문이다. 자연선택은 결과적으로 두 번째 적응을 이끌어낼 것이다. 첫 번째 적응은 개별적응으로 '개체가 환경에 적응하는 것'이고, 두 번째 적응은 상호적응mutual adaptation으로 '두 이웃끼리 상대방이 행사하는 압력에 서로 적응하는 것'이다. 상호적응은 도로의 분기점, 두 집단의 갈림길, 계통수의 새 가지를 만들어내는데 진화학자들은 이런 패턴을 적응방산adaptive radiation이라고 한다.

미세하게 분화한 형태들 간의 경쟁은 지구 전역에서 일어나며, 그것은 마치 나침도compass rose나 중세의 태양 그림처럼 사방팔방으로 뻗어나가는 가지들을 끊임없이 새로 만들어낸다. 다윈은 이것을 분기 원리principle of divergence라고 불렀다. 다윈은 분화가 일어날 수 있고, 일어나야 하며, 일어났다고 주장했지만, 실제로 본 적은 한 번도 없었다. 그는 고작해야 자신이 사육하는 비둘기를 들먹였을 뿐이다. 비둘기 애호가들은 새로운 품종을 선호하고 종종 극단적으로 특이한 품종을 기르기도 하는데, 다윈은 『종의 기원』에서 이렇게 말했다. "비둘기 육종가들은 공중제비비둘기를 대상으로 몇 세기 동안 점점 더 긴 부리를 지니고 있거나 점점 더 짧은 부리를 지니고 있는 새들을 선택하여 교배시켰다. 그 결과 육종가들은 하나의 품종에서 부리가 긴 품종과 부리가 짧은 아亞품종을 창조했다."

다윈에 의하면 자연선택은 '자연을 더욱더 다양하게 만드는 경향'이 있다고 한다. 여기서 다양화diversification의 동인動因은 비둘기 애호가들이 가진 변덕, 취향, '새로운 것에 대한 사랑'이 아니라 좀 더 근본적인 것, 예컨대 효율성 또는(다윈 시대의 경제학자들이 말한) 노동분업division of labor이다. 다윈은 『자연선택』에서 "만일 누구는 작은 먹이를 사냥하도록 적응하고 누구는 큰 먹이를 사냥하도록 적응했다면, 더 많은 육식동물들이 살아갈 수 있을 것이다"라고 말했다. 초식동물의 경우도 마찬가지이다. 만일 누구는 부드러운 풀을 먹도록 적응하고, 누구는 나뭇잎, 누구는 줄기, 누구는 뿌리, 누구는 단단한 씨, 누구는 열매를 먹도록 적응한다면 더 많은 초식동물들이 생존할 수 있을 것이다. 다시 말해서 자신들 사이에 놓은 큰 접시들을 깨끗이 비운 잭 스프랫Jack Sprat과 그의 아내(전승 동요의 주인공으로 잭은 비계를 못 먹고 아내는 살코기를 싫어하지만, 서로 먹여주어 접시를 깨끗이 비움_옮긴이)처럼, 변종과 종은 계속 분기分岐하면서 자신들의 주변세계에 더욱 적합한 소비자를 탄생시킬 것이다.

다윈은 『종의 기원』에서 "분화의 이점은 사실상 한 개체의 몸 안에서 이루어지는 기관들의 생리적 분업과 같다"라고 말했다. 비교적 단순한 동물 중에는 소화기능과 호흡기능을 둘 다 수행하는 위胃를 가진 동물도 있다. 그러나 소화를 전문적으로 담당하는 위와 호흡을 전문적으로 담당하는 폐를 각각 보유하고 있으면, 신체기능을 좀 더 효율적으로 수행할 수 있다.

다윈이 깨달음의 장소(마차를 타고 지나가던 곳)를 평생 동안 기억하고 있었던 것은 결코 놀랄 일이 아니다. 그것은 비범한 깨달음이었다. 자연선택은 생명을 문자 그대로 조직한다. 자연선택을 통한 진화의 과정은 항상 가지를 치고 분화함으로써 개체에서 변종을, 변종에서 종을 만들어내고, 지구상에 사는 무수한 생명형태를 창조하는 데 기여한다.

영원한 개체가 없는 것처럼 영원한 계통도 있을 수 없지만, 자연선택을 통해 늘 새로운 생명이 탄생하기 때문에 생명나무는 계속 성장하게 된다.

이런 면에서 볼 때 자연선택의 힘은 다윈이 처음 상상했던 것보다 훨씬 더 강력하다. 마치 에덴동산의 입구에서 생명나무에 이르는 길목을 지키는 불칼처럼, 창조와 파괴를 모두 담당하는 아름답고도 끔찍한 중재자이다.

다윈의 분기 원리는 수 세대에 걸쳐 많은 생물학자들을 매혹시켰지만, 그 과정이 작용하는 것을 관찰하거나 측정하기는 그리 쉽지 않다. 왜냐하면 그 과정은 자신의 흔적을 스스로 지우기 때문이다. 사실 다윈의 가설에 따른 최종 결과는 경쟁의 부재absence of competition 상태가 된다. 경쟁이 이웃들을 멀리 떼어놓아, 더 이상 뿔이나 부리를 맞댈 일이 없는 것이다.

예를 들면 그랜트 부부는 대프니메이저에서 중간땅핀치와 큰땅핀치가 남가새 씨앗을 놓고 경쟁하는 것을 볼 수 있다. 그러나 선인장핀치와 작은땅핀치처럼 더 이상 경쟁하지 않는 종들 간의 경쟁은 어떻게 측정할 수 있을까? 만약 핀치 유닛이 어느 정도 조화롭게 살고 있는 6종의 땅핀치들을 발견한다면, 그들을 그렇게 살도록 중재한 것이 경쟁이었음을 어떻게 알 수 있을까? 다윈의 분기 원리가 과연 중재자였을까? 끊임없이 회전하는 불칼의 섬광은 어디서 찾을 수 있을까?

이것은 다윈의 이론과 관련하여 가장 논쟁거리가 되는 질문 중 하나이다. 데이비드 랙이 20세기 중반에 『다윈의 핀치』를 출간한 이후, 다윈핀치들은 줄곧 논쟁의 중심에 서 있었다. 랙이 "핀치의 부리는 사실 다윈의 분기 원리에 따라 만들어졌다"라고 발표하는 바람에 그 책은 많은 이들을 흥분시켰다.

예컨대 갈라파고스 제도에서 높이가 낮은 섬들을 살펴보면 하나같이 작은땅핀치나 날카로운부리 땅핀치 중 어느 한 종만 살고 있으며, 두 종이 함께 사는 섬은 없다. 그러나 높이가 높은 섬들을 살펴보면, 두 종이 함께 사는 섬이 있으며 그들은 다소 떨어져 지내는 것을 알 수 있다. 중간땅핀치는 섬기슭 부근에 살고 날카로운부리땅핀치는 정상 근처에 산다.

랙은 마음의 눈을 통해 이러한 패턴이 갈라파고스 전체에서 벌어진 대전쟁, 즉 '날카로운 부리'와 '작은 부리' 사이에서 벌어진 '장군 없는 무혈전쟁'의 결과임을 간파했다. "이 두 종은 너무 닮아서 같은 섬에 나란히 번식할 때마다 피말리는 경쟁에 돌입하게 된다"라고 랙은 단호하게 말했다. 따라서 섬이 협소하여 그들에게 오직 하나의 틈새만을 제공한다면, 두 종 중 어느 한쪽은 멸종하게 된다. 즉, 한 종이 다른 종에게 승리하는 것이다. 두 생물집단 사이에서 벌이지는 이런 전쟁의 결과를 학술용어로 경쟁적 배제competitive exclusion라고 한다. 하지만 섬이 넓어서 어떤 종에 새로운 틈새(즉, 경쟁에서 벗어나는 통로)가 제공된다면, 그 종은 경쟁에서 벗어나는 방법을 진화시킬 수 있다. 즉, 그 종은 틈새에서 살아가기 위해 형질을 바꿀 것이다. 자연선택에 따른 진화를 통해 부리는 그 종이 끔찍한 전쟁에서 해방될 때까지 구부러지고, 녹고, 모양을 바꾼다. 이런 결과를 학술용어로 형질치환character displacement이라고 한다.

랙에 의하면 산타크루즈의 핀치는 '작은 부리'들은 작고 '중간 부리'들은 중간이다. 그런데 '작은 부리'가 극소수인 대프니메이저의 경우, '중간 부리'들이 산타크루즈의 '작은 부리'보다 더 작다. 이와 대조적으로 '중간 부리'가 극소수인 로스헤르마노스Los Hermanos에서는 '작은 부리'들이 산타크루즈의 '중간 부리'보다 더 크다. 랙은 갈라파고스 제도의 다른 섬에서도 이와 유사한 패턴을 관찰했고, 형질치환의 흔적이 반복적으로 나타난다고 결론을 내렸다.

1950년대와 1960년대에 랙을 비롯한 생물학자들은 경쟁이론competition theory과 그 아류들을 탐구했다. 그들이 그 이론을 너무 의기양양하게 만장일치로 탐구했기 때문에 다른 이론에 관심을 갖고 있었던 소수의 생태학자와 진화학자들은 '우리가 경쟁적으로 배제되는 것 같다'라고 느끼기 시작했다. 그중 한 사람이 미국의 조류학자 로버트 보우먼이었다. 랙의 뒤를 이어 1952년에 갈라파고스를 방문한 그는 다윈핀치를 박사학위 논문의 주제로 삼아 연구했다. 그 당시만 해도 안개그물mist net이 발명되기 전이어서, 그는 핀치들이 뭘 먹는지를 확인하기 위해 엽총으로 수백 마리를 잡아서 위胃의 내용물을 조사했다. 그 결과 핀치의 부리에 따라 먹는 것이 달라진다는 결론에 도달했다. 이 결론은 나중에 그랜트 부부의 국제핀치조사단에 의해 상세히 확인되고 확장되었다.

그러나 보우먼은 다윈이나 랙이 봤던 것보다 더 많은 것을 봤다. 그는 갈라파고스의 식물들도 갈라파고스핀치들처럼 섬마다 다르다는 사실을 알게 되었다. 보우먼은 '이런 변이 자체가 핀치의 종분화를 설명해줄 수 있지 않을까?'라는 생각을 품었다. 즉, '새들이 이 섬 저 섬에 정착하여 그곳에 고유한 꽃과 씨앗에 적응하면서 서로 다른 부리와 습관을 진화시키지 않았을까?'라고 생각한 것이다. 그렇다면 핀치들은 다윈이 맨 처음(마차에서 유레카를 외치기 전에) 생각했던 진화과정에 따라 분화되었을지도 모른다. 보우먼은 그게 더 단순명료한 설명이라고 주장했다. 그의 주장이 틀렸다는 증거를 들이댈 수 있는 사람은 아무도 없었다.

보우먼은 뒤섞여 있는 핀치 무리를 몇 번이고 반복해서 관찰하고 또 관찰했다. 그것은 다윈이 비글호에서 처음 내렸을 때 봤던 핀치들의 행동패턴과 동일했다. 그는 네 종 이상의 땅핀치들이 한 덤불에 모여 먹이를 먹는 장면을 수도 없이 목격했다. 그야말로 '여러 땅핀치들로 구성된 작고 평화로운 왕국'이었다. 보우먼은 자신의 박사학위 논문에서 이렇게 선언했다. "현재 경쟁이 일어나고 있음을 입증하는 직접적인 증거가 없으므로, 나는 '과거에 경쟁이 일어났음에 틀림없다'라고 가정할 만한 논리적 이유를 전혀 찾을 수 없다."

보우먼이 보기에 '경쟁의 부재가 그 힘의 증거'라는 주장은 화를 돋우는 순환논법circular reasoning에 지나지 않았다. 그에게 공감을 표시한 생태학자들도 있었다. 그러자 주류 진영과 비주류 진영 사이에 격렬한 싸움이 시작되었고, 확고한 증거와 실제 관찰결과가 없는 상태에서 논쟁은 파상적으로 지루하게 이어졌다.

생태학자 조지프 코넬Joseph Connell은 자신의 유명한 논문에서 누군가 더 엄밀한 팩트를 내놓지 않는 한 다윈의 분기 원리를 옹호하는 늙은 수호자들의 주장을 더 이상 받아들이지 않겠노라고 선언했다. "나는 지나간 경쟁의 망령에 호소하는 수작에 더 이상 넘어가지 않을 것이다."

생태학자 대니얼 심벌로프Daniel Simberloff의 어조는 훨씬 더 단호했다. "랙이 제시했던 유명한 패턴은 달이나 구름이나 로르샤흐의 잉크얼룩

Rorschach inkblot(잉크가 떨어져서 생긴 듯한 모양으로 사람의 성격을 판단하는 데 사용됨_옮긴이)에서 연상되는 얼굴보다 나을 것이 없다. 비록 각각 다른 틈새에 사는 종들이 발견된다고 해도, (자석의 같은 극처럼) 서로 반발하여 각각의 틈새로 들어갔음을 증명할 수 있는 것은 아니다. 어쩌면 그와 정반대로 그들은 서로 다른 씨앗과 욕구를 향한 무작위적 적응random adaptation을 통해 분화했을지도 모른다. 갈라파고스 제도에서 무작위적으로 무리지어 살면서 핀치들은 다양한 방식으로 해석될 수 있는 패턴을 형성했을 것이다. 제도에 사는 핀치들의 분포는 무작위적 과정random process으로 취급하는 것이 가장 타당하다."

피터 그랜트는 랙이 옳다고 생각했다. 그러나 그는 랙의 독단적인 방식, 즉 실제로 뭐가 진행되고 있는지 확인해보지도 않은 채 무턱대고 발표하는 방법에 부아가 치밀었다. 그랜트는 한 발표문에서 "랙은 애처로울 정도로 객관성이 부족했다"라고 비판하며 다음과 같이 한탄했다. "우리는 경쟁에 대해 아는 것도 없고, 측정하지도 않음으로써 미래 세대를 놀라게 할 것이 분명하다."

그랜트 부부가 첫 번째 건기乾期에 목격했던 사건의 매력포인트는 바로 여기에 있다. 그들은 지금도 해마다 그 사건들이 반복되는 것을 본다. 매번 비가 그칠 때마다 다윈핀치들은 각각의 틈새를 찾아 분화한다. 큰땅핀치는 이쪽으로, 중간땅핀치는 저쪽으로, 보통선인장핀치와 작은땅핀치도 각각 자신의 부리에 따라 제 갈 길을 가는 것이다. 이런 식의 분화는 핀치의 부리가 적응적adaptive일 뿐 아니라, 부리의 차이가 생존가치survival value를 지니고 있음을 증명한다. 그것은 한 세기 전 다윈이 마차 속에서 떠올렸던 힘이 지금 핀치들 사이에서 작용하고 있음을 시사한다.

몇 달 동안 같은 먹이를 먹어왔던 새들이 각자의 부리 모양과 크기에 따라 헤쳐모여를 시작할 때, 우리는 한 시즌 동안 일종의 분화를 보게 된다. 그리고 우리는 다윈이 상상했던 바로 그 결과를 볼 수 있다. 건기 때마다 새들이 땅바닥을 뒤적이며 먹이를 찾을 때, 골라 쪼아 먹는 것들이 점점 더 세분화되면서 새들 사이의 경쟁은 줄어든다. 그들이 이런 식으로 가뭄에 반응함으로써 결과적으로 서로에게 공간을 제공한다는 것은 '그들이 왜 그 작은 섬에서 공존할 수 있는지'를 설명하는 데 도움이 될 것이다.

물론 건기에 새들이 바꾸는 것은 부리가 아니라 행동(식생활)일 뿐이다. 가뭄으로 인해 기존의 먹이 재고량이 고갈되면서 많은 새들은 '뭐든 닥치는 대로 먹기'를 중단하고 '타고난 부리와 신체에 가장 적합한 것을 집중적으로 먹기'에 주력한다. 행동을 바꾸는 것은 해부학적 구조를 바꾸는 것보다 훨씬 빠르지만, 두 가지 모두 똑같은 '경쟁의 칼'을 통해 일어난다. 다윈핀치들은 다윈이 그들을 탄생시켰다고 믿었던 힘에 반응하여 행동을 바꾸는 것이다.

우리가 학교에서 배웠던 자연경제에 관한 전통적 그림을 생각해보자. 그 그림은 자연을 경직된 계층구조stiff hierarchy, 즉 다소 엄격한 영양단계trophic level를 지닌 먹이 피라미드food pyramid로 묘사한다. 식물들은 피라미드의 바닥에 위치하며 햇빛을 이용하여 식량을 만든다. 초식동물은 그 식물을 먹고 육식동물은 초식동물을 먹는다. 각 단계마다 다양한 전문가들이 존재하는데 이들을 길드guild라고 부른다. 생태학자들

큰땅핀치. 출처: 찰스 다윈, 『H.M.S 비글호 항해 동물기』, 스미소니언협회 제공.

은 길드의 긴 목록을 줄줄이 꿰고 있다. "잎을 먹는 동물, 줄기를 갉아 먹는 동물, 뿌리를 씹어먹는 동물, 꿀을 빨아 먹는 동물, 싹을 잘라먹는 동물…" 봉건 시대에 길드를 구성했던 신발 제조공, 재단사, 푸주한, 빵굽는 사람, 촛대 제조공과 매우 비슷하지 않은가?

그랜트 부부가 대프니메이저에서 관찰했던 대로 점점 더 많은 생태학자와 진화학자들이 생명을 지근거리에서 장기간에 걸쳐 관찰하게 되었다. 이제 그들은 이런 범주들이 자신들이 상상했던 것만큼 '고정된 것이 아님을 깨닫고 있다. 점점 더 많은 박물학자들이 '패턴과 구조 연구'에서 '과정과 운동 연구'로 돌아서면서, 시간에 따른 변화를 지켜보고 있다. 그리고 그들은 갈라파고스의 핀치 유닛과 마찬가지로 "만물은 유전流傳하고, 자연은 유체流體이다"라는 헤라클레이토스의 교훈을 늘 되새긴다. 대프니메이저의 핀치들은 하나의 길드, 즉 땅핀치의 길드를 조직하여 자신들의 시대를 열어간다. 그러다 어려운 시기가 오면, 더 작은 길드로 쪼개진다. 생태학자와 진화학자들은 이와 동일한 길드의 분화 및 이동 과정을 곳곳에서 관찰하고 있다. 이 같은 자연의 유동성을 감안할 때, 세계의 동식물들은 매년 분화압력이 반복될 때마다 신체와 취향의 차이를 진화시키고 있음을 알 수 있다. 신체와 취향의 차이가 계속 진화하다 보면, 그들의 길드는 (만약 계속 분화할 수 있다면) 점점 더 멀리 분화하게 될 것이다.

갈라파고스에서 그랜트 부부와 함께 연구한 관찰자 중에서 다윈의 분화원리에 가장 매료된 사람은 돌프 슐러터이다. 그는 현재 진화생물학 분야의 떠오르는 별이지만, 그랜트 부부를 처음 만났을 때는 막 학업을 포기하려던 참이었다. 돌프는 캐나다의 구엘프 대학교에서 야생생물관리학으로 학사학위를 받았는데, 학과 수석임에도 불구하고 대학원에 진학하지 않았다. 공부에 신물이 나서 에너지가 소진된 상태였기 때문이다. 그는 앨버타 주에 있는 애서배스카 타르샌즈Athabasca Tar Sands로 가서 사향쥐muskrat와 밍크 잡는 일이나 할 참이었다. 그러던 중 그는 우연히 그랜트 부부의 제자 한 사람이 진행하는 세미나를 듣게 되었다.

"나는 그런 연구를 실제로 하는 사람들이 있을 거라고는 상상도 하지 못했어요." 돌프는 이렇게 회고한다. "물론 진화에 대한 기초지식은 있었죠. 하지만 누군가 그걸 정말로 연구하고 있을 거란 생각은 미처 하지 못했죠. 20세기에 말이에요. 나는 고작해야 화석 발굴 및 분석을 염두에 두고 있었어요. 그런데 진화를 직접 관찰할 수 있다니! 그건 계시였어요."

"나는 피터 그랜트에게 당장 편지를 썼어요. 그의 연구실은 내가 유일하게 지원한 곳이었죠. 그러지 않았다면 난 지금쯤 사향쥐나 열심히 잡고 있을 거예요."

피터 그랜트 문하에서 돌프가 박사학위 논문 주제로 잡은 것은 「갈라파고스의 한 섬에서 '작은 부리'와 '날카로운 부리' 사이에서 벌어진 전쟁」이었다. 돌프는 "핀치는 무작위적인 과정을 통해 분포한다"라는 선언이 담긴 심벌로프의 최신 논문을 읽고, 근본적인 회의에 사로잡힌 채 갈라파고스 제도로 갔다. "나는 '그랜트를 포함하여 모든 사람들이 경쟁의 중요성을 과장하고 있다'라는 생각에 사로잡혀 몹시 심란한 상태였어요"라고 그는 회상했다.

그랜트 연구팀 전원이 돌프와 함께 배를 타고 제도에서 가장 외진 섬 중 하나인 핀타 섬까지 데려다줬다. "핀타가 눈에 들어왔을 때, 그건 한마디로 장관이었어요. 갈라파고스는 고사하고, 그렇게 남쪽까지 내려가본 적이 없었거든요. 뱃머리에 부딪치는 파도를 박차며 돌고래 떼가 뛰어오르고 있었죠. 피터 그랜트는 나를 쳐다보며 이렇게 말했어요. '돌프, 명심할 게 하나 있어. 여기서 나올 건 석사학위 하나밖에 없어. 박사학위가 아니라 석사학위일 뿐이라고.'"

"말하자면 우리가 뭘 발견할지 전혀 알 수 없었다는 거예요. 심지어 그랜트도 말이죠." 돌프가 설명한다. 그의 말에는 웃음기가 섞여 있다. "그랜트는 우리의 아이디어가 실현 불가능할 수도 있다는 걸 말하고 싶었던 거예요. 일이 계획대로 진행되지 않을 수도 있다는 거죠."

그랜트 부부는 돌프에게 '안개그물을 설치하는 법'과 '새를 생포하여 각종 수치를 측정하는 법'을 가르친 다음, 일주일 동안 핀타 섬에 머물렀다. 그런 다음 돌프에게 다음과 같이 말하고 떠났다. "안녕, 우린 이제 제노베사 섬으로 가네. 다섯 달 뒤에 보자고." 이제 핀타 섬에 사는 인간은 돌프와 그의 현장보조원, 딱 두 명뿐이었다.

갈라파고스 제도에 있는 높은 섬들이 다 그렇듯, 핀타 섬도 경사가 매우 가파르다. 섬의 저지대는 검은 파호이오이 용암pahoehoe lava(현무암질 용암의 한 종류로 점성이 낮고 유동성이 높아 표면이 매끄럽고 넓은 지역을 덮음_옮긴이)과 가시 돋친 관목들로 이루어진 사막이다. 경사면을 씩씩하게 걸어 올라가다 보면 어느덧 구름 속을 걷게 되고, 머리 위로 푸른 캐노피canopy가 펼쳐지기 시작한다. 고지대는 습하고 서늘하며, 땅에는 낙엽이 두껍게 쌓여 있어 발로 밟으면 푹신한 느낌이 든다. 정상에는 안개가 자욱하고, 녹색 이끼로 뒤덮인 나무, 지의류, 난초들이 어우러져, 요정의 숲을 연상케 한다.

'작은 부리'와 '날카로운 부리'를 구별할 수 있게 되자마자 돌프는 두 종의 영역이 겹친다는 것을 알게 되었다. 작은땅핀치는 섬의 정상까지 올라갔고, 날카로운부리핀치는 거의 기슭까지 내려갔다. 그는 처음에는 뭔가를 제대로 본 것 같다는 생각이 들었다. 랙이 묘사했던 대로 두 라이벌은 기슭과 정상이라는 분리된 지역에 각각 살면서 경계선 부근에서 소규모 영역다툼을 자주 벌일 것이라 예상했다. 그러나 그의 예상은 완전히 빗나갔다. 경계선의 사방이 모두 조용한 걸로 보아, 작은땅핀치와 날카로운부리핀치는 서로를 무시하고 있는 것 같았다. "현장연구라는 게 대개 그래요. 아무리 치밀하게 계획을 세워도 막상 현장에 가보면 모든 게 계획대로 돌아가지 않는다는 걸 깨닫게 되죠"라고 돌프는 술회한다.

그 후 몇 달 동안, 돌프와 보조원은 경사면을 오르내리며 방형구quadrat를 설치하고 핀치들의 먹이를 조사했다. 조사 결과, '설사 영역이 겹치더라도 핀치들의 먹이는 거의 겹치지 않는다'라는 사실을 알고 깜짝 놀랐다. 핀타에 사는 중간땅핀치는 주로 해안까지 내려가 탁 트인 곳에 있는 뜨겁고 단단한 화산암 표면에서 씨앗을 쪼아 먹는다. 그러나 날카로운부리핀치는 먼저 숲 속으로 들어간다. 그러고는 긴 발톱으로 낙엽을 걷어차고 자갈을 헤집으면서 부리로 거미, 달팽이, 귀뚜라미, 애벌레를 낚아챘다. 중간땅핀치는 거의 씨앗만 먹으며, 날카로운부리핀치는 씨앗을 거의 먹지 않는 것으로 밝혀졌다. 따라서 분화의 원인에 대한 다윈과 랙의 이론으로는 이 새들의 행태를 설명할 길이 막막했다. "중간땅핀치와 날카로운부리핀치의 경계선에는 경쟁의 흔적이 거의 없었어요. 마치 유령처럼 말이에요." 돌프는 신이 나서 말한다.

핀타 섬 하나의 사례만 갖고서는 경쟁에 관한 의문을 해결할 수 없었으므로, 돌프는 그 후 몇 년 동안 다른 섬들을 모두 둘러봤다. 그는 갈라파고스 제도의 한쪽 끝에서 다른 쪽 끝까지 다니며 랙이 예측했던 패턴을 어느 누구보다도 상세하게 지도에 표시했다. 그와 동료들이 수집한 측정치들은 랙의 예측과 매우 세밀한 수준까지 일치했다.

먼저 중간땅핀치의 경우를 생각해보자. 부리를 살펴보면 '작고 부드러운 씨앗에 가장 적합한 부리'와 '크고 단단한 씨앗에 가장 적합한 부리'가 서로 흥정을 벌이고 있음을 알 수 있다. 중간땅핀치들은 최고의 거래가 성사되는 방향으로 진화하는데, 이때 각 섬에 가장 적합한 부리는 부분적으로 작은땅핀치의 존재에 따라 결정된다. 왜냐하면 건기에 작은땅핀치가 공존할 경우, 작고 부드러운 씨앗의 양이 줄어들 것이기 때문이다. 이 경우 부리가 너무 작아 남가새 씨앗을 깨뜨릴 수 없는 중간땅핀치는 작은땅핀치와 경쟁해야 하는데, 작은땅핀치는 중간땅핀치보다 더 효율적으로 작업한다. 따라서 몸집이 작은 중간땅핀치는 몸집이 큰 중간땅핀치보다 더 어린 나이에 죽을 것이다. 이와 같이 작은땅핀치와의 경쟁은 중간땅핀치의 평균 몸집을 위로 밀어올릴 것이다. 그리하여 작은땅핀치와의 경쟁에 의해 몸집이 상향조정된 섬에서 중간땅핀치는 남가새를 더 잘 다루고 작은 씨앗들을 덜 먹게 된다. 대프니메이저의 중간땅핀치는 작은땅핀치와 거의 경쟁하지 않으므로 남가새를 집어올렸다 대부분 내팽개친다. 반면에 작은땅핀치가 많이 사는 핀타, 마르케나, 산티아고에서 중간땅핀치는 작은 씨앗을 덜 먹으며, 깨뜨릴 수 없는 큰 씨앗은 거의 없다.

이번에는 작은땅핀치의 경우를 생각해보자. 작은땅핀치와 중간땅핀치가 경쟁하는 곳에서는 중간땅핀치가 남가새의 크고 단단한 씨앗과 뾰족한 가시를 훨씬 더 효과적으로 다루기 때문에, 작은땅핀치는 좀 더 작은 씨앗 쪽으로 전문화하는 경향이 있다. 그러나 로스헤르마노스처럼 섬 전체가 독무대인 곳에서는 작은땅핀치의 부리가 크고 두꺼워지며 제법 큰 씨앗도 다룰 수 있다. 따라서 로스헤르마노스에 사는 작은땅핀치의 부리는 대프니메이저에 사는 중간땅핀치의 부리와 거의 똑같다.

이상에서 살펴본 것처럼 중간땅핀치는 '자신의 틈새'와 '부재중인 경쟁자의 틈새'를 모두 차지하게 된다. 따라서 큰땅핀치가 없는 섬에서 중간땅핀치의 부리는 평균보다 크고, 작은땅핀치가 없는 섬에서 중간땅핀치의 부리는 평균보다 작다.

'날카로운부리땅핀치와 작은땅핀치', '작은땅핀치와 중간땅핀치', '중간땅핀치와 큰땅핀치'와 같이 두 종이 하나의 섬을 산뜻하게 나눠 갖는 사례는 얼마든지 있다. 그들은 따로 살 때는 본래의 부리 모습으로 수렴하지만, 같이 살 때는 무한하고 세밀한 상호조절mutual adjustment을 통해 발산한다. 돌프는 랙이 본질적으로 옳았다는 결론에 도달했다. 돌프는 이제 이렇게 말한다. "랙은 세부적으로 전부 옳았던 것은 아니에요. 하지만 메커니즘은 매우 정확했어요. 그 이후로 지금까지 나는 그가 매우 영리한 사람이었다고 생각하고 있어요. 사실 랙은 내 영웅이에요. 랙은 상대방을 무장해제시키는 글솜씨로, 매우 강력한 주장을 펼칠 수 있었어요. 나는 갈라파고스핀치들을 다윈핀치가 아니라 랙핀치라고 불러야 마땅하다고 생각해요. 다윈은 핀치들의 중요성을 보지 못했어요. 그는 한 섬에 한 종만 산다고 생각했지, 한데 모으려는 시도조차 하지 않았거든요. 따지고 보면 다윈은 표본수집을 빼면 한 게 아무것도 없어요. 그러니 다윈핀치가 아니라 랙핀치라고 불러야 하는 거예요."

갈라파고스에서 몇 년 동안 머무른 뒤, 돌프는 다윈핀치에 가해지는 다윈주의적 압력을 가시화可視化하는 방법을 고안해냈다.

메마른 섬에 한 집단의 새가 살고 있다고 상상해보자. 이 집단은 시간이 흐르고 세대가 바뀜에 따라 변화하면서, 그 섬에 가장 적합한 모습을 향해 계속 나아간다. 즉, 최대적합성maximum fitness이라는 지점을 향해 나아가는데, 진화학자들은 이것을 종종 적응정점adaptive peak, 또는 최적설계 정점peak of optimal design이라고 부른다.

적응정점 또는 최적설계 정점을 산의 정상이라고 생각해보자. 정상 주변의 경사면은 정점의 설계보다 약간 뒤떨어지는 설계이며, 훨씬 더 아래에 있는 계곡들은 정점의 설계보다 크게 뒤떨어지는 설계라고 할 수 있다. 승자, 즉 제대로 된 부리, 제대로 된 날개, 제대로 된 다리를 가진 새는 정점에 있고, 루저는 계곡을 헤맨다.

바람에 휩쓸린 새 한 마리가 바다로 떠밀려 황량한 섬에 상륙했다고 하자. 그 새는 처음부터 새로운 섬에 완벽하게 적응하지 못할 것이며, 그 새의 적합성은 앞에서 말한 경사면의 어느 한 지점에 해당될 것이다. 만약 그 새가 계곡의 한참 아래쪽에 머무른다면 죽을 것이고, 그의 혈통도 사라질 것이다. 그러나 만약 그 새가 악조건을 견뎌내어 번식할 수 있다면, 그 후손들은 점점 더 위로 올라가며 진화하고 적응할 것이다. 궁극적으로 그들은 정상에 도달할 수도 있다.

진화학자들은 이상과 같은 적응지형도adaptive landscape를 오랫동안 생각해왔다(적응지형도라는 개념은 20세기 위대한 신다윈주의자 슈얼 라이트Sewall Wright가 1932년에 도입하였다). 적응지형도는 진화학자들이 진화적 변화를 설명할 때 선호하는 메타포로, 계통수만큼이나 널리 알려져 있다. 돌프는 '적응지형도 개념을 다윈핀치에 적용하면 어떻게 되는지'를 최초로 생각한 인물이었다. 피터 그랜트는 그에게 '부리와 씨앗에 대한 연구결과들을 모두 하나의 틀 속에 집어넣는 방법을 찾아보라'라고 주문했다. 즉, '핀치 관찰자들이 관찰하는 현상을 이해하는 데 도움이 되는 포괄적인 수학모델'을 만들라는 것이었다. 돌프는 핀치 유닛에서 가장 뛰어난 수학자 중 하나로, 오랜 동료인 트레버 프라이스와 함께 앞서거니 뒤서거니 하며 수학 실력을 갈고닦아왔다. 돌프는 컴퓨터를 이용하여 모든 데이터를 적응지형도의 관점에서 취합하기로 결심했다.

형질의 분화를 이끌어내는 힘들을 그림으로 나타낼 때는 계통수보다 적응지형도가 더 유용한 메타포가 된다. 적응지형도를 이용하면 계통수보다 더 상세한 묘사가 가능하다. 예컨대 둘로 갈라지는 중인 핀치의 개체군을 생각해보면 계통수에서는 '나뭇가지가 둘로 갈라지는 것'으로 표현되지만, 적응지형도에서는 일종의 '고독한 순례'나 '집단이주'로 표현된다. 처음 적응지형도에 존재하는 종은 하나뿐이며, 하나의 정점 주위에 몰려 있다. 그러다가 이웃한 두 정점에 모인 두 종이 있게 된다. 두 정점 사이에는 계곡이 존재한다. 어떤 새들은 하나의 정점을 떠나 다른 정점으로 이동하기도 한다.

돌프가 '다윈핀치를 대상으로 다윈의 분화원리를 검증할 때, 적응지형도 개념을 사용하면 편리하겠구나'라고 깨달은 것은 1979년이었다. 자신을 비롯한 핀치 유닛 대원들이 측정결과를 많이 축적했으므로, 꽤 사실적인 적응지형도를 그릴 만한 분위기가 충분히 무르익었다고 생각한 것이다.

핀치 유닛은 '땅핀치들이 먹을 수 있는 씨앗'의 전부와 '먹을 수 없거나 먹으려 하지 않는 씨앗'의 상당부분을 이미 측정해놓은 상태였다. 돌프는 각 섬 별로 '어떤 씨앗'이, '어떤 계절'에, '얼마나 많이' 발견되는지 알고 있었으므로 그 정보를 컴퓨터에 입력했다.

또 돌프는 얼마만 한 부리가 얼마만 한 씨앗을 깨뜨릴 수 있는지도 알고 있었는데, 여기서 결정적인 수치는 부리의 두께이다. 부리가 두꺼울수록 더 크고 단단한 씨앗을 깨뜨릴 수 있다. 그래서 그는 부리의 두께에 관한 정보를 컴퓨터에 입력했다.

마지막으로 돌프는 핀치가 살아남으려면 얼마나 많은 씨앗을 먹어야 하는지도 알고 있었으므로(이 경우 씨앗의 질량은 그에 상응하는 핀치의 질량으로 해석된다), 관련자료를 컴퓨터에 입력했다.

"자, 이제 시작해볼까요?" 돌프는 제1원리, 즉 몇 개의 점과 선, 그리고 최소한의 규칙을 사용하여 지구와 세계와 우주를 설명하는 원리에 도달하려고 애쓰는 기하학자의 말투로 말한다. "핀치 한 종이 갈라파고스 제도의 한 섬에 상륙했다고 상상해보죠. 그 새가 경쟁이 전혀 없이 생존하고 증식한다면, 얼마만 한 크기의 부리로 진화할까요?"

돌프는 지금까지 갈라파고스에서 측정된 가장 작은 것에서부터 가장 큰 것에 이르는 땅핀치의 부리 크기를 모두 컴퓨터에 알려줬다. 또한 지금까지 갈라파고스에서 측정된 씨앗의 크기가 얼마나 되고, 그 양은 각각 얼마나 되는지도 컴퓨터에 알려줬다. 그런 다음 마지막으로 컴퓨터에 "가상의 섬이 얼마나 많은 핀치를 지탱할 수 있는지를 계산하라"라는 명령을 내렸다.

돌프는 컴퓨터가 (가능한 모든 부리 중에서 가장 적합한 부리에 해당하는) 하나의 적응정점, 즉 '가상의 갈라파고스 섬에서 핀치의 개체수를 최대화하는 부리의 크기'를 그릴 것이라고 가정했다. 컴퓨터가 그린 정점은 '섬에 가장 적합한 부리의 크기'를 의미할 것이고, 그 정점 양편의 계곡은 '상대적으로 부적합한 부리의 크기'를 의미할 것이다.

돌프는 컴퓨터를 작동시키고 한참 후, 눈앞에 나타난 결과를 보고 열광했다. 컴퓨터는 하나가 아닌 세 개의 적응정점을 그렸고, 그 사이에는 깊은 계곡이 가로지르고 있었다.

컴퓨터가 적응정점을 (하나가 아니라) 자그마치 세 개나 그린 이유는 무엇일까? 컴퓨터는 육안으로 뚜렷이 볼 수 없는 뭔가를 포착했다. 즉, 갈라파고스에 있는 씨앗들은 크게 세 가지 유형, 즉 '먹기 쉬운 것', '중간 것', '먹기 어려운 것'으로 구분된다. 풀씨는 크기가 가장 작고 먹기가 가장 쉽고, 시계풀passionflower 씨는 중간에 해당하며, 남가새 씨앗은 크기가 가장 크고 먹기가 가장 어렵다. 씨앗의 범위는 연속적이지만, 전체적으로 볼 때 갈라파고스의 씨앗은 이렇게 세 가지 그룹으로 구분된다. 따라서 컴퓨터는 세 그룹의 씨앗에 대해 각각 하나씩 총 세 개의 부리, 즉 세 개의 적응정점을 그린 것이다.

결과적으로 컴퓨터는 섬에 널려있는 씨앗을 제대로 먹을 수 있는 부리를 가진 핀치 세 종을 예측했다. 이는 '가상의 섬에 대한 적응성이 높은 땅핀치의 부리는 세 가지'라는 것을 뜻한다. 좋은 부리는 하나가 아니므로, 그 적응지형에 날아든 하나의 종은 세 종으로 분화할 수 있는 기반종founding species이 되는 것이다.

돌프는 한 단계 더 나아가 핀치 조사단이 축적한 데이터를 이용하여 더욱 사실적인 시뮬레이션을 돌릴 수 있는 프로그램을 짰다. 그는 컴퓨터에 '갈라파고스의 열두 섬에 실제로 존재하는 씨앗들'에 관한 자료를 제공하고, "각각의 섬에서 진화되어야 할 부리를 계산해내라"라고 요구했다. 컴퓨터는 부리의 크기, 씨앗의 크기, 경쟁이라는 세 가지 요소를 감안하여 제도의 각 섬에서 핀치의 부리가 진화하는 경로들을 정확히 예측했다. 그건 실제상황에 거의 근접하는 결과였다.

다윈핀치들은 다윈 이론의 귀감으로서 자신의 운명에 충실한 것으로 드러났다. 그들은 지금껏 발견된 형질치환 사례 중에서 가장 모범적인 사례를 제시했다.

다윈은 『종의 기원』에서 이렇게 말했다. "경쟁은 일반적으로 별개의 속genus에 소속된 종species들보다 같은 속에 소속된 종들 사이에서 일어날 때 더욱 극심해질 것이다." 그러나 원칙적으로 진화계통도상에서 멀리 떨어져 있는 생물들이 경쟁에 내몰릴 때도 다윈의 형질치환 과정이 일어날 수 있다. 생물계 사이의 경쟁, 예를 들면 식물과 동물 사이, 식물과 곤충 사이, 곤충과 세균 사이의 경쟁도 일어날 수 있다. 영국의 진화학자 마이클 호크버그Michael Hochberg와 존 로튼John Lawton은 '유익하고도 놀라운 계산'을 해냈다. 30만 종의 고등식물이 있다고 상상해보자. 고등식물이란 양치류, 침엽수, 꽃식물 등 본질적으로 지면에서 몇 센티미터 이상 자라나는 녹색식물 종을 모두 포함하므로 30만 종은 보수적 추정치라고 할 수 있다. 만일 30만 종들이 각각 곤충을 10종씩만 먹고(이 역시 보수적 추정치이다), 그 곤충들 각각이 전염병 하나와 기생생물 5종의 숙주라면 생물계에는 약 1,500만 가지의 서로 다른 경쟁적 상호작용competitive interaction이 일어날 여지가 있다.

돌프를 제외하면 지금껏 아무도 생물계의 최전선에서 작용하고 있는 분기 원리를 살펴본 적이 없었다. 그는 '계통수상에서 멀리 떨어진

가지들이 갈라파고스에서 바로 지금 경쟁하고 있다'라고 생각한다.

대륙에 사는 핀치들은 꿀을 전혀 먹지 않지만, 어떤 다윈핀치들은 꽃의 꿀을 먹는다. 다윈핀치들이 꿀을 먹을 수 있는 이유는 갈라파고스에는 태평양을 건너와 정착한 꽃가루받이 곤충들이 별로 없어 꿀을 둘러싼 경쟁이 거의 없기 때문이다. 지금까지 그 여행을 해낸 것은 대형 어리호박벌carpenter bee 한 종뿐이며, 그 벌을 처음 채집한 박물학자의 이름을 따서 크실로코파 다르위니Xylocopa darwini라는 학명을 얻었다. 어리호박벌은 갈라파고스의 최북단에 있는 섬들까지 아직 진출하지 못했지만, 최남단 섬에서는 발견된다. 그들은 그 섬에서 꿀을 놓고 핀치와 경쟁한다.

북쪽 섬에 사는 핀치들은 왈테리아 오바타Waltheria ovata의 작고 노란 꽃에서 대부분의 꿀을 얻는다. 건기에 먹이가 부족할 때, 작은땅핀치와 일부 날카로운부리땅핀치는 왈테리아에서 꿀을 마신다. 날카로운부리땅핀치는 긴 부리 전체를 꽃에 꽂는 데 반해, 작은땅핀치는 부리 아랫부분만 꽃에 갖다댄다. 이 두 핀치는 꿀을 먹는 일에 매우 능숙하며, 1분에 40송이의 꽃을 탐색할 수 있다.

꿀벌이 전혀 없는 제노베사와 같은 북쪽 섬에서는 핀치 식량의 약 20퍼센트를 꿀이 차지한다. 꿀은 핀치들의 주식인 씨앗을 보충하는 중요한 보조식품이다. 하지만 꿀벌이 있는 남쪽 섬에서는 꿀의 비중이 5퍼센트 이하로 떨어진다.

돌프가 관찰한 바에 의하면 꿀을 마시는 핀치(꿀벌이 없는 섬에 사는 핀치)들은 꿀을 마시지 않는 핀치(꿀벌이 있는 섬에 사는 핀치)들보다 덩치가 더 작았다. 예를 들면 작은땅핀치의 평균 날개 길이는 (꿀벌이 있는) 페르난디나, 산타크루즈, 산티아고, 에스파뇰라, 이사벨라에서보다 (꿀벌이 없는) 핀타와 마르케나에서 거의 5밀리미터나 더 짧다.

돌프는 노란 왈테리아 꽃이 무성한 마르케나 섬의 한 지점을 관찰하며 2주를 보낸 적이 있었는데, 그동안 핀치들이 꽃덤불을 지키기 위해 싸우는 것을 보았다. 몇 개의 꽃덤불을 보유한 작은땅핀치들은 다른 작은땅핀치들과 싸워 꽃덤불을 지켰다. 돌프는 그물로 가능한 한 많은 핀치를 생포하여 측정한 결과, 꿀을 마시는 핀치들은 꿀을 마시지 않는 핀치들보다 몸집이 상당히 작고 체중이 1그램쯤 가볍다는 결론을 얻었다. 즉, 마르케나 섬에서조차 몸집이 작아 꿀을 마시기에 적당한 핀치들만이 꿀을 마시는 것으로 나타났다.

꿀벌이 없는 섬에서는 선택압이 다윈핀치 두 종의 크기를 줄이는 게 분명했으며, 이 새들은 꿀벌의 틈새 속으로 비집고 들어갔다. 그러나 꿀벌이 도착한 섬에서 그 새들은 꿀벌의 틈새에서 밀려나왔다.

이상에서 언급한 것은 자매종 사이가 아니라 척추동물과 무척추동물 사이에서 형질치환이 일어난 사례로, 다윈의 상상을 훨씬 초월한다. 우리는 새와 벌이 꿀을 놓고 싸우는 것을 결코 보지 못하지만 그들 사이에는 평화가 없다.

형질분화는 다윈이 생각했던 것처럼 보편적이고 강력할까, 아니면 오늘날의 일부 진화학자들이 주장하는 것처럼 드물고 미약할까? "내 생각에는 형질분화가 꽤 흔하고 중요한 것 같아. 하지만 '진화적 변화의 양'이라는 관점에서 보면, 크기가 좀 작다고 생각해"라고 피터 그랜트는 말한다.

"크기가 작다니…. 무슨 뜻이죠?" 로즈메리가 묻는다.

"두 종이 같이 산다고 생각해볼까? 10퍼센트 다르다고 치자고. 그들이 심한 경쟁 없이 공존하려면 15퍼센트 정도는 달라야 해. 그러므로 두 가지 결과가 가능하지. 둘 중 하나가 멸종하거나, 두 종이 15퍼센트 달라질 때까지 분화하는 거야. 변화는 별로 크지 않지. 겨우 5퍼센트만 더 변화하면 되니까."

"알겠어요." 로즈메리가 말한다.

"이제 그 점에 동의한다면 하나만 물어볼게. 그 5퍼센트라는 변화를 관찰하기가 쉬울까? 대답은 그리 쉽지 않다는 거야. 세부적으로 따지면 요구사항이 꽤 많을 거야. 형질분화는 아주 흔할 수 있지만, 그렇게 간단히 파악되지는 않아."

피터의 관점에서 보면 다윈핀치들 간의 분화는 대부분 특정한 상황에서 일어난다. '그들이 격리되어, 각각 다른 섬에서 살아갈 때'이다. 그러나 그들이 한데 모여 같은 섬을 공유하게 될 때 경쟁은 혈통을 더욱 멀리 떼어놓는다. 다윈이 마차에서 상상했던 것과 똑같이 이 분화는 생존경쟁의 단순한 결과이다. 분화는 핀치들을 밀어붙여 종의 기원을 향해 한두 단계 더 가까이 다가서도록 만든다.

chapter 11

보이지 않는 해안선

클레오파트라의 코가 조금만 낮았다면,
세상은 완전히 달라졌을 것이다.
- 블레즈 파스칼, 『팡세』

런던의 프리메이슨 전용주점에서 비둘기 애호가들과 어울렸을 때, 다윈이 듣고 싶었던 것은 '교배의 힘'이 아니라 '선택의 힘'이었다. 그는 신이 나서 한 친구에게 이런 편지를 썼다. "어느 날 저녁 버러Borough에 있는 싸구려 술집에서 비둘기 애호가들 사이에 앉아 있었어. 난 거기서 벌트 씨에게서 '파우터Pouter를 덩치 큰 런트Runt와 교배시켜 몸집을 키웠다'라는 이야기를 들었지. 만약 이 가증스러운 행위에 모든 애호가들이 엄숙하고 불가사의하고 끔찍한 표정으로 고개를 절레절레 흔드는 것을 봤다면, 자네는 교배가 품종개량과 얼마나 무관한지를 이해했을 거야."

그는 『종의 기원』에 이렇게 썼다. "종종 '모든 개의 품종들이 소수의 토종aboriginal species을 교배시켜 생성되었다'라는 터무니없는 말을 듣곤 한다. 그러나 우리가 교배를 통해 얻을 수 있는 거라고는 '부모를 양극단으로 하는 연속체continuum의 어디쯤에 속하는 형태'일 뿐이다. 이

탈리아의 그레이하운드, 블러드하운드, 불독 등이 야생 상태로 존재했었을까? 천만의 말씀! 교배를 통해 독특한 품종을 만들 수 있는 가능성은 너무 과장되었다."

다윈은 자연선택의 사례를 구축하는 데 지나치게 몰두한 나머지 뭔가 중요한 것을 빠뜨렸는지도 모른다. 대다수의 육종가에게 잡종이란 그가 생각하는 것 이상으로 중요했을 수 있다.

다윈의 세기가 끝날 무렵, 미국의 유전학자 레이먼드 펄도 그랬다. 그는 '모든 것을 의심한다'라는 자세로 다윈이 그랬던 것처럼 수백 명의 육종가들과 어울리면서 궁금한 점들을 꼬치꼬치 캐물었다. 예컨대 펄은 밴텀닭bantam 사육자들에게 "밴텀닭 혈통과의 교배를 전혀 통하지 않고, 오로지 닭의 품종·변종·혈통 중에서 크기가 작은 개체들을 선택하는 방식만으로 새로운 밴텀닭 계통이 창조된 사례를 증명할 수 있나요?"라고 물어봤다.

펄은 밴텀닭의 세계적 권위자인 J. F. 엔티위슬J. F. Entiwisle에게 편지를 보냈는데, 그에게서 받은 답장에는 다음과 같이 씌어 있었다. "그런 일이 가능하다면, 30년 넘게 우리가 해온 '밴텀닭 제조'가 쓸모없게 되겠죠. 나는 평생 동안 약 40번의 변종제조 사례를 봐왔지만, 지금까지 교배 없이 제조된 것은 단 한 마리도 없었습니다."

펄은 다윈과 다른 쪽으로 결론을 내렸다. "다윈주의적 선택은 실제 과정에서는 극히 미미하게 작용하며, 선택의 역할은 별로 중요하지 않습니다."

펄과 달리 오늘날 그랜트 부부는 다윈주의적 선택이 작용한다는 것을 잘 알고 있을 뿐만 아니라, 그것이 실제로 작용하는 것을 쭉 지켜봐왔다. 그들은 갈라파고스에서 잡종핀치들이 늘어나는 것을 심사숙고하면서 '선택과 교배가 창조과정의 일부로서 함께 작용하는 것은 아닐까?'라고 생각하기 시작했다.

갈라파고스 제도에는 두 종류의 해안선이 있다. 하나는 '보이는 해안선'이고, 다른 하나는 '보이지 않는 해안선'이다.

보이는 해안선은 검은 바위와 흰 파도로 구성되었으며, 화산이 태평양을 꿰뚫고 나와 하늘을 향해 솟아올라 있다. 파도가 갉아먹은 화산섬의 테두리인 동시에 공기와 바다와 화산암의 경계로, 망망대해에서 갑자기 생겨나 다윈핀치에게 보금자리를 제공한다. 해안은 단지 해수면의 높이에 따라 정의될 뿐이다.

키커 락Kicker Rock.
출처: 찰스 다윈, 『지질탐사』,
스미소니언협회 제공.

'보이지 않는 해안선'은 새들 사이의 경계로, 보이는 해안선보다 더 복잡하다. 그것은 13종의 갈라파고스핀치들 각각이 다른 핀치들과 격리되기 위해 스스로 만든 비밀부호와 불문율로 정의된다(단, 잡종은 흥미로운 예외이다). 설사 7~8종의 핀치들이 동일한 화산의 정상을 공유하고, 서로 뒤섞여 먹이를 먹으며, 똑같은 씨앗을 찾기 위해 똑같은 화산재를 헤집는다 해도, 모든 종들은 제각기 다른 종을 배제하고 같은 종끼리만 번식한다. 마치 '제도 속의 제도'인 것처럼 말이다.

비글호는 영국 해군의 탐사선이었으므로 다윈은 바위와 산호모래로 구성된 '보이는 해안선'을 지도로 작성하는 데 동참했다. 하지만 종 사이에 존재하는 '보이지 않는 해안선'에 대한 그의 생각은 일관성이 없고 헷갈렸다. 첫 비밀노트에서 그는 종을 '성적 본능 및 도구에 의해 격리된 것'으로 묘사했다. 그러나 나중에는 분기 원리에 너무 몰두한 나머지 주제에서 이 부분을 등한시하게 되었다. 새로운 종을 계속 격리시키는 것은 무엇일까? 종간의 장벽은 무엇이고, 이 장벽을 넘기 어렵거나 쉽게 만드는 요인은 무엇일까? 다윈이 조사나 탐험을 하지 않은 채 남겨둔 부분은 바로 이것, '보이지 않는 해안선'이었다.

오늘날 진화학자들은 종의 격리가 단지 '산맥, 협곡, 바다에 의해 고립된 개체군'의 문제가 아님을 안다. 갈라파고스의 보이는 해안선이 다윈핀치들을 느슨하게 격리하고 있는 것처럼 말이다. 종의 격리는 주로 보이지 않는 장벽에 의해 이루어지는데, 이 장벽은 개체군의 가장자리를 새로운 섬에 알맞도록 다듬거나, 하나의 커다란 개체군을 (산발적이고 다소 느슨한) 한 묶음의 유전자풀로 만든다.

보이지 않는 해안선이란 말과 당나귀의 경우와 같은 상호불임성 intersterility만을 의미하지 않는다. 또 코끼리와 그 몸에 붙은 벼룩처럼 신체적 또는 생리적 부적합성incompatibility을 의미하지도 않는다. 다윈핀치들은 이종교배를 통해 번식 능력을 지닌 새끼를 낳을 수 있지만, 뭔가가 그들 대다수로 하여금 그러지 못하게 가로막고 있다.

새들을 둘러싼 장벽이 보이지 않는 이유는 그것이 새들 자신의 행동에 의해 창조되기 때문이다. 새들을 떼어놓는 것은 해부학적 구조가 아니라 본능이다. 따라서 종의 기원을 탐구한다는 것은 '보이지 않는 본능적 장벽'이 형성되는 과정을 탐구하는 것이다. 비록 다윈은 이 문제로 고심하지 않았지만, 종의 기원의 비밀은 '보이지 않는 해안선'의 어디쯤, '생물들 사이에서 왔다 갔다 하는 해안선'의 어디엔가 놓여 있다.

분명히 말하지만, 일단 변종들이 서로 갈라지기 시작하면 그들을 계속 떼어놓기 위해 뭔가가 꼭 필요하다. 완전히 격리된 상태에서 분기하든 아니면 일부는 격리되고 일부는 공존하는 상태에서 분화하든 그들은 어느 시점에서 '새 식구'들과 짝짓는 법을 배워야 한다. 만약 그러지 않으면 새로운 계통은 주변의 계통들과 뒤섞여 사라질 것이다. 예컨대 다윈은 '독특한 비둘기 계통을 유지하기 위한 작업'에 깊은 인상을 받았다. 만일 사육자들이 새들을 부주의하게 교배시켰다면 그들이 만들어낸 품종은 조만간 (출발점이었던) 보통 양비둘기rock pigeon로 복귀했을 것이다. 그리하여 모든 비둘기 애호가들의 기발한 창작품이었던 파우터, 공작비둘기, 폭소비둘기, 스캔더룬은 사라졌을 것이다.

진기한 혈통들이 보통 비둘기들과 격리되어 출발점으로 복귀하지 못하는 이유는 비둘기 애호가들이 지속적인 감시를 통해 교배를 조정하기 때문이다. 다윈 시대의 우수한 육종가들은 눈썰미가 대단했다. 유명한 비둘기 애호가인 존 세브라이트 경Sir John Sebright은 부리의 미세한 차이(1.5밀리미터)를 육안으로 구별할 수 있었다고 한다. '비둘기 계통을 사라지게 하는 교배'를 시도하려던 다윈은 지극히 예민한 비둘기 애호가들을 설득하는 데 상당히 애를 먹었던 것 같다. "그런 실험은 내 성격에 맞지 않는다. 돈이 걸린 문제든 과학의 명예가 걸린 문제든 그런 실험이라면 나는 딱 질색이다"라고 다윈은 말했다. 하지만 다윈은 '아무리 못생긴 새들도 큰돈이 된다'라는 점을 상기시키면서까지 비둘기 애호가들을 회유하고 구슬렸다.

다윈은 자연선택의 힘을 믿었다. "자연선택이 인간 육종가들보다 짝짓기를 더 잘 주선할 수 있다"라는 것이 다윈의 지론이었다. 선택과정은 그저 둥지, 낙엽, 묘판에서 가장 적합한 변이체the fittest variant를 고름으로써, 배우자 선택의 결과를 평가할 것이다. 자연적으로 그리고 필연적으로 (섭식능력이나 비행능력을 개선하는 경우와 마찬가지로) '배우자 고르는 능력'을 개선할 것이다. 간단히 말해서 선택은 다음과 같은 방식으로 작용한다. "짝짓기에서 나쁜 선택을 한 개체들은 그에 상응하는 불이익을 받는데, 그 내용인즉 '자손이 생존경쟁에서 승리할 가능성이 낮다'라는 것이다." 이에 반해 좋은 선택을 한 개체들은 그에 따른 이익을 누리는데, 그 내용인즉 '자손이 번성할 가능성이 높다'이다.

대프니메이저에서 잡종핀치들이 드문 이유는 바로 이 때문이다. 다양화하고 있는 개체군, 즉 독특하게 적응하며 진화하고 있는 개체군에서 선택은 새롭고 가치 있는 적응을 보존하는 경향이 있다. 서서히 분기하는 계통에 속한 개체들이 같은 계통의 개체들을 배우자로 선택한다면 적응우위adaptive advantage를 누리게 될 것이다. 만약 그들이 자기 계통에서 짝을 고른다면 새로운 적응을 영속화시키지만, 그렇지 않다면 적응을 상실하게 된다. 적응을 상실한다는 것은 가보家寶를 잃는 것이나 마찬가지이다. 따라서 다윈핀치 같은 생물에게는 '식별법을 배우라'라는 선택압이 작용한다. 새로운 계통에 대한 성적 취향을 진화시킨 새들은 기존 계통에 대한 취향을 고수하고 있는 새들보다 더 유리할 것이다.

자연선택은 이런 식으로 새들의 식별능력을 갈고닦아 비둘기 애호가들의 식별능력보다 더 섬세하게 만들어줄 것이다. 그래서 다윈은 야생 상태의 새들을 '존 세브라이트 경'이라고 불렀다. 자연선택은 번식기에 힘을 발휘하여 상이한 계통의 새들을 '성적으로 역겨운 존재sexually repugnant'로 만든다.

다윈은 비둘기 우리에서 이런 상호혐오mutual repugnance의 증거를 몇 건 확인했다. 그는 『자연선택』에서 "모든 비둘기 혈통의 조상인 양비둘기가 일부 애완용 혈통들을 사실상 회피하는 것 같다"라고 썼다.

그러나 다윈이 갈라파고스핀치들(아마도 이들은 가장 초기의 이주자들로 다른 종들보다 훨씬 더 심한 변화를 겪었을 것이다)을 기술할 때 강조한 것은 '핀치들의 (비가시적인) 본능적 격리instinctive isolation'가 아니라, '섬들의 (가시적인) 물리적 격리physical isolation'였다.

다윈핀치의 번식기는 검은 수컷들이 일제히 빗속에서 노래를 부르는 것과 함께 시작된다. 각각의 수컷들은 무대에서 자신의 가창력을 뽐내는 동시에 혹시나 찾아오고 있을 암컷을 확인하기 위해 영토를 샅샅이 살핀다. 혹시나 자기가 지어놓은 모델하우스 근처로 암컷이 날아오기라도 하면 수컷은 무대를 박차고 그녀에게로 총알같이 날아간다. 만약 그녀가 자기와 같은 종이라면 그는 그녀를 향해 날개를 흔들며 몸을 부르르 떤다. 그런 다음 가장 가까운 둥지로 날아간다(이 경우, 아무 둥지라도 상관없다. 심지어 잠시 출타중인 경쟁자의 둥지도 무방하다). 그는 어깨 너머로 암컷을 흘낏흘낏 쳐다보며 둥지를 계속 들락날락하는데, 가끔씩 암컷의 시선을 끌기라도 하려는 것처럼 부리로 나뭇잎을 물었다 내려놓았다 한다.

만약 암컷이 그를 향해 깡총깡총 뛰어오거나 최소한 날아가지만 않는다면, 수컷은 그랜트 연구팀이 성추격이라고 부르는 행위를 시작한다. 수컷은 '뒤틀리고 물결치는' 궤적을 그리며 그녀의 뒤를 따라 날아다닌다. 공중에서 급선회와 급강하도 감행하는데, 이는 핀치 관찰자들에게 '암컷을 자신의 영토에 붙들어놓으려는 전략'으로 간주된다. 암컷은 수컷의 날갯짓이 닿을 만한 거리에 머물며 '쿠쿠쿠'라고 고음으로 울어댄다.

이 대목에서 암수가 땅핀치라는 점을 상기하자. 땅핀치의 날개는 짧고 뭉툭하므로 사실 이런 공중곡예에 적합하지 않다. 그렇게 아찔한 비행을 계속하려면 엄청난 양의 에너지가 필요하며, 특히 갈증과 기근을 수반하는 오랜 건기를 겪은 뒤에는 더더욱 그렇다. 다시 말해 수컷이 암컷에게 추근대려면 값비싼 대가를 치러야 한다. 그러나 핀치들은 애 어른 할 것 없이 구애를 할 때면 모두 그런 비행을 한다. 심지어 몇 년 동안 함께 살을 맞대고 살아온 커플도 그렇다.

로렌 래트클리프와 피터 그랜트는 1,000마리가 넘는 핀치들이 허공에서 서로 졸졸 따라다니고 짝짓기 하는 모습을 지켜봤다. 전체 구애행위 중 번지수가 틀린 경우, 즉 수컷이 다른 종의 암컷을 따라다닌 경우는 총 26번이었다. 그러나 그 드문 경우는 대부분 수컷이 도중에 구애를 포기하거나 암컷이 날아감으로써 끝났다. 번지수가 틀린 구애행위 중 네 번은 수컷이 추근대기를 그만두고 암컷을 공격하는 것으로 끝났다.

랙보다 앞서서 오래전에 "모든 다윈핀치들이 일종의 잡탕intermingling species, 즉 종을 가리지 않고 서로 짝짓기 하는 잡종핀치 무리hybrid swamp일 것이다"라고 추측한 조류학자가 있었다. 그 추측은 섬이 아닌 박물관 선반에서 핀치를 연구한 과학자들에게서나 나올 수 있는 것으로 피터 그랜트는 그것을 '절망의 외침cry of desperation'이라고 부른다.

관찰을 처음 시작한 해부터 그랜트 부부는 다윈핀치들이 서로를 식별하는 재능을 갖고 있음을 알았다. 새들이 서로를 인식하는 능력은 인상적이며, '부리 및 신체의 변이폭이 넓다'라는 점과 '칙칙하고 똑같은 깃털을 갖고 있다'라는 점을 생각하면 약간 신비롭기까지 하다. 땅핀치 6종은 나무핀치 6종과 확연히 달라 보인다. 나무핀치의 깃털은 갈라파고스 나뭇잎의 전반적 색조인 황록색인 반면, 땅핀치의 깃털은 갈라파고스 화산의 색인 검은색이나 반점이 섞인 갈색이다. 그러므로 설사 나무핀치들이 많은 시간을 땅에서 보내고 땅핀치들이 많은 시간을 나무에서 보낸다 해도, 뚜렷이 구별된다.

그러나 6종의 땅핀치들끼리는 깃털에 뚜렷한 차이점이 없다. 게다가 구애행동, 노래자랑 무대, 모델하우스에서 암컷 유혹하기, 추근대기 등에서도 뚜렷한 차이를 전혀 찾아볼 수 없다. 이 모든 행위들은 종들의 공통사항인 듯하다. 한편 영토의 경우에도 마찬가지이다. 대프니 메이저의 호시절에 수컷 핀치들의 영토 지도를 보면, 원과 직사각형이 교차하면서 이리저리 뻗어 있는 형태를 띤다. 수컷 핀치는 다른 수컷 핀치가 둥지 근처에 접근하는 것을 허락하지 않으므로 영토의 중심, 즉 수도首都는 늘 분리되어 있다. 그리고 수컷 보통선인장핀치는 다른 수컷 보통선인장핀치가 자신의 영토를 주장하는 것을 용납하지 않으므로, 영토는 항상 분리되어 있다. 그러나 보통선인장핀치의 영토는 중간땅핀치의 영토와 차차 겹칠 것이다. 지도를 들여다보면, 모든 영토의 경계선은 (연못에 빗방울이 떨어지며 일으키는) 잔물결처럼 보인다. 이처럼 겹쳐진 혼돈 속에서 모든 중간땅핀치들은 중간땅핀치를 찾아야 하며, 모든 보통선인장핀치는 보통선인장핀치를 찾아야 한다.

각 수컷들이 자신의 노래자랑 무대나 둥지에서 부르는 세레나데는 그랜트 부부와 다른 핀치 관찰자들이 들으면 신분을 알 수 있을 정도로 독특하다. 새들 역시 노래로 서로 구별할 수 있다. 수컷 흑두건휘파람새는 번식기에 노래로 이웃을 식별한다. 심지어 휘파람새들은 노래를 마치고 중앙아메리카로 날아갔다가 8개월 후 다시 번식장소로 돌아왔을 때에도 라이벌의 노래를 기억하고 구별할 수 있다.

다윈핀치들의 경우, 각 섬에 사는 종마다 하나가 아니라 두 가지 이상의 세레나데가 유포되고 있어서 일부 수컷이 한 가지 노래를 부르면 다른 수컷들은 다른 노래를 부른다. 대프니메이저와 제노베사에서는 하나 이상의 노래를 부르는 새들이 극소수이며, 평균적인 수컷들은 극히 한정된 레퍼토리를 갖고 있다. 그래서 그들은 단 하나의 세레나데를 선택하여 평생 동안 그 노래만 반복한다.

그랜트 부부는 제도에서 여러 시간 동안 핀치들의 세레나데를 들어왔으며, 프린스턴에 돌아와서는 음향분석기를 이용하여 그것을 도표로 만들어 연구하고 있다. 도표를 들여다보면 대프니메이저의 다산왕인 2666번의 노래는 여섯 개의 가느다란 회색 선들로 구성된 희미한 피라미드 모양을 나타낸다. 2666번의 형제들인 2663, 2664, 2665번도 똑같은 노래를 부르며, 그들의 아버지도 마찬가지였다. 실제로 대다수의 수컷들은 아버지의 레퍼토리를 따라 부른다. 그랜트 부부는 매년 2666번의 노래를 녹음했는데, 이를 도표로 만들어보면 늘 똑같았다. 그의 노래는 변하지 않는다는 것이다. "피터에 의하면 그게 '모스틀리 뮤즐리mostly muesli'처럼 들린대요. '모스틀리 뮤즐리, 모스틀리 뮤즐리, 모스틀리 뮤즐리'라고 노래한다는 거예요." 로즈메리가 말하며 웃음을 터뜨린다.

"대프니메이저에서 유행하는 또 다른 레퍼토리는 추-추-추chuh-chuh-chuh예요. 보통선인장핀치는 주로 '추-추-추-추'라고 부르죠"라고 로즈메리는 말한다. 로즈메리는 도표를 넘기면서 큰 소리로 노래를 따라 부를 수 있다. "이건 '채-애-애'고요, 이건 '위키-피키, 위키-피키' 하고 빨리 부르는 거예요."

이상과 같은 선전용 세레나데 외에, 모든 핀치들은 (매우 높은 고음까지 올라갔다 내려오는) 휘파람 같은 소리를 낼 수도 있다. 그런데 땅핀치의 휘파람 소리는 모두 거의 비슷하게 들린다(단, 핀타 섬의 날카로운부리땅핀치들은 마지막 부분에서 '버즈즈즈-크링크'라는 독특한 소리를 길게 끌며 덧붙인다). 그래서 그랜트 부부가 종을 구분하게 해주는 단서로 가장 자세히 연구하고 있는 노래는 세레나데이다.

로렌 래트클리프는 비슷한 노래(이 노래는 제도에서도 비슷하게 들렸고, 프린스턴에 돌아와 음향분석을 통해 만든 도표에도 비슷하게 보였다)에서도 미묘한 변이를 발견했는데, 이 변이는 아버지에게서 아들에게로 전달된다. 래트클리프와 피터 그랜트는 이 노래를 녹음하여, 다른 수컷 핀치의 영토 한복판에서 스피커를 통해 틀었다. 그랬더니 수컷들은 열 마리 중 아홉 마리꼴로 강한 공격적 반응을 했다. 수컷들은 자기 종에서 유행하는 노래인 A와 B에 대해서도 똑같은 반응을 보이는 듯하다. 즉,

자신이 A노래를 부르든 B노래를 부르든 그들은 스피커로 날아와 그 위나 앞에 앉아 스피커를 노려보며 대항하는 노래를 부른다. 마치 자기 영토 한복판에 낯선 수컷이 침범하여 무대를 설치하고 노래를 부르기 시작한 것처럼 말이다. 로렌과 피터는 여러 섬에서 각각 다른 땅핀치 종들을 대상으로 이런 실험을 해봤는데, 늘 똑같은 결과를 얻었다.

올바른 노래를 부르는 것은 중요하다. 엉뚱한 노래를 배운 핀치는 곤경에 빠지기 때문이다. 핀치 관찰자들은 매년 가장 높이 자란 선인장 꼭대기에서 혈기왕성하게 노래부르는 선인장핀치 한 마리를 주목해왔다. 그런데 그 새는 엉뚱하게도 해마다 중간땅핀치의 노래를 부른다. 그래서 그런지 그는 젊고 건강한 배우자를 만난 적이 없다. 그 명가수에게는 유전적 죽음genetic death이 예정되어 있는 것이다.

매우 드물긴 하지만, 어쩌다가 한 번씩 아버지 대신 이웃집 아저씨의 노래를 배우는 수컷 핀치가 나타나곤 한다. 그런데 극히 드물게 그 아저씨가 다른 종일 수가 있다. 핀치 관찰자들은 이런 사고가 일어나는 것을 한 번도 보지 못했고, 오직 그 결과로 다 자란 땅핀치들이 엉뚱한 노래를 부르는 것을 보았을 뿐이다. 피터 그랜트는 이렇게 해명한다. "새끼 시절에 아버지와 연락이 끊기고 다른 종의 수컷에게 양육되는 바람에 그 수컷의 노래가 잘못 각인된 것 같아요. 어쩌면 둥지에서 다른 노래를 익혔을 수도 있어요." '한 지붕 두 가족' 사건이 벌어질 수도 있다. 돌프 슐러터는 핀타 섬의 한 둥지에서 날카로운부리땅핀치 부부와 작은땅핀치 부부가 각각 알을 세 개씩 낳은 것을 보았다. 두 부부는 둥지의 소유권을 놓고 다투다, 결국 날카로운부리땅핀지 부부가 이겼다. 그리하여 여섯 개의 알이 모두 부화했지만, 불행하세도 둥지를 벗어나기도 전에 모두 매에게 잡아먹히고 말았다.

로렌 래트클리프는 에스파뇰라에서 수컷 작은땅핀치 한 마리가 몇 미터 간격을 두고 두 군데에 둥지를 꾸린 것을 목격했다. 그런데 놀랍게도 한 선인장에서는 같은 종의 암컷과 둥지를 틀었고, 다른 선인장에서는 휘파람핀치의 새끼들을 양육하고 있는 게 아닌가!

"현재 스칸디나비아에서는 이게 큰 논쟁거리예요." 트레버 프라이스는 말한다. "한 수컷이 두 집 살림을 하고 있는데, 암컷이 이 사실을 알고 있을까요? 스칸디나비아에서 들려오는 이야기는 여기까지가 전부예요. 암컷이 그 사실을 알고 있다고 해도 그녀가 할 수 있는 건 아무것도 없는 듯해요."

피터 그랜트는 이야기를 계속한다. "잘못 각인된 수컷들은 두 개의 정체성을 갖고 있기 때문에 흥미로워요. 이것은 핀치들이 이종교배를 통해 잡종을 만들 수 있는 한 가지 방법이에요. 잘못 각인된 수컷들은 자신과 같은 노래를 부르는 수컷들, 즉 다른 종 수컷들과 싸움을 벌이며 다른 종 암컷들과 짝짓기를 하는 경향이 있어요."

비록 다윈의 진화론이 갈라파고스에서 관찰한 것을 기반으로 하여 형성되었다고 해도, 다윈은 '종species이 갈라파고스를 얼마나 많이 닮았는지'를 제대로 이해하지 못했다. 그의 긴 논증은 이따금 종의 독특성을 간과하고, '모든 생명의 범주들이 매끄럽게 하나로 합쳐진다'라는 뉘앙스를 풍긴다. 다윈은 『종의 기원』에서 "종이란 매우 흡사하게 닮은 개체들의 집합에 편의상 임의적으로 부여한 용어라고 본다"라고 설명함으로써, 종의 독특성과 변동성을 변종의 수준으로 격하시켰다.

물론 13종의 갈라파고스핀치들이 시간의 흐름 속에 있는 '가변적 존재'라는 것은 사실이다. 각각의 종을 구성하는 개체들의 몸이 그렇고, 그들의 고향인 제도諸島가 그렇고, 제도의 보금자리인 지구가 그런 것처럼 말이다. 그러나 몸, 제도, 지구에 대해 가장 의미있는 사실 중 하나는 '지속되고, 실재實在하고, 구별되며, 분리된다'라는 것이다. 비록 '종을 구분해주는 무엇'이 눈으로 보기에는 균일하지도 뚜렷하지도 않지만 몸, 제도, 지구와 마찬가지로 진정한 종은 실재한다. 지금 현재 대프니메이저에서는 잡종들이 의기양양하게 번성하고 있지만, 제도에서 사는 대부분의 핀치들은 이종교배를 거의 하지 않는다.

노래는 핀치의 비밀 중 하나임이 분명하지만, 그게 전부는 아니다. 만약 노래가 전부라면 중간땅핀치의 노래를 부르는 수컷 선인장핀치는 암컷 중간땅핀치와 짝짓기를 할 수 있고, 로렌과 피터가 대프니메이저를 비롯한 제도에 설치한 스피커가 암컷과 수컷에게 모두 영향을 미쳤을 것이다. 그러나 수컷들은 가끔 스피커를 공격했지만 암컷들은 전혀 관심을 보이지 않았다. 500여 번의 실험에서 스피커로 날아온 암컷은 겨우 세 마리뿐이었다.

암컷의 관심사가 뭔지를 알아보기 위해 피터와 로렌은 화산암 위에 10미터 간격으로 스피커 두 개를 설치하고, 그 위에 박제된 수컷을 여러 종 올려놓았다. 그러자 암컷들의 관심은 좀 더 늘어났다. 암컷들은 종종걸음으로 달려와 스피커를 살펴본 다음, 자신과 같은 종의 수컷을 골라 그 근처에서 많은 시간을 보냈다. 또 그녀들은 다른 섬에서 온 수컷보다 자기 섬에서 온 수컷 근처에 더 오랫동안 머물렀다.

암컷들이 노래 이상의 뭔가를 찾는다는 건 분명했다. 그렇다면 수컷들도 마찬가지일 것이다. 암컷들은 노래를 하지 않지만, 수컷은 그 암컷이 자기와 같은 종인지 같은 깃털을 갖고 있는지 구애할 만한 가치가 있는지 등을 판단한다.

종species이라는 단어는 '본다'라는 의미의 라틴어 동사 스페케레specere에서 유래한 것이다. 린네는 종이라는 단어를 '육안으로 뚜렷이 구별되는 동식물 집단'을 뜻하는 데 사용했다. 다윈핀치 세계에서도 린네와 같은 분류학을 사용하는 듯하다. 그들은 노래자랑을 통해 청각으로 1차 심사를 한 다음, 미인대회를 통해 시각으로 2차 심사를 한다.

새들이 원하는 게 뭔지를 알아내기 위해 로렌 래트클리프와 피터 그랜트는 약간 엽기적인 실험을 수행했다. 그들은 화산암에서 죽은 핀치들을 수거하고 찰스 다윈 연구소의 박물관에서 박제 표본들도 빌렸다. 그들은 사체의 모양을 다듬고, 철사로 등뼈를 곧추세워 다양한 자세를 취하게 했다. 또 암컷의 부리를 짙은 갈색으로 칠하고, 수컷의 부리는 까만색으로 칠했다. 즉, 신부화장과 신랑화장을 한 것이다.

로렌 래트클리프와 피터 그랜트는 수컷 핀치 영토의 중심지인 둥지 바로 옆으로 갔다. 그러고는 한 선인장에는 암컷 날카로운부리땅핀치 박제를, 다른 선인장에는 암컷 중간땅핀치 모조품을 세워놓았다. 이 암컷들은 다양한 자세, 예컨대 평범하게 앉아 있는 자세나 도발적인 자세(부리를 하늘로 치켜들고 날개를 조금 벌리고 꼬리를 펼쳐, 수컷을 유혹하는 자세)를 취하고 있었다. 핀치의 보디랭귀지에서 도발적인 자세의 위력은 막강했다. 래트클리프와 그랜트가 모조품의 자세를 도발적인 자세로 만들자마자, 수컷 핀치들은 실험자가 모조품에서 손을 떼기도 전에 구애와 교미를 시도했다. 둥지가 꽤 높은 곳에 있는 핀타 섬에서 로렌은 박제를 대나무 장대에 묶어 둥지 가까이 올려놓곤 했다. 그녀가 장대를 들고 이 영토에서 저 영토로 이동할 때, 수컷들은 모조품을 덮쳐 교미를 시도하곤 했다. 그래서 그녀는 준비가 완료될 때까지 모조품을 반다나bandanna(목이나 머리에 두르는 화려한 색상의 스카프_옮긴이)로 덮어놓는 기지를 발휘했다.

실험은 반다나를 벗겨 두 개의 라이벌 암컷 모조품을 드러내면서 시작되었다. 실험자들이 뒤로 물러선 지 채 몇 분도 지나지 않아, 수컷

핀치들의 구혼.
수컷은 날개를 흔들고,
암컷은 관심이 있다는 표시로 부리를 하늘로 추켜올린다.
그림: 탈리아 그랜트.

한 마리가 가까이 다가와 암컷들을 살펴보기 시작했다. "대부분의 수컷들은 모조품 앞에서 날개를 떨고 휘파람을 불며 가끔 좌우로 움직인다. 그러다가 5~10초 사이에 모조품에 올라타 교미를 하며, 교미하는 동안에 가끔씩 부리로 암컷의 머리를 부드럽게 건드리거나 쪼곤 한다"라고 래트클리프와 그랜트는 적었다.

핀치 관찰자들은 한 종 이상을 실험하고 나서, 다른 섬에서도 똑같은 실험을 반복했다. 수컷 핀치들은 대체로 자기와 같은 종에 속하는 모조품을 선택하는 것으로 나타났다. 그들은 간혹 다른 종의 암컷에게 성적 관심을 보이기도 했는데, 그런 경우 짝짓기까지 가는 경우는 거의 없고 십중팔구 구애행위를 갑자기 중단했다.

마지막으로 래트클리프와 그랜트는 가장 흥미로우면서도 괴상망측한 실험을 했다. 내용인즉, 중간땅핀치와 보통선인장핀치의 모조품에서 몸과 머리를 바꿔치기하는 것이었다. 실험 결과 점진적으로 변하는 반응을 이끌어낼 수 있었다. 첫째, 보통선인장핀치의 머리와 몸을 가진 모조품은 보통선인장핀치에게 가장 큰 반응을 이끌어냈다. 둘째, 보통선인장핀치의 머리와 중간땅핀치의 몸을 가진 모조품은 그보다 적은 반응을 이끌어냈다. 셋째, 중간땅핀치의 머리와 몸을 가진 모조품은 가장 적은 반응을 이끌어냈다. 물론 수컷들이 괴상망측한 모조품에 흥미를 잃을 수도 있지만, 설사 그렇다 해도 그런 기미는 전혀 보이지 않았다. 중간암컷intermediate female에 대해 수컷들은 다소 애매하게 반응하여 단지 제스처만 보인 게 아니라 모조품의 꼬리 깃털에 정액을 남겼다.

다른 종들의 경우에도 청각뿐만 아니라 시각으로 배우자감을 구별할 수 있는 것으로 나타났다. 하지만 대부분은 무늬나 깃털의 뚜렷한 차이(예: 붉은 부리, 검은 머리, 진홍색 가슴, 눈가의 노란 테두리 등)로 배우자감을 구분하는 듯하다. 다윈핀치들처럼 크기와 모양의 미묘한 차이에 의존하는 새는 그리 많지 않다.

그랜트 연구팀은 좀 더 정교한 실험을 수행하고 싶었지만 에콰도르 국립공원 관리소의 까다로운 규제와 연구팀 자체가 새들에 대해 갖고 있는 감정 때문에 그러지 못했다. 그들이 야생에서 관찰한 사실을 근거로 할 때 핀치의 종은 두 가지 장벽을 통해 분리된다. 두 가지 장벽은 해자moat와 성벽wall을 연상시킨다. 첫 번째 장벽(해자)은 '멀리서 보이는 울타리'로 노래를 통해 통과할 수 있다. 두 번째 장벽(성벽)은 '가까이에서 보이는 울타리'로 근접관찰을 통해 통과할 수 있다.

모조품을 이용한 실험에서 추가로 밝혀진 것은 '핀치의 머리에 뭔가 중요한 게 있다'라는 것이다. 핀치의 머리에서 육안으로 구별할 수 있는 가장 중요한 차이점은 뭘까? '머리의 크기? 머리의 모양? 머리에 난 깃털? 아무리 자세히 들여다봐도 뚜렷한 차이가 없다. 그렇다면 도대체 뭘까? 관점을 바꾸면 답이 보인다. 핀치의 목 위를 전반적으로 들여다보면 종마다 뚜렷하게 다른 특징이 하나 있다는 것을 알 수 있다. 그건 바로 부리다.

사람이나 핀치나 보는 눈은 같다. '인간의 관심을 가장 많이 끄는 핀치의 특징'과 '핀치들의 관심을 가장 많이 끄는 핀치의 특징'은 일치한다. 다윈핀치들은 구혼할 때 서로 머리를 맞대고 자기 계통의 진화를 좌우하는 결정을 내린다. 그 순간 그들은 '핀치 관찰자들이 살펴보는 곳'과 똑같은 곳을 살핀다. 서로의 부리를 뚫어져라 쳐다보는 것이다.

차가운 화산암으로 이루어진 해안선과 달리, 본능은 가변적이다. 자연선택은 성적 취향을 형성할 수 있다. 그러므로 짝짓기 패턴은 핀치의 부리처럼 이동하고 변화하고 진화할 수 있다.

인공선택 과정에서 수행되는 실험들은 화려하지만, 가끔 성적 본능을 괴상하게 변형시켰다. 한 실험실에서 연구자들은 초파리의 일종인 드로소필라 수보브스쿠라Drosophila subobscura를 칠흑 같은 어둠 속에서 길렀다. 14세대가 지나자 수컷은 그 종의 특징인 구애춤courtship dance을 더 이상 추지 않게 되었다. 그 대신 어둠 속에서 사방을 더듬으며 다니다가, 암컷을 발견하면 강제로 교미하려 했다. 그런데 암컷들은 수컷들을 쫓아버리지 않았다. 진화학도인 제임스 슈리브James Shreeve는 이렇게 적었다. "드로소필라 수보브스쿠라가 '매너 있는 댄서'에서 '맹목적인 마구잡이식 강간범'으로 변하는 데 걸리는 시간은 고작 14세대이다." 그의 글은 계속 이어진다. "우리의 본질은 얼마나 소멸되기 쉬운가! 아리스토텔레스가 만지작거려왔던 사물들 간의 경계가 사실상 암흑물질이라는 것은 의심의 여지가 없다."

종의 기원은 두 개체군 사이에서 솟아나 그들을 살아 있는 섬들living islands로 만드는, 보이지 않는 칸막이벽의 기원이다. 섭식능력이나 비행능력에 영향을 미치는 형질들이 다양하듯 번식기의 매력에 영향을 미치는 형질들도 다양하다. 이런 형질들의 변이는 '틀린 노래를 부르는 불쌍한 핀치'처럼 성적 격리sexual isolation를 초래할 수 있다. 변이는 때때로 범위가 넓어져 '성적 품종'이라는 것을 만들어낼 수 있다. 한국과 일본의 매미나방gypsy moth은 이와 유사한 품종으로 나뉜다. 한 품종의 수컷과 다른 품종의 암컷을 교배시키면 '수컷의 몸을 가진 암컷'이나 '양성androgynous인 것처럼 보이면서 완전히 불임인 나방'을 얻을 수도 있다. 홋카이도에서 혼슈를 거쳐 큐슈로 남쪽과 서쪽으로 이동함에 따라, 하나의 성적 품종은 다른 품종으로 계속 바뀌어간다. 우리는 이를 통해 보이지 않는 장벽의 형성으로 인해 하나의 종에서 많은 종이 만들어질 수 있음을 알 수 있다.

초파리 학자인 카네시로 켄은 하와이 초파리Hawaiian Drosophila의 기이한 구애 패턴courtship pattern을 연구해왔다. 카네시로는 이 초파리를 일컬어 '곤충 세계의 다윈핀치'라 부른다. 다윈핀치와 마찬가지로 하와이 초파리는 자연계에서 작용하고 있는 진화를 연구하기 위한 대상으로 사용되고 있기 때문이다. 하와이 제도에는 700종 이상의 하와이 초파리가 살고 있으며 새로운 종들이 지속적으로 채집되고 있다. 그러므로 하와이 초파리 프로젝트는 동물분류 역사상 가장 광범위한 노력 중 하나로 간주되고 있다.

카네시로에 의하면 성선택은 '종분화 과정을 촉발하는 강력한 힘'이라고 한다. 하와이 초파리들의 염색체는 거의 똑같아 보이지만, 그들의 성기는 현저하게 다르다. 카네시로 연구진은 그 차이를 초래한 유전적 변화를 찾아내기 위해 유전자를 분자 수준에서 면밀히 분석하고 있다. "수컷에서 발견되는 기이한 2차성징들은 어떤 식으로든 복잡한 성적 과시sexual display에 사용되므로 이러한 분화를 촉진하는 것 같다"라고 그는 주장한다.

초파리들의 유전자가 극단적으로 유사하다는 것은 이 종들이 매우 젊다는 것, 즉 그들이 아주 최근에 진화했음을 시사한다. 만약 그렇다면, 성선택의 압력이 환경변화의 압력보다 훨씬 더 빠른 경우도 있을 수 있다.

진화학자들은 오랫동안 경쟁적 분화와 성적 분화를 함께 논의해 왔으며, 성적 분화는 경쟁적 분화와 거의 평행선을 달린다. 성적 취향은 종이나 품종이 (절벽, 계곡, 바다와 같은) 물리적 장벽에 의해 분리되었을 때 변화하는 것일까, 아니면 변종들이 이웃에 있을 때 변화하는 것일까? 변종들은 성선택을 통해 멀리 떨어져 나갈까?

오늘날 갈라파고스의 핀치 관찰자들은 '성선택 압력과 자연선택의 강도는 가끔 비교될 수 있다'라는 사실을 알고 있다. "종분화는 격리에 바탕을 두는 만큼, 부리의 모양에도 바탕을 두게 되죠"라고 돌프 슐러터는 말한다. 따라서 다윈핀치의 경우에는 자연선택과 성선택이 연결되어 있는 듯하다. 지금까지 자연선택과 성선택은 (최소한 부분적으로) 핀치의 부리에 고정되어 있었다. 그러나 최근 잡종이 등장하고 있는 것으로 판단하건대, 두 가지 선택은 변화하고 있는 듯하다.

우리는 지금껏 '성적 선호는 세대가 지나도 변하지 않는다'라고 생각해왔다. 그러나 이제 우리는 '무슨 근거로 그렇게 가정하는가?'라고 자문自問해야 한다. 우리는 개체들의 성적 취향과 성적 특징이 (때로는 극단적으로) 다양하다는 것을 안다. 그리고 이 특징들이 유전을 통해 한 세대에서 다음 세대로 전달된다는 것도 안다. 그리고 그것들이 강력한 선택압에 놓여 있다는 것도 안다. 또한 실험을 통해 선택압이 세대를 거듭함에 따라 급속한 변화를 초래한다는 것도 안다.

그런데 우리는 무슨 근거로 '성적 선호는 (냇물의 물결처럼) 변하지 않고, (바위처럼) 어느 정도 안정되어 있다'라고 가정하는 것일까? 다윈 이전의 박물학자들이 종을 '불변하는 것'으로 생각했던 것처럼 우리는 암컷과 수컷의 관계를 '1차적인 것, 주어진 것, 고정된 것'으로 생각하고 있다. 그러나 그것은 결코 영구적인 것이 아니다. 암컷과 수컷의 관계는 행동에서 나오며, 행동이란 상충되는 힘들contending powers 간의 투쟁의 산물이다. 종 사이의 경계는 각 세대에서 운 좋게 사랑을 쟁취한 구성원들의 성과에 의해 끊임없이 검증되고 재정의된다.

다윈은 자신이 지도 위에 올려놓은 두 가지 선택, 즉 자연선택과 성선택이 서로 뒤엉켜 '보이지 않는 해안선'을 만들어내는 과정을 결코 이해하지 못했다. 그는 『종의 기원』에서 이 문제를 거의 다루지 않았으며, 『자연선택』에서도 그 문제를 길게 다루지 않았다. 진화학자 에른스트 마이어는 최근 이렇게 썼다. "그가 '미완의 대작'에서 25쪽에 걸쳐 서술한 종과 종분화에 관한 내용은 모순으로 가득 차 있어, 읽을 때마다 늘 당혹스럽다."

그러나 '보이는 해안선'과 '보이지 않는 해안선'을 한꺼번에 조사하는 사람들의 도움으로 이제 그림이 점점 더 선명해지고 있다. 그것은 비범한 그림이다. 모든 힘들, 즉 다양한 대항력들은 거센 폭풍우처럼 종들이 갈라져 있는 적응지대를 강타한다. 종 사이의 경계는 유동적이고 적응적이며, 압력에 따라 민감하게 변화하고, 바다 높이 솟아오른 파도처럼 출렁거린다. 그리고 폭풍우는 산맥을 가르거나 새로운 산이나 제도를 탄생시킬 듯한 기세로 파도를 가를 수 있다.

종분화의 원동력은 무엇일까? 비유를 하자면 그것은 아메바가 분열하여 한 개체군은 이리로 가고, 한 개체군은 저리로 가는 것과 비슷하다. 당신이 지닌 하나의 그릇, 즉 하나의 유전자풀은 둘이 된다. 그리고 분열은 아주 사소한 일로 시작될 수 있다. 디테일한 것 하나가 차이를 만들 수 있는 것이다. 심지어 전혀 적응적 의미가 없을 것 같은 비미한 것이 세상의 모든 차이를 만들 수 있다. 다시 말해서 종의 기원은 로맨스라는 이름으로 다가온 우리 종 내부의 작고 주관적인 결정과 번복에서 유래할 수 있다.

우리는 상대방의 특징에 극도로 민감하며, 그 특징들은 우리가 상상하는 것보다 훨씬 더 운명적일 수 있다. 블레즈 파스칼Blaise Pascal은 『팡세』에서 이렇게 말했다. "클레오파트라의 코가 조금만 낮았다면(또는 조금만 길었다면), 세상이 완전히 달라졌을 것이다." 콧등에서 콧날까지의 길이가 조금만 짧거나 길었다면, 율리우스 카이사르와 마르쿠스 안토니우스는 그녀와 사랑에 빠지지 않았을지도 모른다. 만약 클레오파트라의 코가 그리스의 이상형과 조금 달랐거나, 클레오파트라의 바늘Cleopatra's Needle(고대 로마시대 각 지역에서 강한 권력을 상징하는 오벨리스크를 일컫는 말_옮긴이)과 조금만 더 비슷했다면 알렉산드리아 전쟁도, 악티움 해전도 없었을 것이다. 로마 제국의 영토는 클레오파트라의 부리, 즉 코에 의해 전혀 다른 모습으로 변할 뻔했다.

다윈이 피츠로이 선장을 만나 면접시험을 치를 때, 선장은 다윈의 코를 보자마자 싫어했다. 피츠로이는 아마추어 골상학자이자 관상가였고 두상으로 사람의 성격을 판단하는 능력에 자부심을 갖고 있었다. 피츠로이는 '저 친구는 게으른 사람의 코를 가졌다'라는 느낌을 확실히 받아, 다윈을 거의 퇴짜 놓을 뻔했다. 만약 그랬다면 우리는 『종의 기원』이나 『인간의 기원』을 구경하지 못했을 것이다. 다윈의 부리가 하마터면 인간의 사유 전체를 바꿀 뻔했다.

제노베사 섬에는 다윈 만으로 둘러싸인 석호lagoon가 하나 있다. 그

곳은 거머리도 상어도 없는 하얀 산호모래가 깔리고 맑은 물이 넘실거리는 담청색 호수로 갈라파고스에서 가장 사랑스럽고 유혹적인 곳이다. 호수 주변에는 푸른얼굴얼가니새가 모여들어 위로는 화산암 절벽, 주위는 프리클리페어prickly-pear로 둘러싸인 덤불에 내려앉는다. 그들의 머리 위에서는 거대한 군함조들이 바람 빠진 빨간 풍선(목에 달린 공기주머니gular sac)을 덜렁거리며 날아다닌다. 번식기가 되면 수컷 군함조들은 바닷가 덤불에 모여 암컷들이 지나갈 때마다 소동을 피운다. 그들은 날개를 흔들고 머리를 뒤로 젖히며 고함을 지르는데, 이때 그들의 목에서는 빨간 풍선이 엄청나게 부풀어오른다.

그랜트 가족은 몇 년 동안 이 석호 옆에서 야영을 했다. 푸른얼굴얼가니새의 울음, 핀치의 노래, 호수 위를 맴도는 군함조들의 커다란 날갯짓 소리…. 그랜트 부부의 두 딸 니콜라와 탈리아는 이런 낯선 풍경이 펼쳐지는 낙원에서 성장한 유일한 인간일지 모른다. 이곳에서 그랜트 가족은 『로빈슨 가족Swiss Family Robinson』이라는 소설을 읽고 크게 실망했다. 그들은 '로빈슨 가족이 오로지 해수욕만을 원한다'라는 내용이 순 엉터리라고 생각했다. 그들은 『로빈슨 크루소』를 더 좋아했다. 대프니메이저와 제노베사의 시끌벅적한 호젓함clamorous solitude은 『로빈슨 가족』보다 『로빈슨 크루소』와 더 비슷했기 때문이었다. 두 소녀는 뗏목을 만들어 타고 나가 석호 한가운데서 숙제(제노베사에서의 홈스쿨링)를 했다. 로렌 래트클리프는 어느 해인가, 니콜라가 용암갈매기 앞에서 바이올린을 연주하던 모습을 아직도 기억한다. 탈리아가 그림을 배운 것도 바로 이 석호에서였다.

그랜트 부부가 처음 이곳에서 야영을 시작한 시기는 대가뭄이 일어난 다음 해인 1978년이었다. 그랜트 부부는 석호 위의 절벽에 텐트를 치고 큰선인장핀치의 부리 변이를 측정하기 시작했다. 일상적인 측정의 일환으로 섬에서 A가수와 B가수라는 두 부류의 가수를 눈여겨봤다. A가수는 '추-추-추'처럼 들리는 주제를 변주하면서 불렀고, B가수는 '츠르르'처럼 들리는 짧은 주제를 변주하며 불렀다.

석호 부근에 머물던 첫해, 그랜트 부부는 A가수와 B가수의 부리가 약간 다르다는 사실을 알고 깜짝 놀랐다. A가수의 부리는 B가수의 부리보다 평균적으로 좀 더 좁고, 얇고, 길었다. 길이 차이는 약 1밀리미터에 불과하지만, 1밀리미터가 세상의 차이를 만들 수 있었다. 그해 건기에 그들은 A가수가 선인장 열매에 구멍을 뚫고 씨앗을 꺼내 먹는 것을 봤지만, B가수가 그런 행동을 하는 것은 한 번도 보지 못했다. 그 대신 B가수는 땅바닥에 떨어진 선인장을 부리로 파헤쳐 그 속과 벌레를 먹는 데 열중했는데, A가수는 그렇게 하지 못했다. 요컨대 식생활만 놓고 보면, 1밀리미터 차이가 두 가수를 떼어놓는 힘을 발휘하고 있었던 것이다.

그 전해에 가뭄이 들었을 때, 제노베사 섬의 핀치들을 관찰한 사람은 아무도 없었다. 하지만 가뭄은 대프니메이저와 마찬가지로 제노베사에도 들이닥쳤을 것이다. 그러므로 비록 그랜트 부부는 확인하지 못했지만, 가뭄의 압박은 대프니메이저에서 중간땅핀치를 갈라놓았던 것처럼 제노베사에서 큰선인장핀치를 분열시킨 원인이 되었을 것이다(대프니메이저의 경우, 중간땅핀치 중에서 가장 큰 부리를 가진 것들과 가장 작은 부리를 가진 개체들이 살아남았다. 그 이유는 가장 큰 부리를 가진 중간땅핀치는 큰땅핀치의 영역인 큰 씨앗을 다룰 수 있었고, 가장 작은 암컷 중간땅핀치들 중 일부는 작은땅핀치의 틈새인 가장 작은 씨앗을 가로챌 수 있었기 때문이다).

제노베사 섬에서 그랜트 부부를 놀라게 한 사건이 한 가지 더 있었는데, 짝짓기에 성공한 수컷들 중에서 '같은 노래를 부르는 수컷을 이웃으로 둔 수컷'이 한 마리도 없었다는 것이다. 반면에 짝을 짓지 못한 홀아비 수컷들의 경우, A가수 옆집에 A가수가 살거나 B가수 옆집에 B가수가 사는 경우가 많았다. 이는 암컷들이 '이웃 남자와 다른 노래를 부르는 남자'를 선택했음을 의미한다.

갈라파고스에 첫 비가 내릴 때, 덩치 큰 암컷들은 작은 암컷들보다 며칠 먼저 짝짓기 준비를 끝낸다. 수컷을 먼저 선택할 수 있는 암컷들은 이웃(가장 가까운 곳에 사는 라이벌)과 다른 노래를 부르는 수컷들을 선택하는 경향이 있다. 이때, A가수보다 B가수가 더 많다고 치자. 그러면 A가 B보다 눈에 더 잘 띄므로 암컷들에게 호감을 얻는다. 전해에 가뭄이 든 동안 덩치 큰 암컷들 중에는 이런 식으로 A가수들과 짝을 이룬 새들이 많았고, 그들의 자손들은 B보다 큰 부리를 갖게 되었을지 모른다. 그러고 나서 더욱 극심한 가뭄을 거치면서, 분단선택distruptive selection(개체군에서 양극단적인 표현형이 선택되는 것을 말함_옮긴이)을 통해 부리 길이의 차이는 더 확대되었을 수 있다. 긴 부리를 가진 새들은 과일에 구멍을 잘 뚫을 수 있고, 짧은 부리를 가진 새들은 선인장 이파리를 잘 찢을 수 있다. 따라서 선택은 '가장 긴 부리'와 '가장 짧은 부리'를 선택하고, 그 차이를 확대했을 것이다.

그러나 그랜트 부부는 실제로 무슨 일이 일어났는지를 확인할 수 없었다. 그랜트 부부는 지금도 땅을 치며 "1년 전에 제노베사에 갔었더라면 좋았을걸"이라고 후회한다. 한 진화학자는 이렇게 썼다. "진화 연구와 같은 역사과학의 근본적 어려움은 '과거에 일어난 사건의 원인을 확인할 수 없다'라는 것이다." 제노베사의 경우 과거란 고작 1년 전에 불과하다.

1977년의 가뭄 때 어떤 일이 벌어졌든, 그랜트 부부는 제노베사의 개체군이 (마치 얇은 테두리가 둘러쳐진 것처럼) 조금 분열된 것을 볼 수 있었다. 짝짓기의 분열은 둥지에서 더 직접적으로 나타났다. 갓 부화된 다윈핀치들의 부리는 분홍색이나 노란색으로 가정집 뒤뜰에서 돌아다니는 병아리들과 거의 똑같다. 한 배에서 난 새끼들의 부리는 완전히 분홍색이거나 노란색일 수도 있고, 두 가지 색이 섞여 있을 수도 있으며, 그런 상태는 약 두 달 동안 지속된다.

그랜트 부부는 그해에 새끼들에게 고리를 달면서 A가수의 둥지에 있는 노란 부리 새끼들의 수가 B가수의 둥지보다 두 배 이상 많다는 사실을 알게 되었다. 만일 두 집단이 임의로 짝짓기를 하여 뒤섞였다면, 노란색과 분홍색 새끼들이 거의 같은 비율로 섞여 있지 이런 일은 일어나지 않았을 것이다. 즉, A가수와 B가수 그룹의 유전자풀도 부분적으로 나뉘어 있는 것 같았다.

따라서 그랜트 부부는 A가수와 B가수 그룹에서 다윈핀치의 종을 나타내는 전형적 특징, 즉 '부리, 노래, 생존기술의 차이'가 발달하고 있음을 목격했다. A가수와 B가수의 부리 크기는 약 6퍼센트 달랐는데, 다윈땅핀치 종들 사이에서 나타나는 부리 크기의 차이는 평균 15퍼센트 정도였다.

그랜트 부부는 이러한 세분화subdivision 현상을 초기 종분화incipient speciation라고 부르며, 늘 그렇듯 다음과 같은 단서를 조심스럽게 붙였다. "적어도 세분화는 종분화의 가능성을 시사한다." 하지만 그들은 '우리가 드디어 볼 걸 봤는지도 모른다'라고 생각했다.

불행하게도 1978년의 건기에 제노베사는 몹시 가물었다. 석호 근처에서 그랜트 조사단이 고리를 달았던 새끼 120마리 중에서 다음 해까지 살아남은 것은 겨우 여섯 마리였다. 따라서 무슨 일이 벌어지는지 알아보려면 대프니메이저에서 그랬던 것처럼 제노베사에서도 오랜 기간 동안 지켜보는 수밖에 없었다.

A가수와 B가수가 분열하는 데는 그리 오랜 시간이 걸리지 않을 것 같았다. 두 그룹의 딸들은 아버지와 같은 노래를 부르는 수컷들을 계속 선택할 것이고, 그럼으로써 분화는 더욱 확대될 것이기 때문이다.

그러나 다음 해에 석호 주변의 암컷들은 '아버지와 다른 노래를 부르는 수컷들'과 '아버지와 같은 노래를 부르는 수컷들'을 같은 비율로 선택했다. 다시 말해서 '짧은 부리를 가진 수컷'과 '긴 부리를 가진 수컷'을 같은 비율로 선택한 것이다(아마 1밀리미터의 차이는 청혼을 받아들일 것인지 여부를 결정하는 데 충분하지 않은 것 같다). 핀치들이 이런 식으로 상호교배를 한 탓에 아들딸들의 부리 길이는 짧은 부리와 긴 부리의 중간쯤으로 되었고, 부리 길이의 감질나는 차이는 결국 흐지부지 사라졌다. 핀치 부부의 자손들은 먹는 방식이 모두 똑같아졌고, 노란색 부리와 분홍색 부리의 비율도 차이가 없어졌다.

1979년이 되자, A가수와 B가수의 영토 구분은 사라졌다. 그랜트 부부는 1979년에 영토 구분 현상이 한두 번쯤(기간은 한 번에 일주일 정도) 나타났다고 확신하지만, 관심없는 관찰자들은 그 증거를 대수롭지 않게 여긴다. 왜냐하면 새들의 영토를 구분하는 경계선은 부리의 모양보다 측정하기가 더 어렵기 때문이다. 그럼에도 불구하고 그랜트 부부는 영토 구분 현상이 다시 나타나기를 학수고대하고 있다.

여하튼 1981년이 되자 부리 모양과 노래(A가수와 B가수) 사이의 연관성은 완전히 사라졌다. 1밀리미터의 차이는 여전히 '열매에 구멍 뚫는 자'와 '이파리 찢는 자'를 갈라놓고 있었지만, 새들은 더 이상 A가수와 B가수로 나뉘지 않았다.

1985년 제노베사에 다시 가뭄이 들었는데 그랜트 부부는 이번에는 제노베사를 지켜보고 있었다. 그해에는 비가 단 한 방울도 내리지 않았지만, 그랜트 부부가 1977년에 일어났을 거라고 믿었던 것과는 달리 새들이 그룹으로 나뉘지 않았다. 그도 그럴 것이 1982~1983년에 '미친 엘니뇨'가 있었던 관계로 1985년의 가뭄 때 제노베사는 예전과 전혀 다른 장소가 되어 있었다. 선인장들은 대부분 덩굴로 뒤덮여 황폐해졌고 어떤 새의 영토를 가보더라도 열매나 씨앗을 찾아보기 힘들었다. 따라서 가뭄의 압력은 마른 선인장 이파리를 찢는 부리(짧고 두꺼운 부리)를 선호한 반면, 길고 갸름한 부리를 위한 틈새는 전혀 제공하지 않았다. 따라서 1985년의 가뭄은 집단 전체를 하나의 틈새를 향해 떠밀었으며, 생존자들은 하나같이 상당히 두툼한 부리를 갖고 있었다.

어떤 의미에서 선인장핀치 집단의 진화는 이웃에 의해 억제된다. 석호 주변에는 선인장핀치뿐만 아니라 (작은 씨앗을 쪼아 먹는) 날카로운부리땅핀치와 (커다란 씨앗을 쪼아 먹는) 큰땅핀치도 살고 있다. 따라서 선인장핀치들은 완전히 포위되어 있는 셈이며, 석호 주변에는 커다란 선인장핀치 그룹이 (모험심 많은 이주민 집단처럼) 갈라져나와 탐험하기를 기다리는 빈 틈새가 전혀 없다. 세 종류의 핀치들은 아주 오랜 기간 동안 제노베사에서 살아왔으므로 석호 주변에는 '열매와 씨앗이 여물었으니, 와서 따가세요'라고 부르는 신세계가 존재하지 않는다.

따라서 그랜트 부부는 이곳의 핀치들이 특이한 압력, 즉 '약간 떼어놓았다 제자리로 돌려보내는 압력'을 끊임없이 받고 있는 것 같다고 여긴다. 가뭄은 어느 한 가지 부리를 가진 집단을 선호한다. 그리하여 가뭄은 집단을 두 그룹으로 나눠 약간 떨어진 곳에 있는 적응정점

쪽으로 각각 떠민다. 하지만 두 정점은 매우 가깝고 두 그룹의 사이를 더욱 벌려놓을 만한 여지가 전혀 없기 때문에 무작위적 짝짓기를 통해 두 그룹은 다시 합쳐진다.

이처럼 분열fission과 융합fusion이라는 두 힘은 새들을 사이에 놓고 영원히 싸운다. 분열의 힘은 완전히 새로운 계통, 즉 '새로운 종을 향해 튀어나갈 수 있는 계통'을 창조하는 방향으로 작용한다. 이에 반해 융합의 힘은 그들을 다시 합치는 방향으로 작용한다. 그랜트 부부가 봤던 것은 분열 직전의 아메바처럼 허리가 잘록해진 개체군이었으며, 그 분열이란 새의 부리가 겨우 1밀리미터 변하는 것이었다.

chapter 12

우주의 분열

나는 세 마음을 지녔다.
검은새 세 마리가 앉아 있는
어느 나무처럼.
- 월리스 스티븐스, 「검은새를 보는 열세 가지 방법」

『종의 기원』에서 다윈은 나뭇가지 몇 개가 자라나고 있는 계통수를 스케치했다. 이 그림은 그 책에 등장하는 유일한 그림으로 매우 도식적이고 추상적이다. A에서 L까지 알파벳 기호가 붙은 생명선 열두 개가, Ⅰ에서 ⅩⅣ까지 숫자가 매겨진 수평선을 수직으로 통과하며 위로 올라간다.

다윈의 말에 따르면 수평선들은 '긴 시간 간격'을 의미하며 수평선을 하나씩 통과할수록 더욱 오랜 시간이 흘렀음을 의미한다고 한다. 다윈은 이렇게 쓰고 있다. "그림에서 각 수평선 사이의 간격은 1,000세대일 수도 있다. 하지만 100만 세대 또는 1억 세대일 수도 있고, 연속된 지층의 한 부분일 수도 있다."

그러나 계통수를 비롯하여 다른 어떤 그림에서도 다윈은 분기되는 순간, 즉 하나의 선이 둘로 나뉘며 길이 갈라지고 우주가 분열하는 부분을 자세히 들여다보거나 심사숙고하지 않았다. 그는 특정 사례를 들어 기원점을 설명할 수 없었는데, 그 이유는 제시할 사례가 하나도 없었기 때문이다. 또한 지식이 불충분하여 분기의 메커니즘을 추상적인 수준에서조차 고찰할 수도 없었다.

그러나 오늘날에는 사정이 많이 달라졌다. 요즘에는 점점 더 많은 연구자들이 '진행되고 있는 진화'를 연구대상으로 삼으며 우주의 접합점juncture, 즉 두 개의 선이 나뉘고 길이 갈라지는 지점을 관찰한다. 이 연구자들은 '분기가 얼마나 빨리 일어날 수 있는지', 그리고 '우리가 실시간으로 관찰할 수 있는 것들이 얼마나 많은지'를 이미 밝혀냈다. 다윈의 시대와는 달리, 우리는 지나간 시간만을 이야기하지 않는다.

예를 들면 진화학자인 테오도시우스 도브잔스키Theodosius Dobzansky와 올가 파블로프스키Olga Pavlovsky는 몇십 년 전 《미국립과학원회보》에 지금은 유명해진 「드로소필라 파울리스토룸Drosophila paulistorum 복합체에서 발단종incipient species의 자연발생」이라는 논문을 발표했다. 논문의 서두는 이렇게 시작된다. "교황 피오 12세는 생물학자들에게 '하나의 종에서 다른 종을 만드는 데 정말 성공했는가?'라고 물었다. 종분화 과정은 너무 느리고 점진적이어서 직접 관찰할 수 없지만, 이 논문에서는 예외적인 상황을 하나 소개하고자 한다."

드로소필라 파울리스토룸 복합체는 초종superspecies이라고 알려졌으며, '신체구조나 행동에 의해 부분적으로 격리되었지만 완전히 격리되지는 않은 개체군들의 군집cluster'을 말한다. 이 초파리 복합체는 다윈 핀치들과 비슷하지만, 뒤죽박죽 섞여 있고 자유롭게 상호교배가 이루어진다. 여섯 개의 초파리 개체군으로 이루어져 있으며, 도브잔스키와 파블로프스키의 말에 따르면 "같은 종으로 보기에는 너무나 독특하지만, 별개의 종으로 여겨질 만큼 독특하지는 않다"라고 한다. 서식지는 과테말라에서부터 안데스 산맥에 이르기까지, 주로 중미와 남미에 걸쳐 있다.

초종은 다윈을 매료시켰던 복잡한 경계messy borderline 사례와 똑같은데, 도브잔스키는 그 상황을 이렇게 설명했다. "종이 갈라지는 과정은 '품종에서 종으로의 전환'이라는 임계단계critical stage를 의미한다. 파울리스토룸은 하나의 종인 동시에 발생하고 있는 종의 군집이기도 하다. 그것은 '모든 종은 먼저 변종으로 존재한다'라는 다윈의 견해가 옳다는 것을 말해준다."

도브잔스키와 파블로프스키는 "파울리스토룸 군집 중에서 암컷 초파리는 자신과 같은 발단종에 속한 수컷들과는 자유롭게 짝짓기를 하지만, 다른 발단종에 속한 수컷들과는 거의 짝짓기를 하지 않으려 한다"라고 설명했다. 즉, 아마존 암컷은 아마존 수컷과 짝짓기를 하지만, 기아나Guiana나 오리노코Orinoco 등의 복합체에 속하는 발단종의 수컷과는 짝짓기를 하지 않으려 한다는 것이다. 파울리스토룸 군집의 초파리들은 상호교배할 때, 번식능력이 있는 딸이나 완전한 불임인 아들을 낳는 경향이 있다. 이러한 상호교배는 실험실에서보다 야생 상태에서 더 빈번하게 일어난다.

파울리스토룸 복합체의 초파리들은 생김새가 모두 비슷비슷하다. 그래서 도브잔스키와 파블로프스키는 미지의 계통을 파악하기 위해, 미지의 계통을 일련의 진단자들testers과 교배시켜야 했다(진단자들이란 파울리스토룸 복합체의 발단종들을 모두 포함하는 초파리 집단을 말한다). 미지의 계통은 대부분의 진단자들과 교배했을 때 '부분적으로 불임'이거나 '완전히 불임'인 자손을 낳고, 오직 한 진단자만이 '완전한 임신'이 가능한 자손을 낳을 것이다. 그렇다면 미지의 계통은 그 진단자와 동일한 계통에 속한다고 할 수 있다.

도브잔스키와 파블로프스키는《미국립과학원회보》에 "1958년 3월 19일, 콜롬비아의 야노스 평원에 있는 빌라비첸치오 남쪽 치치메네에서 초파리 표본 하나를 채집했다"라고 보고했다(야노스는 다윈이 비글호에서 내려 남아메리카 대륙을 장기간 돌아다니던 시절, 남미의 많은 부분을 뒤덮고 있었던 드넓은 초원지역이다). 도브잔스키와 파블로프스키는 채집한 초파리에서 '야노스-A'라는 계통을 배양했는데, 야노스-A의 대부분이 오리노코 계통과 교배 가능한 잡종을 낳았기 때문에 그것을 오리노코 발단종의 일원으로 분류했다. 그들은 뉴욕에 있는 록펠러 대학교의 실험실에서 야노스-A를 파울리스토룸 복합체에 속한 다른 초파리 계통들과 함께 계속 배양했다.

그로부터 5년 후, 다른 연구를 하던 연구자들이 나서서 도브잔스키와 파블로프스키가 배양하던 초파리들을 다시 분석하기 시작했다(그때까지 이 초파리들은 각각 다른 배양기 속에서 탄생과 사망을 반복하며 여러 세대를 경과했다). 분석 결과, 단 하나를 제외하고 모든 계통에서 5년 전과 동일한 결과가 나왔다. 도브잔스키와 파블로프스키는 이렇게 보고했다. "야노스-A 계통은 뜻밖의 행동을 보였다. 자신을 제외한 어떤 계통과도 번식 가능한 잡종을 낳지 못했다." 모든 진단자와 교배시켜봤지만 야노스-A는 번식 가능한 자손을 단 한 마리도 낳지 못했던 것이다. 심지어 몇 년 전 야노스-A와 교배하여 '완전한 임신'이 가능한 잡종을 낳았던 오리노코 계열과도 이제는 완전히 남남이었다.

도브잔스키와 파블로프스키는 이렇게 결론지었다. "야노스-A는 1958년에서 1963년 사이의 어느 즈음에 실험실에서 탄생한 새 품종 또는 발단종이다. 야노스-A는 조상인 오리노코 계열에서 갈라져 나왔다."

그사이에 초파리를 관찰한 사람은 아무도 없었으므로, 사건을 목격한 사람은 전혀 없었다. 그렇다면 계통분화가 일어난 이유는 뭘까? 도브잔스키와 파블로프스키는 그 초파리들이 세균에 감염되었을지 모른다고 생각했다. 감염이 그들로 하여금 자기들끼리만 교미하고 다른 계통과는 교미하지 못하게 만들었을지도 모른다는 것이다. 충분히 가능한 일이었다. 왜냐하면 최근 몇몇 실험실의 초파리 학자들이 그런 감염이 일어난 사례를 확인했기 때문이다. 감염은 콜레라나 인플루엔자처럼 개체군 내에서 빨리 퍼져나가, 하룻밤 사이에 그 개체군을 다른 개체군과 격리시키는 경계를 만들어낼 수 있다. 이런 감염은 대부분 항생제로 치료할 수 있지만, 그렇지 않은 것도 있다. 이론적으로는 인간에게도 이런 일이 일어날 수 있으며, 커트 보네거트Kurt Vonnegut의 놀라운 소설 『갈라파고스』에서처럼 소수의 고독한 인간 집단을 제외한 인류 전체를 불임으로 만들 수도 있다. 만약 야노스-A의 분화를 일으킨 주범이 세균감염이라면 문자 그대로 하룻밤 사이에 일어났을 수 있다.

지금까지 종의 기원에 대해 논의한 내용은 적응의 기원에도 그대로 적용된다. 다윈이 상상했던 것과 달리, 최근의 실험들은 적응이 점진적일 필요가 없음을 암시하며 종의 기원과 적응의 기원이 얼마나 밀접하게 연결되어 있는지도 보여준다.

종의 기원과 마찬가지로 적응의 기원도 다윈주의의 가장 심오한 문제 중 하나이다. '작고 점진적인 출발'이 어떻게 새로운 적응을 낳았을까? 다윈핀치의 조상은 한 종류였다. 오래전 한 종류의 핀치들이 제도로 밀려왔지만, 오늘날 우리는 다양한 핀치들을 보고 있다. 어떤 핀치는 나무 위에 앉아 이쑤시개를 만들어 이 이쑤시개를 입에 물고 벌레를 잡는다. 어떤 핀치는 부비새의 등에 올라앉아 날카로운 부리로 부비새의 피를 빨아 먹는다.

맹목적인 창조blind creation가 새로운 도구를 그렇게 많이 만들어낸 방법은 뭘까? 만약 그 도구들의 원재료가 무작위적인 개체변이에 불과하다면, 진화적 발명과 혁신은 어떻게 시작되었을까? 초기의 진화론 비평가들이 말했듯이, 그런 미세한 출발들의 막연한 요동이 자연선택에 포착되어 영속화되면서 잎이나 대나무와 같은 것들이 만들어진 과정을 이해하기는 매우 어렵다.

『종의 기원』을 저술한 다윈만큼 이 문제를 설득력 있게 언급한 사람은 없었다. 다윈은 이렇게 썼다. "눈은 매우 정교한 장치로 다양한 거리에 초점을 맞추고, 빛의 양을 조절하고, 구면과 색수차를 보정할 수 있다. 이처럼 아무도 흉내낼 수 없는 장치가 자연선택을 통해 형성되었다고 생각하는 것은 솔직히 내가 봐도 터무니없는 것처럼 보인다. 그러나 내가 제시한 계통수를 전체적으로 들여다보면 (기본적인 광센서에 불과한, 신경 없는 색소세포 군집으로 이루어진) 홑눈simple eye에서부터 (망원경보다 더 인상적인 작업을 수행하는) 경이로운 인간의 눈에 이르기까지 무한한 점진적 변화gradation를 찾아볼 수 있다."

'독수리나 인간의 눈에 내장된 모든 정교한 장치는 지질학적 시간을 거치면서 점진적·단계적으로 일어난 진화의 결과이며, 각 단계는 직전 단계보다 좀 더 선명한 시야를 제공한다'라는 게 다윈의 생각이다. "우리는 각각의 신버전 장치에 백만을 곱해야 한다. 각 단계는 더 나은 것이 등장할 때까지 보존되며, 더 나은 것이 등장하고 나면 구버전은 모두 파괴된다. 이러한 과정이 수백만 년 동안 계속되고 해마다 (수많은 종류로 구성된) 수백만 마리 개체에게 일어난다고 하자. 창조자의 작품이 인간의 작품보다 우월한 것처럼, 살아 있는 광학기구가 유리 조각 하나보다 우월하게 형성되었다는 것을 믿지 않을 텐가?"

다윈은 모든 복잡한 적응이 자연선택의 점진적 매개를 통해 생겨난다고 강조했다. 그는 심지어 일종의 검증방법을 제시했다. "연속된 작은 변형이 무수히 누적되어 형성되지 않은 장기臟器가 있다면 어디 말해보라. 만약 그런 기관이 존재한다면 내 이론은 완전히 붕괴할 것이다."

윌리엄 페일리 목사의 '황야에서 발견한 시계'라는 우화에 대한 답변으로 내놓은 『눈 먼 시계공』에서 리처드 도킨스Richard Dawkins는 다윈의 입장을 열렬히 지지한다. 도킨스는 "심지어 가장 작은 이삭이나 엉성한 출발점을 선택하더라도 시계, 망원경, 인간의 눈과 같은 복잡한 장치를 만들 수 있다"라고 주장한다. 복잡한 적응이 진화하는 데 있어서 각각의 단계가 나름 적응적인 한, 그것은 다윈의 자연선택 과정에 따라 각 세대에 보존되고 다음 세대에서 다듬어질 가능성이 높다. 그 과정은 앞을 내다보지 않는다. 시계공은 눈이 멀었지만 맹목적인 선택은 눈을 만들 수 있다. 도킨스는 이렇게 썼다. "단순한 생물이 보유한 신경말단 몇 개가 그 생물에게 빛과 어둠의 초보적인 감각을 부여한다고 상상해보라. 초보적인 시각조차도 전혀 안 보이는 것보다는 낫다. 이 경우 적응성을 지닌 변이체variant individual는 보존될 가능성이 높고, 최초의 희미한 눈은 유전될 것이다. 당신이나 내가 가진 시력의 5퍼센트에 불과하더라도 전혀 보이지 않는 것에 비하면 훨씬 더 높은 가치를 지니고 있다. 1퍼센트의 시력조차도 실명失明보다는 낫다. 그리고 6퍼센트는 5퍼센트보다, 7퍼센트는 6퍼센트보다 낫다. 그것은 연속성을 이루며 점진적으로 이어진다."

진화학자 스티븐 제이 굴드Stephen Jay Gould에 의하면 유전자에 일어난 작은 변화가 간혹 생물에게 큰 변화를 초래할 수도 있다고 한다. 또한 작은 발걸음뿐만 아니라, 큰 발걸음을 통해 적응이 진화하는 경우도 있다. 굴드는 이렇게 말하고 있다. "유전자의 무작위적 변화가 상당하지만, 동종同種과의 교배를 방해할 정도로 크지 않은 경우를 상상해보자. 또 이런 큰 변화가 한순간에 완벽한 형태를 만들지는 않지만, 그 소유자로 하여금 새로운 생활방식을 향해 이동하게 하는 핵심 적응key adaptation으로 작용한다고 상상해보자. 만약 그로 인해 새로운 삶을 시작한다면, 마치 폭풍에 휩쓸려 황량한 섬에 내동댕이쳐진 것처럼 전혀 새로운 종류의 선택압에 직면할 것이다."

법률가 필립 E. 존슨은 1991년 출간한 『법정의 다윈』에서 이 모든 가정들을 신랄하게 비판한다. "굴드는 자신이 상상하고 싶은 것을 상상하고 도킨스는 자신이 믿고 싶어 하는 것을 믿지만, 상상과 믿음은 과학적 설명이 되기에는 불충분하다." 그러면서 그는 이렇게 덧붙인다. "진화학계에는 '정말로 필요한 것은 실험적 확인experimental confirmation이 아니라 사변적 가능성speculative possibility'이라는 가정이 널리 퍼져 있는 것 같다."

그러나 간단한 실험을 통해 논란을 잠재운 사례가 있다. 존슨의 책이 나온 해에 발표된 그 실험의 실험자들은 돌프 슐러터의 실험실 한 구석을 빌려 연구하던 브리티시컬럼비아 대학교의 두 진화학자였다.

핀치 중에는 특이하게도 아랫부리가 꼬인 속genus이 있다. 그 속은 북미, 유럽, 아시아에 서식하고 있으며 약 25종류의 종과 아종으로 구성된다. 솔잣새crossbill 또는 꼬인부리crossbeak라고 불린다. 전설에 의하면 예수의 십자가에서 못을 비틀어 빼내려다가 부리가 꼬이게 되었다고 한다. 그리고 수컷의 가슴에 있는 붉은 색은 예수의 피라고 한다.

다윈은 솔잣새의 부리에 호기심을 느꼈다. 그는 『자연선택』에서 아랫부리의 길이, 곡률, 꼬인 각도가 얼마나 다양한지를 적었다. 나아가 "약간의 꼬임은 많은 종에서 발견되며, 상황이 좋을 때는 이런 기형을 가진 새들도 일부 살아남는다"라고 적었다.

솔잣새의 특이한 아랫부리에는 적응성이 있다. 랙이 『다윈의 핀치』에 쓴 것처럼 작은부리솔잣새는 주로 낙엽송의 부드러운 구과cone를 먹고, 중간부리솔잣새는 가문비나무의 좀 더 단단한 구과를 먹으며, 억센부리앵무솔잣새는 소나무의 매우 단단한 솔방울을 먹는다. 꼬인 부리는 닫혀 있는 구과를 비틀어 열 수 있게 해준다. 부리와 열매 사이의 연관성이 너무 뚜렷해 진화학자들은 랙이 책을 썼던 당시부터 그의 주장을 받아들였다. 하지만 랙의 동료들은 '자매종 사이의 차이는 대부분 아무런 적응적 의미를 갖고 있지 않다'라고 믿었다.

진화학자 크레이그 벵크먼Craig Benkman과 안나 린드홀름Anna Lindholm은 붉은솔잣새 일곱 마리를 사로잡아 실험을 했다. 붉은솔잣새는 알래스카에서 캘리포니아까지 펼쳐져 있는 해안산림에서 살며 부리는 미국솔송나무western hemlock의 구과에 알맞도록 전문화되었다. 벵크만과 린드홀름은 손톱깎이로 아랫부리의 꼬인 부분을 잘라내 평평하게 만들었다. 이 작업은 손발톱을 깎는 것처럼 아무런 통증을 유발하지 않는 작업이었다. 새의 부리에는 신경말단이 없으므로 새는 아파하지 않았다.

꼬이지 않은 부리를 가진 새들은 열린 구과에서 씨앗을 빼내는 일

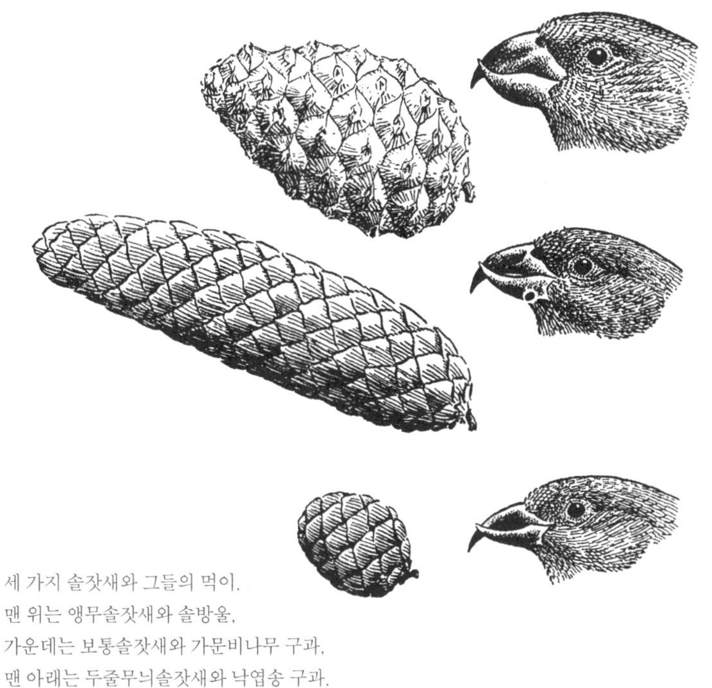

세 가지 솔잣새와 그들의 먹이.
맨 위는 앵무솔잣새와 솔방울,
가운데는 보통솔잣새와 가문비나무 구과,
맨 아래는 두줄무늬솔잣새와 낙엽송 구과.
출처: 이언 뉴턴, 『핀치』, HarperCollins Publishers Limited,
필라델피아 자연과학대학 도서관 제공.

을 전과 마찬가지로 잘해냈다. 하지만 이제 닫힌 구과를 다룰 수가 없었다. 물론 여전히 시도했지만, 발톱 빠진 고양이가 나무를 기어오르려는 것과 마찬가지로 평평한 부리로는 어림도 없었다. 그러나 하루하루가 지나며 부리의 꼬인 부분이 다시 자라나자 닫힌 구과를 점차 잘 다룰 수 있게 되었다. 한 달 후 부리가 원상을 회복하자 새들은 본업으로 되돌아갔다.

이 작은 실험에서 괄목할 만한 점은 부리의 적응적 가치를 최초형태에서부터 최종형태에 이르기까지 순차적으로 평가할 수 있었다는 점이다. 만약 꼬인 아랫부리가 완전히 형성되었을 때만 쓸모 있다면, 그것이 자연선택을 통해 생겨난 과정은 완전한 미스터리였을 것이다. 유전학자 리처드 골드슈미트Richard Goldschmidt가 '희망의 괴물'이라고 불렀던 것처럼 그 꼬임은 한순간에 갑자기 나타나야 했을 테니 말이다. 그것은 다윈으로 하여금 '내 이론은 완전히 붕괴할 것이다'라고 느끼게 만들 만큼 심각한 문제였다. 그러나 핀치들은 육안으로 식별하기 어려울 만큼 미세하게 꼬인 부리로도 닫힌 솔방울을 잘 열 수 있었다. 심지어 지극히 섬세하게 꼬인 아랫부리도 작고 점진적인 이익small incremental benefit을 제공함으로써 점점 더 단단하게 닫힌 구과를 다룰 수 있게 해줬다. 따라서 이 연구결과를 살펴보면 솔잣새의 꼬인 부리가 세대를 거치며 선택을 통해 점차적으로 형성됨으로써, 각 세대가 직전 세대보다 닫힌 구과를 좀 더 잘 다룰 수 있게 된 과정을 일목요연하게 알 수 있다. 숲에서의 경쟁압력은 꼬인 부리라는 새로운 특징을 점점 더 바람직하게 만들었을 것이다. 꼬인 부리의 소유자들은 아무도 먹을 수 없는 먹이(소나무, 가문비나무, 미국솔송나무, 전나무 등의 구과)를 먹을 수 있다. 경쟁압력이 꼬인 부리를 선호하면서 새들의 주변에 새로운 세계가 열리고 있었다. 그러나 솔잣새가 틈새를 차지했기 때문에 오늘날의 기형 참새나 멧새에게는 그림의 떡이다.

새로운 적응으로 인해 새로운 생활방식이 열렸고, 그 밖의 적응들(구과를 먹는 데 적절하도록 다듬어진 본능, 특이한 부리를 조작하는 데 필요한 강한 근육 등)이 뒤를 이었다. 오늘날 솔잣새들은 구과를 여는 데 너무 익숙한 데다 비틀린 생활방식에 전념하다 보니, 다른 먹이들은 거의 먹지 못한다. 그러므로 좋은 시절에는 솔잣새의 전문성이 그들을 독보적인 존재로 만들고 숲속의 다른 새들이 건드릴 수 없는 먹이를 공급해준다. 하지만 솔방울 작황이 좋지 않을 때 솔잣새들은 가끔 굶어 죽기도 한다.

부리에 나타난 작고 단순한 변이는 적응방산으로 이어져 다윈핀치들보다 훨씬 더 많은 종과 개체의 분화를 이끌어냈다. 그러므로 숲의 핀치들은 새로운 제도를 발견할 필요가 없었다. 길이 둘로 갈라지자, 남들이 덜 가는 길을 택했고, 그것이 모든 차이를 만들어냈다.

진행되고 있는 분화 과정을 처음부터 끝까지 실시간으로 지켜본다면, 훨씬 더 만족스러울 것이다. 돌프 슐러터는 이렇게 묻는다. "만약 당신이 작은땅핀치를 대프니메이저에 풀어놓고, 향후 100년 동안 변화를 지켜본다면 얼마나 멋지겠어요? 물론 상상도 할 수 없는 이야기지만 말이죠. 아니면 작은땅핀치와 날카로운부리땅핀치가 사는 섬에서 작은땅핀치를 제거한 다음, 100년 동안 부리 크기가 어떻게 진화하는지 지켜보는 건 어때요? 놀라운 일이겠죠?"

그러나 아무도 그러지 않을 것이다. 100년 동안 기다릴 수 있는 사람은 아무도 없으며, 핀치 관찰자들과 에콰도르 국립공원 직원들은 새들을 끔찍이 아끼기 때문이다. 돌프는 다시 말한다. "이 개체군들은 너무 독특해서 그 사이에 끼어들고 싶은 생각이 추호도 없답니다."

그래서 돌프는 조지아 해협의 만다르테 섬에서 별로 멀리 떨어지지 않은 곳에서 새로운 연구를 시작했다. 조지아 해협에는 큰가시고기three-spined stickleback가 많다. 큰가시고기들은 주로 북반구의 해안에 사는데, 수백만 개의 작은 만灣과 하구로 헤엄쳐가 바닷물과 민물이 만나는 곳에서 짝짓기를 하는 습성이 있다.

이 작은 바닷고기 중에는 민물로 들어갔다가 본의 아니게 그대로 눌러앉은 것들도 있다. 예컨대 브리티시컬럼비아 남서쪽에는 마지막 빙하기 말에 육지의 빙하가 녹을 때 만들어진 빙하호glacial lake로 헤엄쳐 들어갔다가 그대로 갇혀버린 큰가시고기들도 있다. 돌프는 이렇게 말하며 웃음을 터뜨린다. "그 호수들은 모두 1만 3,000살이 되지 않았어요. 그 정도면 긴 시간 같지만, 눈 깜박할 시간에 불과하죠." 호수들은 약 1만 2,500년 전쯤 바다와 분리되었고, 그 속에 갇힌 고기들은 (마치 갈라파고스 제도에 고립된 핀치들처럼) 민물 속에서 진화를 거듭했다.

브리티시컬럼비아 남서쪽에 있는 호수들에는 대개 한 곳당 한 종꼴로 덩치 큰 가시고기들이 있다. 그러나 지난 몇 년 동안 돌프와 존 도널드 맥페일(큰가시고기를 오랫동안 연구해온 학생임)은 텍사다Texada, 라스퀘티Lasqueti, 밴쿠버 섬에 있는 호수에서 각각 두 종의 큰가시고기가 살고 있음을 알게 되었다.

이 물고기들은 처음 발견된 탓에 아직 이름도 얻지 못했지만, 두 개의 일반형으로 나뉜다. 하나는 호수 바닥에서 살고 다른 하나는 상층부에서 사는데, 돌프와 동료들은 그들을 각각 벤틱스benthics와 림네틱스limnetics라고 부른다(벤틱스는 바다 깊은 곳을 뜻하는 그리스어 벤토스benthos에서 유래하며, 림네틱스는 늪을 뜻하는 그리스어 림노스limnos에서 유래한다. 림네틱스는 오늘날 해안에서 멀리 떨어진 호수의 넓은 물에 사는 생물을 일컫는 말로 쓰인다).

이 호수들은 자연 그대로이며 그 안의 큰가시고기들은 갈라파고스 핀치들처럼 거의 자유롭고 야생적으로 살고 있다. 핀치가 자주 마주치는 천적은 올빼미와 매뿐이며, 큰가시고기가 자주 마주치는 천적은 컷스로트송어cutthroat trout뿐이다. 그러므로 돌프는 갈라파고스와 동일한 실험을 할 수 있는 실험실을 새로 얻은 셈이다.

"나는 갈라파고스에서 했던 실험을 다시 해보고 싶었어요"라고 돌프는 말한다.

돌프는 벤쿠버 섬의 에노스 호, 라스퀘티 섬의 해들리 호, 텍사다 섬의 팩스턴·프리스트·에밀리 호에 있는 큰가시고기들을 관찰해왔다. 그중에서 가장 큰 호수는 (대프니메이저와 비슷한) 44헥타르이며, 가장 작은 호수는 (다운하우스의 다윈 소유지에서 샌드워크를 제외한 크기인) 5헥타르이다. 돌프와 돈 맥페일이 이끄는 연구팀은 몇 년 동안, 덫과 그물을 이용하여 호수에서 표본을 채취하여 큰가시고기를 측정하고 있다. 연구팀은 몸의 길이와 폭, 입의 폭, 아가미갈퀴gill raker의 길이와 수를 측정한다.

아가미갈퀴(또는 새파)는 물고기가 삼킨 먹이를 걸러내는 손가락 모양의 돌기인데, 그 크기는 '물고기의 몸집'과 '물고기가 먹을 수 있는 먹이의 크기'와 밀접하게 관련되어 있다. "나는 갈라파고스 출신이라, 아가미갈퀴를 '물고기의 부리'라고 생각하기를 좋아해요"라고 돌프는 말한다.

다윈핀치와 마찬가지로 큰가시고기들도 형질이 다양하다. 또한 핀치와 마찬가지로 여러 형질 중에서 두 가지가 특히 다양한데, '몸집'과 '아가미갈퀴의 길이'이다.

큰가시고기 자체와 그 먹이에 대해 알기 위해 돌프는 전혀 새로운 동물과 식물들을 눈으로 보고 식별하는 법을 배워야 했다. 호수 밑바닥으로 잠수한 큰가시고기는 환형동물, 단각류amphipod, 복족류gastropod, 부족류pelecypod, 요각류copepoda, 물벼룩 등을 먹는다. 이에 반해 호수의 위아래를 오르내리는 큰가시고기는 전혀 다른 식물과 동물을 먹으며, 서로의 먹이는 거의 겹치지 않는다.

돌프를 비롯한 큰가시고기 관찰자들은 모든 먹이의 길이와 폭을 측정했는데, 그 크기가 너무 작아 해부현미경을 이용해야 했다.

한 호수에서 쌍을 이루어 살고 있는 큰가시고기들은 모두 분화되어 있으며, 둘 중 하나는 늘 바닥에서 살고 다른 하나는 늘 바닥을 제외한 물에서 산다. 게다가 모든 호수에서 벤틱스는 몸집이 크고 통통하고, 입이 크고 넓으며, 아가미갈퀴의 길이가 짧고 수는 적다. 이에 반해 림네틱스는 몸집이 작고 날씬하며, 아가미갈퀴의 길이가 길고 수는 많다. 벤틱스는 가장 큰 먹이를, 림네틱스는 가장 작은 먹이를 먹는 경향이 있다.

다섯 개의 호수와 다섯 쌍의 큰가시고기에서 똑같은 양상이 반복되었다. 그런가 하면 호수를 독차지한 큰가시고기는 크기·모양·입·아가미갈퀴가 중간 정도이고, 바닥과 물 사이를 자유롭게 다니면서 원하는 곳에서 먹이를 잡아먹으며, 두 세계의 장점을 마음껏 즐겼다.

심지어 호수를 독차지한 큰가시고기 내부에서도 분화현상이 일어났다. "팩스턴 호에서 돌 던지면 닿을 곳에 있는 크랜비 호에는 한 종만 살고 있어요. 그런데 놀랍게도 그 개체들 사이에서도 똑같은 양상이 되풀이되고 있어요"라고 돌프가 말한다. 돌프가 크랜비 호에서 그물로 잡은 물고기들은 대다수가 특화되어 있어, 적어도 90퍼센트의 먹이를 바닥이나 물속 중 한쪽에서 잡는다. 그런데 그 개체들의 선택은 체격에 크게 의존한다. 아가미갈퀴가 짧고 몸집이 큰 것들은 바닥으로 내려가고, 덩치가 작고 아가미갈퀴가 길고 많은 것들은 위로 올라가 물속에서 헤엄친다. 따라서 식기dinnerware의 미세한 변이가 물고기 개체의 생활방식 차이를 만들어내는 것이다. 핀치에게 부리의 모양이 중요한 것처럼, 큰가시고시에게는 아가미갈퀴의 모양이 몹시 중요하다. 큰가시고기를 호수의 두 세계 중 어느 한 곳에 할당하는 결정적 요인은 아가미갈퀴의 길이이며, 그 차이는 겨우 0.3밀리미터이다.

"변이는 이미 거기에 있어요. 그건 항상 존재하죠"라고 돌프는 말한다. 그리고 다윈핀치들이 그렇듯, 이 변이는 다음 세대로 전달된다. 아가미갈퀴 길이의 변이 중 약 절반은 유전자에 담겨 있다. "절반이라면 매우 높은 거죠. 즉, 유전적 변이가 많다는 겁니다. 다시 말해서 우리가 지금 보고 있는 물고기들이 틀에 박혀 있지 않다는 걸 의미하죠. 그들은 환경변화에 맞춰 반응할 수 있으며, 앞으로 일어날 선택압에 반응할 준비가 되어 있어요."

그러므로 큰가시고기에게는 단순한 상충관계가 있다. 바닥에 특화된 물고기는 탁 트인 물에서 경쟁할 수 없으며, 탁 트인 물에 특화된 물고기는 바닥에서 뒤처지게 된다. 갈라파고스핀치의 처지를 생각해보라. 큰 씨앗에 특화된 새는 작은 씨앗에 부적합하고, 작은 씨앗에 특화된 새는 큰 씨앗에 부적합하지 않은가?

돌프의 입장에서 보면, 이 모든 증거들은 '호수에 이주해온 물고기들이 서로의 진화과정을 변화시켰다'라는 것을 강력히 시사한다. 갈라파고스의 핀치들이 서로의 진화과정을 변화시켜온 것처럼 말이다. 다윈핀치들이 그랬던 것처럼 큰가시고기는 형질치환의 깔끔한 사례이며, 돌프는 그 참신한 사례를 바로 자신의 뒤뜰에서 발견한 것이다.

어느 호수를 막론하고 두 종이 하나의 호수를 똑같은 방식으로 분할하는 이유는 뭘까? 그것은 자연선택이 모든 호수에 있는 물고기들에게 동일한 강도의 압력을 행사하기 때문임이 분명하다. 다른 큰가시고기 외에는 경쟁자가 거의 없는 호수에서 희생을 최소화하면서 경쟁을 피하는 가장 빠른 방법은 물의 위나 아래 중 한 군데를 선택하는 것이다. 큰가시고기들의 행동을 보면 완전히 구분된 두 개의 암석층을 보고 있는 듯하다. 그러나 암석층과 달리 그들은 살아 있으며, 인상적인 다양성을 통해 '우리는 지금 진화하고 있소'라는 메시지를 돌프에게 전달하고 있다. 다섯 개의 호수에서 분화 과정이 지금도 진행되는 것은 자연선택이 그 종들을 계속 떼어놓고 있기 때문이다.

그렇다면 원칙적으로 그것을 관찰할 수 있어야 한다. 만약 돌프가 옳다면, 브리티시컬럼비아 호수의 적응지형도에는 (계곡을 사이에 둔) 두 개의 큰 봉우리가 존재하며, 가시고기 두 종은 각각 그 봉우리를 하나씩 차지할 것이다. 이제 돌프는 큰가시고기들이 봉우리를 향해 진화하는 것을 지켜보고 싶어 한다.

"만일 하나의 호수에 두 종의 큰가시고기가 있고 그들이 서로 밀어내기mutual repulsion를 하는 게 사실이라면, 하나를 제거한 후 남은 종이 중앙으로 이동하는지를 확인할 수 있어야 합니다. 하지만 그들은 희귀종이고 캐나다의 멸종위기종 목록에 등재되어 있어요. 그래서 우리는 이 호수의 생태계를 엉클어뜨리고 싶지 않아요. 하지만 호수나 연못을 인공으로 만들어 이 종들을 집어넣고, 무슨 일이 일어나는지를 지켜볼 수는 있죠"라고 돌프는 말한다.

코넬이 주장하는 '지나간 경쟁의 망령'에 대한 돌프의 답변을 들어보자. "코넬의 생각은 이래요. '만일 두 종이 다르다는 것을 알면, 선택이 그 차이를 형성했다는 그럴듯한 주장을 언제든지 펼칠 수 있다'라는 거죠. 그러니까 그가 염두에 두고 있는 개념은 '우리가 지금 보는 것은 먼 과거에 일어난 선택의 결과이다'라는 거예요. 하지만 큰가시고기 개체군이 얼마나 젊고 얼마나 차이나는지를 알고 나면, 경쟁은 결코 망령이 아니라는 게 명백해져요. 경쟁은 지금 이 개체군들에 영향을 미치고 있으며, 우리가 실험을 통해 증명하고 싶은 건 바로 이거예요."

"코넬의 '지나간 경쟁의 망령' 개념은 '진화는 오래전에 일어났다'라는 통념과 관련되어 있어요. 즉, 진화란 흘러간 역사라는 거죠. 하지만 자연선택은 바로 저기에 있어요." 돌프는 입가에 여전히 그윽한 미소를 머금은 채 이야기한다. "박사학위 논문을 쓰는 동안, 진화가 일어나는 것을 실제로 볼 수 있어요. 그러나 사람들은 단 한 번도 보려고 하지 않았어요. 하나의 개체군을 1,000년 동안 관찰해야 할 거라고 생각했었죠. 하지만 그런 생각은 지금 바뀌고 있어요."

돌프는 캠퍼스에 13개의 연못을 팠는데, 각 연못의 크기는 24미터×21미터이고 가장 깊은 곳의 수심은 3미터이다. "만약 호수에 가서 '두 종이 있는데, 그들이 상당히 다르다'라는 것을 본다면, 분기 원리에 따라 '자연선택이 그 차이를 유지하고 있다'라고 생각할 수 있어요. 자연선택은 그 차이를 유지하기 위해 항상 작용하고 있는 거죠. 따라서 자연선택의 압력을 제거한다면, 긴장이 풀려 중앙으로 향할 거에요. 우리가 검증하려는 건 바로 이것이에요."

그랜트 부부가 프린스턴에서 각종 수치들을 정리하는 동안, 돌프는 밴쿠버에서 큰가시고기들을 자세히 살펴보고 있다. 돌프는 그랜트 부부와 아직도 접촉하고 있으며, 자신의 진화실험 경과를 업데이트 해주었다. 그는 현재 연못을 준비하면서 큰가시고기들을 기르는 중이다. "나는 도저히 기다릴 수 없어요. 물고기들이 내 귓속에서 기어나오는 듯해요. 실험실에는 물고기가 가득해요. 그들은 집 안팎에서 나를 괴롭혀요. 어서 치우고 싶어요."

돌프는 어떤 연못에는 림네틱스 하나만, 어떤 연못에는 벤틱스 하나만 투입할 예정이다. 그는 각 연못을 독점한 종들이 다른 종 쪽으로 진화할 것이라 예상한다. 즉, 시간이 경과하고 여러 세대를 거치면서, 두 종은 아가미갈퀴가 (크지도 작지도 않은) 중간크기가 될 때까지 수렴할 것이다. 그 결과 모든 물고기들은 진흙바닥과 위쪽의 깨끗한 물 양쪽에서 먹이를 먹을 수 있게 될 것이다.

그와 동시에 돌프는 여러 호수에서 림네틱스, 벤틱스, 중간형에 속하는 큰가시고기들을 수집하고 있다. 그러고는 실험실에서 그들을 교배시켜 잡종집단, 즉 야생 상태에 있는 계통보다 크기와 모양이 훨씬 더 다양한 큰가시고기 계통을 창조하고 있다. "그들은 가변성이 높기 때문에 자연선택을 더욱 강력하고 민감하게 측정할 수 있게 해줄 거예요. 더욱 폭넓은 적응지형의 표본이기도 하고요. 나는 이 물고기들을 선택탐침selection probe, 말하자면 선택을 측정하도록 설계된 장치로 생각하고 싶어요." 돌프는 이 선택탐침을 연못에 넣고 벤틱스나 림네틱스 경쟁자들을 추가하면서 무슨 일이 벌어지는지 살펴볼 계획이다.

"나는 우리가 선택압을 측정할 수 있으리라 확신해요. 갈라파고스에서 그 작업을 수행했으니, 여기서도 못 할 게 없어요. 물론 진화반응을 실제로 탐지하려면 시간이 좀 더 오래 걸릴 수도 있어요. 하지만 큰가시고기에게는 1년이 한 세대이므로, 10년이면 어떻게든 그 일을 해낼 수 있을 거라 생각해요."

"그 일은 우리에게 잘 어울리는 일이에요."

chapter 13

분열인가, 융합인가?

생체 내 물질의 움직임은 가까이서 들여다볼수록
더욱 깊은 감명을 준다.
- 막스 델브뤼크, 『물리학자가 본 생물학』

로즈메리는 등받이 없는 의자에 앉아, 손으로 턱을 괸 채 매킨토시를 응시하고 있다. 화면을 가득 채운 숫자들이 아래로 행진하고 있다. 그녀는 화면에서 눈을 떼지 않고 심드렁하게 말한다. "데이터가 이렇게 많아요. 끔찍할 만큼 신중하게 수집한 건데도 말이에요. 내 말은, 데이터에 오류가 전혀 없음을 완벽하게 확인하려고 수도 없이 비교·검토했다는 뜻이에요."

로즈메리의 연구실은 조용하다. 벽에 걸린 사진에서는 선인장핀치가 선인장 꽃을 파먹고 있고, 창턱 위에 놓인 어항 속에서는 구피들이 맴돌고 있다. 비록 지금은 아무도 그들을 지켜보고 있지 않지만, 구피들 역시 '진행되고 있는 진화'의 기념비적 존재이다. 이 구피들은 존 엔들러 실험실에 있는 유명한 수조에서 가져온 것으로 로즈메리의 딸 니콜라가 대학원생들에게서 얻었다. "딸이 갖고 싶어 했지만, 결국에는 내가 갖게 되었어요"라고 로즈메리가 말한다.

로즈메리와 피터는 이곳 에노홀과(프린스턴 캠퍼스에서 몇 분 떨어진 리버사이드 드라이브Riverside Drive에 있는) 자택에 매킨토시를 설치해놓고 밤낮으로 산더미 같은 숫자들과 씨름하고 있다. 두 사람은 갈라파고스의 메마른 섬에서뿐만 아니라 문명의 한복판에서도 함께 일한다. 가끔씩 그녀는 '우리가 신혼이라면 이런 일을 할 수 있을까?'라고 궁금해한다. 이제 그랜트 부부는 '때로는 함께 일하고, 때로는 따로 일하는 법'을 알고 있다. 한마디로 서로 맞물려 있다.

이번 안식년에 그들은 잡종에 관한 자료들을 잔뜩 들고 대서양을 건너 웁살라Uppsala에 들렀다가, 잉글랜드의 호수지방Lake District에 있는 고향 마을 아른사이드Arnside를 거쳐, 다시 프린스턴으로 돌아왔다. 잡종에 관한 자료를 열두 번이나 정리했고, 그 숫자들을 열두 가지 방향에서 검토했다. 그런 과정에서 산더미 같은 자료들은 조금씩 깔끔하고 선명하고 다룰 만해졌다. 로즈메리는 마치 열기구를 타고 황량한 갈라파고스 상공에 떠오른 듯하기도 하고, 피터와 함께 첩첩산중을 헤치고 올라 지난 20년간 관찰하고 수행했던 것들을 한눈에 내려다보고 있는 것 같기도 하다. 일찍이 지금 같은 호시절은 없었던 것 같다.

숫자와 컴퓨터가 생성한 도표들을 통해 피터와 로즈메리는 1982~1983년에 대홍수, 즉 미친 엘니뇨가 지나간 후 제도의 적응지형도가 극적으로 변해왔음을 엿볼 수 있다. 남가새는 줄어들고, 줄어들고, 또 줄어들었다. 사실 남가새는 엘니뇨의 첫비가 내리기 전부터 이미 곤경에 처해 있었다. 로즈메리와 피터는 곰팡이가 원인일 거라고 생각하고 있다. 즉, 어떤 곰팡이가 남가새의 뿌리를 파먹었다고 말이다. 물론 곰팡이가 뿌리를 파먹은 다음에 홍수가 들이닥쳤고, 녹색 덩굴들이 그 위를 덮었으며, 카카부스Cacabus(크고 끈적거리고 털 많은) 잎들이 나타나 다시 그 위를 뒤덮었다. 마지막으로 그것도 모자라 가뭄이 찾아왔다.

갈라파고스의 선인장도 줄어들었다. 선인장은 대홍수 때 물을 너무 많이 흡수했고, 가뭄 때는 물을 너무 적게 흡수했다. 그리고 덩굴과 카카부스에 뒤엉켜 쓰러졌다. 그리하여 1990년이 되자, 섬 전역에서 남가새와 선인장 씨앗을 찾아보기가 어려워졌다. 그러자 핀치들은 씨앗을 찾기 위해 몇 시간 동안 부리로 자갈을 뒤집어야 했다. 선인장은 이제서야 겨우 복구되기 시작했는지도 모른다.

이제 하나의 패턴이 나타나고 있다. 이것은 그랜트 부부가 분석을 하기 전까지 명확히 볼 수 없었던 변화이다. 홍수 이후, 대프니메이저에서는 크고 단단한 씨앗들이 거의 사라졌다. 반면에 작고 부드러운 씨앗은 더 많아졌는데 주로 카카부스의 씨앗이다. 로즈메리와 피터는 그 변화를 측정치에 포함시켰는데, 이는 매우 중요하다. 왜냐하면 다윈의 땅핀치들에게 있어서 씨앗은 곧 생명이기 때문이다. 만일 큰 씨앗들이 줄어들고 작은 씨앗들이 늘어난다면, 적응지형에서 알프스가 침강하고 융기하는 격변이자 재앙이다. 대홍수 이후 대프니메이저에서 벌어지고 있는 현상은 바로 이것이다. 하나의 적응정점이 붕괴하고 또 하나의 적응정점이 하늘 높이 치솟고 있는 것이다.

이런 변화들은 특히 선인장핀치를 곤경에 빠뜨렸다. 자연상태에서도 그렇지만, 선인장은 적응지형에서 선인장핀치들의 유일한 보금자리이다. 따라서 선인장이 사라지면 선인장핀치도 사라진다. 그랜트 부부는 섬에 있는 선인장핀치의 수를 선인장나무, 열매, 씨앗의 수와 비교하며 검토해봤다. 그 결과 예상했던 대로 대홍수 이후 가뭄이 반복될 때마다 대프니메이저에서 선인장핀치 개체군이 줄어든 것으로 나타났다. 올해(1991년_옮긴이) 초 로즈메리가 북쪽 가장자리에서 '악동핀치' 두 마리를 생포했을 때 대프니메이저에는 선인장핀치가 겨우 100마리쯤 있었는데, 이는 핀치 관찰을 시작한 이후 가장 적은 수였다.

그러나 이 모든 선택압에도 불구하고 선인장핀치들의 모습은 지난 10년간 변하지 않았다. 그랜트 부부의 모든 측정결과를 보면, 현재 선인장핀치들의 부리와 몸은 평균적으로 홍수 이전과 똑같다는 것을 알 수 있다. 이것은 적응지형도의 측면에서도 의미가 있다. 진화적 의미에서 볼 때, 이 새들은 갈 곳이 없다. 시편의 기자psalmist는 "새가 되어 당신의 산으로 날아가리"라고 노래하는데 선인장은 이 새들의 산이라고 할 수 있다. 이 봉우리가 무너지면 새들이 날아갈 다른 봉우리는 주변에 없다. 무너지는 알프스에 갇혀 있는 것이나 마찬가지이다.

거대한 엘니뇨 이후, 선택압은 중간땅핀치에게도 강하게 작용했다. 홍수를 만난 중간땅핀치 중 1987년까지 살아남은 것은 세 마리 중 한 마리꼴도 되지 않는다. 그러나 그랜트 부부의 도표를 자세히 들여다보면 중간땅핀치가 무작위로 죽은 게 아님을 알 수 있다. 1987년의 생존자들은 큰 씨앗보다 작은 씨앗을 더 많이 먹고 있었는데, 이것은 부분적으로 행동변화라고 할 수 있다. 다시 말해서 중간땅핀치가 먹이를 유연하게 선택했다는 이야기이다. 그러나 그들의 유연성은 거기까지였다. 그랜트 부부의 데이터베이스를 살펴보면, 죽어가는 중간땅핀치들은 대부분 '상당히 두툼하고 넓은 부리를 가진 중간땅핀치들', 즉 해부학적 구조를 고수하며 무너져가는 봉우리(큰 씨앗)에 전념한 개체들임을 알 수 있다. 이에 반해 살아남은 중간땅핀치들은 대부분 꽤 가느다랗고 좁은 부리를 가진 것들이었다. 따라서 홍수 이후의 베이비붐 시대에 태어난 중간땅핀치 세대의 평균 부리는 1980년대의 새로운 경관에 적응해 있었다.

다시 말해서 선인장핀치들은 자신들의 봉우리와 함께 사라져가고 있는 반면, 중간땅핀치는 진화하고 있다. 적응지형도와 함께 움직이고 있는 것이다. 지금 이 순간 대프니메이저의 화산암 위를 뛰어다니는 신세대 중간땅핀치의 부리 폭은 구세대보다 조금 좁다. 홍수 당시 8.86밀리미터였던 것이 지금은 8.74밀리미터로 줄어들었다.

그랜트 부부가 관찰을 시작했던 시점으로 되돌아간 것은 아니지만, 중간땅핀치는 그 근처에 다가섰다. 연구 첫해에 그들은 '빅 사이즈'를 향해 이동했지만 지금은 제자리로 거의 돌아온 셈이다. 마치 섬 전체가 앉아 있는 새들을 싣고 앞뒤로 움직이는 것 같다. 아닌 게 아니라, 조난당한 스페인 선원들은 한때 '제도 전체가 움직일 수 있다'라고 믿었다. 그래서 그들은 갈라파고스 제도를 '마법에 걸린 제도'라고 불렀다. 적응정점은 동쪽으로 미끄러졌다가 서쪽으로 미끄러지므로 새들은 적응정점을 따라 날아가 그 위에 내려앉기를 반복했다. 피터의 표현에 따르면 계곡이 가파르므로(즉, 선택 강도가 크므로), 새들은 필사적으로 봉우리에 머물러야 한다. 핀치들은 섬에 머무르기 위해 많은 비행을 해왔고, 중간땅핀치는 적절한 자리에 머물기 위해 많은 진화를 거듭해왔다.

같은 시기에 그랜트 부부는 두 번째 진동oscillation, 즉 섬에 있는 잡종의 운명이 변하는 것을 지켜봤다. 잡종 핀치들은 전반기에는 배제되었다가 후반기에는 선택되었다. 홍수가 나기 전까지 암컷 작은땅핀치나 보통선인장핀치와 교배한 수컷 중간땅핀치는 부실한 자손을 낳았으므로, 그 잡종은 번성하지 못했다. 즉 홍수가 나기 전에는 선택압이 이종결혼mixed marriage을 반대한 것이다. 그러나 홍수가 난 이후 선택은 역전되었다. 이제 중간땅핀치의 유전자는 작은땅핀치나 보통선인장핀치와의 이종교배를 통해 혜택을 보고 있다.

두 번의 진동을 비교·검토한 결과, 그랜트 부부는 잡종에게 무슨 일이 일어나고 있는지 이해하기 시작했다. 그동안 들어맞지 않는다고 생각했던 데이터들이 들어맞기 시작한 것이다.

두 진동은 동일한 사건에 의해 추동된다. 다시 말해서 진동은 적응지형도 상의 동일한 변화에 의해 지배된다. 대프니메이저처럼 급속히 비틀리고 흔들리는 적응지형(즉, 적응정점이 지질학적으로 격변하는 적응지형)에서는 남과 다르게 태어나는 것(즉, 유효성이 검증된 부리와 3~5밀리미터 차이나는 부리를 갖고 태어나는 것)이 유리하다. 슈퍼 엘니뇨 이후로 오래된 봉우리의 일부는 계곡으로 바뀌었고, 오래된 계곡의 일부는 봉우리가 되었다. 이제 잡종은 정상에 오를 기회를 얻었고, 새로 이동한 땅의 한 부분을 차지하는 행운을 누릴 수도 있다.

이처럼 변화하는 적응지형에서는 잡종이 유리할 수도 있다. 이는 그랜트 부부가 측정하고 있는 수치들이 매우 가변적이기 때문만은 아니며, (잡종의 타고난 권리라고 할 수 있는) 새로운 유전자가 유입되었기 때문일 수도 있다. 새로운 유전자들은 무수한 이점들을 제공할 수 있는데, 각각의 이점들이 너무 미세하여 그랜트 부부가 측정할 수 없을 수도 있다. 예컨대, 잡종이 다른 새들과 똑같은 적응정점에 머물러 있다해도 새로운 유전자로 인해 신체활력이 우수할 수 있다. 피터는 골똘히 생각하다 이렇게 말한다. "잡종은 다른 새들이 하는 일을 모두 할 수 있지만, 전반적으로 약간 더 나은 신체조건을 보유하고 있을 수 있어요."

생각을 거듭하던 피터는 진화학자 리처드 르원틴Richard Lewontin과 L. C. 버치L. C. Birch가 1966년에 발표한 논문「잡종형성: 새 환경에 적응하기 위한 변이의 원천Hybridization as a Source of Variation for Adaptation to New Environments」을 다시 들쳐 봤다.

우리는 일반적으로 '적응지형은 다소 고정적이고 일정하다'라고 생각한다. 동물의 몸과 행동이 어느 정도 일정하다고 생각하는 것처럼 말이다. 그러나 만일 적응지형이 극적으로 변한다면 어떤 일이 벌어질까? 예컨대 한 종이 영토를 떠나 새로운 영토로 흘러들어간다면 어떤 일이 일어날까? 르원틴과 버치는 그 논문에서 "생태적 범위ecological range의 변화를 수반하는 유전적 변화는 심오한profound 것임에 틀림없다. 만약 생태적 범위를 급속히 확대하고 있는 종을 현행범으로 체포할 수 있다면, 그런 변화의 유전적 토대를 연구할 수 있을 것이다"라고 주장했다.

르원틴과 버치는 악명 높은 지중해 초파리의 가까운 친척인 다쿠스 트리오니Dacus Tryoni에서 그런 사례를 찾아냈다. 다쿠스 트리오니는 한때 호주의 열대우림에서 과일만 먹고 살았지만, 다윈이『종의 기원』을 집필하던 1850년대에 변화하기 시작했다. 때마침 호주의 농부들은 퀸즐랜드에 과수원을 만들기 시작했다. 그러자 초파리들은 열대우림에서 빠져나와 새로 생긴 사과, 배, 구아바 과수원의 해충으로 변신했다. 그로부터 100년도 지나지 않아 이 초파리는 빅토리아 주와 같은 먼 남쪽지방까지 세력을 넓혔고, 산발적으로 애들레이드, 멜버른, 깁슬랜드, 다윈(티모르 해Timor Sea에 있는 노던준주Northern Territory의 수도)에서 대량으로 출현하곤 했다.

열대우림의 고향에서 멀리 떨어질수록 다쿠스 트리오니는 더욱 추운 날씨와 맞닥뜨리게 되었다. 사실 생태적 범위가 확장되면서 열대지역에서 온대지역으로 퍼져나갔다. 르원틴과 버치는 역사적 기록과 지도를 연구하여 "대륙을 가로질러 행진하는 초파리를 가로막거나 지연시킨 것은 주로 기후변화였다"라는 결론을 내렸다. 실험실에서 테스트해본 결과, 가장 멀리까지 도달한 초파리들은 고향의 초파리들보다 추위에 잘 견디며 고향에서 멀어질수록 내한성cold resistance이 점진적으로 증가gradation하는 것으로 밝혀졌다. 이것은 초파리의 유전자에 아로새겨진 변화였으며, 이 모든 적응은 한 세기 내에 진화했다.

적응지형도의 측면에서 보면, 트리오니는 봉우리에서 봉우리로 건너뛰었으며 열대우림에서 멀어져 갈수록 봉우리의 기온은 떨어지고 강설량은 증가했다. 사실 초파리의 여행은 이보다 더 힘겨웠다. 왜냐하면 열대지역에서 온대지역으로 이동할수록 계절변화가 뚜렷해져, 계절에 따라 추위와 더위를 모두 견뎌내야 했기 때문이다.

르원틴과 버치는 이렇게 적었다. "이처럼 급속한 진화과정은 급속한 유전적 변화genetic change를 의미하며, 이런 변화는 자연선택이 작용할 수 있는 유전적 변이genetic variation를 요구한다. 그런데 이 유전적 변이는 어디에서 왔을까?"

물론 그 변이는 일찍이 출발점인 열대우림에서부터 극히 드문 유전자extremely rare gene의 형태로 존재했을 수 있다. 그리하여 초파리들이 온대지역을 향해 더 멀리 여행함에 따라, 단순히 그 유전자들이 선택되어 점점 더 흔해졌을 가능성도 있다. 르원틴과 버치는 그런 가능성을 배재하지 않았지만 또 하나의 가설을 제기했다.

트리오니는 다른 초파리 종인 다쿠스 네오후메랄리스*Dacus neohumeralis*와 함께 살고 있는데, 트리오니와 네오후메랄리스는 다윈핀치들과 마찬가지로 자매종이다. 따라서 두 초파리는 한 과수원의 대부분을 공유한다. 즉, 두 종의 엄마들은 같은 사과 속에 나란히 알을 낳기도 하는데, 이는 트리오니와 네오후메랄리스 유충들이 한배 새끼들처럼 함께 자라기도 한다는 것을 의미한다.

이 초파리들을 갈라놓는 유일한 요인은 성性인 듯하다. 트리오니는 해가 질 때쯤 교미를 하고, 네오후메랄리스는 오전 중반~오후 중반에 교미를 한다. 따라서 두 종은 공간이 아니라 시간에 의해 격리된다. 모습과 행동이 너무 똑같아 일부 관찰자들은 그들을 아종으로 분류할 정도였다. 그러나 그랜트 부부가 다윈핀치들에게 그랬던 것처럼 르원틴과 버치는 "'명확한 성적 격리'와 '자연 상태에서 독립된 정체성의 유지'를 감안할 때, 독립된 종으로 분류하는 것은 정당하다"라고 생각한다.

트리오니는 약간 밝은 노란색 반점이 있는 데 반해, 네오후메랄리스는 소박하고 칙칙한 갈색이다. 르원틴과 버치에 의하면 채집된 표본 중에서 중간 형태의 것들, 즉 노란색과 갈색이 조금씩 섞여 있는 초파리들이 상당히 자주 눈에 띈다고 한다. 신중히 연구한 결과, 이 중간 것들은 보이는 그대로 트리오니와 네오후메랄리스의 (드문 상호교배에 의해 탄생한) 잡종인 것으로 밝혀졌다. 따라서 다윈핀치의 경우와 마찬가지로 트리오니와 네오후메랄리스 사이의 격리는 절대적인 것은 아니다. 한 초파리는 환한 것을 좋아하고 다른 초파리는 깜깜한 것을 좋아하지만, 이따금씩 둘이 만나 짝짓기를 하는 경우도 있는 것이다.

르원틴과 버치는 이렇게 말했다. "트리오니와 네오후메랄리스의 유전자교환gene exchange은 종을 융합하기에 불충분했다. 이는 아마도 선택이 잡종을 반대하기 때문인 것 같다. 그럼에도 불구하고 외부종foreign species의 유전자를 각각의 유전자풀에 통합히기에는 충분했나."

트리오니와 네오후메랄리스는 다윈핀치들처럼 밀접하게 연관된 종으로 다윈핀치들처럼 유전자를 서로 주고받기도 한다. 그랜트 부부의 연구 전반기에 핀치들이 그랬던 것처럼, 초파리들도 자연선택을 통해 구별된다.

초파리의 경우 두 유전자풀 간에 느슨한 평형loose equilibrium이 존재하는 듯하다. 선택이 잡종을 솎아냄에 따라 외부 유전자는 사라지지만, 두 종을 격리하는 보이지 않는 경계선의 어딘가에서 드문 커플들이 만나 짝짓기를 함으로써 좀 더 많은 외부 유전자들이 다시 침입한다. 르원틴과 버치는 다음과 같은 가설을 세웠다. "초파리의 급속한 적응을 이끌어내고, 전혀 새로운 물리적·적응적 지형으로 영역을 넓히도록 허용한 원동력은 바로 유전자침입introgression이다."

이 가설을 검증하기 위해 르원틴과 버치는 실험실에서 한 가지 실험을 수행했다. 그들은 두 종의 초파리를 채집하여 실험실에서 교배한 후, 춥거나(20℃) 따뜻하거나(25℃) 뜨거운(31.5℃) 배양기에 넣었다.

르원틴과 버치는 두 집단을 각각의 온도에서 2년 동안 진화하게 했다. 그 결과 새로운 집단이 진화한 것을 목격했는데, 새로운 종은 격리된 각각의 종보다 적합성이 뛰어난 결합품종combined strain이었다. 급격하고 현저한 유전적 변화가 있었던 것이다.

르원틴과 버치는 다음과 같은 결론을 내렸다. "설사 본래의 잡종형성hybridization이 불리하더라도, 다른 종의 유전자가 유입됨으로써 적응적 진화의 계기로 작용할 수 있다. 단, 이러한 현상이 자연계에서 얼마나 자주 일어나는지는 별개의 문제이다."

피터와 로즈메리는 지구상에서 가장 외떨어진 제도에서 자연상태에서 일어나는 사건을 목격했다. 이것은 매우 폭넓은 사건으로, 지금껏 갈라파고스에서 관찰한 것들을 모두 아우른다. 그들의 눈앞에 새로운 장면이 펼쳐지고 있는 것이다.

피터는 이렇게 말한다. "웬만한 상황에서 집단은 분리된 실체로 유지됩니다. 아무리 드물게 일어나더라도 모든 잡종형성에는 벌칙이 부과되기 때문이죠. 잡종 자손은 적합성이 떨어져서 번식할 때까지 생존할 확률은 그리 높지 않은 게 보통이에요. 그런데 매우 드문 사건이 발생할 때가 있어요. 극심한 가뭄, 전염병, '한 세기에 한 번 있을까 말까 한 홍수'가 섬을 뒤흔들고 적응지형도를 바꿔놓으면 봉우리와 계곡들은 예전에 있던 곳에 더 이상 머물지 못하게 되죠." 피터가 말을 계속 이었다. "전체 적응지형은 양탄자처럼 흔들리다가 아무렇게나 내팽개쳐지고, 새로운 주름과 접힘이 형성되죠. 계곡에 있었던 잡종들은 어느 틈엔가 새로 솟아오르는 봉우리에 앉아 있는 자신을 발견하게 됩니다. 갑자기 유리한 입장에 서게 되는 거예요. 드문 사건은 잡종의 편에 서서 집단을 매우 서서히 융합시키죠."

그러나 피터의 말에는 엄청난 반전이 도사리고 있다. "하지만 그걸로 대단원의 막이 내리는 건 아니에요. 지금까지는 진자가 한쪽으로 움직였지만, 이제 반대 방향으로 움직일 차례예요. 진자가 극단적으로 한쪽에 치우쳤을 때, 순간적으로 정지한 상태에서 다음 과정이 시작되는 거죠."

"결과는 융합일수도 있고 분열일 수도 있어요." 로즈메리가 선언하듯 외친다.

"우리는 잡종이 때로는 불리하고, 때로는 유리하다고 생각해요. 최근 10년 동안은 잡종이 유리했지만, 그 전 10년 동안은 불리했어요. 그래서 우리가 마음속에 그리고 있는 모형은 진동이에요. 잡종우세hybrid superiority와 잡종열세hybrid inferiority 사이를 왕복하는 진자운동 말이에요"라고 피터가 말한다.

그랜트 부부는 갈라파고스 제도에서 보이지 않는 거대한 진자가 10년을 주기로 진동하는 것을 바라보고 있다. "양쪽을 종합하여 판단해보건대, 운명의 수레바퀴가 거꾸로 돌아가서 융합이 완성될 가능성은 없는 것 같아요."

피터 보그와 피터 그랜트는 중간땅핀치와 작은땅핀치를 대상으로 진자운동의 결과를 추정하여 《런던왕립학회지》에 발표했다. "관찰된 이종교배 비율을 감안할 때, 잡종의 유리함과 선택이 없을 경우 중간땅핀치와 작은땅핀치 사이의 형태적 차이morphological difference를 제거하는데 50세대, 즉 200년 이상 걸릴 것이다."

이 추정은 보수적이다. 만약 그랜트 부부가 홍수 이후 보아온 잡종의 유리함을 고려한다면 변화에 소요되는 시간은 더 짧을 것이며, 100년과 200년 사이의 어느 때쯤이 될 것이다. 만일 이종교배 비율의 증가까지 고려한다면 시간은 훨씬 더 짧아질 것이다.

지난 20년간의 관찰기간 동안 그랜트 부부는 진자가 가뭄 쪽으로 이동했다가 홍수 쪽으로 이동하고, 다시 가뭄 쪽으로 움직이는 것을 봤다. 그러면서 그들은 적응지형이 (보이지 않는 바다의 흰 파도처럼) 슬로 모션으로 서서히 솟아오르는 것을 봤다. 적응지형이 대홍수 이전의 상태로 되돌아갈 때, 즉 땅이 건조해지고 선인장과 남가새가 제자리로 돌아올 때 종 사이의 유전자 흐름flow of genes도 고갈될 것이다. 그렇게 된다면 그랜트 부부가 말한 것처럼 현재의 적응지형에서 지금껏 번성했던 잡종은 다시 불리해질 것이고, 결국에는 자연선택을 통해 제거될 것이다. 그리고 다음 슈퍼 엘니뇨 사건이 일어날 때까지 세 가지 종(중간땅핀치, 작은땅핀치, 보통선인장핀치)은 독립된 종으로 존속할 것이다. 참고로 지난 500년간 슈퍼 엘니뇨로 분류된 엘니뇨는 한 세기에 한 번 내지 세 번꼴로 일어났다.

이번 밀레니엄의 하반기에 그랬던 것처럼, 갈라파고스 제도의 상황이 어느 정도 진동을 계속한다면 새들이 융합할 시간 여유는 전혀 없을 것이 분명하다. 13종의 존재가 지속된다는 것이 이를 증명한다. "잡종형성이 선택되지 않았던 게 분명해요. 잡종형성은 13종들을 잡혼번식panmixia(집단 내 개체의 무차별적 교배_옮긴이)의 상태로 이끌 만큼 강력하지 않았던 거죠." 피터는 잡혼번식이라는 단어의 이국적 억양을 즐기는 듯하다.

그랜트 부부는 확신을 얻기 위해 좀 더 오래 관찰하고 연구해야 한다. 그러나 지금까지의 관찰과 연구를 토대로 한 전망은 이렇다. "적응지형이 (강한 바람 앞의 파도처럼) 솟아오르고 요동칠 때, 다윈핀치들 사이에서는 잡종이 선호될 것이다. 그리하여 그들은 유전자를 뒤섞을 것이다. 그러나 적응지형이 폭풍우 이전의 패턴으로 돌아갈 때, 새들은 오래된 봉우리로 되돌아갈 것이고 유전자 공유는 다시 지체될 것이다."

그랜트 부부는 이 모든 현상들이 갈라파고스 너머로 얼마나 멀리까지 전파될 것인지 생각하기 시작했다. 이번 안식년에 《사이언스》에 기고한 논문에서 "잡종형성은 '빠르고 중대한 진화'가 일어나는 데 유리한 조건을 제공한다"라고 썼다. 현재 지구상에는 모두 9,672종의 새가 존재한다. 1975년 독일의 조류학자 W. 마이제W. Meise는 "비교적 젊은 최신종들은 약 2퍼센트가 정기적으로 잡종을 형성하며, 약 3퍼센트는 간혹 잡종을 형성한다"라고 추정했다. 1989년 러시아의 조류학자 E. N. 파노프E. N. Panov는 매우 광범위한 목록을 작성했는데, 그 목록에는 당시까지 한 번이라도 잡종을 형성하는 것이 관찰된 종들이 모두 포함되었다. 이에 대해 그랜트 부부는 "상당한 규모의 생물집단을 그렇게 포괄적으로 정리한 것은 처음입니다"라고 논평했다. 마이제와 파노프가 제시한 새로운 숫자는 흥미로워 보인다.

그랜트 부부는 "거의 1,000종의 새들이 자연 상태에서 다른 종과 교미를 해서 잡종 자손을 낳은 것으로 알려져 있다. 지구상에 존재하는 새를 약 1만 종이라고 보면, 10종당 한 종꼴인 셈이다"라고 썼다.

일부 조류 목order에서는 빈도가 훨씬 더 높다. 잡종형성은 뇌조grouse와 자고새partridge, 딱따구리, 벌새, 그리고 매와 왜가리류의 여러 종에서 꽤 흔한 것 같다. 가장 비율이 높은 것은 오리와 거위로, 총 161종 중에서 67종이 잡종을 만드는 것으로 알려져 있다. 그랜트 부부의 말에 의하면 오리와 거위의 경우 두 종당 한 종이 야생 상태에서 이종교배를 하는 것으로 관찰되었다고 한다.

실제 빈도는 훨씬 더 높을 듯하다. 어쨌든 다윈핀치들은 20세기를 통틀어 지구에서 가장 잘 연구된 새 집단 중 하나가 되었다. 그러나 다윈핀치들 사이에서 일어나는 유전자혼합의 정도는 이제야 겨우 빛을 보게 되었는데, 핀치와 대학원생들이 갈라파고스에서 대代를 이어가며 수행한 비범한 관찰 덕분이다. 모든 야생 새들의 종 집합(또는 모든 야생 동물 집단)을 통틀어 이렇게 전지전능할 정도로, 즉 모든 세대에 속하는 모든 개체들을 한 마리 한 마리 확인하여 추적하고 가계도를 작성하고 가위표를 쳐가면서 요람에서부터 무덤에 이르기까지의 전과정을 노트에 기록하고 명복을 빈 연구진은 지금껏 단 한 팀도 없었다.

얼마 전까지만 해도 새들 사이에서 일어나는 잡종형성은 극히 드물다고 생각되었다. 1965년 20세기 최고의 조류학자이자 진화학자 중 한 명인 에른스트 마이어Ernst Mayr는 이렇게 썼다. "무작위로 채집한 내 표본들을 조사한 결과를 바탕으로 나는 6만 마리 중 한 마리의 야생 새가 잡종일 것이라 추정한다." 마이어의 추정은 오래되고 잘 정립된 종에 대해서는 옳을지 모른다. 하지만 젊은 계통들 사이에서는 이종교배가 더 흔할 가능성이 높다. 우리는 젊은 계통 사이에서 다윈이 말한 종의 제조공장manufactory of species이 아직 가동되고 있음을 발견한다. 그리고 그 과정은 진화에 중요한 역할을 할지도 모른다. 그랜트 부부는 이렇게 썼다. "잡종형성은 유전자변이는 물론 새로운 유전자조합을 만듦으로써 빠르고 중대한 진화적 변화가 일어나는 데 유리한 유전적 조건을 창조한다."

계통 간의 교배가 생명나무가 형성되는 데 큰 역할을 할 가능성은 낮아 보인다. 그러나 다윈이 자연선택의 힘을 소개하면서 쓴 구절을 곱씹어보면, 이종교배의 힘은 가설이 아니다. 식물에서는 이종교배를 통해 새로운 종이 탄생할 수 있고, 그 사건은 문자 그대로 하룻밤 사이에 일어날 수 있다. 그랜트 부부에 의하면 식물종의 약 40퍼센트가 이런 식으로 등장했을 수 있다고 한다. 40퍼센트는 어마어마한 숫자이다. 좀 더 자세히 말하면 지구상의 모든 녹색생물 중 3분의 1에서 절반가량, 그리고 지구상의 꽃식물 중 절반 이상은 독립된 종들 간의 유전자혼합을 통해 탄생했다.

전통적으로 진화학자들은 이 같은 상호혼합intermixing과 빠른 진화가 식물계에 나타나는 다소 배타적인 속성이라고 생각해왔다. 마이어는 "고등동물에서는 잡종형성이 그다지 큰 진화적 역할을 수행할 것 같지 않다"라고 결론지었다. 그러나 그것은 사실이 아니다. 식물의 경우보다 드문 건 사실이지만, 새들과 수많은 동물 집단에서도 잡종형성은 널리 퍼져 있는 것으로 보인다. 잡종형성은 대규모 부포Bufo 속genus에 속한 두꺼비들과 수많은 곤충 과family에서 광범위하게 관찰된다. 또한 식물과 비슷하게 정자와 난자를 물에 퍼뜨려 체외수정을 하는 물고기들 사이에도 널리 퍼져 있다. 마이어 자신도 "칠성장어, 송어, 연어, 화이트피시whitefish, 메기, 창고기, 구디드킬리피시goodeid killifish, 태생어live-bearer(존 엔들러의 구피 포함), 은줄멸silverside, 농어, 개복치 등에서 간혹 또는 광범위하게 잡종형성이 일어난다"라고 언급했다.

우리가 그토록 좋아하는 꽃들은 사실 정자를 던지고 받는 투수와 포수나 마찬가지이다. 영국의 한 생물학자는 이렇게 썼다. "난초꽃의 낯설고 이국적인 아름다움을 감상하며 즐거움을 느낄 때, '우리는 본질적으로 그들의 성기性器를 보고 있다'라는 점을 상기하는 게 유익할 것이다." 꽃들은 바람에 노출되어 있으므로 (동물 정자의 포수들이라면, 몸을 재빨리 움직여 쉽게 피할 수 있는) 외래정자alien sperm를 많이 받을 수밖에 없다. 동물계에 속하는 우리 입장에서는 난초꽃의 배열이 특이하게 보인다. 그러나 좀 더 큰 그림을 보면, 즉 우리의 계통이 계통수 상에서 성장하고 갈라지는 과정을 생각해보면 우리 동물계가 식물계와 그리 다르지 않을지도 모른다. 그랜트 부부는 "동물 종은 일반적으로 알려진 것보다 식물과 더 닮았을지도 모른다"라고 썼다. 나무와 꽃들이 바람이 불 때마다 정자를 날려보내고, 그때마다 꽃을 열어 바람에 실려오는 정자들을 받아들이는 것과 마찬가지로 동물도 거의 자유롭게 자신들의 유전자를 섞을지도 모른다. 특히 초기에 준독립적인 계통quasi-independent lineage으로 존재할 때 수많은 동물들은 유전계를 침입에 개방하고 있을지 모른다.

식물의 입장에서 보면, 이종교배의 이점이 명확하다. 마이어는 다음과 같이 간결하게 서술했다. "식물은 움직일 수 없으므로 씨앗이 떨어진 곳에서 싹을 틔운 후 성공하거나 죽어야 한다." 따라서 식물의 꽃가루가 바람과 곤충을 통해 한 식물에서 다른 식물로 전달될 때, 잡종형성은 필연적일뿐만 아니라 바람직하기까지 하다. 왜냐하면 너무나 많은 씨앗들이 부모의 적응지형과 다른 지형에 떨어져 싹트기 때문이다. 여기서 자연선택은 큰 유전적 다양성을 선호하며, 잡종형성은 유전적 다양성을 신속하게 발생시키는 한 방법이다. 별 모양의 잎을 가진 식물과 창 모양의 잎을 가진 식물을 교배시키면 손바닥·삼각형·심장·화살촉 등 다양한 모양을 가진 잡종잎 세대를 얻을 수 있다. 우리가 눈으로 포착할 수 있는 변이는 그것뿐이지만, 그 밑에 깔려 있는 무수하고 다양한 변이를 상상해보라.

그랜트 부부는 매우 가까운 곳에서 관찰하고 있으므로 (무덤덤한 사람의 눈에는 달 표면처럼 아무런 변화가 없는 것처럼 보이는) 바위 딩어리니 (늘 똑같아 보이는) 황량한 섬에서도 10년마다 맹렬한 기세로 적응지형이 달라지는 것을 목도하고 있다. 따라서 이 작은 섬에 얽매여 오랜 세대 동안 계통을 번식해온 새들은 (수백 킬로미터 떨어진 곳에서 바람에 실려 날아온 씨앗에서 피어난 식물처럼) 신선한 변이의 유입을 크게 필요로 할지도 모른다.

이제 그랜트 부부는 계통수 전체를 1년 전과 달리 본다. 그들이 연구하고 있는 어린 가지와 싹들은 어떤 이유에선지 다른 계통들과 떨어져 끼리끼리 성장하는 듯하다. 이 계통들을 창조해낸 힘이 융합 쪽으로 밀어붙이다가 다시 분열 쪽으로 밀어붙이고 있다.

그랜트 부부는 종전에 '계통수에서 중요하지 않다'라고 묵살했던 패턴을 바라보고 있다. 그 패턴은 망상진화reticulate evolution로 알려져 있는데, 그물의 촘촘함을 뜻하는 라틴어 레티쿨룸reticulum에서 유래한다. 다윈핀치의 계통은 계통이나 가지라고 부를 정도는 아니며, 작은 망이나 섬세한 거미줄이 가득한 '잔가지 많은 덤불twiggy thicket'에 더 가깝다. 이런 망상진화는 계통들을 고정시키지 않으며 궁극적으로 갈라지거나 융합된다. 이 패턴은 종의 기원의 일반적 특징이지만 지금껏 무시되어 왔는지도 모른다.

그랜트 부부가 이끄는 연구팀이 다윈핀치들 간의 잡종 소식을 처음 발표한 이후, 진화학자들은 핀치들의 도움으로 열린 새로운 관점, 즉 그물 모양의 생명나무reticulate tree of life가 지닌 의미에 대해 토론하고 논문을 발표해왔다.

다윈핀치 화석의 권위자인 진화학자 데이비드 스테드먼David Steadman

은 이렇게 썼다. "나는 핀치의 진화도evolutionary chart (각각 다른 방향으로 나아가는 산뜻한 가지를 가진) 잘 발달된 계통수로 생각하는 대신, (가지들이 뒤엉키고, 다듬어지지 않고, 서로 연관되어, 진화의 방향들이 뒤범벅되고 불확실한) 어린 덤불로 생각하는 편이 유용하다고 생각한다. 그들은 마치 젊은이들처럼 어떤 측면은 간직하고 어떤 측면은 버리면서 어른의 다양한 정체성들을 시험하고 있는 것 같다."

진화학자 제러미 설Jeremy Searle의 말을 들어보자. "단기적으로 볼 때, 다윈핀치는 완전히 독립적인 진화경로를 따르지 않는다. 한 종에서 진화한 새로운 유전자는 다른 종으로 퍼질 수 있다." 설은 농담 삼아 이렇게 말한다. "동물의 계통들이 남들과 살을 섞지 않고 끼리끼리만 지낸다면 삶은 훨씬 더 단순해질 것이다. 하지만 너무 많은 것을 묻지 마라. 종에 대한 적절한 판단기준을 연구하는 동물학자에게 많은 질문을 던지는 건 실례이다." 그러나 설은 이렇게 결론짓는다. "동물학자들에게 세상은 그리 만만하지 않다. 심지어 다윈핀치들조차 그다지 적합한 부리를 지니지 않은 듯하다는 사실은 실망스럽다."

'경쟁하는 계통들이 그렇게 뒤섞여 있다'라는 데 큰 충격을 받아, 진화학자 로버트 홀트Robert halt는 이렇게 말했다. "생태적 기간ecological time 동안 경쟁자인 종들은 진화적 시간evolutionary time 동안에는 공생자mutualist로서, 서로 다른 종에게 유전적 변이를 제공하는 창고의 역할을 하는지도 모른다."

"우리는 어머니 자연이 생식 문제에 관한 한 다소 관대하다는 것을 고마워해야 할 것이다. 그럼으로써 궁극적으로 지구상에 풍부한 생명의 다양성이 펼쳐질 여지를 제공했다."

계통수에 대한 오래된 관점은 소박하고 깔끔하고 삭막하다. 그러나

이 책에서 제시하는 관점은 부드럽고 혼란스럽고 뒤엉켜 있고 생생하다. 어떤 의미에서 보면 동정적同情的이기도 하다. 다윈핀치의 계통들이 경쟁한다는 것은 분명하다. 그들은 다윈의 분기 원리에 따라 서로 투쟁하고 밀어낸다. 산의 왕King of the Mountain 자리를 놓고 끊임없이 게임을 한다. 그러나 동시에 각각의 섬과 고독한 봉우리에 사는 새들은 겉보기와 달리 고독하지 않다. 핀치들은 (수많은 핵의 결속과 긴장에 얽매인) 핵가족 내의 형제자매들처럼 또는 (왕자와 공주를 교환하여 혈통을 연결하는) 유럽의 왕가들처럼 분열과 융합, 경쟁과 협동으로 가득 차 있다 . 그 새들은 보이지 않는 메시지를 이리저리 전달하면서 좋은 이웃들이 레시피, 요리 도구, 리메릭limerick(aabba의 각운을 가지는 5행 익살시_옮긴이)을 교환하듯 무심코 유전자를 교환한다. 비밀을 공유하고, 긴 여행을 하며 서로 친해지고, 상대방의 제안에 마음을 연다. 핀치들의 계통은 합쳐졌다가 갈라지므로 이런 측면에서 창조되고 재창조되는 일을 되풀이한다고 할 수 있다.

'지구의 외견상 고정불변성'이 코페르니쿠스의 주장을 반박하는 상식적 주장이었던 것처럼, '종의 외견상 불변성'은 한때 진화론을 반박하는 가장 주요한 주장이었다. 한때 이솝을 비롯한 우화 작가들로 하여금 여우, 올빼미, 늑대, 고래, 까마귀 이야기를 늘어놓게 함으로써 우리를 만족시키고 안심시켰던 동일성sameness은 어쩌면 환상에 불과한 개념인지도 모른다. 그리스의 철학자 헤라클레이토스는 "만물은 유전한다"라고 말했다. 생물의 형태와 본능, 그들 사이의 보이지 않는 경계, 그리고 살고 있는 해안과 지형은 헤라클레이토스가 상상할 수 있었던 것보다 훨씬 더 가변적이고 유동적이다.

chapter 14

새로운 존재의 등장

바야흐로 시간적·공간적으로 우리는 왠지 위대한 사실,
즉 '미스터리 중의 미스터리'에 근접할 것 같다.
그게 뭔고 하니, 새로운 존재가 지구상에
처음으로 나타나는 것이다.
- 찰스 다윈, 『연구일지』

빅토리아 시대의 한 신사가 황새의 골격 앞에서 깊은 생각에 잠겨 있다. 그는 줄자, 디바이더divider(양 다리 끝이 바늘로 되어 있는 컴퍼스 모양의 제도 용구_옮긴이), 캘리퍼스, 두툼한 노트를 갖고 있다. 양복장이처럼 연필을 입에 물고 줄자를 양손에 든 채, 그는 '내가 지금 뭘 하고 있는 거지?'라고 말하는 듯한 자세로 새의 부리 쪽을 응시하고 있다.

이 그림은 연구 중인 박물학자를 그린 초상화로 왕립 예술원 회원인 헨리 스테이시 마크스Henry Stacy Marks가 1879년에 그렸다. 마크스는 이 그림에 〈과학은 측정이다〉라는 제목을 붙였다.

빅토리아 시대의 물리학자 켈빈 경Lord Kelvin은 1883년에 이렇게 선언했다. "당신이 말하고 표현하는 것을 측정하여 숫자로 나타낼 수 있을 때, 당신은 그것에 대해 뭔가를 안다고 자부할 수 있다. 그러나 숫자로

헨리 스테이시 마크스,
〈과학은 측정이다〉.
출처: The London Graphic,
1879

측정할 수 없다면 당신의 지식은 빈약하고 불만족스러운 것이다. 말이나 표현이 지식의 출발점일 수는 있어도 어떤 문제이든 간에 당신의 사유는 과학의 단계로 발전하지 못한 것이다."

이 그림과 켈빈의 말은 역사가 L. 피어스 윌리엄스L. Pears Williams가 편찬한 『과학선집: 19세기』의 맨 앞장에 함께 실려 있다. 이번 안식년에 프린스턴의 수많은 친구들 중 한 명이 그랜트 부부에게 이 책을 보냈다. 표지를 넘겨 머릿그림을 본 피터는 크게 기뻐하며 로즈메리에게 켈빈의 인용구를 큰 소리로 읽어줬다.

그러자 로즈메리는 교수형을 언도하는 스코틀랜드 재판관의 말투로 복창했다. "당신의 지식은 빈약하고 불만족스러워요!"

"그건 사람을 한없이 초라하게 만드는 말이로군, 안 그래?" 피터가 소리쳤다.

"아니에요, 정말 멋진 말이에요!" 로즈메리는 반색하며 말한다.

"이 부분도 흥미로워." 피터는 윌리엄스의 주석을 읽었다.

> 이 그림은 자연과학자의 어리둥절함을 잘 보여준다. 그의 연구대상은 의미 있는 측정의 기회를 거의 제공하지 않고 있다. 그는 '모든 자연사natural history가 과학에서 배제되고 있는가?', 또는 '세심한 자연관찰자observer of nature가 수학적 분석가mathematic analyst만큼 과학적 진리에 접근하고 있는가?'라는 의문에 직면하고 있다.

"맞는 말이야." 피터가 말한다. "금세기에 이르러서도 '정확히 측정할 수 있는 게 하나도 없다'라는 이유를 내세워 우리가 지금 생태학이라고 부르는 것을 반대하는 편견이 많다고 생각해. 하긴 우리가 그걸 측정할 수 있다면 흥밋거리가 되지도 않겠지만 말이야."

"칫, 그거야 실험실에서 매우 정확한 측정치를 얻을 수 있는 사람들이 지닌 편견일 뿐이죠. 이를테면 물리학자나 생리학자와 같은 사람들 말이에요"라고 로즈메리가 볼멘소리를 한다.

그랜트 부부의 측정치는 마크스의 그림과 켈빈의 선언, 그리고 다윈 시대의 의구심에 대한 경이로운 응답이다. 그들은 켈빈 경조차 부러워할 정도로 정량적定量的이고 엄밀하다. 예를 들면 이번 안식년에 잡종을 연구하면서 선반에 차곡차곡 정리되어 있는 자료에서 일부를 꺼내 다윈 이론의 예측력을 테스트해봤다. 그들은 1984년 대프니메이저에 살았던 보통선인장핀치와 중간땅핀치를 대상으로 부리의 길이·폭·두께의 평균을 구했다. 그리고 이 숫자들을 일련의 핵심변수들(부리의 길이·폭·두께의 유전 가능성, 세 가지 형질들이 서로 영향을 미치는 방식, 1984~1987년 사이에 씨앗의 양이 증감한 추세, 씨앗의 양이 부리의 길이·폭·두께에 영향을 미치는 방식)과 함께 간단한 수학공식에 대입했다. 그런 다음, 그들은 그 공식을 이용하여 1987년 대프니메이저에 살았던 보통선인장핀치와 중간땅핀치 부리의 길이·폭·두께를 예측했다. 마지막으로 그들은 방정식으로 예측한 결과를 1984~1987년 동안 대프니메이저에서 다윈의 진화가 일어난 실제 결과와 비교했다.

1984년에 중간땅핀치 부리의 평균 폭은 8.86밀리미터였는데 공식을 이용해 산출한 1987년의 예측치는 0.12밀리미터 줄어든 8.74밀리미터였다. 그런데 1987년 대프니메이저에서 실제로 측정한 중간땅핀치의 부리 폭은 8.74밀리미터였다.

피터의 말대로 예측치는 정확했다. 숫자 하나하나가 꼭 들어맞았다.

진화생물학자인 제러미 그린우드Jeremy Greenwood는 최근 《네이처》에 기고한 논평에 이렇게 썼다. "자연선택에 따른 진화론을 비판하는 사람들은 '정량적 예측을 통해 그것을 검증하기가 불가능하다'라는 이유를 종종 들이대곤 한다. 로즈메리와 피터는 그런 견해가 틀렸다는 것을 여실히 보여준다. 그랜트 부부의 예측은 지금껏 늘 정확했다." 만약 그랜트 부부의 측정이 정확하지 않았다면 그랜트 부부는 지난 20년간 갈라파고스에서 지켜봐왔던 작용들을 거의 모두 놓쳤을 것이다. 갈라파고스에서 수십 년 동안 왕복운동을 하고 있는 '보이지 않는 진자'의 움직임을 결코 포착하지 못했을 것이 분명하다. "우리는 숫자를 분석하고 나서야 모든 사실을 알게 되었어요. 자료에서 저절로 튀어나와 소리 지르지 않아요. 불과 몇 퍼센트를 왔다 갔다 하는 미세한 확률의 문제거든요"라고 피터는 말한다.

잡종의 등장과 몰락을 발견했다고 해서, 자연선택의 힘이 줄어드는 것은 아니다. 오히려 정반대로 다윈핀치들이 지구상에 나타난 새로운 존재라는 사실을 과거 어느 때보다도 생생하게 보여준다. 강한 선택압은 핀치의 부리를 형성하고 재형성함으로써 모든 부리들이 사라지는 것을 막아주기도 한다. 다윈과정은 하나에서 다수를 창조했으며, 심지어 지금도 창조활동을 계속하고 있다. 만약 자연선택이 각 섬에서 각 세대에 계속 부지런하게 작용하지 않았다면 다수는 금세 다시 하나가 되었을 것이다.

다윈핀치들은 미켈란젤로의 〈천지창조〉에 나오는 아담과 다르다. 아담은 진흙으로 눈 깜짝할 사이에 빚어진 후 땅에서 반쯤 일어나 아래로 뻗은 신의 손가락과 맞대기 위해 맥없이 손가락을 들어올리고 있다. 다윈핀치들은 오히려 미켈란젤로의 유명한 조각상 〈노예들〉과 더 비슷하다. 미켈란젤로가 대리석에서 반쯤 조각하고 반은 내버려둔 듯하여, 오늘날 우리가 다윈핀치들을 바라보면 아직도 조각가의 끌이 움직이는 모습이 보이고, 소리가 들리는 듯하다. 다윈핀치들은 살아 숨쉬고 있음에도 불구하고 여전히 미완성이다. 조각가는 지금도 갈라파고스에서 작업 중이며, 그랜트 부부는 그 작업과정을 측정하고 증명하고 있다.

이번 안식년에 그랜트 부부가 발견한 것은 끌의 움직임을 좀 더 극적으로 보이도록 만들었을 뿐이다. 새들이 더 융합할수록 조각가의 작업은 더 인상적으로 된다. 새들을 모두 떼어놓으려면 끌로 놀을 쏘는 것으로는 어림도 없고, 마치 물에 글씨를 새기는 것처럼 날렵하게 움

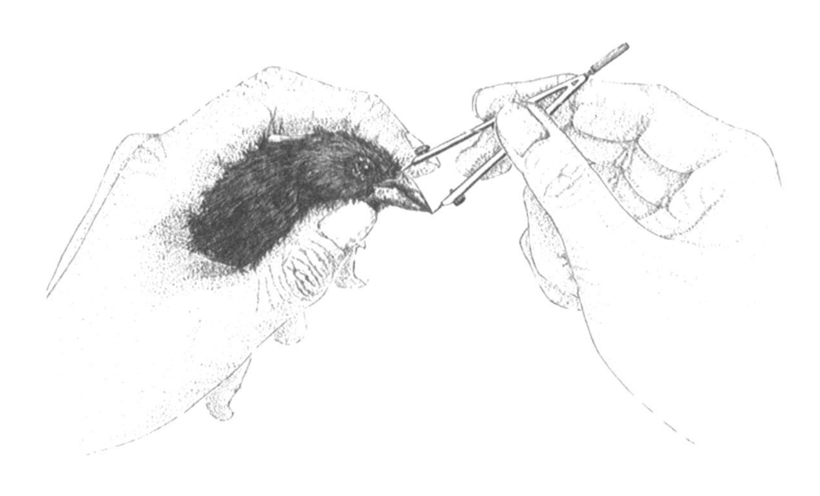

부리의 길이를 측정하는 방법.
그림: 탈리아 그랜트

직여야 한다. 지금 대프니메이저라는 사막섬에서 태어난 핀치들은 열 마리 중 한 마리꼴로 잡종이며, 그 잡종은 섬에 있는 다른 어떤 새들보다도 잘나간다. 진화적 기준에서 볼 때, 모든 다윈핀치들은 한순간에 융합될 수 있으며 그럴 경우 조각가의 작품은 사라지고 말 것이다. 언젠가 진화학자 에른스트 마이어가 지적했던 것처럼 융합을 향한 경향tendency toward fusion, 즉 '유전자가 한 종에서 다른 종으로 성공적으로 침입introgression하는 과정'은 자가가속 과정self-accelerating process이다. 모든 침입 사건은 두 종 사이의 보이지 않는 장벽을 약화시켜 잡종형성의 비율을 증가시킨다. 만일 침입을 억제하지 않으면 속도가 점점 더 가속화되어 궁극적으로 두 종이 연속적인 잡종 무리continuous hybrid swarm와 연결되기에 이른다.

핀치들은 (수백만 년 전 제도에 처음 정착한) 조상 집단이나 서로에게서 아직도 완전히 떨어지지 않은 상태이다. 만일 끌이 빨리 움직이지 않으면, 조각가의 작품은 곧 살아 있는 돌덩어리로 다시 융합되어 흔적도 없이 사라질 것이다.

이상과 같은 분열과 융합의 긴장은 동물계와 식물계 전체를 관통한다. 어딜 가나 '질적으로 양호하고 탄탄하며 어느 정도 독립된 종들'이 일반적이며, 잡종의 무리는 드물다. 그러나 머리 위를 나는 새들 중 많은 것, 바닷속을 헤엄치는 물고기들 중 많은 것, 우리 주변에서 자라는 녹색생물 중 대다수는 유전자를 서로 뒤섞는다. 조각가의 끌은 매일 매시간 지구상의 모든 지형에서 열심히 작업을 하고 있다.

지구상에 그렇게 많은 종류의 동물이 존재하는 이유는 뭘까? 이 질문에 대한 답변의 핵심은 다윈핀치들에게서 볼 수 있는 적응방산이다. 적응방산은 갈라파고스 제도에 서식하는 생물 전체(흉내지빠귀, 선인장, 상어, 거북, 불꽃나무)와 지구상의 모든 생물에서 진행되고 있다. 하와이 제도에서는 하나의 핀치 계통이 씨앗 분쇄자seed crusher, 벌레잡이bug catcher, 꿀빨이nectar sipper 등 40여 종으로 방산했는데, 부리는 모두 40가지로 다윈핀치의 부리보다 훨씬 더 다양하다. 그중에서 가장 낯선 것은 아키아폴라우akiapolaau인데 칼 같은 아랫부리로 나무줄기를 벗긴 다음, 바늘처럼 매우 길고 가늘고 웃자란 윗부리로 나무를 찔러 벌레를 끄집어낸다. 양날을 가진 주머니칼처럼, 두 가지 도구(칼, 바늘)가 일체화되어 있는 것이다.

하와이의 경우, 수백만 년 전 태평양 너머에서 바람에 실려 온 길

잃은 초파리 몇 마리가 지금은 자그마치 500~1,000종으로 방산했다. 지구상에 존재하는 모든 초파리종의 3분의 1이상이 이 적응방산에 속하는데, 그중에는 포식파리predatory fly와 기생파리parasitic fly, 꿀을 먹는 파리, 찌꺼기를 먹는 파리, 풀을 먹는 파리도 있다. 어떤 것은 바늘귀만하며 어떤 것은 아기 엄지손가락만 하다. 초파리들을 자세히 관찰한 진화학자에 따르면, 어떤 파리들은 귀상어hammerhead shark처럼 기이하게 넓은 머리에 눈이 양옆으로 달려 있다고 한다.

동아프리카의 거대한 호수들 속에 사는 시클리드 집단은 연속적인 적응방산 사례를 보여준다. 빅토리아 호 하나만 해도 지난 75만 년 동안 한 조상집단에서 약 200종의 시클리드가 진화했다. 그중 일부는 호수의 중간에 살고, 일부는 바닥에 산다. 그중 일부는 달팽이를 먹고, 일부는 물고기를 먹으며, 일부는 물고기의 비늘을 먹는다. 갈라파고스의 뱀파이어핀치보다 더 끔찍하게 물고기의 눈알을 빼 먹는 종도 하나 있다.

이 모든 적응방산들은 '진행되고 있는 진화'의 증거임과 동시에 생명의 현대사에 기록된 성공 스토리라고 할 수 있다. 진화학자라면 그 스토리 중 대여섯 가지 정도는 거침없이 읊어댈 수 있다. 예를 들면 하와이 은검초Hawaiian silverword, 주둥치과Leiognathidae 물고기, 헬리코니드Heliconidae 나비 등등.

현재를 포함하여 생명의 역사에서 매순간, 이런 적응방산은 전 지구적으로 진행된다. 늙은 지도제작자의 나침도compass rose처럼, 또는 무럭무럭 자라는 나무의 단면도처럼, 각 시대마다 세계지도의 구석구석을 화려하게 장식한다.

적응방산의 역사는 곧 생명의 역사이기도 하다. 5억 4,000만 년 전

캄브리아기에는 기이한 동물상이 폭발적으로 방산했고, 5억 년 전 오르도비스기에는 최초의 턱이 없는 척추동물인 무악어류가 방산했다. 데본기에는 어류, 석탄기에는 양서류와 곤충, 트라이아스기 초기에는 공룡과 포유동물, 백악기에는 속씨식물과 더 많은 곤충들, 그리고 몇백만 년 전인 홍적세에는 초본herb과 인류가 방산했다.

피터는 이렇게 말한다. "종착점을 알 수 없는 세상사에 시달리는 것보다 다윈핀치들 곁에 머무는 게 더 나을 거예요. 그들 곁에 머물며 자세히 관찰하지 않으면, 핀치들은 젊은 시절에 경험하는 한순간의 흥분처럼 보일 거예요."

그랜트 부부의 안식년은 이제 끝났다. 안식년이란 원하는 만큼 오래 지속되는 법이 없지만, 로즈메리와 피터는 이번 안식년이 아직도 계속되고 있는 척하려고 한다. 그들은 강의와 세미나 사이의 빈 시간에 피터의 연구실 구석에 앉아, 갈색 가방에 싸온 도시락을 함께 먹는다. 그러면서 섬에 갈 계획을 짜고, 종의 기원에 대해 함께 생각한다.

"우리가 연구하는 핀치들 중에서 거의 99퍼센트는 종이 확실해. A는 A끼리 짝짓기를 하고, B는 B끼리 짝짓기를 하니까 말이야." 피터가 말한다.

"맞아요. 그들은 노래, 몸집, 모습이 달라요. 우리가 구별하기 쉽고, 자기들끼리도 구별하죠. 그러니 종이 분명해요." 로즈메리가 거든다.

그러나 부적합한 개체들, 즉 'B를 배우자로 선택하는 A'와 'A를 배우자로 선택하는 B'가 증가하여 전체의 1~2퍼센트를 차지한다는 점을 생각하면 갈라파고스의 핀치들은 1년 전과 다르게 보인다.

피터는 이렇게 말한다. "가장 흥미로운 특징은 종분화의 가능성이야. 이렇게 유전자가 뒤섞임으로써, 새로운 유전자 조합이 탄생하지. 그 유전자 조합을 보유한 개체는 새로운 진화방향, 즉 어느 쪽 종도 쉽게 접근할 수 없는 방향으로 이륙하게 될 거야."

지난 수십 년 동안 많은 진화학자들이 종분화 개념을 논의해왔지만, 피터와 로즈메리가 안식년을 지낸 후 말하는 내용만큼 흥미롭고 설득력 있었던 적은 없다. 그들은 '갈라파고스에서 얼마나 많은 혼혈(잡종)이 태어나고 있는지', '운명이 괴짜(예: 특이한 새, 괴상한 오리)에게 미소 짓는 일이 얼마나 자주 발행하는지'를 보고 있다. 대프니메이저의 혼혈들은 잠재적 탈옥수potential escapee가 될 수 있을까? 종species이라는 감옥에서 탈출하여 새로운 출발의 시작점, 즉 새로운 진화계열의 출발점에 설 수 있을까?

"진화반응이 뒤따르면 새로운 변이체가 새로운 길로 떠날 수 있을 거예요." 로즈메리는 말한다. "그러나 매우 강한 선택을 견뎌내야 할 테니 기회의 창은 몹시 작을지도 몰라요. '신제품 부리'를 선호하는 선택압이 없다면 혼잡한 상호교배가 곧 그것을 지워버릴 거예요. 왜냐하면 역교배backcrossing가 끊임없이 일어나기 때문이죠."

"그게 매우 복잡한 문제인 건 틀림없어." 피터는 말한다. 불현듯 냅킨 위에 '운 좋은 잡종 계통'의 미래를 그리기 시작하는데, 한두 번 해본 솜씨가 아닌 것 같다.

로즈메리가 벌떡 일어나 칠판 앞으로 가더니 "이렇게 하면 어때요?"라고 소리친다.

피터는 (A와 B를 나타내는) 두 개의 두꺼운 구름 사이에 점 몇 개를 드문드문 찍으며 말한다. "잡종에서 출발할 경우, 수적으로 매우 불리하다는 게 문제야." 그가 그린 그림을 살펴보면, 잡종은 두 구름 사이의 공간에서 이리저리 떠다니는데 숫자가 매우 부족하다는 걸 금세 알 수 있다. "잡종은 소수이므로 다른 잡종보다는 기존 계통의 새들과 짝짓기 할 가능성이 더 높아. 그러니 그들의 자손은 후진을 하게 되지. 새로움을 희석한다고나 할까?" 그러면서 그래프에 부리의 길이와 두께를 나타내는 X축과 Y축을 그려 넣는다.

로즈메리는 칠판에 그림을 그리다 말고 탁자로 돌아와 피터가 냅킨에 뭐라고 끄적이는지 들여다본다. 그런 다음 다시 칠판으로 다가가 그리던 그림을 마무리한다. 로즈메리와 피터는 같은 식으로 생각하고 있다. 그녀는 A구름과 B구름 사이에 길고 가느다란 화살표 하나를 그린다. 그것은 진화적 새로움evolutionary novelty이 새 방향으로 탈출할 수 있는 좁은 통로이다.

피터는 로즈메리가 분필로 그린 그림을 뜯어보면서 장난스럽게 말한다. "빽빽한 새들의 구름이라…. 그건 모두 임시적인 거로군."

"틀릴 수도 있어요." 로즈메리가 말한다.

"사변적일 수도 있지." 피터가 말한다.

"숫자로 표시하는 게 훨씬 낫죠." 로즈메리가 말한다.

"우리는 순진무구함의 극치라는 걸 늘 잊지 말아야 해." 피터가 말한다.

"그래요, 우린 좀 더 많이 읽고 많이 생각해야 해요." 로즈메리가 결론을 내린다.

"측정은 기본이지." 피터가 토를 단다.

3부

G.O.D.

강은 움직인다. 검은새는 날고 있는 게 틀림없다.

– 월리스 스티븐스,

『검은새를 바라보는 열세 가지 방법』

chapter 15

보이지 않는 문자들

즉시 사람의 손가락들이 나타나더니 왕궁 촛대의 맞은편
석회벽에 뭔가를 썼다. 왕은 글자를 쓰고 있는 손을
분명히 봤다. 왕은 바빌론의 현인賢人들에게 이렇게
말했다. "누구든 이 글을 읽고 해석해주는 사람은
자주색 옷을 입고, 황금 목걸이를 하고,
왕국의 세 번째 통치자가 될 것이다.
- 다니엘서 5:5

에노 홀에 있는 연구실에서 그리 멀리 떨어지지 않은 곳에 그랜트 부부가 운영하는 갈라파고스 자료 보관소가 하나 더 있다. 그곳은 다윈이 보면 까무러칠 만한 곳이다. 자료실로 가려면 프린스턴 자연사박물관을 통과하면서 뼈가 까만 알로사우루스Allosaurus, 멸종한 아일랜드 엘크Irish Elk, 프랑스에서 발굴된 네안데르탈인, 이스라엘에서 발굴된 초기 호모사피엔스 화석, (한 세기 전에 헉슬리가 「진화의 증거」라는 강연에서 사용하곤 했던) 에오히푸스, 플리오히푸스Pliohippus, 디노히푸스Dinohippus, 에쿠우스Equus의 화석을 비롯한 깨진 턱뼈와 소름끼치는 파편들을 지나쳐야 한다.

박물관 지하 1층에는 칙칙하고 긴 복도가 있는데 복도 끝에는 (배의 아래층으로 내려가는 것처럼) 경사가 급한 철계단이 있다. 이 계단을 타고 아래층으로 내려가면 박물관 옆 건물인 조지 M. 모펫 생물학실험실의 C층과 연결된다.

모펫의 C층에서는 엔진실처럼 윙윙대는 소리가 난다. 압축기, 환풍기, 발전기의 소음과 형광관fluorescent tube들의 윙윙거리는 소리가 그 주범인데, 이 소리들은 비좁은 통로와 함께 마치 짐승의 창자 속에 들어간 듯한 느낌을 준다. 공기 중에는 포름알데히드와 별로 익숙하지 않은 화학물질의 냄새가 섞여 있다.

C층으로들어가는 입구에는 '방사능 주의'라는 글씨가 적힌 냉각장치와 (다윈 시대에 유행했을 듯한) 참나무 재질의 자연사 진열장이 놓여 있어 더욱 비좁다. 진열장 속에는 (오래전에 고인이 된 프린스턴의 생물학과 학생들이 다뤘던) 방울뱀 머리, 매의 폐, 신대륙소쩍새Screech Owl의 위장, 박쥐의 골격 같은 해부학 표본이 가득 들어 있다. 진열장 위에는 야구 트로피들이 먼지를 수북이 뒤집어쓴 채 놓여 있다.

복도를 지나 긴급 세안실과 샤워실을 지나면, 냉동고가 길을 반쯤 가로막고 서 있다. 냉동고의 뚜껑을 열면 증기가 뭉게뭉게 피어 나와 리놀륨 바닥을 뒤덮는다.

냉동고 바닥에는 플라스틱 바이알vial 수백 개가 쌓여 있는데, 그 속에는 로즈메리와 피터가 갈라파고스에서 한 방울씩 모은 샘플이 들어 있다. 그 샘플은 다윈핀치들의 혈액이다.

헉슬리는 『종의 기원』을 읽은 뒤 다윈에게서 편지를 한 통 받았다. "당신의 질문 중에 정곡을 찌른 게 하나 있는데, 나도 그 문제를 심각하게 고민하고 있소. 각각의 특별한 변이를 결정하는 게 도대체 무엇인가? 수탉 머리의 볏 또는 꽃송이이끼moss-rose의 이끼를 만드는 게 무엇인가?" 다윈은 결코 그 답을 알아내지 못했다. 그는 종의 기원이 변이라고 확신했지만, 변이의 기원이 무엇인지는 알지 못했다.

다윈은 『종의 기원』에서 "변이의 법칙에 대한 우리의 무지는 심각한 수준이다"라고 고백했다. "우리는 100가지 사례 중 단 하나에서도, 이 부분 또는 저 부분이 다른 이유를 댈 수 없다."

다윈은 그 이유가 발견될 거라고 예측했다. 언젠가 모종某種의 비밀 문서가 생물의 체내에서 발견되어 해독될 것이라고 말이다. 그는 이 암호가 혈액을 따라 흐르는 글자떼, 즉 수정란에서 만나 하나가 되는 '보이지 않는 문자들'일 거라고 생각했다. 다윈은 이렇게 썼다. "보이지 않는 잉크로 종이에 쓴 글자들처럼, 이 문자들은 어떤 (알려져 있거나 알려져 있지 않은) 조건들에 의해 체제가 교란될 때마다 진화할 준비가 되어 있다."

벽에 쓰인 글씨를 본 바빌론의 왕 벨사살Belshazzar처럼 다윈은 '혈액 속의 문자들이 궁극적인 의미를 지닌다'라는 사실이 밝혀질 것을 알았다. 그러나 다윈 자신은 그 글자를 알아볼 수 없었고, 그에게는 그것을 읽어줄 다니엘도 없었다.

오늘날 생물학자들은 다윈의 '보이지 않는 문자들'을 유전자gene라고 부른다. 유전자의 어원은 천재genius나 세대generation와 동일하며, '낳다'라는 의미를 가진 그리스어 동사 기그네스타이gignesthai에서 유래한다. 그리고 오늘날의 생물학자들은 혈액 속에서 그 암호를 읽을 수도 있다.

“이런 일은 오늘 같은 날씨에 걸맞지 않아요. 별로 재미도 없는 데다, 신경을 많이 써야 하는 성가신 기술이거든요”라고 피터 보그는 말한다.

보그는 8월의 무더운 오후에 작은 비닐봉지 하나를 들고 실험대 앞에 서서 난리를 치고 있다. 이미 냉동한 핀치의 혈액 한 방울에서 데옥시리보스 핵산, 즉 DNA 분자를 추출해낸 상태이다. 보그는 DNA를 효소 용액에 넣었다. 효소는 마치 광적이지만 지적인 과학자처럼 DNA를 수백만 개의 조각으로 자른 다음, 선택한 부위만 감쪽같이 도려낸다. 보그는 DNA 조각들을 (전하를 띤 젤라틴으로 만든) 체sieve로 걸러낸 다음, 나일론 천으로 옮겼다. 이제 그 나일론을 실에이밀 봉지Seal-A-Meal bag(진공포장팩_옮긴이) 속에 띄워놓았다. 봉지를 밀봉하기 전에 거품을 제거하려 하고 있는데, 작은 거품들은 계속 나일론에 달라붙어 말을 듣지 않는다.

봉지 속의 액체는 맹물처럼 보이지만 그 안에는 방사성 동위원소 P^{32}가 들어 있다. 그래서 보그와 실험대 사이에는 (텔레프롬프터teleprompter처럼 생긴) 투명칸막이가 설치되어 있어, 가슴이 방사선에 노출되는 것을 막아준다. “물속에 있을 때 나오는 방사선은 잘 차단되고 있어요. 하지만 만일을 대비하여, 우리는 칸막이 뒤에 숨어서 성가신 작업을 해야 하죠” 보그가 말한다. 그는 잔뜩 침울한 표정을 짓고 있다. 대프니메이저의 뜨거운 먼지와 작열하는 태양 아래 무릎을 꿇어앉아 쇠비름, 카카부스, 헬리오트로피움의 씨앗을 골라내던 때처럼 말이다.

보그에게 대프니메이저에서 일어난 가뭄은 이제 다른 세계의 일이 되었다. 그와 로렌 래트클리프는 현재 온타리오 주 킹스턴에 있는 퀸스 대학교의 교수로 재직하고 있다. 대학 근처 교외 주택가의 방 셋 달린 집에서 약간 덜컹거리는 승용차 한 대를 소유하고 세 아이, 검은 래브라도 리트리버 한 마리, 샴 고양이 한 마리와 살고 있다. 보그는 지금 이 실험대에서 갈라파고스의 진화를 관찰하고 있다.

보그를 비롯한 핀치 조사단의 동창생들은 왓슨, 크릭, 그리고 분자생물학 혁명 뒤에 성장한 첫 진화학자들이다. 이 혁명 덕분에 해마다 점점 더 놀라운 DNA 조작이 가능해지고 있다. 아니, 단지 가능한 일이 아니라 일상적인 일이 되고 있다. 보그는 7년 전 분자생물학으로 진로를 바꿨고, 핀치 조사단을 거쳐간 많은 관찰자들도 그랬다. 그러나 로렌은 그랜트 부부와 함께 즐거운 마음으로 핀치 조사단을 고수하고 있다. ("분자생물학에는 낯선 용어가 많아요. 완전히 외국어 수준이죠. 우리 분야도 그렇지만, 나는 그쪽 용어가 더 심하다는 인상을 받았어요"라고 피터가 말한다.)

보그는 봉지 안의 나일론을 한 번 휘둘러 밀봉한 뒤, 방사성 용액에 담근 채 밤새도록 놓아둔다. 나일론 위의 DNA 조각들은 아직 보이지 않지만 오늘밤 그중에서 선택된 조각 몇 개가 뜨겁게 달아오를 것이다. 전문용어로 말하면 선택된 조각들은 P^{32}라는 탐침probe으로 태그될 것이다. 내일 아침이 되면 보그는 나일론을 X선 필름에 대고 눌러, DNA의 달아오른 지점들이 필름을 감광시켜 사진을 만들어내기를 기다릴 것이다.

X선을 길잡이로 삼아 특히 관심이 있는 조각 하나를 선택한 다음, 그것을 100만 배로 복제하면 훨씬 더 자세하고 선명한 X선 사진을 만들 수 있다. "필름 현상액에서 사진이 나오면 우리는 다윈핀치 한 종의 DNA 염기서열을 세계 최초로 들여다본 사람이 되는 겁니다"라고 보

그는 말한다. 그는 자신과 학생들이 전에 만든 10여 장의 X선 필름 중 하나를 꺼내어 집어든다. 필름에는 줄줄이 늘어선 작고 희미한 회색반점들로 가득하다.

"이것은 보통선인장핀치의 유전자입니다." 보그가 말한다.

보그가 보유한 다윈핀치의 혈액 샘플 중 일부는 그랜트 부부에게서 얻은 것이고, 일부는 1988년 갈라파고스를 잠깐 방문하여 직접 채취한 것이다. 그가 들고 있는 X선 필름으로 말하자면, 산타크루즈 섬에서 잡아 피를 뽑고 나서 풀어준 보통선인장핀치의 유전자들 중 하나다. "이건 아카데미 만Academy Bay에서 무작위로 생포한 개체의 염색체일 뿐이에요"라고 그는 말한다.

X선 필름에 나타난 회색 반점들은 G, A, T, C라는 라벨이 붙은 네 개의 칼럼으로 나뉘어 배열되어 있다. 보그는 이 칼럼들을 맨 밑에서부터 꼭대기까지 죽 훑어보며 익숙하게 읽어낸다. 다윈핀치의 유전자 개수는 약 10만 개로 인간의 유전자와 거의 같다. 이 유전자들에는 모두 약 10억 개의 글자, 그러니까 유전자 하나당 평균 1만 개의 글자가 적혀 있다. 유전자에 담긴 스토리는 방대하지만 알파벳은 겨우 네 개뿐이다. 왓슨과 크릭이 발견한 DNA의 나선형 계단을 구성하는 네 화학물질의 이름을 딴 것으로 G는 구아닌guanine, A는 아데닌adenine, T는 티민thymine, C는 시토신cytosine의 이니셜이다.

이 X선 필름의 유전자는 보통선인장핀치의 미토콘드리아에서 나온 것이다. 미토콘드리아는 짙은 후추색의 세포 소기관으로 산소를 에너지로 전환하는 일을 한다. 필름에 나타난 유전자는 시토크롬b cytochrome b라는 효소를 코딩하는 유전자인데, 이 효소는 산소가 에너지로 전환되는 과정에서 한 가지 역할을 수행한다. 지난 몇 년 동안 보그는 스웨덴 웁살라 대학교에서 온 박사후연구원 한스 옐테르 Hans Gelter와 함께 다윈핀치들의 시토크롬b 유전자를 종별種別로 분리해왔다.

만일 여러 종들이 단 한 번 창조된 후 바뀌지 않았다면, 다시 말해서 밀턴이 『실락원』에서 그려낸 것처럼 모든 종들이 완성되고 다듬어진 상태로 튀어나와 삶을 얻었다면, 다윈핀치들의 종들은 제각기 고정적이고 영구적이며 결코 변하지 않을 유전자 세트를 갖고 있을 것이다. 그러나 유전자는 고정되어 있지 않다. 거대한 한 벌의 카드처럼 다윈핀치가 보유한 10만 개의 유전자들은 한 세대를 지날 때마다 뒤섞이고 나뉜다. 선인장에서 발견되는 핀치의 알 하나하나는 독특한 유전자 조합을 보유하고 있는데, 그것은 과거에 어느 핀치도 보유하지 않았던 것이다. 갈라파고스의 모든 핀치들이 자신만의 부리, 날개, 발목, 발가락을 보유하고 있는 것은 바로 그 때문이다. 시토크롬b와 같은 초현미경적 효소 submicroscopic enzyme들의 경우 수천 가지 변이체가 존재하는 것은 두말할 나위도 없다.

모든 동물의 신체는 외부와 내부에서 다가오는 1,000여 가지 자연적 충격의 산물이다. 외부충격으로는 외계에서 온 우주선 cosmic ray과 태양에서 온 자외선 등이 있고, 내부충격으로는 (빗나간 포탄처럼) 길을 잃고 헤매다 DNA 가닥으로 파고드는 각종 분자들, 심지어 DNA를 이루는 원자와 분자의 열운동 thermal motion도 있다. 이러한 충격들은 DNA에 적혀 있는 10억 개의 글자들을 뒤흔든다. 예컨대 모든 세포 속에 들어 있는 C 글자 중 약 100개는 24시간 내내 나선형 고리에서 반쯤 이탈해 있으며 다른 글자들도 마찬가지이다. 효소 중에는 DNA의 유지보수를 담당하는 팀이 있어서 밤낮으로 DNA의 나선을 순찰하며 깨진 글자들을 찾아 수리한다. 이 효소들은 교정자proofreader인데 간혹 수리를 잘못하여 어떤 C를 영원히 G로 읽히게 만든다.

교정오류는 글자들을 잘못 더하거나 빼거나 바꿈으로써 핀치의 DNA에 마구잡이로 새로운 변이를 도입한다. 만약 어떤 돌연변이가 정상세포의 DNA에 일어난다면 암癌이 발생할 수 있다. 설상가상으로 정자나 난자 세포에 돌연변이가 일어난다면 다음 세대로 전달될 수 있다. 만약 그 돌연변이가 다소 중립적이거나 운좋게도 약간의 이익을 제공한다면 그 소유자는 살아남아 그것을 대대손손이 물려줄 수 있다.

보그는 X선 필름을 통해 핀치들마다 글자의 서열이 조금씩 다르다는 것을 알게 되었다. 예컨대 그가 손에 들고 있는 X선 필름을 들여다보면, 선인장핀치의 시토크롬b 유전자 중 정확히 300개의 글자를 알 수 있다. 그런데 이 서열은 나무핀치의 상응하는 글자 300개와 정확히 일치하지 않는다. 구체적으로 말하면 300개 중에서 세 개가 다르다.

땅핀치와 나무핀치는 갈라파고스 제도의 진화과정에서 매우 최근에 출현했으므로, 근연관계에 있다. 갈라파고스에 사는 핀치들은 모두 생명나무의 작은 가지 하나에 다닥다닥 붙어 있는 잔가지들이다. 그러니 보이지 않는 형질까지 포함하여 약 99퍼센트가 똑같다는 건 이해가 간다. 이들 계통 중에서 새 돌연변이를 많이 축적할 만한 시간 여유가 있었던 것은 하나도 없다.

생명나무에서 멀리 떨어진 가지에 앉아 있는 새들의 경우, DNA가 많이(예를 들면 몇 퍼센트 정도) 다르다. 두 종 사이의 거리가 멀수록, 그들의 DNA에는 더 많은 차이가 있다. 그러나 모든 생물들은 자신의 암

작은나무핀치. 찰스 다윈, 『H.M.S. 비글호의 동물학』, 스미소니언협회 제공.

호를 네 개의 똑같은 글자로 쓰고 있다. 왜 그럴까? 행성이 탄생하는 순간에 가까운 약 40억 년 전으로 거슬러 올라가면, 지구상에 있는 모든 생물들은 궁극적으로 같은 조상을 공유하고 있을 것이기 때문이다.

이제 진화학자들은 DNA 염기서열을 살펴봄으로써, 생물의 잃어버린 역사에 관한 정보를 점점 더 많이 수집하고 있다. 그들은 바닥에 있는 가장 오래된 가지에서부터 꼭대기에 있는 가장 어린 잔가지들에 이르기까지 계통수를 채워가고 있다. DNA를 살펴본 연구자들에 의하면, 까마귀가 호주에서 진화했고, 황새가 독수리의 가까운 친척이며, 버섯과 독버섯이 식물보다 동물에 더 가깝다고 한다. 역사가들이 오래된 원고의 오자誤字에서 뭔가를 알아내는 것처럼 진화학자들은 DNA의 돌연변이에서 계통의 비밀을 알아낸다.

예컨대 역사가들은 비글호 항해가 계속되는 동안 다윈의 맞춤법 습관이 진화했음을 알고 있다. 다윈은 항해일지를 조금씩 집으로 보냈고 가족에게서 답장도 받았다. 스물다섯 번째 생일인 1834년 2월 12일, 그가 '할머니'라고 부르던 누나 수전은 그의 일지를 칭찬하는 내용이 담긴 편지를 보냈다. "만일 책으로 출판한다면 정말로 재미있는 여행기가 되겠구나. 하지만 네 일지에는 이 할머니가 손봐야 할 부분이 있어. 즉, 맞춤법에 좀 문제가 있다는 거야. 너와 나 사이에는 세대차가 좀 있긴 하지만, 네게 피가 되고 살이 될 정오표를 보내니 참고하기 바라. 이제 시작할게."

틀림	**맞음**
loose, lanscape, hihest	lose, landscape, highest
profil, cannabal	profile, cannibal
peacible, quarrell	peaceable, quarrel

"서두르다 보니 틀렸겠지만 그걸 지적해주는 게 할머니로서의 의무라고 주장하는 바이니 명심해."

그로부터 1년 반 뒤 갈라파고스에 도착한 후, 다윈의 누나 수전은 다시 맞춤법 교육 편지를 보냈다. "매일 그렇게 먼 거리를 급하게 여행하면서도 침착하게 여행기를 쓰다니 대단하구나. 내가 맞춤법만 고쳐주면 완벽한 여행기가 될 거야. 예를 들면 Tun이 아니라 Ton이고, loose가 아니라 lose야. 내가 아직도 너의 할머니란 사실을 설마 잊지 않았겠지?"

과학사가인 프랭크 J. 설로웨이는 다윈의 항해기간 동안의 맞춤법 습관을 모두 조사하여 표로 정리해놓았다. '할머니의 악몽'이라고나 할까? 설로웨이는 다윈이 배에서 휘갈겨 쓴 3,000여 쪽의 원고에 등장하는 철자들을 일일이 대조했다. 다윈의 편지, 일지, 현장기록에 특정한 오류가 나타나거나 ('할머니'의 지적을 받고) 사라진 날짜를 조사함으로써, 설로웨이는 다윈이 선실에 앉아 갈라파고스의 흉내지빠귀들을 자세히 살펴보며 그 새들이 종의 안정성을 해칠 수도 있다는 사실을 깨달은 날짜를 계산해낼 수 있었다.

설로웨이가 그 결정적 순간을 규명하는 데 도움이 된 것은 다섯 단어였다. 항해가 끝나갈 때쯤, 다윈은 종종 occasion, occasional, occasionally에 's'를 두 번씩 썼고, coral에는 'l'을 두 번씩 썼다. 또 그는 가끔 태평양을 Pacifick으로 잘못 쓰곤 했다. 다윈의 조류 기록에 occassion, corall, Pacifick이라는 단어가 들어 있는 걸로 보아, 그것은 1835년 11월에서 1836년 9월 중순 사이에 작성된 것이 틀림없다(설로웨이는 추가정보를 통해 그 범위를 1836년 6~7월로 좁혔다).

이와 매우 흡사한 방법으로 보그와 그의 박사후연구원 한스 엘테르는 다윈핀치들이 처음 갈라파고스 제도에 도착한 후 어떻게 갈라져 나갔는지를 밝혀내려 애쓰고 있다. 랙은 핀치의 크기, 모양, 깃털, 부리, 그중에서도 특히 부리를 비교하고 대조함으로써 핀치들의 가계도를 그렸다. 엘테르는 '핀치들 중에서 가장 독특한 형태가 가장 오래전에 갈라져나갔을 것'이라고 가정했다. 이런 식의 추론에 따르면 휘파람핀치는 조상의 무리에서 가장 먼저 갈라져나간 종이라고 할 수 있다(휘파람핀치는 몸집이 하도 작아서, 다윈은 그 새를 진짜 휘파람새로 오인했다).

그다음으로 나무핀치와 땅핀치가 갈라져나갔고, 그 후 나무핀치 계통과 땅핀치 계통이 각각 가지와 잔가지를 쳤다.

보그와 엘테르는 설로웨이의 철자 오류표에 상응하는 것을 준비하고 있다. 시토크롬b의 돌연변이 중 하나는 나무핀치에는 나타나지만 6종의 땅핀치에는 나타나지 않는데, 이것은 나무핀치와 땅핀치가 갈라져 각자의 길로 들어선 다음에 발생했을 가능성이 높다. 어떤 돌연변

휘파람핀치. 찰스 다윈, 『H.M.S. 비글호의 동물학』, 스미소니언협회 제공.

이는 작은땅핀치, 중간땅핀치, 큰땅핀치에만 나타나고 다른 종의 다윈핀치에는 나타나지 않는데, 이것은 땅핀치 세 종이 다른 종들과 갈라진 다음에 발생했을 것이다. 충분히 큰 자료표가 있다면 컴퓨터 프로그램에 숫자들을 입력하여 확률을 계산하고, 가장 현실에 가까운 다윈핀치 계통도를 그릴 수 있다.

갈라파고스 제도에 가장 먼저 도착한 종, 즉 모든 다윈핀치 계통의 시조始祖로서 생명나무 그루터기에 자리 잡을 새가 어느 종인지는 아무도 모른다. 현재 대륙에 사는 새 여러 종이 물망에 올라 있는데, 지금은 서인도 제도에서만 살지만 과거에는 더 넓은 지역에 분포했을 수도 있는 멜라노스피자 리카르드소니Melanospiza richardsoni가 유력하다. 중앙아메리카와 남아메리카의 태평양 해안 일대에서 흔히 볼 수 있는 핀치인 볼라티니아 자카리나Volatinia jacarina도 유력한 후보다. 보그는 이 모든 새들의 DNA를 조사함으로써, 다윈핀치에 가장 가까운 것이 어느 것인지를 규명해낼 수 있기를 바란다. 예컨대 다윈핀치들과 가장 비슷한 시토크롬b 유전자를 갖고 있는 새는 누구일까?

보그는 대프니메이저의 핀치 유닛에서 가장 신중하고, 조심스럽고, 세심한 관찰자라는 평판을 받아왔다. 보그와 옐테르는 몇년 째 실에이밀 봉지를 이용하여 이 프로젝트를 진행해왔다. 그러나 그들의 프로젝트에는 복잡한 측면이 도사리고 있다. 유전자는 고정적이거나 영구적인 것이 아니다. 유전자는 아직도 쓰이고 있는 원고이며 다윈핀치들 사이에서는 유전자를 쓰고 고치는 속도가 가속화되고 있다.

변이의 비밀이 굳게 닫힌 블랙박스 속에 숨어 있을 때, 다윈은 이렇게 썼다. "상황의 변화가 생명의 다양성을 증가시키는 경향이 있다고 믿을 만한 타당한 이유가 있다."

실험실에서 배양된 세균을 이용한 DNA 연구는 이 점을 규명하고, 그 원인을 밝혀내는 방향을 제시했다. 예를 들면 배양접시 속의 세균 세포 집락은 스트레스를 받았을 때(즉, 갑자기 더워지거나 추워질 때, 갑자기 건조해지거나 습해질 때) 걷잡을 수 없이 돌연변이를 일으키기 시작한다. 생물학자들은 '우리의 영혼과 배를 구해주시오Save Our Souls, Save Our Ship'를 뜻하는 국제적인 긴급 조난신호를 빗대어, 이것을 SOS 반응이라고 부른다. SOS 반응이 일어날 경우 배양접시에 있는 세포 중 적어도 몇 개는 새로운 환경조건이라는 재앙을 극복하고 살아남을 수 있다.

생물학자들은 옥수수에 고온이나 저온으로 충격을 가할 때 나타나는 DNA 반응을 통해 SOS 반응을 관찰해왔다. 최근에는 효모에서도 이런 반응이 관찰되었다. 옥수수나 효모뿐만 아니라, 상당수의 세포들은 스트레스 상태에서 돌연변이 속도가 빨라지고 스트레스가 사라지면 돌연변이가 속도가 느려진다. 세포들은 평소에 진화의 뚜껑을 닫아 놓고 있는데, 스트레스는 그 뚜껑을 열어젖힌다. 그러므로 스트레스는 DNA의 특정 부위를 극도로 불안정하게 만들 수 있다.

배양접시에 스트레스가 가해질 때 많은 대장균 세포들은 세포막에 있는 구멍까지 열어젖힌다. 노출된 DNA 가닥들은 낡은 신문지 뭉치처럼 세균의 집락 주위를 둥둥 떠다니고, 세포들은 떠나니는 DNA를 섭취하여, 그중 일부를 자신의 유전자 속에 삽입한다. 이 과정을 형질전환transformation이라고 하는데 이 과정은 해로운 화학물질이나 자외선과 같은 스트레스를 통해 촉진될 수 있다.

분자진화학자 존 F. 맥도널드John F. McDonald는 이렇게 썼다. "진화사의 도전적 순간에는 주된 적응적 이동adaptive shift이 필요한데, 이때 적절한 변이체가 등장할 가능성을 증가시키는 유전적 메커니즘이 존재한다. 이 의미는 매우 중요하다."

지금 이 순간 대프니메이저에서 그랜트 부부는 다윈핀치들 사이에서 그런 일이 진행되고 있음을 목격하고 있다. 늘 끼리끼리만 짝짓기를 한다면 핀치들은 독립된 유전자풀을 유지할 것이다. 핀치들의 변이창고, 즉 독특한 스펠링을 지닌 10만 개의 유전자들은 계속 구분될 것이며, 종들은 저마다 자신의 유전자 세트를 유지할 것이다.

그러나 유전자풀은 본래 독립과는 거리가 멀다. 제도는 용광로와 같아서 유전자는 끊임없는 이종교배와 잡종의 역교배를 통해 핀치들 사이를 이리저리 흘러다닌다.

만약 이종교배를 전혀 하지 않는다면 새들의 DNA와 부리와 몸은 훨씬 더 안정적이고 균일하게 될 것이다. 그러나 이종교배는 다양성을 증가시킨다. 다윈핀치들이 지닌 놀라운 다양성의 비밀은 바로 이종교배인 듯하다. 그랜트 부부의 계산에 의하면, "만일 대프니메이저에 한 세대마다 한 이민자가 나타나 각 핀치 종에 자신의 유전자를 주입한다면 모든 핀치의 유전자풀이 고갈되는 것을 막기에 충분할 만큼 신선한 유전자가 유입된다"라고 한다. 즉, 한 종에게 한 세대에 한 번씩 유전자를 주입한다면 핀치의 다양성을 (그랜트 부부가 대프니메이저를 관찰하기 시작했던) 1970년대 수준으로 유지할 수 있다는 것이다.

그런데 신선한 유전자의 홍수는 여러 차례 밀려들고 있으며 그 속도는 계속 빨라진다. 대프니메이저에서 혼혈이 승리하는 것은 '다윈 핀치들의 DNA가 상상했던 것보다 더 풍요롭고 낯설게 변하고 있음'을 의미한다. 잡종들은 대프니메이저의 반쯤 독립된 종들에게 외래 유전자의 잡다한 모음집을 전파하고 있다. 그렇다면 핀치 관찰자들은 열세 명의 젊은 항해자들로부터 동시에 원고를 모으고 있는 것이나 마찬가지이다. 항해자들은 아직 철자법을 배우며 원고를 쓰고 있으며, 그들 중 상당수는 문장을 서로 베끼고, 심지어 단락과 쪽을 통째로 주고받기도 한다.

배양접시 위에 놓인 대장균의 SOS 반응처럼 이 모든 '날아다니는 DNA'들은 핀치의 다양성을 신속히 증가시키고 있다. 심지어 새 유전자의 유입이 돌연변이 속도를 증가시키는 것도 가능한데, 이런 효과는 (실험실에서 잡종화된) 초파리의 DNA에서 발견되었다.

시대는 변하고 있다. 새들은 스트레스를 받고 새로운 유전자를 받아들여 다양화되면서, 보이지 않는 해안을 잠식하여 결국에는 무너뜨리고 있다. 1982년의 홍수는 '유전자의 홍수', '비밀 메시지의 공유', '보이지 않는 형질들의 플라잉셔틀(1733년 영국의 존 케이가 발명한 자동 베틀로, 핸들을 이용해 직조기계의 씨실을 넣는 장치_옮긴이)', '집단의 격렬한 혼합', '숨겨진 변이의 폭증'을 일으키고 있다.

지금으로부터 수백만 년 전 첫 핀치들이 갈라파고스에 날아들었을 때, 젊은 화산들이 뿜어낸 불기둥, 연기, 화산재가 주는 스트레스는 틀림없이 극심했을 것이다. 그러니 자연선택의 강도, 이종교배의 속도, 진화의 속도는 범상치 않았을 수밖에. 지금 그와 비슷한 뭔가가 다시 일어나고 있는 듯하다.

chapter 16

거대한 실험

인간은 거대한 실험을 시도해왔다는 말을 들을지도
모르겠다. 하지만 그 실험은 자연이 장구한 세월 동안
끊임없이 시도해왔던 것이다.
- 찰스 다윈, 『기르는 동물과 식물의 변이』

산크리스토발에 도착한 후 한 시간 만에 다윈은 갈라파고스의 새들이 인간을 한 번도 겪어보지 못했음을 알았다. 나뭇가지에 앉아 있던 매가 총구로 떠밀자 맥없이 밀려나고, 땅바닥에서 종종걸음을 치던 핀치가 휘두른 모자에 맞아 죽었으니 말이다. 항해일지에서 갈라파고스의 새들을 언급할 때마다 다윈은 그들의 지독한 순진무구함에 감탄을 금치 못했다.

플로레아나에 있는 죄수 집단수용소에 다녀온 뒤 다윈은 이렇게 썼다. "나는 한 소년이 꼬챙이를 들고 우물가에 앉아, 비둘기와 핀치들이 물을 마시러 올 때마다 찔러 죽이는 모습을 봤다. 그는 이미 저녁에 구워먹을 새를 한 무더기 잡은 상태였다. 그는 늘 그곳에서 똑같은 목적을 위해 기다리는 습관이 있다고 했다."

다윈의 글은 계속 이어졌다. "어느 날 흉내지빠귀 한 마리가 (거북이

껍데기로 만든) 물주전자 가장자리에 날아와 앉았다. 나는 누운 채 물주전자를 손에 꼭 쥐고 있었다. 새는 아주 조용히 물을 마시기 시작했고, 나는 새와 주전자를 동시에 땅에서 들어올릴 수 있었다. 나는 새들의 다리를 붙잡으려고 몇 번 시도했는데 거의 성공할 뻔했다."

당시 다윈은 몬테비데오의 항구에서 우편으로 받은 라이엘의 『지질학원리』 II권을 읽고 있었는데, 그 책은 진화의 가능성을 부정하는 논증으로 채워져 있었다. 그러나 라이엘은 한 침입자가 섬에 가져올 변화에 대해서도 언급하고 있었다. 예컨대 최초의 북극곰이 빙산을 타고 아이슬란드에 발을 디뎠을 때, 그 혼돈은 끔찍했을 거라고 라이엘은 주장했다. 그 곰은 사슴, 여우, 바다표범, 심지어 일부 새까지도 닥치는 대로 잡아먹었을 게 뻔하니 말이다. 섬에 사슴의 개체수가 줄어들면서 식물은 번성했을 것이고, 그 식물을 먹고 사는 곤충들도 마찬가지였을 것이다. 한편 여우가 줄어들면서 오리는 늘어났을 것이고, 그에 따라 물고기는 줄어들었을 것이다. 라이엘은 이렇게 설명했다. "하나의 새로운 종의 정착함에 따라 육지와 바다 양쪽에서 서식자들의 비율이 크게 변했을 것이며, 그 변화는 직간접적으로 생물집단 전체에 거의 끝없이 뻗어나갔을 것이다."

다윈이 언급한 '갈파라고스 새들의 유순함'은 라이엘이 준 교훈과 일맥상통했다. 다윈은 『연구일지』에서 새들의 유순함을 서술한 갈라파고스에 관한 장章을 다음과 같이 마무리했다. "이런 사실로 미루어볼 때, 한 지역에 새로운 포식동물이 도입될 경우 토종생물이 낯선 생물의 힘이나 기교에 적응하기 전에 얼마나 큰 재난이 일어나는지 유추할 수 있다."

다윈은 『종의 기원』에서 (생태학을 확립하는 데 기여한 것으로 알려진)

유명한 구절을 통해 이 점을 부연설명하고 있다. "어떤 지역에서든 복잡한 관계망이 모든 생물들을 연결한다. 종을 하나라도 더하거나 빼면, 동심원이 하나씩 추가되며 변화의 파동이 망 전체로 퍼져나간다." 영국의 마을에 고양이가 유입되면 먼저 들쥐의 수가 줄어들 것이다. 쥐가 줄어들면 (쥐에게 가끔씩 둥지와 꿀을 약탈당하는) 호박벌에게 이익이 돌아간다. 호박벌이 증가하면 그 벌이 수정시키는 삼색제비꽃과 붉은토끼풀이 혜택을 볼 것이다. 궁극적으로 마을에 고양이를 추가하는 행위는 꽃이 추가되는 것으로 귀결될 수 있다.

다윈은 갈라파고스 제도 전체에서 이 기본적 교훈을 되새겼다. 화산섬의 다양성은 지질학적 측면보다 생물학적 측면에서 볼 때 훨씬 더 두드러진다. 이는 종의 생존경쟁이 지역의 토양과 기후는 물론 식물군flora과 동물상fauna에 의해서도 형성된다는 것을 의미한다. 지질, 고도, 기후가 똑같은 섬인데도 서식하는 동식물이 근본적으로 다른 이유는 바로 그 때문이다.

다윈은 『종의 기원』에서 이렇게 적고 있다. "나는 오랫동안 '서식자들에게 가장 중요한 것은 지역의 물리적 조건'이라는 뿌리 깊은 편견에 사로잡혀 있었다. 그러나 서로 경쟁관계에 있는 서식자들의 특성도 물리적 조건에 못지않게 중요하며, 서식자의 성공에 훨씬 더 중요한 요소는 전자前者(서식자들의 특성)라고 생각한다. 어떤 새가 어떤 섬에 도착하면 그는 다른 생물집단과 경쟁함과 동시에 다른 적들의 공격에 노출된다. 도착한 섬에 따라 이처럼 다양한 상황이 펼쳐진다면 자연선택은 각각의 섬에서 다른 변종을 선호할 것이다."

앞에서 누차 언급했지만 다윈은 이러한 현상이 실제로 일어나는 것을 본 적이 없었다. 그러나 그는 지구의 어느 곳에서든 신종新種의 도입이 진화 사건을 일으킬 수 있다고 결론지었다. 작은 침입이 엄청난 결과를 초래할 수 있는 것이다. 침입자 자신은 새로운 보금자리에 적응하면서 급속히 진화한다. 그와 동시에 그곳에 살고 있었던 모든 생물들도 침입자에 적응하거나 멸종한다. 그 결과 진화와 멸종의 파동이 퍼져나가며, 변화 속도에 전반적으로 가속이 붙는다.

과거에는 여행 속도가 느렸다. 핀치는 변덕스러운 바람을 기다려야 했고, 북극곰은 빙산을 기다려야 했다. 대륙 간의 만남과 헤어짐은 (1년에 수 센티미터에 불과한) 대륙이동 속도에 의해 제한되었다. 그러나 오늘날에는 대규모 침입이 매일 일어나고 있으며, 지구표면 전체가 새로운 진화압력의 습격을 받고 있다. 침입자들은 낡은 차바퀴에 묻은 진흙에, 배 바닥에 고인 물에, 비행기의 객실에, 가방에, 바짓가랑이에, 흙투성이 신발 밑창에 달라붙어 있다. 다윈의 오래된 젤리병 실험이 다시 본격적으로 수행되고 있는 것이다. 그 결과 갈라파고스 제도뿐만 아니라 우리의 시선이 향하는 모든 곳에서 다윈주의 압력이 강화되고 있다.

다윈의 세기가 끝나갈 무렵, 미국의 진화학자 허먼 캐리 범퍼스는 외래종 침입의 작은 단계를 목격했다. 1898년 1월의 마지막 날, 로드아일랜드의 프로비던스에는 엄청난 눈보라가 휘몰아쳤다. 눈보라는 전차와 기차를 가로막았고, 전신과 전화선을 끊었으며, 월터 윌리스 가구점의 널빤지 지붕 위 흔들리는 전깃줄에서는 불꽃이 튀었다(다음 날 프로비던스의 일간신문 1면에 난 기사에 따르면 그 불은 '취객들이 던진 눈덩이에 맞아 꺼졌다'라고 한다).

범퍼스는 브라운 대학교에서 생물학을 가르치고 있었는데 매일 아침 미국에서 가장 오래된 도서관 중 하나인 프로비던스 도서관을 지나 칼리지힐College Hill에 갔다. 눈보라가 그친 다음 날 아침, 범퍼스는 눈을 밟으며 길을 가다가 엄청나게 많은 영국참새들이 도서관 밑에 죽어 있거나 이리저리 떠돌다 기진맥진해 쓰러져 있는 것을 보았다. 참새들은 도서관을 뒤덮은 담쟁이덩굴 속에서 겨울을 보내곤 했는데, 이번에는 눈보라에 휩쓸리는 바람에 그러지 못했던 것이다.

범퍼스는 그 참새들이 뉴잉글랜드에 새로 이주한 새들임을 알고 있었다. 신세계New World에 들어온 구세계Old World 출신의 참새였는데, 맨 처음 들어온 커플 중 하나는 (범퍼스가 태어나기 10년 전인) 1851년 뉴욕 센트럴파크에 나타났다. 공원을 배회하던 한 괴짜 새 애호가가 애완용 참새들을 풀어줬는데, 그 괴짜는 셰익스피어 연극에 나오는 새들을 모조리 미국에 수입하고 싶었던 사람이었다. 따라서 그날 아침 참새들이 눈 속에 널브러져 있었던 것은 부분적으로 셰익스피어 때문이었다. 셰익스피어는 일찍이 『햄릿』에서 "참새 한 마리가 떨어지는 것도 특별한 섭리 때문이다"라고 언급했던 적이 있기 때문이다.

범퍼스는 가능한 한 많은 참새들을 긁어모아 해부학실로 가져갔는데 실험실의 온기 덕분에 72마리의 참새들이 소생했고 64마리는 영영 깨어나지 않았다. 범퍼스는 살아난 새들과 죽은 새들의 성별, 몸 길이, 날개 폭, 몸무게를 기록했다. 그리고 머리, 상완골humerus, 대퇴골femur, 경족근골tibiotarsus, 두개골, 흉골sternum의 길이도 쟀다. 모든 수치들을 집계하여 표로 만든 다음 분석해본 결과, "생존자는 대부분이 수컷이며, 살아남은 수컷들은 평균보다 덩치가 작고 몸무게가 가볍고, 날개뼈와 다리뼈와 흉골이 더 길며, 뇌 용량이 더 크다"라는 결론이 나왔다.

당시 영국참새들은 북아메리카 대륙에서 증식하며 급속히 퍼져나가고 있었다. 범퍼스는 "영국참새들은 미국에 도입된 이후 생활여건이 너무 좋아 자연선택의 작용이 사실상 중단되었으며, 결과적으로 미국 토종참새들은 퇴보하고 있다"라고 믿고 있었다. 눈보라에 휩쓸려 죽은 새들은 원형original type에서 가장 멀리 갈라져나간 것들이었는데, 이는 오늘날 안정화선택이라고 불리는 현상의 한 가지 사례였다.

1970년대 초 갈라파고스로 첫 여행을 떠나기 전, 피터 그랜트는 범퍼스의 논문을 다시 읽으며 첨부된 수치 데이터를 연구했다. 그 논문은 '진행되고 있는 진화'를 규명한 가장 유명한 연구 중 하나가 된 지 오래였다. 피터는 더욱 강력한 통계분석기법을 이용하여 범퍼스의 데이터를 재분석하였고 "범퍼스가 봤던 자연선택은 한 가지가 아니라, 사실은 두 가지였다"라는 결론을 내렸다. 즉, 암컷에게는 눈보라가 안정적이었다. 그래서 덩치가 가장 크거나 가장 작은 개체들은 죽었지만, 범퍼스가 말한 대로 평균적인 개체들은 살아남았다. 그러나 수컷의 경우에는 눈보라의 압력이 지향성을 갖고 있어서, 새들을 덩치가 작은 쪽으로 밀어붙였다.

범퍼스의 고전적 데이터를 재분석한 후, 그랜트 부부는 갈라파고스로 여행을 떠나고 싶은 마음이 간절해졌다. 피터와 로즈메리의 생각은 이러했다. "'참새의 추락'에는 뭔가 섭리가 있는 것 같다. 만약 그처럼 별난 상황에서 자연선택을 증명할 수 있다면, 좀 더 정상적인 조건에서 볼 수 있는 것은 무엇일까? 어쩌면 자연선택을 전혀 보지 못할 수도 있다."

영국참새들은 지금도 북아메리카(그리고 남아메리카, 남아프리카, 하와이, 호주, 뉴질랜드)에서 다윈과정을 통해 진화하고 적응한다. 제2차 세계대전 때 미 해군 선박에 달라붙어 솔턴호Salton Sea에 침입한 따개비들이나, 1970년대에 칠레에 침입한 초파리들도 마찬가지이다. 생물학자들은 이런 종들을 대상으로 '진행되고 있는 진화'를 추적하고 있으며, 그랜트 부부와 다른 연구자들의 연구결과가 누적되어감에 따라 그 과정을 관찰할 수 있다는 확신을 갖게 되었다. 인간 때문에 본의 아니게 지구상의 새로운 장소에 침입하는 바람에, 그들(영국참새, 따개비, 초파리 등)은 갈라파고스에 상륙한 첫 핀치들처럼 위기에 처했으며, 핀치의 진화처럼 그들의 진화도 빠르게 진행되고 있는 것으로 밝혀지고 있다. 그러므로 그것은 위기라기보다는 획기적인 사건이었다.

인간이 외래생물을 새로운 지역에 도입할 때마다 토종생물들의 삶도 바뀌고 있다. 라이엘이 북극곰 우화에서 지적하고, 다윈이 '꽃을 돕는 고양이'라는 설명을 통해 지적한 대로, 이런 연쇄사건은 어디에서나 계속되며 또 관찰된다.

유타 대학교의 진화학자 스콧 캐롤Scott Carroll은 무환자나무딱정벌레soapberry bug를 통해 그것을 증명하고 있다. 이 곤충은 바늘처럼 긴 주둥이proboscis를 가졌는데, 부리와 유사한 기능을 한다. 이 주둥이를 이용하면 과일 벽을 뚫고 씨의 벽까지 관통한 다음, 마치 빨대로 주스를 빨아 먹는 것처럼 양분을 녹여 빨아 먹을 수 있다.

무환자나무딱정벌레는 꽤 근사하게 생긴 신대륙 곤충이다. 세계에서 가장 키 큰 생물학자 중 한 명인 캐롤은 지난 몇 년 동안 애리조나의 야바파이 카운티Yavapai County에서 플로리다의 키라고Key Largo까지 돌아다니며 무환자나무 딱정벌레를 샅샅이 찾아내 연구했다. 캐롤은 개체를 추적하기 위해 등에 까만색 페인트로 숫자를 써놓고 기다란 허리를 잔뜩 굽힌 채 벌레들이 먹는 모습을 유심히 관찰했다. "처음 연구를 시작할 때 무환자나무 딱정벌레를 '태엽을 감는 작은 자동장치'쯤으로 생각했지만, 알고 보니 그렇지 않았다. 나는 곤충을 관찰하면서 개인적으로 그들이 각각 다른 개성을 갖고 있다고 믿게 되었다. 그러나 아쉽게도 그것은 나의 연구주제에서 벗어났다"라고 캐롤이 말했다.

무환자나무 딱정벌레는 미국의 중남부에서는 무환자나무에 살고, 텍사스 남단에서는 세르자니아serjania 덩굴에 살며, 플로리다 남부에서는 다년생 풍선덩굴baloon vine에 산다. 이 식물들은 그들의 토종 숙주로 쌍방 간의 관계는 수천 년 전으로 거슬러 올라간다.

이 세 가지 토종식물 외에도, 무환자나무 딱정벌레는 각 지역에 매우 최근에 도입된 세 종의 열매도 먹는다. 동남아시아에서 원예용으로 수입된 '둥근 꼬투리' 금련화와, '납작한 꼬투리' 금련화, 그리고 루이지애나와 미시시피에서 야생으로 자라는 풍선덩굴이다.

무환자나무 딱정벌레의 부리는 측정하기도 쉽고, 변이의 의미도 명백하다. 언젠가 누군가가 에이브러햄 링컨에게 "사람의 다리가 얼마나 길어야 한다고 생각하나요?"라고 묻자, 링컨은 간단하게 "그저 땅바닥에 닿을 정도면 되죠"라고 대답했다고 한다. 무환자나무 딱정벌레의 부리도 마찬가지이다. 그저 씨앗에 닿을 정도의 길이면 족하다.

플로리다 남부가 원산지인 풍선덩굴의 열매는 반경이 12밀리미터인데 그것을 먹고 사는 무환자나무 딱정벌레의 부리 길이는 9밀리미터를 조금 넘으므로, 과일의 중심부에 있는 씨앗에 충분히 닿을 수 있다. 그러나 플로리다에 새로 도입된 '납작한 꼬투리' 금련화의 열매는 반경이 3밀리미터도 채 되지 않으므로, 이 식물의 열매를 먹는 무환자나무 딱정벌레의 부리는 그다지 길 필요가 없다. 따라서 딱정벌레의 부리는 점점 더 짧아져, 현재 평균적으로 7밀리미터에 못 미친다. 이것은 빠른 진화라고 할 수 있다. 왜냐하면 플로리다에는 1950년대까지 금련화가 충분히 보급되지 않았기 때문이다. 그러므로 부리는 시간이 지나면 더 짧아질 것이다.

토종 무환자나무 열매는 반경이 6밀리미터에 불과하며, 열매를 먹고사는 딱정벌레의 부리 길이는 6밀리미터이다. 그런데 새로 도입된 풍선덩굴의 열매는 반경이 거의 9밀리미터이다. 풍선덩굴로 갈아탄 무환자나무 딱정벌레는 현재 8밀리미터에 육박하는 부리를 갖고 있는데, 이는 훨씬 더 빠른 진화이다. 무환자나무 딱정벌레의 영토에는 1970년대까지 풍선덩굴이 풍부하지 않았다. 그러므로 그들의 부리는 시간이 지나면 훨씬 더 길어질 것이다.

또한 캐롤은 주州와 카운티의 자연사박물관에 소장된 딱정벌레 표본들도 측정했는데, 딱정벌레의 영토에 새로운 식물이 도입될 즈음에 거의 때를 맞춰 부리 길이가 변화한 것을 발견했다.

이상의 모든 사례에서 무환자나무 딱정벌레의 부리는 링컨의 규칙을 준수하며 진화하고 있음을 알 수 있다. 즉, 씨앗에 닿을 정도까지만 말이다. 그리고 새로운 식물의 도입 시기는 잘 알려져 있는 데다 비교적 최근인 경우가 많으므로, 이것은 '우리 주변에서 진행되고 있는 진화'를 보여주는 대표적 사례 중 하나이다. 게다가 외래생물과 토종생물을 모두 알 수 있으므로 캐롤은 이를 두고 '역사가 있는 자연사'라고 부른다.

다윈은 '이러한 식습관변화가 간혹 놀라운 방향으로 전개되는 것은 아닐까?'라는 생각이 들었다. 『종의 기원』에서 "영국의 곤충들 중에는 오로지 영국 농부들의 농작물만 먹고 사는 종들이 있는 반면, 그 곤충의 조상들은 예나 지금이나 농장 주변의 숲과 생울타리hedgerow에 있는 토종 잡초들을 먹고 있다"라고 지적하며 이렇게 결론지었다. "같은 지역에 분포하는 같은 동물의 변종들이라도 활동장소를 달리하거나 조금 다른 시기에 짝짓기를 하거나 같은 종류끼리만 짝짓기를 함으로써 오랫동안 구분되어 남아 있을 수 있다. 그러므로 굳이 제도에 고립되지 않더라도 영국 시골의 들판과 생울타리에서도 '새롭고 완벽하게 정의된 종'들이 나란히 형성될 수 있다."

신대륙에서 『종의 기원』을 처음 읽은 사람들 중 다윈과 같은 해에 케임브리지를 졸업한 영국인 벤저민 월시Benjamin Walsh가 있었다. 월시는 케임브리지에서 신학을 공부하다가 자신도 다윈처럼 딱정벌레 채집을 더 좋아한다는 것을 깨달았다. 그러나 엠마와 함께 런던 교외의 시골에 정착한 다윈과 달리, 월시는 아내와 함께 미국으로 건너갔다.

월시는 일리노이의 황무지에 통나무집을 지은 다음, 진흙으로 벽을 바르고 벽난로를 설치했다(통나무를 운반하기 위해 황소가 필요했다). 후에 다운Down에 사는 다윈에게 다음과 같은 편지를 썼다.

나는 '세상 선세와 동떨어져 완벽한 자연생활을 하겠다'라는 어처구니없는 생각에 사로잡혀 있었어. 마음을 갈고닦아 완벽한 존재가 되겠다고 말이야. 그래서 나는 마을에서 30킬로미터쯤 떨어진 곳, 이웃이라고는 단 하나뿐인 광야에서 황무지 몇 백 에이커를 샀지. 그러고는 거기서 말처럼 일하며, 조금씩 농장을 일구었다네.

다윈이 『종의 기원』을 출간할 즈음 월시는 말라리아에 걸리고, 농장 두 곳을 잃고, 제재업을 시작하고, 건물 열 채를 짓고, 지역정치에 휩쓸렸다가 빠져나오는 등 온갖 산전수전을 겪고, 결국에 다시 곤충학으로 돌아왔다. 그는 1864년 영국에 편지를 썼다.

나는 30여 년 전, 크라이스트 칼리지에 있는 자네 방에서 자네를 소개받았지. 그리고 자네의 귀중한 영국 딱정벌레 표본집을 들여다보는 영광을 누렸다네. 이번에는 『종의 기원』 출간을 축하하는 기회를 허락해주기 바라. 처음 읽었을 때는 마음이 흔들렸고, 두 번째는 확신하게 되었으며, 읽으면 읽을수록 자네의 이론이 정당하다는 것을 더욱 확신하게 되더군.

월시는 자신이 (주변의 들판과 숲에서) 직접 지켜본 사건에 다윈의 개념을 적용했다. 그곳에는 미국산 토종 초파리가 하나 있었는데 야생 산사나무hawthorn에 알을 낳는다고 해서 흔히 산사파리haw fly라고 불렀다. 월시가 그 지역에 살기 시작할 때쯤, 농부들은 허드슨 강 계곡에 사과 과수원을 만들어 사과를 재배하기 시작했다. 그러자 산사파리 중 일부는 산사나무를 제쳐두고 사과를 먹기 시작했다.

월시는 1867년 발표한 논문에 이렇게 썼다. "동부와 서부에 모두 서식한다고 해도 산사파리들은 일부 한정된 지역에서만 사과 과수원을 습격한다. 심지어 동부에서도 이 새롭고 무시무시한 '사과의 적'은 허드슨 강 계곡에서만 발견될 뿐 아직 뉴저지에는 도착하지 않았다." 월시는 사과파리들이 계속 퍼져나갈 것이고, 궁극적으로 분기하기 시작할 거라고 예측했다. 산사파리와 사과파리는 계속 나란히 살아갈지도 모르지만, 다윈이 『종의 기원』에서 제시한 것처럼 두 개의 독립된 종으로 전환될 수도 있었다.

불행하게도 월시는 초파리에 관한 논문을 발표한 후 세상을 떠났다. 그러나 사과파리들은 그가 예측한 대로 퍼져나갔다. 사과파리는 1872년에 허드슨강 계곡 북부, 버몬트, 뉴햄프셔에서 보고되었고, 1876년에는 메인에서, 1907년에는 캐나다에서 보고되었다. 1894년이 되자 조지아를 가로질러 진군했고, 1902년에는 미시간에 도착했다. 현재 그들은 북미의 동부 해안과 중서부를 오르내리며 사과를 먹고 있다. 최근 10년 동안 그들은 미국 서부 해안에 도착했다. 들장미 열매를 먹고, 가끔씩 배와 서양자두도 먹으며, 위스콘신에 있는 도어 반도에서는 시큼한 버찌를 막 먹기 시작했다. 반면에 산사파리는 아직도 산사나무를 먹고 있다.

이웃 간의 종분화는 본래 다윈이 주장한 것임에도 불구하고, 오늘날 대부분의 진화학자들은 그것을 비정통적인unorthodox 것으로 여긴다. 왜냐하면 종분화의 표준모델은 지리적 격리를 요구하기 때문이다. 지리적 격리에 의한 종분화는 지난 반세기 동안 규범적인 패턴으로 자리잡았으며, 많은 진화학자들은 그것을 보편적 패턴으로 믿고 있다. 그러나 대부분의 진화학자들은 여러 왕국과 종파로 나뉘어 지리한 논란을 벌이고 있다. 신종은 다윈핀치들처럼 제도에서 생겨나는가, 아니면 이웃들 사이에서 생겨나는가? 종의 기원은 빠른가 느린가? 종분화의 메커니즘은 자연선택인가, 아니면 성선택인가? 이런 질문들 중에서 딱

부러지는 답이 나오는 것은 아무것도 없다. 마치 과학법칙과 거의 같아서 증거가 간접적일수록 논쟁은 더욱 양극화된다. 진화학자들은 가끔 자신들이 (달걀을 깨뜨리는 적절한 방법이 이빨인가 손톱인가를 놓고 싸우는) 『걸리버여행기』의 대인국과 소인국처럼 말하고 있음을 알아차린다. 반면에 증거가 직접적일수록 대답이 분열될 가능성은 줄어든다.

산사나무에서 사과로 갈아탄 파리들은 사과가 나무에 매달려 있을 때 그 속에 알을 낳는다. 알은 이틀 내에 부화하고 유충은 사과를 파먹고 무럭무럭 자라며 사과를 벌집처럼 쑤셔놓는다. 사과가 익어서 땅에 떨어지면 유충은 땅속으로 파고들어간다. 그러고는 여름 내내 파리가 우글거렸던 나무 밑 땅속에서 잠자며 겨울을 난다. 다음 여름이 찾아오면, 그들은 새로 열리는 사과를 파먹을 준비를 한다.

파리들은 자신들이 사과를 먹는 나무에서만 짝짓기를 한다. 사과파리 전문가들에 의하면, 번식기가 시작될 때 수컷 파리들은 암컷에게로 날아가 1~2센티미터 떨어진 곳에 앉아서 얼굴을 빤히 쳐다본다고 한다. 그런 다음, 만약 시각특징의 게슈탈트Gestalt(게슈탈트는 형形·형태形態를 뜻하는 독일어로 형태심리학Gestaltpsychology에서 유래한 말이다. 형태심리학이란 심리학의 주류였던 연합주의聯合主義의 요소관要素觀에 대립하여 전체관全體觀과 형태성形態性을 중시하는 심리학이다. 게슈탈트성性은 지각되는 정보의 복잡함과 애매함을 정리하고 단순화하여 수용하려는 특성을 말한다. 우리의 뇌는 어떤 자극에 노출되면, 하나하나의 부분으로 보지 않고 완결·근접·유사의 원리에 입각하여 하나의 의미 있는 전체 또는 형태, 즉 게슈탈트로 만들어 지각하려 한다_옮긴이)가 '내가 바라보고 있는 암컷이 나와 같은 종에 속하는 게 맞다'라고 암시하면 암컷의 복부로 뛰어올라 교미를 시도한다고 한다. 이상은 종종 사과 꼭대기에서 벌어지는 일이다.

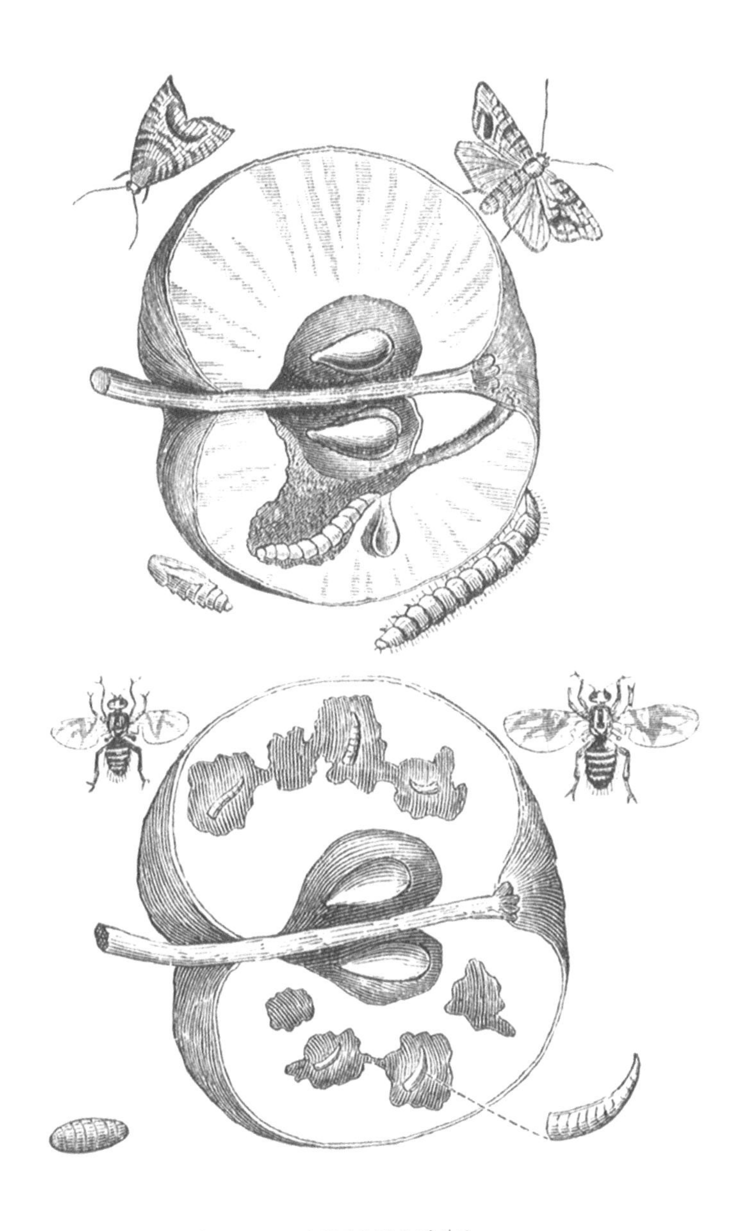

위의 사과는 코들링나방codling moth의 공격을 받은 것이고,
아래 사과는 사과파리의 공격을 받은 것이다.
출처: 벤저민 월시, 『사과벌레와 사과 구더기』, 필라델피아 자연과학대학 도서관 제공.

번식기 후반으로 가면 구애의 패턴이 바뀐다. 수컷은 영토를 확보하고 다른 수컷이 들어오지 못하도록 막는 동시에 암컷이 근처로 날아오기를 기다린다. 사과파리 두 마리가 사과 하나의 소유권을 놓고 싸우는 경우도 간혹 있다. 사과파리의 삶은 점점 더 사과나무에 얽혀드는 듯하다. 한 세기 전에 월시가 예측했던 것처럼 그들은 산사파리에게서 스스로 갈라져 나와 새로운 종을 형성하는 도중에 있는 것 같다.

젊은 진화학자 제프리 페더Jeffery Feder는 그 가능성을 분자 수준에서 조사하고 있다. 그는 한 연구에서 미시간 주 그랜트 마을 근처의 오래된 과수원에서 채집한 산사파리와 사과파리를 조사했다. 파리가 보유한 효소 여섯 가지를 분석한 결과, 산사파리와 사과파리가 여섯 가지 유전자 모두에서 조금씩 차이를 보이는 것으로 나타났다. 사실 그 차이는 극히 미미했다. 페더는 두 종류의 파리에서 똑같은 효소 여섯 가지를 발견하기도 했고, 똑같은 변이체 여섯 가지를 발견하기도 했다. 그러므로 산사파리와 사과파리에는 변이체가 모두 존재하지만 그 비율만 달랐던 것이다. 이는 두 대륙에 사는 사람들의 눈 색깔과 비슷하다. 즉, 두 대륙에는 파란색, 갈색, 검은색, 녹색 등의 유전자가 모두 존재하지만 한 대륙에는 검은색보다 파란색이 더 흔하고, 다른 대륙에서는 파란색보다 검은색이 더 흔하다.

그랜트 마을의 버려진 과수원에서 채집된 두 파리 품종의 유전자 풀은 일부는 합쳐지고, 일부는 격리되어 있는 것 같다. 다시 말해서 우리는 종분화의 가장 초기적인 단계를 지켜보고 있는지도 모른다. 페더는 더욱 광범위한 연구에서 미국과 캐나다의 과수원 열두 곳에 서식하는 파리들의 효소 22가지를 조사했다. 그 결과, 대륙 전역에서 사과파리와 산사파리의 유전자풀이 이런 식으로 분화해온 것으로 나타났다.

사과는 산사보다 한 달쯤 먼저 익어서 떨어진다. 그러므로 사과에 매달려 있는 파리들은 달력에서 섭식과 번식 스케줄을 한 달쯤 앞당겨야 한다. 한 달은 초파리 성체의 평생과 거의 같으므로, 초파리에게 한 달은 일생이나 마찬가지이다. 그러므로 산사에서 사과로 갈아타는 것은 두 유전자풀을 멀리 밀어내게 된다. 산사파리와 사과파리는 '공간적 제도'가 아니라 '시간적 제도'에 고립되어 있다. 다윈과 월시가 상상했던 것처럼 종분화를 향해 첫걸음을 내딛고 있는 것 같다.

전 세계에 서식하는 다른 수천 종들 중에서도 눈에 띄지 않게 이와 같은 일이 벌어지고 있을 것이다. 농장은 어디서나 곤충들에게 새로운 섬과 틈새를 제공하므로, 농부들은 알더라도 어쩔 도리가 없어 발을 동동 구르게 될 것이다. 코들링나방의 경우만 해도 지금으로부터 200년 전 허드슨강 계곡에 도착한 이후 북미의 사과 과수원에 적응해왔다. 코들링나방의 다른 개체군들은 페르시아 호두나무, 스위스 살구나무, 남아프리카 배나무, 캘리포니아 자두나무에 특화해왔다. 뿔매미tree-hopper는 노박덩굴속bittersweet, 가래나무속butternut, 가막살나무속Viburnum, 박태기나무속Cercis 등 여섯 속의 관목과 교목에 특화하여, 여섯 갈래로 가지를 치고 분화해왔다. 뿔매미의 번식 격리는 완벽하다. 그러므로 설사 두 속의 나무가 나란히 자란다 하더라도, 한 나무에서 사는 뿔매미는 다른 나무에서 사는 뿔매미와 절대로 짝짓기를 하지 않는다.

또 페더는 블루베리와 허클베리를 공격하는 파리 계통도 연구하고 있다. 이들은 외견상 산사파리나 사과파리와 똑같아 보이지만 좋아하는 과일이 다르다. 이 파리들은 노바스코샤Nova Scotia에서 플로리다까지, 서쪽으로는 미시간까지 블루베리 농장을 위협하고 있다. 만약 당신이 사과파리와 블루베리파리 몇 마리씩을 잡아 병 속에 함께 넣으면, 서로 짝짓기를 해서 (완전히 정상적으로 보이는) 건강한 잡종파리를 낳을 것이다. 두 파리집단은 병 속에서는 완벽한 상호교배가 가능한 것 같다.

그러나 야생에서는 상황이 달라진다. 이웃한 블루베리 덤불과 사과나무에서 파리를 채집하여 유전자를 살펴본 결과, 그들의 유전자는 뚜렷이 구분되며 각각 특유의 종특이성species-specificity을 갖는 것으로 나타났다. 따라서 야생 상태에서는 거의 잡종을 만들지 않으며, 유전자를 서로 주고받지 않는 것으로 보인다. 심지어 블루베리의 덤불이 사과나무의 가지와 뒤엉키더라도 각각의 나무에 사는 파리 종은 살을 섞지 않는다. 블루베리파리와 사과파리는 각각 다른 과일을 먹고 같은 종류끼리만 짝짓기를 한다. 마치 멀리 떨어진 섬에 따로 고립되어 있는 것처럼 말이다.

chapter 17

이방인의 힘

이런 사실로 미루어볼 때, 한 지역에 새로운 포식생물이
도입될 경우 토종생물이 낯선 생물의 힘이나 기교에
적응하기 전에 얼마나 큰 재난이 일어나는지
유추할 수 있다.
- 찰스 다윈, 『연구일지』

갈라파고스 제도 중에서 플로레아나, 산티아고, 산크리스토발, 산타크루즈의 넓은 고지대는 소의 방목으로 인해 말끔해졌다. 농부들은 토마토, 아보카도, 구아바, 파파야, 오렌지, 레몬, 바나나, 감자, 커피, 그리고 속칭 노르웨이배를 재배해왔다. 대프니메이저에서 보이는 산타크루즈 섬에는 고지대와 섬 정상까지 비포장도로가 뚫려 있다. 그곳에는 오래되지 않은 과수원과 방목지들이 드넓게 펼쳐져 있고, (교통사고로 사망한 사람들을 기리기 위해 길가에 만든 분향소처럼) 작고 하얀 십자가들이 군데군데 보인다. (인간과 마찬가지로 제도에 새로 들어온) 말, 당나귀, 소, 횡로cattle egret들이 서 있는 들판에서는 갈라파고스땅거북 몇 마리가 돌아다니며 연못의 녹조류를 헤집고, 그들의 등껍질 위에서는 다윈핀치들이 뛰논다. 거북은 포도, 오렌지, 레몬을 수시로 씹어 먹고 그 씨앗

을 고지대 전체에 퍼뜨림으로써 농부들을 돕는다.

제도에서 가장 큰 마을은 산타크루즈의 남부해안에 자리 잡은 푸에르토아요라Puerto Ayora인데 다윈핀치들은 그 마을의 참새나 마찬가지이다. 카페에 모인 사람들이 '선장님', '교수님'이라는 유별난 별명을 부르며 인사를 나누는 동안, 핀치들은 발밑을 뛰어다니며 흘린 빵 부스러기나 우유를 주워 먹는다. 그들은 심지어 가정집 앞마당의 정원에서 먹이를 찾거나, 비포장도로 한가운데에 있는 물웅덩이에서 (자전거와 소형트럭에 아랑곳하지 않고) 목욕을 하기도 한다.

마을 사람들은 핀치가 유명하다는 걸 알지만, 왜 유명한지는 모른다. 사람들은 (부리가 작은 것에서부터 큰 것에 이르기까지) 모든 핀치를 그저 치케chique라고 부르고, 휘파람새는 마리아maria나 카나리오canario라고 부른다.

다윈은 핀치들이 (인간이 준비한 만찬을 먹을 수 있도록) 습관을 빠르게 조정할 수 있다는 것을 알았다. 플로레아나의 고지대에서 에콰도르 정치범들이 경작하는 밭에서 씨앗을 훔쳐 먹는 새들을 목격했다. 다윈은 『조류기록』에 이렇게 썼다. "큰 부리를 가진 핀치들은 경작지에 매우 해롭다. 녀석들은 지하 20센티미터에 파묻힌 씨앗과 식물까지 파먹는다."

이와 비슷하게 앨프리드 러셀 윌리스Alfred Russel Wallace는 종의 다양성에 관한 에세이에서 뉴질랜드의 산앵무새인 키key에 대해 이야기한다. 유럽인들이 뉴질랜드에서 양을 키우기 전까지 키는 꽃의 꿀과 꽃 주위를 윙윙거리며 돌아다니는 곤충을 잡아먹고, 과일과 씨앗도 쪼아 먹었다고 한다. 그런데 뉴질랜드에서 양이 사육되자마자 키는 양의 피부를 쪼아 건조시킴과 동시에 상처가 치유되는 것을 막기 시작했다. 양치기들은 등에 상처를 입어 피를 흘리는 양을 발견했다. 윌리스는 이렇게 말했다. "1868년경, 일부 양치기들은 앵무새가 양을 공격하는 것을 직접 봤다. 그 이후로 '새가 살아 있는 양의 몸에 구멍을 뚫고, 맛이 좋기로 유명한 콩팥까지 파먹는다'라는 소문이 퍼졌다." 그러자 양치기들은 앵무새와의 전쟁을 선포하고, 앵무새들을 보는 족족 쏘아 죽였다. 월리스는 이렇게 결론지었다. "이것은 '하나의 목적을 위해 개발된 발과 부리가 어떻게 전혀 다른 목적에 응용될 수 있는지'를 보여주는 좋은 사례이며, 또한 '가장 고정된 생활습관처럼 보이는 것이 실제로는 얼마나 불안정한 것인지'를 보여준다."

갈라파고스에서 정착민들과 다윈핀치들의 삶은 거의 즉각적으로

푸에르토아요라 마을에 있는 찰스 다윈 연구소에서, 여행자들을 위한 이정표 위에 앉아 있는 다윈핀치들. 그림: 탈리아 그랜트.

뒤엉켰다. 푸에르토아요라 마을에 사는 젊은 에콰도르 박물학자이자 갈라파고스 안내인인 파비오 페냐피엘Fabio Peñafiel은 이렇게 말한다. "핀치들은 작물의 꽃을 먹어요. 우리 옆집에 사는 아주머니는 정원에 파인애플 심는 걸 포기해야 했어요. 다 익기도 전에 핀치들이 쪼아 먹으니까 말이죠. 선인장핀치와 나무핀치가 주범이에요. 뜯어 먹고 또 뜯어 먹어서, 결국에는 열매가 전혀 열리지 않게 만들죠."

"그 아주머니는 핀치를 잡아먹어요. 정말이에요. 육질이 아주 부드럽다는군요. 물론 내게도 먹어보라고 권하죠. '이 멍청한 핀치 놈들아, 너희들이 내 작물들을 모조리 먹어치웠지? 하지만 나는 너희들을 잡아서 수프를 끓여 먹었지!'라고 말하면서 말이에요."

"핀치 수프라니! 그건 사실 불법이에요. 찰스 다윈 연구소 사람들이 들으면 뒤로 나자빠질걸요? 하지만 그 아주머니는 내게 솔직히 털어놓았어요. 핀치들이 작물을 먹어버리면 고지대에 있는 사람들은 뭘 먹고 살아야 하는지 한번 생각해보라고요. 그리고 결국에는 작물 때문에 핀치들의 수가 기하급수적으로 늘어나지 않겠냐는 거죠. 그 아주머니의 말은 구구절절이 옳았어요. 나는 감상적인 걸 좋아하지 않는 사람이거든요."

마을 바로 옆에 자리 잡은 찰스 다윈 연구소에서 다윈핀치들은 낮은 건물 사이에 깔린 자갈 위를 뛰어다니며 자갈과 산호 조각 틈에서 씨앗을 찾고 있다. 새들은 물결 모양의 지붕 가장자리나 기숙사 현관의 난간 위에 앉아, 방문하는 과학자들을 내려다본다. 마치 진화를 안내하는 마스코트처럼 여행자들을 인도하는 이정표 위에 앉아 있다. 핀치들이 연구소의 도서실 쪽 바깥에 떼 지어 몰려들면, (셔츠를 허리에 동여매고 머리카락을 뒤로 묶은 열대 사서 차림의) 도서관 직원 게일 데이비스

Gayle Davies가 핀치들에게 쌀을 던져준다. 그녀는 (연구소에서 비포장 도로를 따라 1.5킬로미터쯤 내려간) 자택의 베란다에서도 핀치들에게 먹이를 준다. 난간에 매달아놓은 쟁반에 쌀을 부으면 작은땅핀치, 중간땅핀치, 큰땅핀치, 보통선인장핀치 수십 마리가 뛰어와 줄에 매달려 짹짹거리며, 그녀의 손에 달라붙은 난알 몇 개까지 낚아챈다.

데이비스는 이렇게 말한다. "남편이 바다에 나가느라 자주 집을 비우기 때문에, 주변에 생물이 있는 게 참 좋아요. 새들은 아침에도 정오에도 그곳에 나타나죠. 하루 종일 뭔가 기대를 품고 있는 것 같아요. 내가 출타 중일 때 누가 찾아오면 마치 새들 사이에 소문이 쫙 퍼지는 것 같아요. 갑자기 구름처럼 몰려든다니까요."

데이비스는 으레 부엌의 뚜껑 없는 그릇에 쌀을 보관하는데, 대담한 핀치 몇 마리는 안으로 날아들어와 그릇에 있는 쌀을 먹기도 한다. 대다수는 쌀을 쟁반에 부을 때까지 밖에서 기다리지만 말이다. "하지만 어중이떠중이들과 함께 먹는 걸 좋아하지 않는 몇몇은 창문을 통해 안으로 들어와 편안하게 먹어요. 베란다의 쟁반이 아무리 꽉 차 있어도 말이에요."

"한번은 집 안에서 침대에 걸터앉아 책을 읽고 있었어요. 그때는 우리 집에 방이 하나뿐이어서, 낮에는 침대를 접어서 소파로 썼어요. 베개를 턱에 괴고 앉아 있는데, 핀치 한 마리가 날아들어와 머리 바로 옆 베개에 앉는 게 아니겠어요? 그런데 자세히 들여다보니 부리에 뭔가 이상이 있었어요. 물집이 하나 있었던 거죠. 물집은 보통 발에 생기는데 가끔 부리 안쪽에 생겨나 속을 썩이기도 하죠."

"난 그걸 그럭저럭 긁어냈어요. 그런 다음 겐티아나바이올렛gentian violet을 발라줬죠. 그저 핀치를 도와주고 싶었을 뿐이에요."

"그런 핀치는 난생처음이었어요. 가까이 날아와 내 얼굴을 빤히 쳐다보는 새 말이에요. 평소에도 먹이를 줄 때는 머리를 들고 날 쳐다보죠. 하지만 이번에는 차원이 달랐어요. 마치 도와달라고 애원하는 사람 같았다니까요. 물론, 앞으로도 영원히 알 수 없겠죠. 그 새는 (부리가 아팠으니) 먹을 수가 없어서 매우 굶주린 상태였을 뿐이고, 나는 먹이를 공급하는 사람이었을 뿐이고…. 하지만 누가 알겠어요? 난 분명히 '도와주세요'라고 애원하는 것처럼 느꼈으니까요."

인간의 상륙은 다윈핀치들의 진화사에서 새로운 국면을 의미하지만, 향후 방향은 아직 명확하지 않다. 피터 그랜트는 이렇게 말한다. "우리는 인간이 사는 섬에서 고양이, 쥐, 생쥐, 개, 염소, 당나귀, 마디개미fire ant, 파인애플, 바나나, 구아바 등의 영향력을 연구한 적이 없어요. 그것들이 핀치에게 영향을 미칠까요? 엄밀히 말해서 우리의 연구를 통해서는 알 수 없어요. 우리는 그럴 거라고 가정하기는 하지만, 그와 관련된 변화들을 전혀 관찰하지 않았거든요."

로즈메리와 피터는 산타크루즈의 핀치들에게서 뭔가 이상한 낌새가 보인다고 생각하고 있다. 내용인즉, 연구소와 마을 주변에서 새들 간의 차이가 모호해지고 있는 것 같다는 것이다. 그랜트 부부는 이 점을 한 번도 체계적으로 연구한 적이 없지만, 부부의 눈에 비친 종들은 마치 융합되고 있는 듯하다고 한다. "산타크루즈의 핀치들은 어느 정도 합류한 상태예요. 가장 큰 중간땅핀치와 가장 작은 큰땅핀치 사이에는 전혀 차이가 없어요"라고 로즈메리는 말한다.

피터는 조심스럽게 이렇게 말한다. "정확한 걸 알려면 해당 지역에서 100년 전에 살았던 핀치와 지금 살고 있는 핀치를 비교할 필요가 있어요." 하지만 그와 로즈메리는 '푸에르토아요라에는 물과 먹이가 풍부하기 때문에 마을 주변에서 새들의 번식밀도breeding density가 높아졌을지도 모른다'라고 추측하고 있다. 생존경쟁의 강도가 약해졌을 수도 있다. 마을이 커지면서 각 세대에게 가해지는 선택압이 약해져 핀치들이 잡종 무리로 전환되고 있는지도 모른다.

핀치 유닛이 증명한 것처럼, 무인도에서는 생존경쟁이 간헐적으로 심해지기 때문에 대프니메이저와 제노베사에서는 그런 융합 현상이 일어나지 않았다. 어려운 시기에는 다양해진 핀치 부리들이 큰 적응적 가치를 지니고 있으므로 자연선택에 의해 반복적으로 보존된다. 예컨대 슈퍼 엘니뇨가 지나간 뒤인 1983년 말, 제노베사 섬은 사상 유례없이 풍요로웠고, 다윈핀치의 생활여건은 (게일 데이비스의 베란다가 1년 내내 그랬던 것처럼) 매우 양호했다. 당시 제노베사에서 큰선인장핀치와 큰땅핀치의 부리 두께는 매우 다양했으며, 큰선인장핀치의 가장 두꺼운 부리와 큰땅핀치의 가장 가느다란 부리는 근접해 있었다. 만약 풍성한 상태가 계속되었다면 핀치들의 융합은 계속되었을 것이다. 그러나 1984년과 1985년에는 가뭄이 길었다. 로즈메리에 의하면, 중간 형태는 모두 사라졌다고 한다. 정확히 말하면 큰선인장핀치와 큰땅핀치의 중간치에 해당하는 부리를 가진 핀치는 모두 죽었다는 것이다.

"큰땅핀치의 부리는 길이와 두께가 증가했고, 큰선인장핀치의 부리는 길이와 두께가 감소했어요. 즉, 두 종은 선택에 의해 나뉜 거죠." 로즈메리는 찰흙 덩어리를 양손으로 잡아당기는 시늉을 하면서 말한다. "결과는 분기였죠. 실질적인 갭gap이 생긴 거예요."

'잡종을 거부하는 선택이 거의 없는 산타크루즈 같은 곳의 경우, 다윈핀치 중 일부가 융합할지도 모른다'라는 것이 그랜트 부부의 생각이다. 분열과 융합의 균형에 인간이 손을 댄 것인지도 모른다. 마을과 농장 주변에서 그 유명한 '부리들의 차이'가 상당부분 사라지고 있는지도 모른다.

지금으로부터 수십 년 전, 식물학자 에드가 앤더슨Edgar Anderson은 「서식지에서의 잡종형성」이라는 제목의 사변적인 논문을 썼다. 앤더슨은 "부모의 한쪽 계통과 잡종의 역교배가 두 계통의 유전자를 혼합하는 수단을 제공하며, 따라서 중요한 진화단계일 수 있다"라는 점을 강조하기 위해 이입잡종형성introgressive hybridization이라는 용어를 만들어낸 진화학자이다.

이 논문에서 앤더슨은 "지구라는 행성에 방문한 인간이 초래한 교란이 도처에서 잡종형성 사례를 증가시킬 게 분명하며, 무수한 잡종과 그들의 서식지는 새로운 진화계통의 묘판이 될 것이다"라고 주장한다. 그의 견해에 따르면 중요한 진화단계는 첫 번째 잡종세대(F1)가 아니라 그다음 세대(F2)에서 나타난다. F1은 요구사항이 균일하며, 대체로 양쪽 부모의 요구사항의 중간에 해당할 것이기 때문이다. 그랜트 부부가 현재 다윈핀치들에게서 관찰하고 있는 상황이 바로 그렇다. 첫 번째 잡종세대의 부리와 몸은 양쪽 부모의 중간형태인 것이다.

그러나 F1의 자손, 즉 F2에서는 경이로운 일이 일어난다. 앤더슨은 "두 번째 세대는 자기만의 특정한 서식지를 요구하는 개체들로 구성될 것이다"라고 언급한 후, 다음과 같이 한 번 더 강조했다. **"두 번째 세대는 최적의 발육에 필요한 자기만의 특정한 서식지를 요구하는 개체들로 구성될 것이다."**

다시 말해서 잡종의 자손은 새롭고 특이할 것이며, 그에 걸맞게 새롭고 특이한 서식지를 요구할 거라는 이야기이다. 앤더슨은 오자크스Ozarks의 야생에서 자라는 자주달개비spiderwort 두 종을 이용하여 자초지종을 자세히 설명했다. 한 종은 절벽 밑에 있는 깊고 어두컴컴한 숲속에서 자라는 반면, 다른 한 종은 절벽 위에 있는 양지바른 곳에서 자란다. 그외에도 두 종의 서식지는 여러모로 정반대이다. 절벽 밑에 사는 종의 요구사항은 아래와 같다.

비옥한 점토(a)
그늘이 짙음(b)
부엽토로 덮임(c)

반면에 절벽 위에 사는 종은 다음과 같은 조건을 요구한다.

돌이 많은 토양(a')
양지바름(b')
지면이 노출됨(c')

앤더슨에 의하면 "두 자주달개비 종은 분화가 잘되어 있으며, 어떤 측면에서도 근연관계에 있지 않다"라고 한다. 그는 실험정원에서 두 종을 쉽게 교배하여 잡종의 뚜렷한 성질을 알아볼 수 있었다. 그러나 야생상태에서는 잡종이 자라는 것을 거의 발견할 수 없었다. 오자크스에는 중간 서식지intermediate habitat가 거의 없었기 때문이었다(심지어 절벽의 중간 부분도 중간서식지가 될 수 없었다).

앤더슨은 일부 잡종이 숲에서 야생 상태로 자라는 것을 발견하고, "이 잡종을 교배하면 어떤 일이 일어날지 상상해보라"라고 썼다. 그들의 자손은 다양한 유전자 집합을 뒤섞음으로써, 이제 부모가 사는 두 가지 서식지(abc, a'b'c') 말고도 여섯 가지의 새로운 서식지(ab'c', ab'c, abc', a'bc, a'b'c, a'bc')를 추가로 요구하게 될 것이다.

비옥한 점토(a) 돌이 많은 토양(a')
양지바름(b') 그늘이 짙음(b)
지면이 노출됨(c') 부엽토로 덮임(c)

비옥한 점토(a) 돌이 많은 토양(a')
양지바름(b') 양지바름(b')
부엽토로 덮임(c) 부엽토로 덮임(c)

비옥한 점토(a) 돌이 많은 토양(a')
그늘이 짙음(b) 그늘이 짙음(b)
지면이 노출됨(c') 지면이 노출됨(c')

두 종 간의 차이는 여기에 예시된 것보다 훨씬 더 많다. 앤더슨에 의하면 두 종 간의 기본적인 차이가 n가지라면 잡종이 요구하는 서식지는 2^n가지라고 한다. 즉, 두 종간의 기본적 차이가 10가지라면 다양한 조합을 충족시키는 데 필요한 서식지는 약 1,000가지(2^{10}=1,024)가 된다. 만약 그런 기본적 차이가 20가지라면(이것은 낮게 잡은 것이다), 그 다양한 조합을 충족시키는 틈새를 찾기 위해 100만 가지(2^{20}=1,048,576)가 넘는 상이한 서식지가 필요할 것이다.

자연상태에서는 그렇게 혼란스러운 상황을 찾을 수 없겠지만, 인간이 초래한 교란 속에서는 찾을 수 있다. 앤더슨은 "인간의 유입이 잡종의 조합에 낯선 틈새를 새롭게 제공할 수 있다"라고 한다. 즉, 인간이 초래한 교란은 환경과 종 모두를 잡종으로 만듦으로써, 지구를 잡종화하고 있다는 것이다.

식물학자들은 이런 일이 실제로 일어나는 것을 관찰해왔다. 미시시피 삼각주에 사는 농부들은 자신의 토지를 저마다 조금씩 다르게 다루는데, 식물학자들은 각 농장마다 조건이 각각 다르며 각각 다른 야생화 잡종이 번성하고 있음을 알게 되었다. "토지도 똑같고 기후도 똑같지만, 잡종들은 가끔 농장의 경계선에 있는 울타리까지 다가갔다가 그 자리에서 멈춘다"라고 앤더슨은 말한다. 세인트로렌스 계곡St. Lawrence Valley 등의 들판과 방목지에서도 이와 비슷한 종류의 패턴이 보고되었다. 한 식물학자는 샌가브리엘 산맥San Gabriel Mountains의 수풀에서 자라는 샐비어 두 종을 조사했다. 그 결과 수풀 자체에는 잡종이 전혀 없었지만, 수풀 옆과 버려진 올리브 과수원에서 잡종이 번성하고 있는 것으로 나타났다. 앤더슨은 이렇게 쓰고 있다. "크게 교란된 지역에는 잡종 자손을 위한 새 틈새들이 만들어졌다. 그런 틈새들은 수풀에서도 항상 만들어지는 게 분명하지만, 빈도가 극히 낮을 것이다. 낯설고 새롭고 다양한 서식지에서는 일부 잡종이 큰 선택이익을 누리고 있다. 버려진 올리브 과수원을 차지한 것은 잡종 샐비어였고, 원래의 종은 그곳에서 거의 자라지 않았다."

갈라파고스 제도에서 그랬던 것처럼 바람이나 바닷새를 통해 운반된 씨앗들이 새로운 섬에 정착할 때마다 늘 이런 일이 일어났음에 틀림없다. 새로운 대륙에 새로운 동식물이 정착할 때도 어김없이 이런 일이 일어났을 것이다. 앤더슨은 이렇게 주장한다. "그러한 시공간에서의 이입잡종형성은 진화에 중요한 역할을 했음에 틀림없다."

G. 레드야드 스테빈스G. Ledyard Stebbins와 함께 쓴「진화를 자극하는 잡종형성」이라는 논문에서 앤더슨은 "우리가 지금 보고 있는 세계는 과거에 이런 저런 형태로 수없이 보아왔던 것이다"라고 주장한다. 두 진화학자에 의하면 우리 인간이 오늘날 생태적 우점종ecological dominant이기는 하지만, 세계를 최초로 정복한 종은 아니라고 한다. "최초의 육상 척추동물이 육상식생을 침입했을 때, (그런 생물 없이 진화해왔던) 식물군에 대격변이 일어났을 것이다. 대형 초식 파충류나 대형 육상 포유동물이 최초로 지구상에 등장했을 때, 격렬한 재조정readjustment과 생태적 틈새ecological niche가 창조된 것은 불을 보듯 뻔하다."

하와이 제도든 갈라파고스 제도든 바이칼호든 '상이한 식물군과 동물상에 속한 종들이 합쳐진 곳'이나 '물리적·생물학적 장벽이 무너진 곳'이라면 어디에서든 이런 일이 일어났을 것이다. 가장 최근에는 홍적세의 대격변 때, 즉 빙상ice sheet이 북반구 대륙을 휩쓸고 하와이 섬의 정상에 만년설이 있던 때도 그런 일이 일어났을 것이다. 대홍수 직후의 혼돈기에 나타나는 잡종형성은 다윈주의 메커니즘이 가속화되는데 기여했을 수 있다.

세계 곳곳에서 선택압을 강화하고 서식지를 교란함으로써 인류는 진화가 최고속도로 가동될 수 있는 조건을 형성하는지도 모른다. 앤더슨과 스테빈스는 이렇게 말한다. "지질시대의 역사를 더듬어보면 매번 새로운 종이나 종 집단이 나타나 생태계를 점령함으로써 당대의 서식지들을 완전히 뒤엎었음을 알 수 있다. 최근 잡초와 반잡초semi-weed에서 나타나는 급속한 진화는 지질역사의 모든 시기에 반복적으로 일어난 징후임에 틀림없다."

앤더슨과 스테빈스도 언급한 것처럼, 인간의 영향력은 진화를 크게 가속화시켰다. "동물과 식물은 각각 가축화domestication와 재배cultivation를 통해 급속히 진화했고, 그로 인해 교란된 서식지에서는 잡초 종들이 급속히 진화했다."

우리는 '잡초의 침입'과 '종의 도입'을 자연의 위대한 작업, 즉 다윈주의의 창조적 과정에서 일탈한 것이라고 생각하는 경향이 있다. 그러나 이러한 격변은 모든 시대를 통틀어 반복적으로 일어났던 사건임을 명심해야 한다. 즉, 현재 우리가 보고 있는 것은 오랜 세월에 걸쳐 되풀이된 진화의 한 표본일 뿐이다. 비록 우리와 같은 의식을 지닌 우점종, 즉 '관찰하는 정복자'가 출현한 적은 없었지만 그것은 일반적인 진화이론의 틀에서 결코 벗어나지 않는다. 앤더슨과 스테빈스에 의하면 이런 사건들은 '생태적 우점종(오늘날에는 인간)의 영향하에 진화가 얼마나 빨리 진행될 수 있는지'를 보여주는 것으로 매우 큰 의미를 갖는다고 한다.

우리가 정원, 앞마당, 쓰레기 더미, 길가에서 볼 수 있는 강화된 진화enhanced evolution는 유별난 것이 아니다. 그것은 과거에 생태적 우점종이 흥기興起할 때 일어났던 전형적인 사건임에 틀림없다. 차이가 있다면 우리의 진도가 (앞서 등장했던) 공룡보다 좀 너 빠를 뿐이다. 우리는 이방인들을 한데 모아 기상천외한 짝을 맺어준 다음, 그들이 누워 있는 침대를 갑자기 개조하고 있다.

다윈과 동료 선원들은 플로레아나 섬에서 핀치 열다섯 마리를 채집했다. 그중 다섯 마리는 덩치가 유별나게 큰 품종으로 다윈핀치 중에서 왕중왕magnirostris magnirostris이었다. 이 왕중왕핀치는 당시 그 섬에서 가장 흔했을 것이다. 플로레아나에서 오래된 올빼미 굴을 뒤져보면 이 거대한 핀치의 뼈가 다른 핀치들의 뼈보다 열두 배 이상 많이 발견된다.

진화학자 데이비드 스테드먼David Steadman은 이 거대한 갈라파고스핀치를 연구했다. 그에 의하면 "아돌프-시몽 네부Adolphe-Simon Neboux와 샤를-르네-오귀스탱 르클랑셰Charles-Rene-Augustin Leclancher가 다윈보다 불과 3년 뒤인 1838년에 프랑스의 군함 비너스 호를 타고 플로레아나를 방문했을 때 왕중왕핀치를 한 마리도 발견하지 못했다"라고 한다. 1846년 HMS 헤럴드 호를 타고 간 토머스 에드몬스턴Thomas Edmonston이나, 1852년 스웨덴 군함 에우게니에 호를 타고 간 신베리 박사Dr. Kinberg도 마찬가지였다. 왕중왕핀치는 그 후 한 번도 관찰된 적이 없는데, 아마도 다윈이 제도를 방문한 직후 멸종한 듯하다. 그렇다면 다윈은 그 새의 표본을 최초로 채집한 박물학자이자, 그 새가 살아 있는 모습을 마지막으로 본 박물학자였다.

플로레아나의 왕중왕핀치에게 무슨 일이 일어났던 걸까? 그 섬에 있었던 사람들 중에서 왕중왕핀치를 (지금 핀치 유닛이 대프니메이저에서 하고 있는 것처럼) 자세히 관찰한 사람은 아무도 없었다. 그러나 그 새들이 화산폭발로 사라지지 않았다는 것만은 분명하다. 플로레아나의 화산은 인간이 제도에 발을 디딘 이후 휴면 상태에 있었으므로 그 핀치들은 다른 사건, 즉 인간이 그 섬에서 초래한 격변 때문에 멸종한 것이 거의 확실시된다. 다시 말해서 왕중왕핀치를 멸종시킨 주범은 (다윈이 도착하기 몇 년 전에 설치된) 죄수 집단수용소인 것이 거의 확실하다. 다윈이 항해일지에 기록한 바에 의하면, 비글호가 플로레아나에 도착했을 때 그 섬에는 200~300명의 에콰도르 죄수들이 있었다고 한다. 그들은 고지대를 개간하여 고구마와 플랜틴plantain(바나나의 일종_옮긴이)을 재배했다. 야생 돼지와 염소를 사냥했고, 갈라파고스땅거북을 포식했으며, 적어도 한 가족은 핀치 수프를 먹었다.

어떤 면에서 농부들이 섬에 도착한 것은 핀치들에게 수지맞는 일이었다. 지금껏 산타크루즈에서 그랬던 것처럼 핀치들은 농장에 해를 끼쳤기 때문이다. 다윈이 들판에서 봤던 '씨앗을 쪼아 먹는 거대한 부리들'은 왕중왕핀치였던 것이 거의 확실하다.

그러나 핀치의 입장에서 보면, 불행하게도 죄수들은 그 섬에 씨앗만 가져온 게 아니었다. 그들은 소, 염소, 돼지, 고양이, 쥐도 데려왔다. 죄수들은 곧 가버렸지만(죄수 집단수용소는 다윈이 방문한 뒤 겨우 몇 년 동안 존속했다), 그들이 데려온 동물들은 그대로 남아 번식했다. 1880년 HMS 트라이엄프 호의 A. H. 마컴A. H. Markham 선장이 플로레아나를 방문했을 때 그 섬은 '야생 소들의 자유로운 낙원'이 되어 있었다. 또한 종전의 거주자들이 섬에 버린 당나귀, 개, 돼지 등의 동물들은 야생화되어 있었다.

"왕중왕핀치는 큰 새였고, 아마 전형적인 땅핀치들보다 그다지 잘 날지 못했을 거예요"라고 피터 그랜트는 말한다. 그러니 쥐나 고양이들은 펄쩍 뛰어올라 그들을 쉽게 잡았을 것이다. 설상가상으로 그 지역의 선인장들이 사라지는 바람에 핀치들은 더욱 곤경에 빠졌다. 왕중왕핀치는 '매우 큰 씨앗'이라는 의미의 왕중왕선인장megasperma megasperma에 의존하고 있었을 것이다. 이 선인장의 씨앗은 지름이 약 1.3센티미터로 갈라파고스에 있는 선인장 중에서 가장 크고 단단하다. 플로레아나 해안에서 좀 떨어진 작은 외딴 섬 챔피언Champion에는 왕중왕선인장이 아직 살아남아 있다. 그랜트 부부는 맥길 호두까기 도구로 그 씨앗을 실험해봤는데, 크기와 강도를 감안한 경쟁지수가 무려 20에 달했다(갈라파고스에서 그다음으로 단단한 씨앗은 겨우 11에 불과하다). 왕중왕선인장은 씨앗을 엄청나게 많이 만들어내는 데다 보통 핀치는 그것을 깨뜨릴 수 없으므로, 왕중왕핀치는 왕중왕선인장을 독식하며 편안한 삶을 영위할 수 있었을 것이다.

불운한 왕중왕핀치가 왕중왕선인장에 특화했다는 것은 거의 확실하다. 핀치의 부리와 선인장의 씨앗 사이에서는 치열한 군비경쟁이 벌어졌을 것이다. 핀치의 포식은 선인장으로 하여금 점점 더 큰 씨앗을 만들도록 유도하고, 더 큰 씨앗은 핀치로 하여금 점점 더 큰 부리를 갖도록 유도했을 테니 말이다.

그러나 죄수들이 플로레아나를 떠나자 환경이 돌변했다. 버려진 소와 당나귀는 선인장을 쓰러뜨리고, 그 속살을 씹어 물을 얻는 법을 익혔다. 그러자 그 섬에서는 왕중왕선인장이 순식간에 사라졌고, 왕중왕선인장이 없어지자 왕중왕핀치도 살 수 없는 환경이 조성되었을 것이다. 플로레아나에 사는 흉내지빠귀도 거의 동시에 멸종했다. 갈라파고스의 흉내지빠귀는 왕중왕선인장에 둥지를 틀었기 때문이었다.

오늘날 다윈 연구소에서 일하는 과학자들은 이구아나, 거북, 검은 족도리바다제비 등 갈라파고스에서 가장 사랑받는 동물들을 구조하려고 애쓰고 있다. 제도에 사는 생물들은 수가 적을 뿐 아니라 (현기증이 날 정도로 경쟁이 극심한) 대륙에서 벗어나 진화했기 때문에, 대륙의 친척들보다 취약하다. 17세기 이후 전 세계에서 약 100종의 새와 80여 아종의 새가 멸종한 것으로 알려졌는데, 그중 90퍼센트 이상이 갈라파고스에 살고 있었다.

선인장핀치.
그림: 탈리아 그랜트

"만약 염소가 대프니메이저에 들어온다면 선인장을 먹어치울 것이고, 결국에는 보통선인장핀치를 멸종으로 몰아갈 게 분명해요"라고 로즈메리는 말한다. 그리고 선인장과 남가새가 멸종한다면 큰 부리와 중간 부리를 가진 핀치들도 모두 끝장이 나고 말 거예요."

그래서 그랜트 부부는 산타크루즈에서 대프니메이저의 상륙장이나 제노베사의 다윈 만으로 갈 때 극도로 조심한다. 임신한 마디개미 한 마리도 들여놓지 않으려 한다.

"우리는 바짝 긴장하고 있어요." 피터가 말한다.

"아무렴, 그렇고말고요." 로즈메리가 맞장구를 친다.

"왜냐하면 우리가 자칫 잘못하면 섬의 자연상태가 훼손되기 때문이에요. 만약 우리에게 책임이 돌아온다면 우리는 망연자실할 거예요." 피터가 말한다. 매번 섬에 상륙할 때마다, 새로 가져온 음식을 모두 바닷물에 씻고, 안개그물도 씻는다. 그랜트 부부는 밀항하는 개미들을 확실히 익사시키기 위해 섬에 도착할 때까지 장대를 물속에 담가놓기도 한다. "우리는 텐트와 가방을 항상 물에 씻어요. 모든 걸 소독하는 게 원칙이죠. 만일을 대비해서 살충제 캔을 가져가지만 지금껏 단 한 번도 사용하지 않았어요." 로즈메리가 말한다.

"마디개미는 전갈을 모조리 죽이고, 아마 거미도 죽일 거예요. 그렇게 되면 섬이 워낙 작기 때문에 전갈과 거미는 멸종하겠죠." 피터가 말한다. "많은 사람들은 전갈과 거미가 사라지면 기뻐할 거예요. 하지만 그들은 대부분 도시에 살고 있으니까 사실 기뻐할 이유가 없죠."

"마디개미가 전갈을 죽인다면 화산암도마뱀인 트로피두루스Tropidurus에게 영향을 미칠 거예요." 로즈메리는 말한다.

"그러나 그건 어느 한 종에게만 해당되지 않는 일반원리예요. 새로운 종이 침입하면, 기존의 균형이 깨지죠." 피터가 말한다.

"변화는 먹이사슬 전체로 파급되죠." 로즈메리가 말한다.

"맞아요. 우리가 관찰하고 있는 서식지는 너무 민감하고 취약해서, 대프니메이저와 제노베사에서 주요 변화가 일어나는 것을 상상하기는 쉽죠. 하지만 변화의 정도는 예측할 수 없어요. 그 영향이 먹이사슬의 어느 수준까지 파급될지 확인하기는 매우 어려울 거예요." 피터가 말을 이었다.

"지금껏 인간의 손길이 닿지 않는 곳은 거의 없었어요. 만일 홀리데이인 같은 대형 호텔이 대프니메이저나 제노베사에 세워진다면 어떤 일이 일어날지 상상해보세요. 식물, 곤충, 쥐, 고양이가 들어올 거고…." 로즈메리가 거들었다.

"앵무새, 잉꼬도 들어올 거고…." 피터가 덧붙인다.

"대프니메이저와 제노바사는 완전히 쑥대밭이 될 거예요." 로즈메리가 말한다.

한때 세상에서 가장 고립되어 있었던 하와이 제도에 인간이 발을 디딘 것은 첫 번째 밀레니엄이 시작될 즈음이었다. 인간만 발을 디딘 게 아니었다. 영국참새와 4,500여 종의 외래식물은 말할 것도 없고, 돼지, 염소, 쥐, 몽구스, 모기, 멸강나방army worm, 먼지다듬이(책벌레), 바퀴, 지네, 진갈과 같은 공격적인 종들이 상륙하며 평지풍파를 일으켰다. 물밀듯 몰려드는 외래 생물들 앞에서 토종 새들의 적응방산은 풍비박산이 났다. 핀치, 매, 올빼미, 뜸부기 종들은 멸종했는데 특히 강한 충격을 받은 것은 핀치였다. 생태학자 피터 비투섹Peter Vitousek은 이렇게 썼다. "아무리 무심한 관찰자라 할지라도 지난 30년 동안 상이한 외래 새들이 번갈아가며 우점종이 되는 만화경 같은 풍경을 볼 수 있었다. 그 동안 일관되게 진행된 사건은 단 하나, 토종 새들이 거의 자취를 감췄다는 것이다."

하와이 제도의 북서쪽 끝에는 라이산Laysan이라는 환초atoll(고리 모양으로 배열된 산호초_옮긴이)가 있다. 이 외딴섬의 적응지형은 19세기에 유럽의 토끼와 쥐가 들어오면서 전복되었다. 1967년 미국 어류 및 야생생물보호국은 멸종 위기종인 하와이핀치 100여 마리를 배에 태워, 약 500킬로미터 떨어진 하와이 제도의 작은 제도 펄앤헤르메스 산호초Pearl and Hermes Reef로 실어 날랐다. 일종의 '노아의 방주 프로젝트'였다.

하와이 대학교의 조류학자 실라 코넌트Sheila Conant는 그랜트 부부가 갈라파고스에서 수행한 연구에 영감을 받았다. 그리하여 라이산 핀치가 펄앤헤르메스 산호초에 이주한 뒤 새 보금자리에 적응하는 과정을 관찰하기 시작했다. 그들은 다윈핀치만큼 유순해서 코넌트는 몇 명의 현장 보조원들과 함께 대다수의 새들에게 고리를 끼울 수 있었다. 그러나 그랜트 연구팀처럼 지속적인 관찰을 할 수는 없었고, 몇 년 간격으로 몇 차례 그 제도를 탐사했을 뿐이다.

펄앤헤르메스 산호초 제도에 이주한 후 20년 동안 핀치들은 몇 가지 상이한 방향으로 갈라져나가기 시작했다. 라이산에 살았던 핀치들의 조상은 두께가 얇고, 폭이 넓고, 길이가 중간인 부리를 가졌었다. 그러나 새 보금자리에 정착한 핀치들 중 남동쪽 섬에 사는 것들은 더 긴 부리를 가진 반면, 북쪽 섬에 사는 핀치들은 더 짧고, 두툼하고, 좁은 부리를 가졌다.

이 새들은 낟알을 먹고 사는 핀치들로, 먹는 씨앗은 '매우 작고 부드러운 것'에서부터 '크고 단단한 것', 심지어 (모든 씨앗 중에서 가장 단단한) 남가새 씨앗에 이르기까지 다양하다. 남가새는 어떻게 유입되었을까? 아마도 선원이나 고래잡이 등에게 빌붙어 하와이에 유입되었을 것이다. 갈라파고스의 경우와 마찬가지로 말이다. 남가새는 라이산에는 흔치 않지만 펄앤헤르메스 산호초에서는 주요 식물 중 하나로 자리 잡았다. 따라서 새 보금자리에 자리 잡은 핀치들은 남가새와 씨름하며 보내는 시간이 훨씬 더 많아졌다. 남동쪽 섬의 남가새 분열과는 북쪽 섬의 것보다 큰데, 이는 핀치들의 부리가 분화한 이유를 설명해주는

이구아나의 머리 위에 앉아
파리를 잡는 갈라파고스핀치.
그림: 탈리아 그랜트.

것으로 보인다.

핀치들의 적응 속도는 한마디로 놀랍다. 이를 통해 갈라파고스에 최초로 도착한 다윈핀치들의 조상들이 얼마나 빨리 적응했을지 짐작할 수 있다. "우리는 과연 진화를 만지작거리고 있는 걸까?" 실라 코넌트는 묻는다. 답변은 물론 '그렇다'이다. 점점 더 많은 종이 멸종위기에 빠질수록, 새로운 보금자리에 도입하거나 기존의 보금자리에 재도입함으로써 구조하려는 선의의 시도도 점점 더 늘어난다. 그러나 그 다음 일어나는 일을 (그랜트 부부가 대프니메이저를 관찰하거나 코넌트가 라이산을 관찰하는 것처럼) 면밀히 모니터링하는 경우는 거의 없다. 그러나 그랜트 부부와 코넌트의 연구결과로 미루어볼 때, 도입된 종들이 만약에 살아남는다면 새 보금자리에서 예측 불가능하게 급속히 진화할 것은 명백하다. 코넌트에게는 이 점이 흥미로우면서도 당혹스럽기 그지없는 모양이다. '종의 이주가 멸종위기종의 생존을 돕는 대신 새로운 형태로 진화하도록 돕는다'라는 사실을 알게 되면, 보존주의자들은 좌절할지도 모른다.

로즈메리와 피터가 공동으로 집필한 첫 작품 『자연집단의 진화적 동역학』에서 제목에 동역학dynamics이라는 단어를 쓴 데는 그만한 이유가 있다. 로즈메리는 이렇게 말한다. "꼭 명심할 게 하나 있어요. 그건 '종은 결코 가만히 있는 법이 없다'라는 거예요. 다시 말해서 종을 보존하는 건 불가능하다는 뜻입니다." 그랜트 부부가 책의 말미에 쓴 것처럼 "모든 종은 끊임없이 변하고 있으며, 앞으로도 더 변할 수 있다".

피터 보그가 다윈 서거 100주년을 기념하여 《네이처》에 쓴 것처럼 이 모든 것은 우리에게 달콤쌉싸름한 메시지를 전해준다. "갈라파고스의 진화는 대다수의 사람들이 생각하는 것보다 훨씬 덜 알려져 있다.

지금 갈라파고스의 개체군과 군집은 과거 어느 때보다도 훨씬 더 빨리 변하고 있을 것이다."

chapter 18

저항운동

어떤 사람이 '엄지와 검지로 조금만 집어서 밭의 네 귀퉁이에 뿌리면, 밭 전체의 벌레들을 모조리 죽이는 새로운 특허 가루약 펌퍼림프림프Pimperlimplimp를 발명했다'라고 발표한다고 치자. 사람들은 그의 말을 경청하며 존중할 것이다. 그러나 당신이 정확한 과학원리를 근거로 하여 '농부의 적敵인 곤충을 합리적인 범위 내에서 체크하고 유지한다'라는 간단하고 상식적인 계획을 발표하면 어떻게 될까? 사람들은 박장대소를 하며 당신을 조롱할 것이다.

- 벤저민 월시, 『실천하는 곤충학자』(1866)

페더럴익스프레스의 배달부들이 여름 내내 모펫 C층의 실험실로 하얀 소포를 운반하고 있다. 루이지애나와 남부 캘리포니아, 그리고 그 사이의 많은 주州에 있는 (종종 목화지대Cotton Belt 또는 성서지대Bible Belt라고 불리는) 마을에서 보내온 것이다.

큼지막한 소포가 도착하면 실험실에 있는 박사후연구원 한 명이 실험대 위에 올려놓고 페덱스 포장을 뜯은 뒤, 단열용 덮개를 연다. 상자 안에는 하얀 분화구 모양의 내용물이 들어 있다. 각 분화구 바닥에는 드라이아이스가 깔려 있고, 희미한 증기구름이 피어오르는 가운데 회색 나방 열두 마리가 모습을 드러낸다.

박사후연구원 마틴 테일러는 핀셋을 이용하여 나방을 하나씩 꺼낸다. 그러고는 DNA를 추출하기 위해 옛날 약제사처럼 나방을 한 마리씩 막자사발에 넣고 간다. 피터 보그가 다윈핀치를 관찰하는 식으로 그는 실험대에서 나방들을 관찰하고 있다. 목화지대의 농부들은 (성서에 나오는 창조론에 입각하여) 진화를 가장 반대하는 사람들에 속하지만, 아이러니하게도 테일러는 그들의 목화밭에서 (지구에서 진행되고 있는) 진화의 가장 극적인 사례 중 하나를 본다.

그리 머지않은 과거에 이 특별한 나방 헬리오티스 비레스켄스Heliothis virescens는 숲과 덤불에서 잡초를 먹으며 조용히 살고 있었을 것이다. 그러나 1940년, 목화 재배자들은 (DDT로 더 잘 알려져 있는) 디클로로디페닐트리클로로에탄올dichlorodiphenyltrichloroethanol이라는 화합물을 밭에 마구 살포하기 시작했다. 최초의 '뿌리는 살충제'는 곤충을 너무 많이 죽였고, 그 곤충을 잡아먹는 새까지도 너무나 많이 죽여서, 목화밭은 (생물학적 의미에서 볼 때) 신생섬들로 이루어진 제도처럼 텅 비고 말았다. 그러자 숲과 덤불 속에서 조용히 지내던 헬리오티스는 '이게 웬 떡이냐'하며 날개를 펄럭이며 목화밭으로 나와 무주공산을 차지했다.

이 나방 중 일부는 DDT에 견딜 수 있었으므로 살아남아 목화씨가 든 꼬투리에 알을 낳았다. 알들은 부화하여 유충이 되었고, 유충은 목화를 게걸스럽게 먹어치우기 시작했다.

그 후 몇 년 동안, 낙관적인 살충제 제조사들은 점점 더 많은 양의 DDT로 헬리오티스를 살육했고 동일계열에 속하는 살충제 올드린aldrin, 클로로드데인chlordane 등을 추가로 출시했다. 목표는 자연을 통제하는 것이었으며, 제조업체들은 자연통제가 충분히 가능하다고 자신했다. 1940년에 첫 번째 제품인 DDT가 출시된 이후 해마나 신세품이 출시되어, 1960년대와 1970년대에는 화학적 발명이 거대한 파도처럼 줄을 이었다. 그리하여 수십 년간 매년 수십 종의 새로운 제초제와 살충제가 시장에 쏟아져 나왔다. 이 생물학적 세계대전 와중에 살충제의 집중포화를 맞은 종 중 하나가 헬리오티스였다. 그 모든 시련을 견디며 이 나방은 목화에 올인했다.

현재 목화지대에서 생활하는 농부들은 대부분 예전처럼 낙관적으로 팔리고 있는 피레스로이드pyrethroid 계열의 살충제를 밭에 뿌리고 있다. 그중에서 가장 유명한 제품은 스카우트Scout와 가라데Karate이다. 처음 살포된 피레스로이드는 목화 수확량을 4분의 1쯤 증가시켰고, 간혹 3분의 1까지도 높였다. 그러나 1980년 캘리포니아의 임페리얼밸리에서 피레스로이드에 대한 저항성이 50배나 강한 나방이 보고되었다. 이 저항성은 다른 살충제에 대한 저항성과 마찬가지로 널리 퍼져나갔다.

"지금 헬리오티스는 루이지애나의 목화 산업을 공황 상태에 빠뜨리고 있어요." 프린스턴을 근거지로 활동하는 거대 살충제 업체인 아메리칸시안아미드American Cyanamid의 곤충학자 브루스 블랙은 말한다. "피레스로이드로 말할 것 같으면 명실공히 목화산업의 붕괴를 막는 최후의 보루예요. 하지만 헬리오티스는 사이클로디엔계cyclodiene, 유기인계, 카바메이트계, 그리고 대부분의 피레스로이드계에 이르기까지, 모든 살충제에 대해 거의 절대적인 저항성을 지니게 되었죠. 루이지애나의 목화밭에는 피레스로이드 저항성이 200배나 강한 곤충들이 버티고 있다고 해요. 농부들 사이에서는 '내년에는 목화를 재배할 수 없다'라는 소문이 파다하더군요. 곤충들이 다 쓸어버릴 테니까요."

마틴 테일러는 아메리칸시안아미드로부터 연구비를 지원받아 헬리오티스의 진화를 관찰하는 연구를 수행하고 있다.

헬리오티스에 관한 강의를 시작하기 전, 테일러는 투명필름 한 장을 OHP 위에 올려놓는다. 필름 위에는 길고 호리호리한 글씨체로 다음과 같이 적혀 있다.

기르는 동물과 식물의 변이

특히 곤충의 살충제 저항성에 관하여

찰스 다윈 저

테일러는 이렇게 말문을 연다. "이것은 우리 눈앞에서 진행되는 진화 중에서도 특히 강력한 사례입니다. 눈에 보이는 진화죠."

가뭄이나 홍수와 마찬가지로, 살충제는 곤충에게 확실한 선택압을 가한다. 살충제에 취약한 형질이 거부되므로 저항성이 가장 약한 개체가 가장 먼저 죽는다. 반면에 살충제에 강한 형질이 선택되므로 저항성이 가장 강한 개체는 가장 오래 살아남아 가장 많은 자손을 남길 것이다. 20세기에 발명된 살충제는 이런 식으로 지구 전체의 곤충들을 진화의 파도 속으로 몰아넣었다. 헬리오티스는 수백 가지 사례 중 하나에 불과하다. 날아다니는 깍지벌레류는 여섯 세대 만에 부퀴놀레이트buquinolate에 강력한 저항성을 진화시켰고, 양의 위장관에 서식하는 선충류nematode는 단 세 세대 만에 티아벤다졸thiabendazole에 대한 강력한 저항성을 진화시켰다. 양의 진드기류는 단 두 세대 만에 HCH-디엘드린HCH-dieldrin에 대해 강력한 저항성을 진화시켰다. 1967년 한 저명한 곤충학자는 《사이언티픽아메리칸》에 "저항성교정살충제resistance-proofinsecticide

를 발견했다"라고 발표했다. 이 살충제는 곤충호르몬의 변이체여서 곤충이 자신의 호르몬에 대해 저항성을 진화시키지는 못할 것이라 생각되었다. 하지만 5년도 채 지나기 전에 파리들이 100배의 저항성을 진화시켜 곤충학자들을 무색하게 했다.

"이런 사실들이 사람들을 놀라게 하는 것 같아요. 진화생물학자의 입장에서 볼 때는 놀랄 게 하나도 없는데 말이죠. 그러나 살충제를 쓰는 사람들과 화학물질을 제조하는 사람들은 늘 놀라죠." 테일러는 말한다.

살충제 저항성 전문가인 코넬 대학교의 린다 홀Linda Hall은 이렇게 말한다. "문헌을 살펴보면 '피레스로이드에 대한 저항성은 발달되지 않는다'라는 주장을 발견할 거예요. 하지만 그건 믿을 수 없을 정도로 순진한 이야기예요. 우리가 어떤 살충제를 만들어내더라도 곤충은 그것을 견뎌내는 방법을 찾아낼 거예요. 그게 바로 진화죠. 하지만 미국 화학협회 회의가 열릴 때마다 기업에서 나온 사람들은 똑같은 말을 반복해요. '곤충은 피레스로이드에 대한 저항성을 발달시키지 못한다'라고 말이에요. 난 그게 도대체 무슨 말인지 모르겠어요."

전 세계에서 일어나는 곤충들의 저항운동을 연구하는 진화학자들에 의하면, 곤충의 적응에는 네 가지 부류가 있다. 즉, 살충제의 공격을 받은 곤충이 살아남을 수 있는 경로는 네 가지이다.

첫째, 곤충은 살충제를 그냥 피할 수 있다. 아프리카에서 말라리아를 옮기는 모기들은 오두막집으로 날아들어가 사람을 찌른 다음, 벽에 앉아 먹이를 소화시킨다. 그러므로 설사 모기에게 물린다 하더라도 벽에 앉아 있는 모기를 죽인다면 말라리아가 퍼지는 것을 막을 수 있다. 1950~60년대에 건강한 노동자들은 오두막집 벽에 DDT를 뿌렸지만 불행하게도 창문을 통해 들어와서 사람을 물고는 곧장 밖으로 나가는 모기가 일부 있었다. 그 결과 수백만 마리의 모기가 죽었지만 일부 모기는 살아남아 자손을 퍼뜨렸다. 얼마 지나지 않아 마을에 남아 있는 모기들은 죄다 치고 빠지기의 전문가들이었다.

둘째, 만약 살충제를 피할 수 없다면 곤충은 살충제가 피부 밑으로 스며드는 것을 막는 방법을 진화시킬 수 있다. 일부 배추좀나방diamond-back moth은 피레스로이드가 뿌려진 잎에 앉으면, 중독된 다리를 떼어놓은 채 날아간다. 일명 레그드롭leg-drop으로 알려진 적응방법이다.

셋째, 만약 살충제가 스며드는 것을 막을 수 없다면 곤충은 해독제를 진화시킬 수 있다. 쿨렉스 피피엔스Culex pipiens라는 모기는 대용량의 유기인계 살충제에서도 살아남을 수 있는데, 이 모기는 에스테라아제esterase라는 효소를 이용하여 살충제를 사실상 소화시킨다. 에스테라아제를 만드는 유전자는 대립유전자 B1과 B2인데, 현재 상당수의 쿨렉스 피피엔스 계통들이 B1의 복사본 250개와 B2의 복사본 60개를 가졌다.

이 유전자들은 어느 대륙에 사는 곤충이든 거의 똑같으므로, 한 마리의 운 좋은 모기에서 유래했을 가능성이 높다. 이 특별한 저항운동의 창시자인 돌연변이체는 1960년대에 아프리카 또는 아시아 어딘가에 살았을 것으로 생각된다. 그러니 그 모기의 자손들은 비행기를 얻어 타고 전 세계로 퍼진 것이 분명하다. 그 유전자는 1984년 캘리포니아 모기에서 처음 출현했으며 1985년에는 이탈리아 모기에서, 1986년에는 프랑스 모기에서 나타났다.

넷째, 만약 해독제를 진화시킬 수 없다면 곤충은 최후의 수단으로 내부적인 회피수단internal dodge을 찾아낼 수 있다. 즉, 살충제는 곤충의 몸속 어딘가를 표적으로 삼고 있는데 곤충은 그 표적을 수축시키거나, 옮기거나, 아예 제거할 수 있다. 이상의 네 가지 적응, 즉 생존전략 중에서 가장 어려운 것은 네 번째인데, 테일러에 의하면 헬리오티스가 현재 진화시키고 있는 것은 바로 이 회피수단이다.

테일러는 이렇게 말한다. "나는 진화학자들이 이런 일에 별로 관심을 기울이지 않는다는 데 실소를 금할 수 없어요. 목화 재배자들이 해충과 혈투를 벌이고 있는 곳에서 주의회 의원들이 진화론에 노골적으로 적대적인 반응을 보인다는 건 난센스예요. 자신의 목화 산업이 해충의 진화 때문에 무너지고 있는데, 학교에서 진화론을 가르치는 걸 금지하려고 하는 게 말이 된다고 생각해요? 농부가 창조론을 믿어서야 되겠어요?"

헬리오티스는 단 한 번의 재배기간 동안 피레스로이드에 대한 저항성을 진화시킬 수 있다. 아칸소의 경우, 1987년 5월에 농약의 공격을 받은 나방 중 6퍼센트만이 살아남았다. 그러나 나방의 입장에서 몇 세대가 지난 9월, 똑같은 양의 농약을 살포하자 61퍼센트의 나방이 살아남았다. 루이지애나, 오클라호마, 텍사스, 미시시피의 목화밭에서도 이에 버금가는 급속한 진화가 목격되었다.

DDT 저항성이 처음 나타났을 때, 유전학자들은 실험실에서 집파리를 대상으로 그 문제를 연구했다. DDT의 공격에 살아남은 파리들은 종종 3번 염색체에 특정 돌연변이 유전자를 갖고 있는 것으로 나타났다. 이 돌연변이는 녹다운 저항성knockdown resistance이라는 의미에서 'kdr'이라고 불렸는데, DDT뿐만 아니라 그 유도체derivative 모두에 저항성을 보였다.

오늘날 온갖 최신장비를 갖춘 집파리는 kdr뿐만 아니라 살충제 섭취를 줄여주는 pen이라는 돌연변이 유전자도 보유하고 있다. 이 파리의 4번 염색체에는 'dld-r'이라는 돌연변이 유전자가 있는데 그것은 디엘드린과 디엘드린계 살충제에 대한 저항성을 제공한다. 2번 염색체에는 'AchE-R'이라는 돌연변이 유전자가 있는데 그것은 유기인계와 카바메이트계 살충제로부터 파리를 보호해준다.

파리는 경이로울 정도로 급속히 피레스로이드 저항성을 진화시켰다. 많은 연구자들은 '그들이 이미 DDT 저항성을 제대로 진화시킨 덕분에 피레스로이드에도 잘 대응했을 것'이라고 생각한다. 'DDT를 물리친 kdr이 피레스로이드도 잘 물리치는 것 같다'라는 이야기다. 만약 어느 운 좋은 파리의 부모가 둘 다 kdr을 갖고 있다면, 부모에게서 한 쌍의 유전자를 물려받은 파리는 1,000배 강한 피레스로이드 저항성을 보일 것이다.

현재의 견해에 따르면 DDT와 피레스로이드는 둘 다 파리의 몸속에서 같은 표적을 공격한다고 한다. 파리의 신경세포막에 있는 미세한 출입구들인데, 나트륨통로sodium channel라고 불리는 이 출입구들은 열리고 닫히면서 신경신호가 세포를 통과하도록 해준다. DDT와 피레스로이드는 이 통로를 열어놓음으로써 걷잡을 수 없는 신경신호가 신경세포에 반복적으로 전달되게 한다. 상당수의 통로가 열린 채로 있다면, 파리는 경련을 일으킨 후 신경이 마비되어 죽게 된다.

나트륨통로의 구조는 (계통수에서 얼마나 멀리 떨어져 있는가에 관계없이) 파리, 뱀장어, 쥐, 인간 등에서 거의 동일하다. 이는 그 구조가 까마득히 오래전, 즉 계통수에서 척추동물과 무척추동물이 갈라지기 전에 진화했음을 의미한다. 따라서 살충제는 나트륨통로에서 (오래되고 생명에 필수적이며 고정적으로 설계된) 보편적 구조를 공격한다. 혹자는 '파리가 그렇게 대단한 설계를 바꾸기는 극히 어려울 것'이라고 생각할 것이다. 그러나 파리는 그 일을 해냈다. 살충제의 방해작용에 대해 어떻게든 자구책을 마련하는 방식으로 나트륨통로를 만드는 유전자를 변형해온 것이다.

나트륨통로를 코딩하는 유전자의 염기서열은 노랑초파리Drosophila melanogaster에서 완전히 밝혀졌다. 그 유전자를 구성하는 보이지 않는 글자들이 모두 해독되어 발표되었다. 그래서 테일러와 그의 지도교수 마티 크라이트만Marty Kreitman은 직감적으로 나방의 DNA를 조사하여 같은 유전자를 찾아내기로 결심했다. 헬리오티스의 유전체는 곤충 치고는 상당히 큰 편이지만(인간 유전체의 크기에 근접한 약 10억 개의 글자로 이루어져 있으며, 닭보다 크다), 테일러는 유전자를 찾아내는 방법을 정확히 알고 있었다. 새로운 분자기법을 이용하면 그 절차는 상당히 쉽다.

노랑초파리의 유전자는 ATCGAGAAGTACTTCGTGT…로 시작된다. 테일러는 실험실 벽에 자리 잡은 분자유전학자의 표준장비, DNA 합성기DNAsynthesizer 쪽으로 걸어갔다. 조그마한 합성기 앞에 버티고 서서, 마치 컴퓨터자판을 두드리는 듯 무심하게 '노랑초파리의 염기서열에 상응하는 시퀀스, 즉 인공 DNA조각artificial DNA fragment을 조립하라'라고 지시했다. 그런 다음 헬리오티스나방을 막자사발에 갈아서 나방의 DNA를 추출해내고, 인공 DNA와 혼합했다.

만약 나방이 파리와 같은 유전자를 갖고 있다면, 테일러가 합성한 인공 DNA 조각은 그것을 발견하여 결합할 것이다. 인공 DNA의 작은 가닥은 나방 DNA의 긴 가닥에 달라붙는다. 두 개의 DNA가 달라붙었는지 확인하기 위해 그는 특수한 용액(DNA 가닥을 잘게 써는 효소가 포함된 용액)에 모든 DNA를 담근 다음 조각들을 걸러낸다. "DNA는 매우 강인한 물질입니다. 아무리 갈고 빻아도 결코 파괴되지 않아요. DNA를 위협하는 것은 오직 효소뿐이죠"라고 테일러는 말한다.

몇 달 동안 연구한 끝에 테일러는 나방의 유전체에서 파리의 유전자 부위와 일치하는 조각을 찾아냈다. 나방의 유전자는 ATCGAGAAG-TACTTCGTGT…로 시작하여, 184개로 이루어져 있었다. 200여 개의 글자 중에서 헬리오티스와 노랑초파리의 차이는 단 하나에 불과했다. 나방은 파리와 거의 똑같은 유전자를 갖고 있었던 것이다.

현재 테일러는 나방의 나트륨통로 유전자를 이용하여 나방을 피레스로이드로부터 보호해주는 변화를 탐색하고 있다. DNA 중 어느 글자가 바뀌어 헬리오티스의 생명을 구했을까? 이 탐색작업에는 품이 훨씬 더 많이 든다. 나방으로 하여금 살충제에 적응하도록 만든 것은 작게는 한 글자의 뒤바뀜, 즉 한 점 치환single point substitution일 수 있다. 그리고 유전자 전체는 수천 개의 글자로 이루어져 있다.

그러나 한때 살충제 제조업체들은 피레스로이드로 해충을 완전히 박멸할 수 있다고 생각했었다. 테일러는 말한다. "사람들은 자신들이 생각하는 범주가 위협받는 것을 탐탁잖게 여겨요. 그들은 '나방은 나방이고, 파리는 파리야'라고 생각하기를 좋아해요. 고정된 범주를 좋아하는 거죠. '나방과 파리의 모든 계통에서 언제나 수많은 잡종형성과 변화가 일어난다'라거나 '우리 주변에서 수많은 진화가 항상 진행되고 있다'라고 생각하는 것을 싫어해요."

"심지어 다윈을 이해한다고 생각하는 사람들조차도 그래요. 그들은 다윈의 점진주의gradualism 학파에 속해 있으니까요."

"무슨 일이 일어나고 있는지를 안다고 해도 해충을 통제하는 건 어려워요. 게다가 당신이 겨냥하고 있는 표석이 움직일 수 있음을 깨닫지 못한다면, 당신은 해충을 통제할 수 없어요."

우리는 이런 식으로 생각하지 않기 때문에 똑같은 전술적 실수를 계속 되풀이하고 있다. 벌레와 세균의 저항운동은 목화밭에서만 벌어지는 게 아니라 집안에서도 벌어진다. 지난 50년간, 우리는 밭에 있는 해충을 향해 독毒을 뿌리는 한편 우리 자신의 몸속에 있는 해충들에게도 점점 더 많은 독을 뿌렸다. 지금 과학자들은 인체 내에서 진행되고 있는 진화를 관찰하고 있다.

서구의 병원들은 1950년대에 정기적으로 항생제를 사용하기 시작했으며, 그로부터 1~2년 내에 항생제 저항성을 지닌 세균이 나타났다. 서구의 병원을 방문한 환자들은 세 명 중 한 명꼴로 항생제를 처방받고 있으며, 항생제 저항성이 너무 빨리 증가하여 많은 의사들은 이를 두고 전 지구적 전염병global epidemic이라고 부르고 있다.

항생제 저항성은 살충제 저항성과 같은 경로를 밟는 경향이 있다: 대기업→블록버스터 의약품→포괄적 치료→거의 즉각적인 실망. "그건 제약회사들이 진화에 익숙하지 않음을 보여주는 보편적 사례죠"라고 테일러는 말한다.

애틀랜타에 있는 미국 질병통제예방센터CDC는 약물저항성에 대한 국가적 감시체계를 운영하고 있다. 한 의사는 최근《사이언스》의 편집자에게 이렇게 말했다. "새로운 약물 내성세균이 병원에서 풍토병을 일으킬 경우, 정말로 죽을병이 아닌 다음에야 병원에 가는 것보다 집에 머무르는 게 더 안전합니다."

인간의 장腸 속 가장 흔한 세균인 대장균E. coli의 저항운동은 일으키기 쉽다. 먼저 배양접시에 대장균 집락을 배양한다. 현미경으로만 볼 수 있는 대장균 세포 하나는 급속히 증식하여 한나절 사이에 1,000만 마리짜리 덩어리를 형성한다. 육안으로 1,000만 마리의 대장균 덩어리는 미세한 소금 덩어리처럼 보인다.

이제 대장균 집락에 항생제를 투여할 차례다. 항생제를 투여하면, 대장균은 증식속도만큼 빠르게 사라지고 단 몇 마리(두세 마리)만 살아남는다. 생존한 대장균은 희귀 유전자를 갖고 있는데, 이 유전자는 대장균에게 항생제 저항성을 부여한다. 생존자들은 증식하면서, 자신들의 성공적인 유전자를 다음 세대에 물려준다. 이윽고 배양접시에는 새로운 집락이 형성되며, 이 집락의 구성원들은 거의 대부분 항생제 저항성을 지니게 된다.

"이 단순한 실험을 다윈이 봤다면 무척 좋아했을 것이다. 이게 바로 다윈이 말했던 자연선택이니까 말이다. 게다가 이 자연선택은 하루 이틀 사이에 일어날 수 있다"라고 한 분자진화학자는 말한다.

현재 애틀랜타의 에모리 대학교에 있는 미생물학자 브루스 레빈Bruce Levin은 여러 동료들과 함께 자신의 장 속에 있는 대장균의 진화를 관찰했다. 레빈은 며칠 동안 화장실에 갈 때마다 채변을 했다(한 번 닦아낸 화장지에는 박테로이데스bacteroides 2조 마리, 사람마다 독특한 장내세균enterobacteria 200억 마리, 그리고 학계가 이름을 붙이지 않은 기타 세균 10여 종이 달라붙어 있다).

연구자들은 거의 1년 동안 레빈의 대장균을 추적했는데, 그의 장 생태계가 분주하고 열광적이며 소란스럽다는 것을 알게 되었다. 대장균 균주는 나타났다가 사라지기를 계속 반복했다. 실험 과정에서 총 53종의 균주를 확인했는데 그중 둘은 급속히 멸종했다. 이 균주들은 갈라파고스의 새들처럼 뚜렷이 무리를 이루었는데 균주들은 레빈이 먹는 음식은 물론, 그와 아내, 두 아이, 개와 고양이가 접촉하는 모든 것에 달려들었다.《네이처》의 한 평론가는 레빈의 가족과 애완동물들을 통틀어 레빈제도Levine Archpelago라고 불렀다.

세균 세포의 DNA는 (핵막으로 둘러싸인) 핵 속에 격리되어 있지 않다. 약 1만 개의 유전자가 기다란 목걸이처럼 원을 이루어 세포 내부를 자유롭게 떠다닌다. 세포 안에는 그 밖의 작은 DNA 목걸이, 즉 플라스미드plasmid들도 떠다니는데, 전형적인 대장균은 두세 개의 플라스미드를 갖고 있다. 이 플라스미드 중 수십 종류는 (다윈의 '보이지 않는 잉크'로 쓰인 비밀 전투암호처럼) 상이한 세균 종 사이를 이동할 수 있다. 플라스미드에 적힌 유전자 중 일부는 플라스미드에서 빠져나와 주된 목걸이에 삽입되거나, 세포 밖으로 완전히 빠져나와 (마치 봉투에 넣지 않은 편지처럼) 다른 세포 속으로 들어갈 수 있다. 세균이 스트레스를 받을 경우 (예컨대 인간 숙주가 항생제를 먹는 경우), 그 세균은 도약 유전자jumping gene를 이용하여 항생제내성 유전자를 이리저리로 급속하게 전달한다.

레빈은 이렇게 말한다. "우리는 한 가지 연구를 했어요. 인체 내에서 진화가 얼마나 빨리 일어날 수 있는지를 알아보기 위한 연구였죠. 나는 에리스로마이신을 내 아내는 암피실린을 먹었는데, 수일 내에 우리의 몸속에서 저항성 세균이 우글거렸어요. 테트라사이클린 저항성뿐 아니라 스트렙토마이신, 카나마이신, 카르베니실린 저항성도 나타났어요. 세균들은 아무것도 가지지 않은 상태에서 경이로울 만큼 짧은 시간에 저항성을 진화시킨 거죠."

"만일 그 실험을 시험관에서 했다면 놀라지 않았을 거예요. 하지만 알약 두 개를 먹고 나서 몸속에서 그런 현상이 일어나는 것을 보니 무시무시했어요. 정말로 끔찍했어요. 자연선택을 이야기할 때, 우리는 영겁의 세월을 이야기하는 게 아니에요. 그건 멸종한 공룡들만의 문제가 아니거든요."

저항성은 이제 임균Neisseria gonorrheae, 포도상구균, 결핵균, 살모넬라균에서도 나타나고 있다. 미국의 경우, 페니실린 저항성을 지닌 임균의 발생률은 1988년에서 1990년 사이에 세 배 이상 늘었다. 1990년에는 치명적인 이질이 부룬디Burundi를 휩쓸었는데, 이질균은 그 나라에 있는 경구용 단일항생제 모두에 저항성을 보였다.

이 같은 국지적인 저항운동은 전 세계로 퍼져나가 수백만 명을 유행병에 걸리게 할 수 있다. 원칙적으로 이것은 새로운 현상이 아니다. 홍역은 서기 165년~180년 사이에 로마제국의 대상로caravan route를 따라 퍼져나갔다. 천연두도 251년~266년 사이에 같은 경로를 따라 퍼져나가 교역로 상에 있는 사람들은 세 명당 한 명꼴로 목숨을 잃었다. 오늘날의 주요 교역수단은 항공기인데 콩코드는 낙타보다 훨씬 더 빠르다. 그러므로 새로운 바이러스나 세균은 며칠 만에 지구를 한 바퀴 돌 수 있다.

컬럼비아 대학교의 의사 해럴드 뉴Harold Neu에 의하면 1941년에는 폐렴쌍구균 환자들을 치료하기 위해 페니실린을 1만 단위씩 하루에 네 번 투여했다고 한다. 그러나 오늘날에는 환자 한 명당 하루에 2,400만 단위씩 투여하는데도 환자의 생존을 장담할 수 없다. "세균은 사람보다 훨씬 더 영악하다"라고 뉴는 말한다.

얼마 전 한 분자진화학자는 신문 1면에 실린 약물저항성에 관한 기사를 읽던 중, '지나친'이라는 단어에서 시선이 멈췄다. 기사의 내용인즉, 일부 병원에서 발견된 세균들이 페니실린에 지나친 저항성을 지닌다는 거였다. 그는 이렇게 중얼거렸다. "이 세균들의 저항성은 지나친

게 아니라 완벽한 거야. 그러니 그 병원에는 페니실린이 존재하지 않는 거나 마찬가지지."

"세균이 그처럼 수많은 항생제 대항수단을 단기간에 발명했다는 건 놀라운 일이다"라고 록펠러 대학교의 알렉산더 토머즈Alexander Thomaz는 말한다. 세균들은 페니실린 계열의 많은 항생제들에 대항하는 놀라운 무기고를 진화시켰다. 자신들을 향해 살포되는 모든 항생제들에 대해 항-항생제효소anti-antibiotoc enzyme를 진화시켜온 것이다. 토머즈에 의하면 이 모든 화학무기chemical weapon와 대항무기counterweapon들은 서로 짝을 이룬다고 한다. 마치 재래전conventional warfare에서 짝을 이루던 공격무기와 방어무기(화살과 방패, 탱크와 바주카)처럼 말이다. 이제 세균의 항생제 저항성을 공격하도록 설계된 신약, 즉 항-항-항생제anti-anti-antibiotics들이 고안되고 있다. 그리고 이 첨단전high-technology warfare의 상당부분은 현직 의사들이 살아 있는 동안 진화해왔다. "일부 저항성에서 볼 수 있는 놀라운 수준의 변이는 우리의 눈앞에서 그런 저항성 형질이 계속 진화하고 있음을 시사한다"라고 토머즈는 말한다.

살충제 저항성의 경우와 마찬가지로 지금 연구자들은 DNA 수준에서 항생제 저항성의 진화를 추적하고 있다. 결핵 치료의 핵심은 이소니아지드isoniazid라는 약물이다. 최근 연구자들은 두 명의 환자에게서 분리된 결핵균Mycobacterium tuberculosis, Mtb을 분석하여 각 균주의 염색체에서 katG라는 유전자가 사라진 것을 발견했다. 이 유전자는 카탈라아제catalase와 페록시다아제peroxidase라는 효소를 생성하는 유전자이다. 연구자들은 실험실에서 katG가 없는 균주를 분리했는데, 이 균주들은 카탈라아제와 페록시다아제를 거의 생성하지 않으면서 이소니아지드에 저항성을 보였다. 그런데 연구자들이 이 균주에 누락된 katG 유전자를 삽입하자 그 균주는 즉시 두 가지 효소를 만들어내면서 이소니아지드에 살해되고 말았다.

세균들은 약물로부터 자신을 방어하기 위해 대가를 치르는 것이 분명하다. 생존을 위해 자신의 적응장비adaptive equipment 중 일부를 포기하는 진화적 타협evolutionary trade-off을 하는 것이다. Mtb라는 간균bacillus은 뒤꿈치 없는 발을 진화시킴으로써 아킬레스건을 제거한 셈이다.

해마다 약 800만 명의 사람들이 적응한 간균, 즉 katG가 없는 Mtb에 감염된다. 지구인들은 세 명 중 한 명꼴로 이미 Mtb를 보유하고 있으며, 보균자들은 열 명 중 한 명꼴로 결핵이 발병할 수 있다. 결핵은 개발도상국의 사망원인 중 거의 7퍼센트를 차지한다. 미국의 경우 1980년대까지 한 세기 동안 결핵이 퇴각해 있었다. 그러자 의사와 공중보건 당국자들은 결핵을 물리쳤다고 생각하며 시선을 딴 데로 돌렸다. 그런데 1985년부터 1992년 사이에 결핵의 발병률은 거의 20퍼센트가 증가했다. 미국에서 태어난 다섯 살 이하의 어린이들의 발병 건수는 1987년부터 1990년 사이에 30퍼센트 증가했다. 결핵의 부활을 조사한 두 의사는 이렇게 보고하고 있다. "결핵에 감염되는 주된 위험행동은 호흡이다."

면역학자들은 인간의 면역계가 침입자를 공격하는 것을 관찰할 수 있고, 세균과 바이러스가 면역계의 공격을 피해 몸을 비트는 것을 관찰할 수도 있다. 면역학 연구로 노벨상을 수상한 F. 맥팔레인 버넷F. Macfarlane Burnet은 이것을 가시화된 진화evolution made visible라고 불렀다. 연구자들은 지금 환자의 몸 안에서 에이즈의 진화를 관찰하고 있는데, 이 연구는 영국, 미국, 아프리카에서 강도 높게 수행되었다. 바이러스는 지구상에서 유전자 염기서열이 처음부터 끝까지 해독되고 발표된 최초의 생물이다. 에이즈 바이러스 중 하나인 HIV-1의 완전한 염기서열은 9,749개의 염기쌍으로 이루어져 있다. 그러나 이 염기쌍은 고정된 것이 아니다. 바이러스는 자체적인 교정자proofreader를 보유하고 있지 않다. 그러므로 한 환자에게서 일련의 샘플을 채취하면 거기에서 급속한 진화를 볼 수 있다. DNA 시퀀스에 포함된 각 글자들은 변하고, 글자의 집합도 변하고, 새로운 곳에 다른 덩어리가 삽입되는 동안 DNA 덩어리 전체가 사라지기도 한다. 에이즈 환자의 몸은 갈라파고스 제도 전체와 같다고 보면 된다. 처음 침입한 바이러스 입자는 변이주variant strain들의 무리로 진화한다. 그러므로 첫 번째 바이러스가 침입한 뒤, 환자의 몸은 '점점 더 다양해지는 바이러스 개체군'의 서식지가 된다.

에이즈 바이러스에서 env로 알려진 유전자는 가장 빨리 진화한다. Env는 바이러스의 외피envelope를 만드는데, 인간의 면역계가 겨냥하는 표적은 바로 이 외피이다. Env 유전자는 숙주의 정상적인 돌연변이 속도보다 무려 100만 배나 빠르게 변화한다. 현재의 견해에 따르면, HIV는 이런 식으로 면역계의 손아귀에서 계속 빠져나간다고 한다. 어떤 의미에서 바이러스의 무기는 변이 그 자체라고 할 수 있다.

인플루엔자 바이러스도 매우 빨리 진화한다. 인간 인플루엔자 바이러스의 염기서열은 1년에 두 글자 이상의 속도로 변한다. 말, 돼지, 갈매기를 감염시키는 바이러스와 우연히 만날 경우, 인플루엔자 바이러스는 훨씬 더 빨리 진화할 수 있다. 두 바이러스는 돼지의 몸을 동시에 감염시켰을 때 만나는 경우가 많은데, 돼지를 인플루엔자에 걸리게 할 뿐 아니라 유전자를 서로 교환하기도 한다. 유전자 교환(잡종형성)을 통해 태어난 신종 바이러스는 인간 면역계의 공격을 피해 전 세계로 퍼져나갈 만큼 강력한 위력을 발휘하기도 한다.

지금까지 수많은 전염병을 겪었음에도 불구하고 우리는 억세게 운이 좋은 편이었다. 이론적으로 무작위 돌연변이나 잡종형성을 통해 언젠가 ('공기로 전염되는 인플루엔자의 특성'과 '치명적이고 잠복기가 길며 서서히 죽음으로 몰아가는 에이즈의 특성'을 결합한) 최강의 바이러스가 탄생할 수 있다. 아직 그런 바이러스가 나타나지는 않았지만, 다윈과정 속에서 최강의 바이러스를 막을 수 있는 방법은 아무것도 없다. 그리고 지구상에서 인류의 풀pool이 커질수록 더 많은 바이러스들이 불쑥 뛰어들 가능성이 커진다. 그래서 언젠가 미생물학자 조슈아 레더버그Joshua Lederberg는 이렇게 말한 적이 있다. "지구의 지배를 위협하는 유일하고 진정한 경쟁상대는 바이러스이다. 인간의 생존은 예정되어 있지 않다."

저항운동은 우리 자신의 세포 내에서도 일어나 면역계를 압도할 수 있다. 암으로 전환된 세포는 (대부분의 세포가 통제를 벗어나 증식되지 못하도록 막는) 분자적 속박molecular restraint에서 벗어난 세포이다. 의사들이 약물, 방사선, 열 등으로 공격할 때, 몇몇 세포들은 그 공격에 저항할 것이다.

브루스 레빈은 말한다. "화학요법으로 암치료를 받을 때, 당신은 저항운동에 직면하게 됩니다. 똑같은 문제를 자신의 몸 안에서 보게 되는 거죠." 맨 처음 투여된 화학요법제는 대부분의 암세포들을 죽이지만 살아남은 암세포들이 증식할 수 있다. "화학요법제를 암세포에 투여하는 것은 스트렙토마이신을 배양된 세포에 투입하는 것과 마찬가지예요. 항암제든 항생제든 진화를 추동하는 건 마찬가지죠. 급속히 증식하는 세포들은 죽음을 피할 수 있어요. 당신은 인체 내에서 일어나는 진화를 보고 있는 겁니다. 물론 마음이 편치 않겠지만."

이 모든 것은 다윈법칙의 단순하고도 필연적인 결과이다. 이유 여하를 막론하고 어떤 종을 정면으로 겨누면 우리는 그 종의 진화를 추동하게 된다. 이 경우 진화는 종종 우리가 바라는 것과 반대 방향으로 진행될 수 있다. 그 종을 겨냥하는 이유가 무엇이든, 그 종이 크든 작든(현미경을 통해 보이는 것이든 거대한 것이든) 다윈의 법칙은 적용된다.

1970년대 말과 1980년대 초에는 야생 코끼리가 매년 10~20퍼센트씩 살해당했다. 그 속도라면 20세기 말에는 야생 코끼리가 멸종해야 했다. 그것은 강도 높은 선택사건이었다.

하지만 밀렵꾼들의 주요 표적은 '큰 상아를 가진 코끼리'였다. 그래서 작은 상아를 가진 코끼리들은 잡지 않았고, 상아가 없는 코끼리는 쏘지 않았다. 당시에는 아무도 깨닫지 못했지만 결과적으로 밀렵이 극성을 부리는 곳에 살던 아프리카 코끼리는 상아 없음을 선호하는 강력한 선택압에 직면했다. 실제로 밀렵이 가장 극심한 지역에 있던 코끼리 관찰자들은 야생에서 '상아 없는 코끼리'를 점점 더 많이 목격하게 되었다. 프린스턴의 생리학자인 앤드루 돕슨Andrew Dobson은 암보셀리, 미쿠미, 차오이스트, 차보웨스트, 퀸엘리자베스의 아프리카 야생생물 보호구역에서 상아 없는 코끼리의 진화를 추적하여 그 경향을 그래프로 요약했다. 코끼리가 비교적 안전하게 지내던 암보셀리의 경우 상아 없는 암컷 코끼리의 비율은 겨우 몇 퍼센트에 불과하다. 그러나 코끼리 밀렵이 극심한 미쿠미에서는 상아 없는 코끼리의 비율이 증가하고 있다. 나이 든 코끼리일수록 상아 없는 코끼리의 비율이 높아, 5~10살짜리 암컷 중에서는 약 10퍼센트가 상아가 없는 데 반해, 30~35살짜리 암컷 중에서는 약 50퍼센트나 상아가 없다.

수컷 코끼리는 암컷을 놓고 싸울 때 상아를 사용한다. 대다수의 수컷에게 상아가 있을 때, 상아 없는 수컷은 '창 없는 기사'나 마찬가지이다. 그러나 상아를 보유한 수컷이 점점 더 줄어드는 곳에서는 사정이 다르다. 그런 곳에서는 상아 없는 수컷도 암컷을 얻기 위해 싸울 기회를 얻어 상아 없는 유전자를 자손에게 전달할 수 있게 된다. 점점 더 적합해지는 것이다. 이것은 진화적 변화이며, 미래에 무슨 일이 일어나든 유전자의 균형은 오랜 세대와 오랜 세기 동안 잘 유지될 것이다. 단, 코끼리가 그렇게 오랫동안 살 수만 있다면.

이러한 진화적 변화는 전 세계 바닷속에서도 일어난다. 대부분의 낚시꾼과 어부들은 기본규칙을 따르는데, 이 규칙은 '대어는 챙기고, 잔챙이는 바다에 던진다'이다. 이것은 진화적 압력이며, 그물은 다윈적 선택의 강력한 매개자이다. 최근의 한 실험에서 연구자들은 두 개의 수족관에서 물벼룩을 기르며, 나흘마다 촘촘한 그물로 수족관의 물을 걸렀다. 한 수족관에서는 작은 물벼룩을 다시 물에 넣고 큰 것들을 죽였으며, 다른 수족관에서는 큰 것들을 다시 물에 넣고 작은 것들을 죽였다. 물벼룩이 몇 세대 경과하는 동안 이 같은 작업을 계속하자, 극적인 진화반응이 나타났다. 작은 물벼룩을 솎아낸 수족관에서는 물벼룩들이 빨리 성장하고 첫 생식 연령을 늦추기 시작했다. 모든 에너지와 자원을 빨리 성장하는 데 사용하는 물벼룩들은 생명을 유지하는 데 가장 유리했다. 더 나이 들고, 크고, 안전해질 때까지 생식행위를 억제했다(물벼룩의 경우에도 생식행위는 시간과 자원을 많이 소모한다).

그러나 큰 물벼룩을 솎아낸 수족관에서는 진화가 반대 방향으로 진행되었다. 물벼룩들은 서서히 성장하고, 체구가 아직 작을 때 번식을 시작했다. 그 결과 '작은 상태를 가장 오랫동안 유지하는 물벼룩'이 가장 오래 살면서 가장 많은 유전자를 다음 세대에 전달했다.

존 엔들러는 야생 상태와 실험실에서 구피를 대상으로 실험하여 위와 동일한 진화반응을 관찰했다. 어떤 포식자는 큰 구피를 선호하는 반면 어떤 포식자는 작은 구피를 선호하는데, 그들 역시 구피의 진화를 추동한다. 구피가 변화하는 데는 약 50세대가 걸린다. 이는 예측 가능하면서도 매우 빠른 진화다.

노르웨이 대구, 왕연어chinook salmon, 대서양 연어, 참돔red snapper, 붉돔red porgy은 전 세계의 대양에서 그물의 선택압에 따라 점점 더 작아지고 있다. 코끼리 밀렵꾼들이 상아가 없어지는 경향을 달갑잖게 여기는 것처럼, 어부들도 물고기가 작아지는 경향을 못마땅해한다. 그러나 코끼리와 물고기의 저항운동은 모두 다윈법칙의 직접적인 결과일 뿐이다.

"늦게까지 일하실 건가요?"실험실 보조원 한 명이 묻는다.

"늘 그렇지 뭐." 테일러가 대답한다. 족히 이틀은 기른 듯한 수염과 지저분한 검은 터틀넥 스웨터에, 다소 초췌한 얼굴을 하고 있다.

"아파트는 왜 갖고 계신지 모르겠네요. 몸은 항상 여기에 있는데 말이에요. 차라리 여기에 해먹을 하나 설치해놓는 게 낫겠어요." 조수가 말한다.

"맞아, 그게 낫겠군." 테일러가 말한다.

때는 한밤중인데 테일러는 나방을 막자사발에 넣고 열심히 갈고 있다. 그럼에도 나방의 진화 속도를 도저히 따라잡을 수 없다. 나방들은 호주에서 점점 더 저항성을 띠고 미국, 특히 앨라배마 서쪽에서도 그렇다. 나방의 저항운동에는 하나 이상의 유전자가 관여하고 있는 것 같으며, 나트륨통로는 단지 이야기의 시작에 불과할지도 모른다.

대부분의 목화 농부들은 여전히 살충제 뿌리기를 정례화하고 있으며, 가끔씩 '예방 차원의 살포'나 '확인사살용 살포'를 하기도 한다. 따라서 목화밭에서 헬리오티스와 목화 바구미boll weevi를 비롯한 악명 높은 해충들에게 가해지는 선택압은 계속 강력해지고 있으며, 해충들은 그에 대응하여 저항성이 점점 더 강해지는 쪽으로 진화를 계속하고 있다. 점점 더 많은 개발도상국들이 DDT에서 피레스로이드로 전환하고 있지만, 결국에는 선진국의 전철(예: kdr의 진화, 통제 실패)을 밟게 될 것이 뻔하다.

현재 개발 중인 살충제의 성공 확률은 계속 떨어지고 있는 반면, 개발비용은 상승일로에 있다. 한 전문가는 다음과 같은 의문을 제기한다. "해충은 이미 만능 유전자(사실상 모든 살충제에 대한 저항성을 제공하는 유전자)를 보유한 게 아닐까?" 그러면서 숙명론적인 말을 덧붙인다. "해충 스스로가 그 의문에 대한 답변을 조만간 내놓을 것이다."

1940년대에 살충제를 산더미처럼 쌓아놓기 전, 인류는 진화적 모험의 작은 언덕에 서 있었다. 그 당시 미국의 농민들은 곤충에게 수확량의 약 7퍼센트를 빼앗기고 있었다. 그러나 1970년대와 1980년도에 인류가 십자포화를 퍼붓는 동안, 곤충은 점령지에서 조금도 뒤로 물러서지 않았다. 오히려 그들은 자신들의 몫을 거의 두 배에 가까운 13퍼센트까지 늘렸다. 생태학자 로버트 메이Robert May와 앤드루 돕슨은 이렇게 말한다. "오늘날 미국 농부들이 해충에게 빼앗기는 작물의 비중은 중세 유럽 때에 비해 거의 달라지지 않았다. 그 당시에는 낟알 중 하나는 해충에게 빼앗기고, 하나는 이듬해의 종자로 남겨두고, 나머지 하나만 먹었다."

메이와 돕슨은 현재 전 지구적으로 펼쳐진 진화적 재앙이 우리에게 주는 교훈을 다음과 같이 적고 있다. "진화는 어떤 학술적·추상적 개념이 아니라 지금껏 인간의 노력을 좌절시켜 왔고 앞으로도 반복될 현실임을 백일하에 드러내고 있다. 어떤 해충구제 프로그램도 진화의 과정을 제대로 이해하는 데 실패했다."

장내세균에서 연쇄상구균에 이르기까지, 오늘날 '세상 사람들이 가장 원치 않는 미생물 톱 10'은 거의 모든 항생제 레퍼토리에 저항한다. 제약사들은 세균에게 대항하는 신약을 해마다 겨우 몇 종류밖에 만들어내지 못하고, 약 하나를 개발하는 데 드는 비용은 2억에 달하며, 하나의 신약이 시장에 출시되는 데 걸리는 시간은 7년 정도이다. 컬럼비아 대학교의 해럴드 뉴는 "항생제로 인한 선택압이 현재와 같은 위기를 초래했으므로, 의사·환자·제약회사는 인간이나 동물을 위해 항생제의 불필요한 사용을 일절 삼가야 한다"라고 역설한다.

우리가 해충과 세균에게 가하는 압력이 강해질수록 그들은 그 압력을 우회하여 진화하게 된다. 따라서 우리의 압력은 해충에게 진화압력으로 작용하지만, 우리는 이 점을 이해하지 못하고 있다. 다시 말해서 우리는 진화의 개념 자체를 이해하지 못하고 있는 것이다. 진화는 갈라파고스에서만 일어나는 것도 아니고, 창밖에서 악전고투하는 개똥지빠귀와 참나무만의 문제도 아니다. 진화는 매우 가까운 곳에서 일어난다. 이것은 끔찍한 아이러니다. 환경을 가장 철저하게 통제하고 가장 완벽하게 소유하고 싶은 곳에서 우리는 저항운동에 포위되어 속수무책으로 공격당하고 있으니 말이다. 우리가 저항운동과 맹렬히 싸울수록 세균과 해충은 더 강하고 빠르게 진화한다. 잘라낼수록 더 빨리 튀어나오는 히드라의 머리처럼 말이다. 그럴 수밖에 없는 것이 그들을 통제하려는 우리의 노력이 바로 그들의 진화를 촉진하는 원동력으로 작용하기 때문이다. 우리에게 통제가 그들에게는 꼬리에 꼬리를 물고 이어지는 변화의 한 자락에 불과하다. 그것은 환경의 변화일 뿐이며, 그들은 꿋꿋하게 서서 변화를 따라잡도록 설계되어 있다. 무차별적으로 진화압력을 계속 가하는 한, 그들은 대항하여 전염병을 계속 일으킬 것이다. 구약성서에서 이집트 땅에 출현한 개구리들처럼, 또는 이집트 땅 전체에서 이lice로 변한 지구의 먼지처럼 말이다.

"자네 말이 구구절절 옳아." 테일러는 한밤중에 얼음 분화구에서 나방 한 마리를 또 꺼내 핀셋으로 집은 채 말한다. "그런데 근본적인 해결책은 뭘까?"

테일러는 나방을 깨끗한 플라스틱 병 바닥에 내려놓는다. 원심분리기 돌아가는 소리와 가이어계수기의 소음에 둘러싸인 나방은 왠지 어울리지 않는 것 같다. 마치 산뜻한 현대 화랑의 벽에 걸린 아프리카 전통가면처럼 말이다. 테일러는 작업을 준비하느라 정신이 없다. "음, 정말 지겹군"이라고 푸념한다.

테일러는 병 바닥에 누워 있는 나방을 갈기 위해 유리막대를 집어들며 중얼거린다. "아무리 빨리 저항해도, 설마 막자pestle에는 저항하지 못하겠지."

chapter 19

창조과정의 동반자

창조는 행위가 아니라 과정이다. 창조는 5,000~6,000년
전에 한 번 일어나고 만 게 아니라, 지금 우리 눈앞에서
진행되고 있다. 인간은 단순한 방관자로서
뒷짐을 지고 있는 게 아니라, 창조과정의
보조자·협력자·동반자가 될 수 있다.
- 테오도시우스 도브잔스키, 『변화하는 인간』

갈라파고스 제도에서 최근 10년 동안 로즈메리와 피터는 '20세기 최악의 해'를 두 번 목격했다. 한 번은 '가장 습했던 해'였고, 다른 한 번은 '가장 건조했던 해'였다. 가장 습했던 해에는 정상적인 우기 때보다 많은 양의 비가 하루 동안 내렸다. 가장 건조했던 해에는 1년 내내 단 한 방울의 비도 내리지 않았다. "그해보다 건조한 해는 앞으로 볼 수 없을 거예요"라고 피터는 말한다.

예전에는 홍수와 가뭄이 '신의 행위'나 '자연의 변덕'쯤으로 여겼다. 그러나 오늘날 그랜트 부부는 맬서스 시대를 생각하며 놀란다.

그랜트 부부는 찰스 다윈 연구소에서 발간하는《갈라파고스 뉴스》라는 저널에 이렇게 썼다. "지난 세기 동안, 생물이 진화한다는 아이디어는 추측에서 사실로 바뀌었다. 금세기가 저물어가면서 우리는 또 다른 발상의 전환을 경험하고 있다. '세계의 기온이 점점 더 올라가고 있다'라는 추측이 증명된 사실로 폭넓게 받아들여지게 된 것이다."

대부분의 지구과학자들은 '지난 100년 동안 지표면의 온도가 주춤거리다 다시 떨어졌다 하면서도, 약 0.5℃ 상승했다'라는 점에 동의한다. 악명 높은 지구온난화는 (다윈이 세상을 떠난) 1880년대에 시작되었고, (그랜트 부부가 '금세기에 가장 따뜻했던 10년'이라고 부른) 1980년대 말에 와서 강하게 부각되었다.

그동안 대기 중의 이산화탄소 양은 별로 주춤거리거나 감소하지 않고 증가했다. 다른 기체들도 축적되었는데, 이 모든 기체들은 인간이 주도한 산업과 농업의 부산물이다. 이산화탄소, 일산화탄소, 산화질소는 우리의 난로, 굴뚝, 배기관에서 보이지 않게 피어오르고 있다. 메탄은 소, 양, 벼가 자라는 광대한 벌판에서 피어오른다. 이 기체들은 열을 포집하기 때문에 온실가스라고 불리며, 대부분의 지구과학자들은 다음 세대에는 온실가스들이 더 많은 열을 포집할 거라고 예측한다.

"향후 예측은 매우 불확실하며, 수정구슬은 흐릿하다. 그럼에도 불구하고 우리는 지구온난화가 갈라파고스에서 어떤 의미를 갖는지 생각해봐야 한다"라고 그랜트 부부는 썼다.

갈라파고스 제도에서는 해류가 계절의 순환을 이끌므로, 지구온난화가 특별한 관심사가 될 수밖에 없다. 제도는 1년 중 반년은 찬물에, 반년은 따뜻한 물에 몸을 담그고 있다. 찬물은 남적도 해류에 실려 오며, 따뜻한 물은 북적도 해류를 타고 온다. 이 두 가지 해류의 수온차는 종종 10℃인데, 간혹 20℃까지 벌어지는 수도 있다. 이 정도의 차이라면 제도에 뚜렷한 계절변화를 가져오고도 남는다.

만약 교대로 흐르는 해류가 없다면 이 제도에는 계절이 없을 것이다. 왜냐하면 제도는 정확히 적도 위에 자리 잡고 있기 때문이다. 그뿐만 아니라 제도의 진기한 식물군과 동물상도 존재하지 않을 것이다. 제도는 남쪽과 북쪽에서 온 물이 만나는 장소이므로 열대 도마뱀은 물론 물개까지, 열대 홍학뿐 아니라 펭귄(갈라파고스 펭귄은 유일한 열대산 펭귄이다)까지 승객 명단이 매우 다채롭다.

0.5℃에 불과한 온난화일지라도 해양과 대기의 순환에 변화를 초래함으로써 무역풍을 만들고 해류의 방향을 바꿀 수 있다. 갈라파고스 제도의 계절은 바람과 해류에 의존하므로, 갈라파고스는 이 같은 변화에 특히 취약하다. 대프니메이저의 핀치 관찰자들이 전형적인 우기와 건기를 묘사할 때 '전형적'이라는 단어에 늘 따옴표를 붙이는 것은 바로 이 때문이다. 해류는 너무 가변적이어서 똑같은 해가 전혀 없다.

게다가 갈라파고스는 지구 순환계의 핵심 압점pressure point, 즉 엘니뇨의 발생지 부근에 있다. 몇 년에 한 번씩 오는 엘니뇨는 온탕과 냉탕 간의 대비를 강화하고 연장시키는 효과를 발휘한다. 올 때마다 늘 다르지만, 엘니뇨가 있는 해는 없는 해와 완전히 다르다. 엘니뇨는 오고 가면서 생명을 뒤집어놓는다.

바람과 해류의 변화가 없다면 계절이 그렇게 다양하지도 않을 테니, 갈라파고스핀치들은 그렇게 다양한 부리가 필요 없을 것이다. 처음에 핀치를 제도로 데려온 것도 이 다양한 해류의 변덕이었음에 틀림없다. 바람과 해류는 다윈핀치들이 현재의 모습을 갖도록 도운 장본인이었으며, 지금도 여전히 핀치들의 모습을 형성하고 있다.

해류의 지속적인 변화, 특히 엘니뇨의 강도나 빈도의 변화가 갈라파고스 제도에서 진화과정을 바꿀 거라는 이야기는 전혀 과장이 아니다. 그리고 이 제도는 지구가 조금만 온난해져도 초기에 엄청난 차이가 나타날 수 있는 지점에 위치하고 있다.

몇 년 전 대프니메이저에서 돌아와 세계의 뉴스를 연도별로 체크하기 시작했을 때, 로즈메리와 피터는《사이언스》에 실린 짧은 논문에 흥미를 느꼈다. 그것은 미국 국립 해양대기국의 기상학자인 앤드류 베이쿤Andrew Bakun이 기고한 논문인데, 그는 자신의 연구가 지닌 의미를 '불확실하지만 어쩌면 극적일 수도 있다'라고 묘사했다.

베이쿤은 이렇게 주장했다. "만일 지구의 기후가 정말로 점점 온난화된다면, 지표면은 불균등하게 반응할 것이다. 그리고 육지는 바다보다 빨리 따뜻해질 것이다(바다의 경우, 밑에서 찬물이 항상 솟아오르고 있다는 점을 명심하라)."

만약 대륙이 (대륙을 둘러싼) 바다보다 더 빨리 따뜻해진다면, 해안에서 육지와 바다 사이의 온도 차이가 커질 것이다. 그로 인한 결과 중 하나는 해안풍offshore wind이 가속화되는 것일지도 모른다. 해안풍은 연안 지대와 바다 사이의 온도 차이로 인해 발생한다.

베이쿤은 페루의 남부 및 북부 해안, 캘리포니아, 이베리아 반도, 모로코에서 바람응력wind-stress에 관한 기록을 수집했다. 그 결과 20세기 중반 이후로 이 해안선들에서 바람응력이 상당히 증가한 것으로 나타났다. 베이쿤에 의하면 페루에서 좀 떨어진 곳에 있는 엘니뇨의 발생지는 극단적인 사례라고 한다. 물론 이 극단적 사례의 한가운데에 갈라파고스 제도가 버티고 있다.

그러므로 그랜트 부부가 지난 10년간 보아온 변덕스러운 날씨는 '우연 이상의 무엇'일 수 있다. 단지 가능성일 뿐이지만, 기후변화는 지구온난화의 영향을 받아왔을 수도 있다. 만일 그렇다면 이제 겨우 시작일 뿐이다.

다윈은 『종의 기원』에서 독자들에게 "약간의 물리적 변화, 예를 들면 기후변화를 겪고 있는 나라를 상상해보라"라고 요구한다. "만약 그 나라가 대륙의 일부라면, 국경선에는 (진화적 결과의 끝없는 행렬인) 이주자가 넘쳐날 수 있다. 설사 외딴 섬일지라도 거주자들은 달라진 상황에 적응할 것이며, 자연선택은 자유롭게 품종개량 작업을 수행할 여지를 갖고 있을 것이다"라고 그는 덧붙인다.

다윈의 말을 실험할 수 있을 만큼 '완전히 고립된 섬'은 없으며, 갈라파고스조차도 예외는 아니다. 사실 이 제도를 자세히 들여다보면 자연이 특히 극적인 사례, 즉 '다윈과정을 놀라운 방향으로 밀어붙이는 약간의 물리적 변화의 힘'을 증명하기 위해 이 섬들을 준비해놓은 듯하다. 지구의 기온이 0.5℃ 상승한 것은 다윈이 '약간의 물리적 변화'를 언급할 때 의중에 품었던 것보다 작은 변화일 것이다. '이산화탄소 농도가 1년에 1ppm씩 증가하는 것은 너무 작아서 거의 고려할 필요도 없을뿐더러 다윈과정을 추동할 수도 없을 것'이라는 게 다윈의 생각이었을 것이다. 그러나 이 작은 변화는 지구의 기후체계를 통해, 그리고 다윈의 '복잡한 관계망'을 통해 문자 그대로 세상의 모습을 바꿀 때까지 전파될 수 있다.

예를 들면 다윈핀치들의 분열이나 융합을 다룬 그랜트 부부의 논증은 '제도의 기후가 지난 20년간 봐왔던 것과 어느 정도 동일한 수준을 유지할 것'이라는 가정에 의존한다. 즉, 그들은 다윈핀치의 운명을 예측할 때, '제도의 계절순환에 전체적인 변화는 없을 것'이라고 가정했다. 해류의 진자pendulum가 우기와 건기 사이에서 늘 변덕스럽게 진동할 뿐이라고 가정한 것이다. 그러나 그랜트 부부는 그것이 더 이상 안전한 가정이 아니라고 쓴다. 지구온난화가 그들의 논증을 바꾸고 있는 것이다.

만일 지구온난화가 1982년의 슈퍼 엘니뇨를 낳았다면, 그보다 더한 온난화는 더욱 엄청난 엘니뇨를 일으킬 수 있다. 많은 이들은 1982년의 엘니뇨를 '20세기 최강의 엘니뇨'라고 불러왔으며, 일부 기후학자들은 몇 세기를 통틀어 '두 번째 밀레니엄 하반기 최강의 엘니뇨'라고 믿고 있다.

1982년에 대홍수가 일어나기 이전까지만 해도 대프니메이저에서는 다윈적 선택이 다윈핀치들을 뚜렷이 구분해왔다. 대홍수가 일어난 후에는 대프니메이저의 선택압이 새들을 강제로 합치기 시작했다. 지구온난화가 더욱 극단적인 엘니뇨를 가져온다면, 제도의 선택압이 홍수 이전으로 되돌아갈 때까지 꽤 오랜 시간이 걸릴지도 모른다. "어쩌면 제도는 '과거 수십 년간 머물렀던 상태'로 되돌아갈 수 없을지도 모른다. 그럴 경우 한 세기 내에 세 종이 한 종으로 합쳐질 가능성도 배제할 수 없다"라고 그랜트 부부는 추정한다.

작은땅핀치, 중간땅핀치, 큰땅핀치는 제도의 기후변화에 극도로 민감하다. 만약 다음 세기에 엘니뇨의 힘이 강하고 속도가 빨라진다면, 그동안 세 핀치들을 제각기 빚어온 진화작업이 무위로 돌아갈 것이다. 그리고 불과 200년 만에 세 핀치들이 하나로 융합될 것이다.

한편 다윈과정이 새들을 다시 분리하는 데도(예를 들어 작은땅핀치를 중간땅핀치로, 중간땅핀치를 큰땅핀치로 바꿈), 그리 오랜 시간이 걸리지 않을 수 있다. 트레버 프라이스가 계산한 바에 의하면 "대프니메이저에서 1977년의 가뭄만큼 강한 선택사건이 스무 번쯤 일어나면, 중간땅핀치를 큰땅핀치로 전환시킬 수 있다"라고 한다. 그리고 만일 대프니메이저가 아니라 다른 섬(덩치 큰 중간땅핀치가 사는 섬)이라면, 열두 번의 가뭄만으로도 충분할 거라고 한다. "트레버는 비교적 짧은 기간에 A에서 B를 얻을 수 있다고 계산했죠. 처음 이 연구를 시작했을 때 우리는 그게 가능할 거라 생각조차 못했어요"라고 피터 그랜트는 말한다.

다시 말해서 현재의 기후주기가 유지될 경우, 갈라파고스 제도에서 다윈핀치 신종이 창조되는 데 걸리는 시간은 1,000년이다. 그러나 만일 적절한 간격을 두고 박자를 맞춰가며 극심한 가뭄과 홍수가 반복된다면 한 세기 만에 신종이 탄생할 수도 있다.

갈라파고스의 기후와 지구온난화 간의 관련성은 당분간 추측으로 남을 수밖에 없다. 그러나 갈라파고스의 사례로 미루어볼 때, 지구온난화는 '매우 복잡하고 예측불가능한 국지적 사건'을 초래할 수 있는 것으로 보인다. 우리가 살아 있는 동안 세계에서 가장 고립된 제도에서도 일어날 수 있다.

다윈과정 자체의 힘과 마찬가지로 그 과정을 추동하는 우리의 힘도 가상적인 것은 아니다. 산업혁명은 환경을 바꿨으며, 다윈이 『종의 기원』을 발표하기 전에 이미 진화의 과정을 바꿨다. 이는 역사에서 관찰된, 가장 잘 알려진 진화의 메시지이다.

1848년, 맨체스터의 나비류 연구가인 R. S. 애들스턴R. S. Edleston은 회색가지나방Biston betularia의 희귀한 형태를 채집했다. 정상적인 나방은 하얀 바탕에 미세한 검은 선과 점들이 박혀 있지만, 애들스턴이 채집한 표본은 거의 석탄처럼 검다고 해서 카르보나리아carbonaria(검은색 변종나방)라는 이름을 얻게 되었다.

수집가들은 희소성을 최고로 친다. 다윈 세기의 하반기, 검은 나방은 영국 제도British isles의 모든 나비 및 나방 사냥꾼 사이에서 각광을 받았다. 수집가들이 열광적으로 채집한 덕분에 우리 시대의 진화학자들은 빅토리아 시대 나비류 연구가들의 기록과 수집품들을 통해 영국 전체에서 검은색 변종나방이 어떻게 퍼져나갔는지 추적할 수 있게 되었다. 1860년 카르보나리아 표본 하나가 체셔에서 채집되었고, 1861년에는 요크셔에서, 1870년에는 웨스트몰랜드에서, 1878년에는 스태퍼드셔에서, 1897년에는 런던에서 채집되었다. 처음 관찰된 직후 검은색 변종나방은 어디에서나 흔해졌고, 결국에는 흰 나방typica이 검은 나방보다 더 희귀해졌다.

검은색 변종나방은 유럽 대륙도 정복했다. 1867년 네덜란드 노르트브라반트 주州의 한 느릅나무에서 교미하는 한 쌍이 목격된 이후, 1884년 하노버에서, 1888년 투링기아에서 그 변이체들이 발견되었다. 검은색 변종나방은 그곳에서부터 라인 계곡을 거슬러 올라간 듯하다.

검은색 변종나방은 대기가 산업혁명의 숯검댕으로 새까매진 곳이라면 어디에서나 나방 집단을 휩쓸었다. 그러나 콘월, 스코틀랜드, 웨일스와 같은 농촌 지역에서는 개체수가 증가하지 않았다. 다윈이 살던 켄트 주의 농촌에서도 다윈이 살아 있는 동안 검은색 변종나방이 보고되지 않았다. 그러나 20세기 중반쯤, 브롬리에서 채집된 회색가지나방은 열 마리 중 아홉 마리가, 메이드스톤에서 채집된 회색가지나방은 열 마리 중 일곱 마리가 검었다.

물론 맨체스터는 산업혁명의 '더러운 중심지' 중 하나였다. 에들스턴이 맨체스터에서 카르보나리아 표본에 핀을 꽂던 시기에 소설가 엘리자베스 개스켈Elizabeth Gaskell은 한 가족이 기차를 타고 지나가면서 맨체스터를 처음 본 광경을 이렇게 묘사했다. "그들은 똑같이 생긴 작은 벽돌집들이 길게 늘어선, 길고 곧고 희망 없는 거리를 빠르게 스쳐지나갔다. (병아리들에 둘러싸인 암탉처럼) 직사각형의 창문들이 여러 개 붙어 있는 커다란 공장들이 여기저기서 불법 매연을 뿜어내, 마거릿이 '비가 올 것 같다'라고 할 만큼 많은 먹구름을 만들었다."

이미 대기오염법이 통과되었으므로 그 먹구름은 불법임이 분명했다. 그러나 법은 아무짝에도 쓸모가 없었다. 숯검댕은 맨체스터 주변을 비롯하여, 영국의 새카만 공업지대 주변의 나무들을 모두 검게 물들였다. 20세기에 옥스퍼드 대학교의 H. B. D. 케틀웰H. B. D. Kettlewell이 실시한 실험에서 숯검댕은 나무에 앉은 나방들의 생사를 가른 것으로 드러났다. 케틀웰은 바위종다리, 점박이딱새, 노랑멧새, 울새, 개똥지빠귀, 동고비가 나방을 잡아먹는 장면을 사진으로 찍었다. 시골의 자작나무와 너도밤나무의 옅은 색 나무껍질은 검은 나방들을 금세 눈에 띄게 했다. 반면에 도시 주변에서는 검은 나무껍질 때문에 새들이 흰 나방을 더 빨리 잡아먹었다.

검은색 변종나방과 흰색 나방의 차이는 유전자 하나에 불과했다. 산업혁명 이전에 검은색 변종나방은 강력한 음의 선택압negative selection pressure에 놓였었고, 줄기가 검은 나무들이 무성한 숲속을 제외하면 검은색 변종나방은 드물었다. 그런데 공장이 들어서면서 선택압이 역전되었다. 드문 검은색 변종나방들이 숯검댕 자체와 비슷하게 보였기 때문이다. 회색가지나방의 사례는 진화학자들에게 디인과정의 속도를 처음으로 눈치채게 했다. 진화학자들이 1848년에 처음으로 "맨체스터 주변에서 검은 변종나방의 출현빈도는 100마리당 한 마리이다"라고 기록했다고 치자(이것은 상당히 높게 잡은 것이다). 50년 후인 1898년에는 100마리 중 99마리가 검은색이었다. 이 수치를 이용하여 영국의 진화학자 J. B. S 홀데인은 "다윈 세기의 하반기 동안, 검은 나방의 적응도fitness가 흰색 나방보다 50퍼센트 높아진 게 틀림없다"라고 계산했다. 즉, 검은 나방이 자신의 유전자를 후대에 전달할 가능성이 흰 나방보다 50퍼센트 더 높아졌다는 것이다.

20세기 중엽, 영국은 강력한 청정공기법을 제정했다. 그러자 도시의 공기는 깨끗해지기 시작했고, 도시 외곽의 나무껍질도 마찬가지였다. 1966년이 되자 영국의 한 회색가지나방 연구자는 "맨체스터는 악마처럼 흉측한 모습이 아직 완연하지만, 많이 깨끗해지고 재건되었다"라고 썼다. 다른 서유럽 국가에서도 환경법이 통과되면서 흰 나방이 재등장하였다. 영국 북서부에 있는 웨스트커비에 검은색 변종나방이 출현한 빈도를 보면, 1959년에는 열 마리 중 아홉 마리가 검은색이었는데 1985년이 되자 열 마리 중 다섯 마리로, 1989년에는 열 마리 중 세 마리 이하로 줄어들었다. 네덜란드 노르트브라반트 주의 경우에도 1867년 유럽 대륙 최초로 두 마리의 검은색 변종나방이 목격됨으로써 산업혁명의 시작을 알렸지만, 열 마리 중 일곱 마리였던 검은색 변종나방의 출현빈도가 열 마리 중 한 마리 이하로 줄어들었다.

오늘날 검은색 변종나방은 영국 전역에서 급속히 줄어들고 있다. 산업혁명과 더불어 새까매졌던 무당벌레와 다른 수십여 종의 곤충들도 마찬가지이다. 진화를 둘러싼 환경은 역전되고 있다. 핀치 관찰자들은 가뭄에서 홍수로, 홍수에서 가뭄으로 상황이 역전되는 것을 봐왔지만, 나방 관찰자들은 산업화시대가 후기 산업화시대로 역전되는 것을 보고 있다. 지금 같은 속도라면 2010년쯤 되면 검은색 변종나방은 산업혁명 이전처럼 희귀해질 것이다(2016년, 흰 나방은 전체 회색가지나방 중 90퍼센트 이상을 차지한다_옮긴이).

이산화탄소는 사실상 숯검댕과 마찬가지이다. 이산화탄소는 연소 과정의 산물로 숯검댕과 똑같은 굴뚝에서 나온다. 그러나 기체는 눈에 보이지 않으며 그 영향력은 지역에 국한되지 않고 지구 전체에 파급된다. 만일 지구과학자들이 지금 우리에게 경고하는 것처럼, 20세기의 이산화탄소가 21세기에 영향을 미친다면 이산화탄소는 숯검댕보다 훨씬 더 중대한 결과를 초래할 것이다. 그렇게 된다면, 이산화탄소의 증가는 지구상에서 장기적으로 일어나는 가장 중요한 물리적 변화임이 증명될 것이다. 만일 현재의 생각이 옳다면, 다음 100년 동안의 기온은 지난 수백만 년 동안보다 높을지 모르며, 그 변화는 지난 수백만 년 동안보다 무려 열 배나 빨리 일어날 것이다. 그리하여 우리는 '충격적인 진화실험'을 목도하게 될 것이다.

이런 와중에 유전공학자들은 다분히 의도적으로 진화를 조작하고 촉진하고 있다. 일부 유전공학자들은 한술 더 떠서, 자신들의 연구를 '다양성 생성', 즉 G.O.D.Generation of Diversity라고 부른다. 유전공학자들이 하는 일은 문자 그대로 '다양성을 생성하는 일'이다. 진화실험을 시작한 지는 몇 년밖에 안 되지만 그들은 갈라파고스를 능가하는 다산성prolificity을 원하고 있다. 새로운 옥수수, 벼, 세균, 기니이피그, 특허 받은 하버드 생쥐를 창조하고 있다. 우리가 허용한다면 유전공학자들은 똑같은 도구와 기법을 이용하여 인간을 재구성하는 일을 시작할 수도 있다.

유전공학자와 G.O.D.가 현재 하고 있는 일은 생각만 해도 당신의 머리카락을 곤두서게 할 것이다. 얼마 전 두 유전공학자는 《네이처》에 기고한 논문에서 "DNA 나선에 들어맞는 분자 두 개를 새로 만들어냈다"라고 밝혔다. 즉, 다윈의 '보이지 않는 글자' T, A, C, G 외에 생명의 알파벳에 K와 X라는 글자를 추가한 것이다. 그들의 동료 중 한 명은 《네이처》 같은 호號에 기고한 글에서 "앞으로 얼마나 더 많은 문자를 발견할 수 있을지 궁금하며(아마 열두 개쯤 될 것이다), 새로운 글자를 이용하여 어떤 메시지와 어떤 피조물을 만들 수 있는지도 궁금하다"라고 썼다.

생명의 핵심적인 과정을 무턱대고 가속화하려는 시도는 올바른 진화연구를 시급하게 만든다. 인간은 생명의 환경을 점점 더 빠르게 변화하고 있으며, 생명의 유전기구genetic machinery들을 점점 더 빠르게 변형하고 있다. 이 모든 것은 G.O.D. 즉 다양성의 생성인 동시에, 파괴의 생성Generation of Destruction이기도 하다. 과학자들은 인간이 대기에 추가한 이산화탄소가 참나무 싹, 밀, 옥수수, 나비, 나방, 진딧물에 가하는 압력을 온실과 현장 양쪽에서 연구하고 있다. 또 남극의 오존 구멍 아래에 있는 식물성 플랑크톤이 급속히 진화하는 과정을 소생태계와 공해open sea에서 연구하고 있다.

1987년과 1988년 남극의 앤버스 섬Anvers Island에서 수행된 플랑크톤 연구 결과, UV-B가 오존 구멍 아래에 있는 바다를 수심 20미터까지 투과하여 상당한 위험을 끼칠 수 있는 것으로 밝혀졌다. 따라서 이는 진화반응을 이끌어낼 가능성이 높은 것으로 판단된다. 최근의 연구에서는 오존 구멍이 머리 위에 있을 때, 다량의 UV-B가 수중 플랑크톤의 개체수를 6~12퍼센트 줄이는 것으로 밝혀졌다. 그러나 다행히도 UV-B는 모든 종에게 무차별적으로 작용하지는 않는 것으로 나타났다. 즉, UV-B는 규조류인 차에토케로스 소키알리스Chaetoceros socialis보다 파에오키스티스Phaeocystis 속에 속한 종들의 성장을 훨씬 더 강력하게 억제했다. 여기서 우리는 변이의 힘을 재확인한다.

변이는 '예견하지 못한 것unforeseen'과 '예견할 수 없는 것unforeable'을 완화시키는 힘을 갖고 있다. 바다의 플랑크톤 구성은 극히 다양하며, UV-B에 대한 취약성도 해역에 따라 다양하다. 변이는 남극해의 플랑크톤과 크릴새우들을 도와, 오존 구멍 아래서 보이지 않는 광선에 진화하고 적응하도록 도와준다.

"이 모든 것들이 우리에게 의미하는 것은 뭘까?" 1859년 독자들이 『종의 기원』을 읽은 직후에 머릿속에 떠오른 의문이었다. 그들은 대답을 찾기 위해 뒤를 돌아다봤다. 다윈이 『종의 기원』에서 그랬던 것처럼 과거, 역사, 조상, 가문을 생각했다. 다윈의 책들은 주로 역사를 다루며, 심지어 현재를 설명하는 부분에서도 역사를 언급한다. 이러한 언급은 라이엘이 확립한 탐구원칙, 즉 '현재는 과거의 열쇠'라는 글귀를 연상시킨다. 라이엘의 대표작 『지질학원론』의 완전한 제목을 읽어보면 그 의미가 더욱 명확해진다. 『지질학원론: 현재 작용하고 있는 원인을 참조하여 과거의 지표면 변화를 설명하려는 시도Principles of Geology: Being an Attempt to Explain the Former Changes of the Earth's Surface, by Reference to Causes Now in Operation』.

『종의 기원』과 그 뒤에 나온 『인간의 기원』(이 역시 뒤를 돌아다보는 제목이다)을 읽고, 인류의 과거상태를 일별一瞥한 독자늘은 큰 충격을 받았다. 그러나 오늘날 진행되고 있는 다윈과정을 생각할 때, 현재의 상태도 충격적인 것은 마찬가지이다. 우리는 다윈주의가 지금 이 순간에 대해 시사하는 점을 이제 겨우 소화하기 시작했다. 지금 일어나고 있는 진화의 작용과 반작용에 우리 모두가 어느 정도까지 개입되어 있는지를 이제서야 겨우 어렴풋이 짐작하고 있는 것이다. 이런 의미에서 볼 때, 다윈이 1859년에 시작한 혁명은 아직 완성되지 않았다.

다윈은 『종의 기원』에서 '암석에 아로새겨진 기록들', '사라지거나 증발한 사건들의 끝없는 행렬', '연구되지 않은 생물들이 활보하던 오랜 망각의 시대'를 열거하며 생명의 역사를 '보존상태가 매우 불량한 한 권짜리 세계사책'에 비유했다. 그러면서 "역사책의 이곳저곳에는 짤막한 장章만 남아 있고, 각 페이지에는 여기저기에 드문드문 몇 줄씩만 적혀 있다"라고 묘사했다.

지금까지 다윈이 설명한 것은 고대사 부분이지만, 현대사 부분도 내용이 누락되거나 지워진 것이나 마찬가지이다. 현재 우리 주변에서 일어나는 광대한 스토리에 비하면 진화 관찰자들이 연구하고 있는 것은 몇 페이지나 몇 줄에 불과하다. 그런 면에서 볼 때, 다윈핀치들이 생명의 역사에서 차지하는 비중과 역할은 중차대하다고 할 수 있다. 핀치들은 (우리의 눈에 보이는 곳은 물론, 보이지 않는 곳에서 일어나고 있는) 모든 진화사건들의 심벌, 전령, 기수 역할을 할 수 있다. 갈라파고스 제도는 다시 한 번 우리에게 '우리의 뒤뜰에서 무슨 일이 일어나고 있는지'를 보여준다.

지금 진행되고 있는 변화를 살펴보면, 지구 전체와 그 위에 있는 모든 생명체들이 다윈과정의 힘을 증명하는 거대한 집합체임을 알 수 있다. 인간 자신을 포함하여 지구의 수많은 생명계통들은 (최후의 공룡이 죽었을 때나, 최초의 핀치가 갈라파고스에 날아들었을 때와 마찬가지로) 늘 한결

같은 변화의 날들을 살아가고 있다.

이런 변화는 우리 인류의 발흥勃興을 통해 추동되고 있다. 지구의 우점종인 인간은 진화의 원인이자 결과이며, 다윈과정의 주인이자 노예이다. 다윈의 동시대인들이 이 사실을 인류 과거사에 투영하기를 두려워했던 것처럼, 우리는 이 사실을 현대사에 적용하기를 두려워한다. 그러나 가장 초창기 연구에서부터 가장 최근의 연구에 이르기까지, 진화 관찰자들이 우리에게 '꼭 주목하라'라고 촉구해온 것은 바로 이것이다. 현재 지구상에서 일어나고 있는 일은 모든 것들을 다방면에서 포괄하는 진화적 사건이며, (최후의 순간까지 위태롭게 제도에 고립되어 있는) 핀치들은 그 진화사건이 우리에게 지니는 의미를 설명해주는 특별한 위치에 있다.

모든 시대는 그 시대를 사는 사람들에게는 특별해 보인다. 그러나 우리 시대가 다른 시대보다 더 특별하다고 말하는 것은 편협한 자존심이 아닐뿐더러 근시안적인 절망도 아니다. 화석 기록에 따르면 지난 6억 년 동안 생물권에서 일어난 갑작스러운 격변은 겨우 다섯 번이었다. 오르도비스기 말, 데본기와 페름기 말, 트라이아스기와 백악기 말에 일어났던 변화가 지금 다시 일어나려 하고 있다. 우리는 생존경쟁의 조건을 바꾸고 있다. 동시대의 모든 종들에게 적용되는 삶의 조건을 바꾸고 있는 것이다.

지질시대를 통틀어 어느 한 종만의 팽창에 의해 격변이 일어난 경우는 한 번도 없었다. 주연배우가 행위를 의식하고, 결과를 염려하며, 죄의식을 느낀 경우는 단 한 번도 없었다. 진화가 처음 시작된 이래 가장 극적인 순간은 바로 우리 시대인지도 모른다. 좋든 싫든, 우리는 '진행되고 있는 진화'를 실시간으로 관찰하고 있다.

chapter 20

형이상학적인 '꼬인 부리'

자연의 기이하고 환상적인 모습은 얼마나 놀라운가!
사우스카옌South Cayenne 숲에서 시끄러운 소리를
내며 빈 나무 속에 알을 낳는 큰부리새에게 존재의
이유를 물으면 큰부리새는 이렇게 반박할 게 분명하다.
"본드스트리트Bond Street에 사는 신사들은 무슨 목적으로
창조되었소?" 이렇듯 질문에는 끝이 없다.
그러니 우리는 큰부리새의 형이상학에 아예 빠져들지
말아야 할 것이다.
- 시드니 스미스, (1825)

형이상학은 번창해야 한다.
- 찰스 다윈, (1838)

지구라는 행성에서 우리는 동류의식과 차이점이라는 양가감정을 지닌 채 다른 동물들 사이에 서 있다. 다윈의 『비글호 항해기』에 수록된 유명한 판화 속의 핀치들은 우리를 안쓰럽게 한다. 왜냐하면 우리는 그들보다 더 멀리 더 넓게 볼 수 있기 때문이다. 눈이 아무리 날카롭고 비장의 무기인 날개를 이용할 수 있다 할지라도, 판화 속 핀치들은 자신들의 정체를 모르며, 자신들이 어디에서 와서 어디로 가고 있는지도 모른다.

우리는 처음부터 '인간과 다른 생물들을 같거나 다르게 만든 요인이 무엇인지'를 이해하려고 노력했다. 힘이 그토록 불균등하게 분포된 이유가 뭔지를 설명하려고 말이다. 스페인의 라스코 동굴에는 부리를 가진 사람의 모습이 그려져 있다. 파라오 무덤에서 발견된 부조에는 오시리스Osiris, 호루스Horus, 토트Thoth와 같은 '새-인간 잡종'의 신들이 새겨져 있다. 어느 날 아테네의 아카데미를 걸으며 이야기하던 플라톤은 인간을 '깃털 없는 두 발 동물'이라고 정의했다. 그러자 다음날, 디오게네스가 '깃털 뽑은 닭'을 들고 아카데미를 방문하여 무언의 시위를 벌였다는 이야기가 전해진다.

흔히 인간은 '자신을 의식하게 된 종species'이라고들 한다. 그러나 잠시 멈춰 곰곰이 생각해보면, 사실 그건 그렇게 간단한 주장이 아니다. 인간의 진화를 공부하는 학생들은 '출발점이 어디였는지'를 놓고 여전히 논쟁 중이다. 바다를 횡단하는 긴 비행 끝에 화산섬에 도착한 다윈핀치들처럼, 여행을 통해 새로운 영토를 얻게 된 종들이 가끔 있다. 또한 여행이 아니라 발명을 통해, 즉 새로운 적응을 통해 신세계를 연 종도 있다. 약 5억 년 전인 오르도비스기에 다모류polychaete가 새예동물문priapulid보다 유리해진 것은 턱이 발명되었기 때문이다. 경첩 달린 턱은 고생대의 갑주어류, 연골어류, 경골어류에게 전환점이 되었고, 그 이후로 양서류에서 파충류, 조류, 포유류에 이르기까지 모든 척추동물의 진화가 이어졌다.

특정 육식동물 계통에서 이빨 몇 개의 자리가 몇 밀리미터쯤 이동한 것이 극적인 적응방산을 이끌어냈을 수도 있다. 알래스카에서 아르헨티나 최남단에 이르기까지 아메리카 대륙 전역에서 경첩이나 이음새가 하나 더 붙은 새의 부리는 거의 100종이나 되는 검은새의 적응방산으로 이어졌다.

브리티시컬럼비아 대학교에서 실시된 멋진 실험에서 솔잣새들은 '부리가 처음에 살짝 꼬인 것이 어떻게 모든 차이를 만들어냈는지'를 잘 보여줬다. 돌연변이로 인한 꼬임은 명백한 운명(1840년대에 서부개척을 통한 미국의 영토확장을 정당화한 말_옮긴이)이었다. 왜냐하면 부리의 꼬임은 새들로 하여금 특별한 먹이, 즉 숲 속의 다른 새들이 범접할 수 없는 씨앗을 먹을 수 있게 해줬기 때문이다. 꼬인 부리는 드넓은 정복지를 열었고, 연쇄적인 2차적응의 출발점이 되었다. 영국의 조류학자이언 뉴턴Ian Newton이 『핀치들』이라는 책에서 설명한 바와 같이, 솔잣새 턱에 있는 경첩은 보통 부리처럼 상하로 움직이는 것은 기본이고 좌우로도 움직일 수 있도록 점점 더 특화되었다고 한다. 턱근육은 부리를 옆으로 움직일 수 있도록 비대칭적으로 발달되었다. 부리가 솔방울의 인편scale을 열려고 애쓰는 동안 솔방울을 꽉 움켜쥘 수 있도록, 발은 점점 더 크고 강해졌다. 그 밖에도 솔잣새가 진화시킨 새로운 본능, 정교한 생활양식, 의례적인 몸짓은 아래와 같다.

> 먼저, 솔잣새는 솔방울을 부리로 비틀어 떼어낸다. 그러고는 수평으로 뻗은 단단한 나뭇가지로 운반하여 한쪽 발과 나뭇가지 사이에 솔방울을 끼운다. (아랫부리가 오른쪽으로 뒤틀린 솔잣새는 오른발로 솔방울을 붙들고, 아랫부리가 왼쪽으로 뒤틀린 솔잣새는 왼발로 솔방울을 붙든다.) 그러고 나서 솔방울을 앞에 놓되 한편으로 약간 치우치게 하고, 부리 끝을 인편의 뒤에 갖다댄다. 아랫부리를 솔방울의 몸통 쪽으로 움직이면 인편이 윗부리의 끝으로 밀려 올라온다. 이때 인편과 튀어나온 씨앗은 혀를 내밀어 끄집어낸다.

솔잣새는 종종 나무에 거꾸로 매달린 채 솔방울과 씨름하기도 한다.

현재의 학설에 따르면, 인간 계통의 출발점은 지금으로부터 600~700만 년 전 아프리카 사바나에서 우리 조상들이 브래키에이션brachiation(양팔로 나무 사이를 옮겨다니기)에서 육상보행으로 전환했을 때라고 한다. 이러한 변화는 솔잣새에서처럼 연쇄적인 적응을 이끌어냈다. 최초의 적응 중 하나는 진화학자 리처드 리키Richard Leaky가 '진화생물학에서 볼 수 있는 가장 놀라운 해부학적 구조변화의 하나'라고 말하는 '엉덩이를 추켜올리고 뒷다리로 걷기'를 시작한 것이었다.

우리는 수백만 년 동안 직립보행을 했으며, 그 이후에 거대한 진화적 변화, 즉 뇌와 두개골의 팽창이 일어났다. 이 팽창은 약 200만 년 전에 시작되었으며, 뒷다리로 일어선 것과 마찬가지로 '화석기록에 나타난 가장 극적인 진화적 변화' 중 하나라고 할 수 있다. 에티오피아의 하다르Hadar에서 발견된 루시Lucy 이후, 인간의 뇌는 크기가 세 배로 늘어났다. 그사이에 우리는 (가까운 친척인 오랑우탄, 고릴라, 침팬지의 손과 우리 손의 주된 역학적 차이를 초래한) 마주보는 엄지손가락opposable thumbs을 진화시켰다. 우리는 설골hyoid bone을 변형시켜 큰 소리로 말하는 재능을 얻었으며, 주둥이가 짧아지고 턱과 이빨이 들어가고 코의 형태가 변하는 등 외모상의 변화도 경험했다.

이상과 같은 연쇄적응의 어디쯤에선가(아마도 뇌의 팽창이 시작되었을 때쯤일 것이다), 우리 자신을 '독특한 인간'이라는 종의 일원으로 생각하는 의식이 고조되었다. 디오게네스가 플라톤에게 무언의 시위를 통해 지적했던 특징은 바로 이것이다. 우리로 하여금 궁극적으로 '이 행성의 다른 생물들과 다르다'라고 느끼게 한 것은 무엇일까? 엄지손가락도, 목소리도, 직립보행도, 인간의 얼굴도 아닌, 바로 인간의 자의식이다. 손, 다리, 목소리, 심지어 얼굴을 잃은 남성이나 여성은 여전히 인간이지만, 자의식을 잃은 육체는 인간적 경험에서 영원히 낙오될 것이다.

그런데 시기적으로 볼 때, 이러한 진화작용 중 일부는 다윈핀치들이 갈라파고스에서 방산하고 있을 때 일어났으며 속도도 거의 같았다. 게다가 신체적인 의미에서 보면 인간의 자긍심과 힘이라는 편견에도 불구하고 '인간이 이웃 동물들에게서 멀어진 정도'와 '핀치들이 서로 분화한 정도'는 별반 다르지 않다. 알량한 자존심을 위해, 분류학자들은 우리를 다른 영장류들과 다른 속에 배치했다. 그러나 해부학적으로 보면 침팬지·오랑우탄·고릴라·인간은 13종의 다윈핀치들, 20여 종의 솔잣새들, 최근에 적응방산된 다른 수많은 젊은 생물들만큼이나 가깝게 연관되어 있다. 침팬지는 우리와 가장 가까운 친척인 듯하며, 현재의 추정에 따르면 '인간과 침팬지 간의 거리'는 '땅핀치와 나무핀치 간의 거리'와 같다.

진화가 팩트임을 확신하게 되었을 때, 다윈은 첫 번째 비밀노트 중 한 권에 이렇게 써놓았다. "거만한 인간은 자신을 (신성deity이 개입되었다고 말해도 좋을 만큼) 위대한 작품이라고 생각한다. 하지만 나는 인간이 생각보다 더 비천하다고 느끼며, 동물에서 창조되었다는 생각을 진심으로 믿는다." 우리가 보유하고 있는 의식이라는 재능은 미스터리이며, 생물학에서 아직 풀리지 않은 가장 큰 수수께끼 중 하나이다. 하지만 의식이 새의 부리, 깃털, 날개보다 우월한 기적은 아니며 '살아 있는 진흙'의 모델링modelling과 몰딩molding에 의해 새와 똑같은 과정, 즉 다윈과정을 통해 형성된 것이다. 우리는 왜 의식을 '정도의 차이'로 보지 않고, '우리에게 특유한 것'이라고 가정할까? 다윈은 노트에 이렇게 썼다. "의식은 우리의 자만심의 발로이자 자화자찬 행위에 불과하다."

신경생물학자들은 언젠가 '뇌 속에 있는 의식'의 기원이 풀리기를 희망한다. 거울을 적당한 각도로 배치하면 서로 반사하는 것처럼, 그들은 전두엽이나 대뇌피질의 신경망 속에서 성장하면서 일종의 무한한 반복을 이끌어낸 어떤 꼬임twist을 발견할 것이다. 이 비밀의 물리적 토대가 밝혀지는 날은 까마득히 멀거나 아니면 우리가 생각하는 것보다 가까울지도 모른다. 그러나 솔잣새의 경우처럼 '우리가 다른 많은 종들과 공유하는 장비의 꼬임'이 그 열쇠로 밝혀질 수도 있을 것이다. 꼬임은 계속 반복되고, 그 반복은 다른 동물들이 할 수 없는 세계를 인식하게 해줬고, 그로 인해 다른 종들이 포착할 수 없는 것들을 포착할 수 있게 해줬을지도 모른다.

아마도 생물학자들이 인간의 전체 유전자 서열을 파악하고 파악한 메시지의 많은 부분을 해독할 때, 인간과 침팬지 사이에 존재하는 약간의 유전적 차이가 이 신비를 푸는 데 빛을 비춰줄 수도 있고, 우리를 '형이상학적인 꼬인 부리'로 만든 대뇌의 꼬임을 이해하는 데 도움이 될 수도 있을 것이다.

고조된 의식이 발휘하는 재능 중 하나는 새로운 도구를 만드는 능력이다. 우리는 평생 동안 새로운 환경에 적응하고 진화할 수 있다. 한때 우리는 이 재능이 (의식과 마찬가지로) 인간에게만 특유한 거라고 상상했었다. 벤저민 프랭클린은 우리 인류를 호모 파베르Homo faber, 즉 도구제작자라고 불렀다. 그러나 보노보bonobo도 도구를 만들어 사용하며, 갈라파고스의 딱따구리핀치도 선인장 가시를 골라잡아 타고난 부리의 성능을 향상시킨다. 우리는 여기서 다시, 인간과 다른 종과의 차이가 '정도의 차이'에 지나지 않음을 알 수 있다. 차이가 확대되기 시작한 때는 우리의 뇌와 두개골이 현재의 용량으로 팽창한 지 3~4만 년 후였다. 프랑스 남부와 스페인 북부에서 인간은 갑자기 뼈를 깎고 부싯돌을 떼어내는 신공을 발휘하기 시작했다. 그리하여 한 명의 사냥꾼이 보유한 도구세트가 모든 다윈핀치들의 부리를 능가할 정도가 되었다. 뼈로 만든 송곳은 날카로운 부리보다 더 날카롭고, 돌로 만든 끌은 큰 부리보다 더 크다. 물론 진화의 드라마에서 우리가 주인공이 된 지금, 도구 제작의 경쟁우위competitive advantage가 지구 전체에서 나타나고 있다. 심지어 갈라파고스에서도 인간은 오리발을 착용하고 비늘돔parrot fish보다 깊이 잠수하여 앞으로 나아가고, 부비새와 군함조보다 더 높이 더 빨리 날고, 돌고래보다 더 빨리 물살을 가르며, 매일 밤 바다로 멀리 나가 요트 불빛 아래서 잠을 잔다(절벽에 앉아 있는 새들의 눈에 요트 불빛은 밤하늘에 새로 뜬 별처럼 밝게 빛난다).

고조된 의식 덕분에 우리는 지구상의 다른 어떤 종보다도 더 빨리 더 많은 적응틈새adaptive niche를 개척할 수 있었고, 아프리카를 떠나 모든 대륙과 극지방까지 방산했다. 우리는 한 세트의 적응도구, 즉 '의식을 지닌 커다란 뇌', '완전한 언어', '마주보는 엄지손가락'으로 새로운 도구뿐 아니라 새로운 음식·옷·주거지 등 새로운 생활양식을 발명한다. 또한 적응도구는 새로운 생활양식을 유례없는 속도로 다른 사람들에게 전달할 수 있게 해준다. 그러나 다시 말하지만, 생물학자 존 타일러 보너John Tyler Bonner가 최근 발간한 『동물의 문화적 진화와 생활주기』에서 주장하는 것처럼 이런 능력에서 문제가 되는 것은 정도의 차이일 뿐이다. 영국의 푸른박새들은 현관에 놓인 우유병의 알루미늄 뚜껑을 쪼아 크림을 훔치는 방법을 알아냈다. 사람들은 푸른박새들이 서로 관찰을 통해 배운 비결이 집에서 집으로, 블럭에서 블럭으로 퍼져나가는 광경을 실제로 목격했다. 비록 잠시 동안이기는 하지만, 푸른박새들은 다른 새들(남가새와 씨름하는 다윈핀치, 솔방울을 붙들고 있는 솔잣새)보다 더 편한 삶을 살았다. 그러나 그것도 잠시, 곧 우유회사들은 (식물들이 그렇게 하듯이) 쉽게 뜯을 수 없는 단단한 뚜껑으로 상품들을 보호하기 시작했다.

일본의 해안에서 좀 떨어진 섬에는 이모Imo라는 유명한 어린 마카크원숭이가 있었다. 이 원숭이는 고구마를 바닷물에 씻어 먹는 방법을 터득하고, 밀 낟알을 손에 쥐고 물에 담가 모래를 제거하는 방법을 배웠다. 그러자 그 섬에 사는 다른 마카크원숭이들은 이모를 흉내 내 두 가지 비법을 익혔다.

최근 이탈리아의 연구자들은 훈련받지 않은 문어에게 훈련받은 문어가 붉은 공과 흰 공을 고르는 모습을 유리를 통해 지켜보게 했다. 훈련받은 문어가 맞는 공을 고르면 그 뒤에 놓인 물고기 한 토막을 얻어 먹지만, 틀린 공을 고르면 전기충격을 받는다. 연구자들은 훈련받지 않은 문어를 비디오테이프로 녹화한 다음 동태動態를 자세히 관찰했다. 그랬더니 그 문어는 눈과 머리를 연신 움직이며 훈련받은 문어의 움직임을 유심히 지켜보는 것으로 나타났다. 나중에 똑같은 선택기회를 주자 훈련받지 않은 문어는 맞는 공을 제대로 선택하는 빈도가 상당히 높은 것으로 밝혀졌다.

인간과 같은 사회적 종social species의 경우 상호학습의 이익이 매우 커서, 설골이 발음하기에 좋은 방향으로 점점 더 변형되어 마침내 언어가 탄생했을 수도 있다. 그리고 언어의 혜택과 필요성이 점점 더 증가하면서, 뇌의 팽창을 부분적으로 추동했을지도 모른다. 언어는 인간끼리 서로 가르치는 도구는 물론, 스스로 학습하는 도구로도 사용되었다. 후에 인간은 마주보는 엄지와 다른 손가락들의 새로운 용도를 발견했다. 바로 글쓰기다. 퓰리처상 수상작가인 애니 딜러드Annie Dillard는 『집필생활』에서 이렇게 말했다. "글쓰기는 한 줄의 단어를 펼쳐놓는 것으로부터 시작된다. 단어의 행렬은 광부의 곡괭이이고, 목수의 끌이며, 의사의 탐침이다. 당신이 휘두르는 대로 그 줄은 길을 파서 당신에게 내준다. 당신은 곧 새로운 영토 깊숙이 들어와 있는 자신을 발견하게 된다."

구성원들 간에 새로운 비결을 서로 학습하는 능력을 문화진화cultural evolution라고 하며, 이는 인류만이 가진 독특한 능력이 아니다. 문화진화의 가장 인상적인 사례는 다윈핀치들에게서 볼 수 있는데, 이 핀치들은 다윈이 전혀 보지 못했던 종이다.

갈라파고스 외곽에는 고립된 핀치 종이 하나 있다. 그 종의 보금자리는 제도에서 가장 가까운 섬, 즉 북동쪽으로 630킬로미터 떨어진 곳에 있는 코코스Cocos라는 작은 섬이다.

갈라파고스와 마찬가지로 코코스도 화산섬이다. 해안이 거의 없으며, 섬 전체가 180미터까지 솟아오른 가파른 절벽으로 둘러싸여 있다. 지금까지 어느 누구도 그곳에서 가정을 꾸미려 시도하지 않았고, 앞으로도 그럴 것이다. 왜냐하면 코코스는 대프니메이저처럼 '정이 별로 안 가는 섬'이기 때문이다. 대프니메이저와 달리, 그 섬은 거의 매일 빗속에 잠긴다. 섬에는 연간 7~8미터의 경이로운 양의 비가 쏟아지며,

정상에서부터 절벽 끄트머리까지 무성한 열대우림이 펼쳐져 있다.

어떤 면에서 코코스핀치들은 갈라파고스핀치들보다 더 다양하다. 일부는 벌레를 잡아먹고, 일부는 갑각류를 잡아먹으며, 꿀·과일·씨앗을 먹는 것들도 있다. 일부는 맨땅에서, 일부는 덤불에서, 일부는 키 큰 나무에서 식량을 조달한다. 이처럼 다양하게 특화된 새들을 목록으로 만들려면 일반적으로 종 수준이 아니라 속, 심지어 과 수준까지 올라가야 할 것이다. 그러나 코코스 섬의 핀치들은 한 종이다. 왜 그럴까?

갈라파고스 제도에 사는 자매종들과 달리 코코스의 핀치들은 분화하고 갈라서는 게 불가능하다. 그곳은 너무 작은 데다 가장 가까운 육지조차도 멀리 떨어져 있어(코스타리카 해안에서 500킬로미터쯤 떨어져 있다), 새들끼리 서로 멀어지려야 멀어질 수가 없기 때문이다. 다시 말해서 새들 사이에 지리적 격리가 일어날 기회가 전혀 없는 것이다. 덩치가 매우 작은 곤충과 달팽이라면 이야기가 다르다. 아무리 작고 고립된 섬도 그들에게는 '격리된 서식지들의 제도'가 되기에 충분하므로 그런 곳에서도 방산이 가능하다. 하지만 몸집이 좀 더 크고 비행능력이 있는 새들에게는 불가능하다.

물론 인류가 새로운 종으로 방산하지 못하는 것도 그 때문이다. 비행기 등의 첨단 교통수단을 보유한 인류에게는 지구 전체가 코코스핀치의 코코스 섬처럼 작아, 한 집단이 다른 집단과 장기간 격리되는 것이 현실적으로 불가능하다.

그랜트 부부는 코코스핀치를 연구하지 않았으며, 지금까지 그 새들을 가장 자세히 연구한 사람들은 다른 진화학자 부부인 트레이시 워너Tracey Werner와 톰 셰리Tom Sherry이다. 워너와 셰리는 1980년대에 한 무성한 무궁화류 덤불 앞에 진을 치고, 총 네 계절 동안 오직 핀치만을 관찰하며 보냈다. 그들은 그곳에서 그랜트 부부와 같은 방식으로 약 100마리의 핀치들에게 고리를 끼우고 관찰하고 측정했다(니콜라 그랜트가 그들의 현장 보조원으로 참여했다). 코코스핀치 100마리의 섭식행위를 계절별로 관찰하며, 총 2만 6,670번에 걸쳐 먹는 장면을 기록하고 분석했다.

갈라파고스핀치들에 비해 코코스핀치들은 몸의 크기와 형태가 훨씬 더 균일하다. 하나같이 뾰족하고 가느다란 다용도 부리를 가졌으며, 그들의 전문분야는 성별, 나이, 부리의 변이(모양 및 크기의 미세한 차이)와 무관하다. 또 계절, 하루 중 시간대, 무궁화 덤불의 부위에 구애받지 않고 먹이를 선택한다. 워너와 셰리의 이야기를 들어보자. "코코스핀치들은 모든 시간대와 장소에서 본연의 작업을 수행하는 데 열중한다. 가끔 대여섯 마리씩 동시에 나타나, 같은 덤불에서 같은 시간대에 (마치 마을의 녹지 주변에 가게를 연 대장장이, 제빵사, 인쇄공, 재단사처럼) 각자 나름의 방식대로 먹이를 찾는다. 일부는 가지에서, 일부는 가지 속에서, 일부는 살아 있는 잎에서, 일부는 죽은 잎에서, 일부는 돌돌 말린 잎 덩어리에서 벌레를 쪼아 먹고, 일부는 꽃의 꿀을 빨아 먹는다. 자신의 주특기가 무엇이든 코코스핀치들은 매일 매시간 자신의 작업을 계속한다."

이런 작업들은 대부분 숙련된 노동을 필요로 한다. 워너는 이렇게 말한다. "많은 핀치들의 작업은 숙련되어 있을 뿐 아니라 고도로 전문화되어 있다. 벌레를 잡기 위해 나뭇가지를 후벼 파는 코코스핀치는 갈라파고스의 나무핀치들처럼 껍질을 쪼고 들추고 비틀어 벗겨내야 한다. 무궁화 덤불에 있는 일부 핀치는 나팔꽃잎 사이에 있는 작은 나방 유충을 쪼아 먹으면서 대부분의 시간을 보낸다."

워너와 셰리는 문득 이런 생각을 했다. "핀치들은 이 모든 전문작업들을 어떻게 학습할까? 혹시 인간들처럼 연장자로부터 배우는 것은 아닐까?" 둘의 생각은 옳았다. 어린 새가 어른 새의 뒤를 쫓아 종종걸음을 치며 관찰하고 흉내 내는 광경을 종종 목격했다. 어린 새는 어른 새의 행동을 눈여겨보다가 어른 새가 자리를 뜨자마자 그곳으로 달려가 방금 전의 행동을 재연하곤 했다.

또 워너와 셰리는 어린 새들이 휘파람새나 도요새를 따라다니며 관찰하고 흉내 내는 것도 봤다. 번화가의 쇼핑몰에서 몰려다니는 십대들처럼 어린 새들은 두 마리에서 서른 마리까지 무리지어 다니며 서로 곁눈질하고 따라 하기도 했다.

진화학자들은 '사자, 원숭이, 코끼리 등의 포유동물들이 연장자에게 가르침을 받는다'라는 사실을 알고 있다. 하지만 새들에 대해서는 '본능을 통해 기술을 물려받을 뿐이다'라고 생각하는 경향이 있다. 그러나 진화학자 재러드 다이아몬드Jared Diamond가 관찰한 바에 의하면, 무성한 열대우림에서 연장자에게서 배울 수 있는 새들은 적응우위를 누릴 수 있다고 한다. 다이아몬드는 이렇게 말한다. "곤충을 잡아먹는 새는 한 나무 종에서만 1만 1,000종 이상의 딱정벌레를 접해야 하며, 그 지역을 통틀어 수만에서 수십만 종에 이르는 곤충을 접해야 한다. 우림생태학 박사학위를 가진 열대우림의 달인 겸 곤충학자라 할지라도 이 다양성의 극히 일부를 파악하는 데만 수십 년, 아니 한평생을 보내야 할 것이다." 이처럼 복잡한 문제를 해결하는 최선의 방법은 학습이다. 우리 조상들이 인류 탄생의 여명기에 그랬던 것처럼, 코코스 열대우림의 핀치들은 '먹어도 되는 곤충'과 '먹어서는 안 되는 곤충'을 구별하는 비법을 터득하기 위해 학습능력을 선택했는지 모른다.

다른 새들과 비교할 때, 코코스핀치들은 핀치 관찰자들에게 '어색하고 심지어 멍청한 새'라는 인상을 준다. 핀치들은 먹이를 찾는 데 정신이 팔려 발가락의 힘을 빼는 바람에, 나무에서 떨어지는 모습을 종종 보인다. 셰리는 한 어린 새가 나뭇가지의 껍질을 벗겨내려 안간힘을 쓰는 것을 본 적이 있다. 핀치는 나뭇가지에서 떨어졌다가 날아올라 다시 자리를 잡고 껍질을 벗겨내더니, 또다시 떨어지고 날아오르고 자리 잡고 벗겨내는 일을 계속 되풀이했다. 마침내 그 새는 3센티미터가 채 안 되는 전리품(지네)을 끄집어내는 데 성공했다. 워너는 한 핀치가 (나뭇가지에 거미줄을 치고 있는) 거미 한 마리를 사냥하려고 애쓰는 것을 본 적이 있다. 셰리는 코코스핀치를 다룬 박사학위 논문에서 이렇게 썼다. "핀치가 거미를 부리로 쪼았는데 빗나가자, 거미는 밑으로 떨어져 거미줄에 매달렸다. 핀치는 나무의 몸통을 따라 기어 내려갔다. 핀치는 거미를 쪼고 놓치는 일을 반복하며 아래로 내려갔다. 거미는 계속 거미줄을 뽑아냈고, 새는 종종걸음으로 거미를 추격하며 도약·쪼기·놓치기를 반복했다. 결국 둘은 땅바닥까지 내려갔고, 거미는 땅바닥에 닿자마자 필사적으로 도망치다가 다른 핀치에게 잡아먹히고 말았다."

한 핀치 관찰자는 멍청한 코코스핀치가 덩굴식물을 따라 거미를 추격하는 것을 봤다. 그는 나중에 '어이없다'라고 썼다. 날개를 사용했다면 거미를 금세 잡을 수 있었을 거라고 생각했기 때문이었다. 그러나 그 새는 덩굴을 따라 느릿느릿 이동하는 쪽을 선택했다.

그러나 따지고 보면, 우리도 코코스핀치를 험담할 처지는 아니다. 다른 동물들이 우리의 행동을 지켜본다면, 하루하루가 코미디일 것이다. 우리는 물고기에 비해 수영실력이 형편없고, 새처럼 자유자재로 날지도 못하고, 치타가 보기에 가소로운 속도로 달리며, 개미보다 협

동작업에 서투르다. 그러나 인간은 당대에 가장 성공한 종이다. 우리는 학습을 통해 앞선 세대의 기술들을 모두 한꺼번에 습득할 수 있었기에 다른 모든 동물들의 영토를 점령하고 전복顚覆해왔다. 진화학자 에른스트 마이어가 말했던 것처럼 우리 인간은 탈전문화despecialization의 전문가라고 할 수 있다.

지구상에서 우리의 위치는 코코스 섬의 열대우림 속에 있는 코코스핀치와 대동소이하다. 우리 앞에 열려 있는 진출기회의 범위는 개개인의 능력을 크게 초과한다. 하지만 우리는 핀치들처럼 비범한 학습능력을 진화시켜왔다. 따라서 종이라는 집단으로서 우리는 무수한 틈새를 이용할 수 있고, 계속하여 점점 더 많은 건수를 찾아낸다. 우리는 다른 어떤 동물보다도 많은 생태적 틈새들을 찾아 채운다.

우리가 과학이라고 부르는 서사적 학습게임을 계속할 수 있는 것은 바로 이 때문이다. 과학은 우리의 특수한 집단기억, 즉 종기억species memory을 정형화한다. 각 세대는 과학을 통해 앞 세대의 발자취를 따라가 그들의 어깨를 딛고 일어서서, 그들이 배운 것 위에 새로운 지식을 추가한다. 각 세대는 앞선 세대의 지식에서 배울 만한 것들을 선별하고, 다음 세대에게 물려줄 과학적 발견들을 간직하므로, 우리는 점점 더 높은 산에 올라 점점 더 멀리 바라보게 된다.

다윈은 친구인 식물학자 후커에게 이런 편지를 썼다. "나는 동물계에서 한 가지 명제를 발견했다네. 내용인즉, '어느 종(단, 정상적인 개체만을 말하며, 기형적인 개체는 제외함)이 근연종보다 유난히 발달한 기관이

나 부위를 갖고 있다면 그 기관이나 부위는 십중팔구 가변성이 매우 높다'라는 거야. 내가 수집한 수많은 사실들로 미루어볼 때, 이것은 의심할 여지가 없어. 예컨대 솔잣새는 핀치과Fringillidae의 다른 근연종들에 비하면 부리 구조가 매우 비정상적인데, 이는 부리의 가변성이 매우 높다는 것을 의미한다네."

후커의 답변은 '식물에서는 그런 현상을 발견하지 못했다'라는 것이었다. 그러자 다윈은 다음과 같은 답신을 보냈다. "식물에서 그런 현상이 발견되지 않았다는 것은 부분적으로 작은 변이를 측정하기가 어렵기 때문일지도 모른다네. 사실 편지를 다 쓰고 나서 생각난 건데, 나에게 꽃이 피기 시작한 크루키아넬라스틸로사Crucianella stylosa가 있는데 암술의 길이가 매우 가변적일 거라는 생각이 들더군. 그런데 그 생각이 들자마자 가변성을 어떻게 측정해야 할지 모르겠더군. 예컨대 꽃의 암술은 새의 부리와 어떻게 다른지…."

다윈은 『종의 기원』 중 「변이의 법칙」이라는 장章에서 이 주제를 발전시켜 '어느 종이 근연종과 비교하여 예외적인 정도나 방식으로 발달한 부위를 갖고 있다면, 그 부위는 고도로 가변적인 경향이 있다'라는 제목을 달았다. 그러면서 다윈은 애완용 비둘기의 부리를 예로 들었다(애완용 비둘기는 부리를 기준으로 혈통을 구분한다).

이러한 패턴은 자연계 전체에서 발견되며, 다윈핀치의 부리는 그 중에서도 특히 극적인 사례인 것으로 밝혀졌다. 부화된 순간부터 핀치 종들의 부리는 그랜트 부부가 측정한 다른 어떤 형질보다도 서로 다르다. 다시 말해서, 다윈핀치의 형질 중에서 부리만큼 다양한 것은 없다.

인간의 경우, 우리를 계통수에서 가장 가까운 친척들과 극적으로 갈라놓는 기관은 뇌다. 다윈의 법칙대로 인간의 뇌는 다윈핀치나 비둘기나 솔잣새의 부리만큼이나 측정값이 매우 다양하다. 인간 두개골의 부피와 뇌 용량은 대프니메이저에 사는 중간땅핀치 부리의 두께보다 더 다양하다.

그런데 인간의 신체에서 부리와 가장 비슷한 것은 뇌가 아니라 정신이며, 인간의 정신은 뇌보다 훨씬 더 다양하다. 예를 들면 다윈은 관찰하고, 수집하고, 이론화하고, 멘토를 찾아내는 데 비범한 재능을 가졌다. 그러나 수학 실력은 별로였다. 다윈은 학창시절 자신의 편지에 답장을 안 한 친구에게 편지를 썼다. "나는 네가 수학의 늪 속에 두 길쯤 깊이 빠져 허우적거린다고 생각해. 만약에 내 생각이 맞다면 신이 너를 도운 거야. 왜냐하면 나는 아예 밑바닥에 처박혀 옴짝달싹 못 하고 있으니까 말이야. 그러니까 수학 못 한다고 기죽거나 삐칠 필요 없어." 다윈의 생각은 사실로 판명되었다. 다윈의 이론이 뉴턴의 이론보다 접근하기 쉬운 이유 중 하나는 그 때문이다. 수학 실력이 달리는 바람에, 자신의 심오한 생각까지도 누구나 읽을 수 있는 언어로 나타냈다.

마을이나 이웃에 있는 모든 사람들이 모든 분야에서 뛰어난 능력을 발휘할 수는 없으며, 어떤 남자나 여자도 몇 가지 기술밖에 숙달할 수 없지만, 사람들이 각각 전문화한다면 마을 사람들은 집단적으로 100가지 직업을 갖게 된다. 정신과 재능의 무한한 다양성은 사람들이 모든 기술과 전문분야로 방산하는 데 도움을 준다.

J. B. S. 홀데인은 이렇게 강조한다. "인간 종을 성공으로 이끈 핵심 요인은 심리적 다형성psychological polymorphism이다." 종의 무한한 가치는 개체의 무한한 다양성 속에 있으며, 우리의 적응방산의 비밀은 변이이다. 다윈핀치와 관련지어 생각해보면 우리는 "개인이 각사 질힐 수 있는 일을 하려고 할 때, 모두가 팔방미인이 되려고 애쓸 때보다 더 많은

식량을 얻을 수 있다"라는 사실을 알 수 있다. 진화적 관점에서 우리의 정신과 재능이 다양한 이유는 갈라파고스핀치의 부리가 다양한 이유와 똑같다. 오지랖 넓은 사람 치고 어느 것 하나 제대로 하는 게 없는 법이다. 그리고 인간 종 내에서 이 같은 방산을 추구하는 것은 형질분기character divergence와 같은 과정이다. 우리는 이것을 다윈주의라 생각하지 않을지 모르지만, 우리 모두는 암암리에 '존재의 이유가 되는 것을 원하고 요구하라'라는, 즉 '자신에게 가장 적합한 일을 찾으라'라는 압력을 느낀다.

에머슨Emerson은 이렇게 말한다. "사람들은 각자 천직을 갖고 있으며, 재능은 소명이다. 누구나 자신에게 열린 길이 있으며, 그쪽에 끝없이 정진하도록 묵묵히 이끄는 재능을 갖고 있다." 윌리엄 블레이크William Blake는 이렇게 말한다. "개처럼 걸으려고 애쓰는 양이나, 말처럼 뛰기 위해 노력하는 황소를 본다면 얼마나 우스울까? 이와 마찬가지로 다른 사람을 모방하려 애쓰는 인간은 얼마나 우스꽝스러울까? 사람들 간의 차이가 동물 종들 간의 차이보다 더 크다." 아이스킬루스Aeschylus는 말한다. "특징이 곧 운명이다."

편안한 삶을 영위하는 사람들은 '나는 자연선택의 압력에서 다소 벗어나 있다'라고 믿을지 모른다. 그들에게는 삶에서 많은 선택을 할 수 있는 여가와 자유가 있기 때문이다. 그러나 지구상에 있는 다른 모든 생물들처럼 그 사람들도 선택의 지배를 받고 있다. 그들 역시 자연선택의 압력을 줄이기 위해 자신의 개인적 변이를 사용하고 있기 때문이다. 대프니메이저의 어린 새들이 다양한 부리를 어느 정도 똑같은 실험적 방식으로 사용하는 것처럼, 인간 청소년들은 어디에서나 어느 정도 비슷한 행동으로 인생을 시작한다. 그러나 나이가 점점 들어가면서 (대프니메이저의 핀치들이 그렇듯) 대담한 실험단계에 들어가고, 나이를 더 먹으면서 (역시 나이 든 핀치와 마찬가지로) 노력의 범위를 좁힌다. 모든 지역에서, 우리의 선택과 기회의 범위 내에서, 우리는 경험을 통해 배운 대로 적당한 직업(실직하거나 과로사하거나 쫓겨날 가능성이 낮은 직업, 자신의 약점이 가장 덜 드러나는 직업)을 찾는 경향이 있다. 요컨대, 우리는 자신의 부리에 가장 적합한 일을 찾으려 한다. 다윈 시대의 재치 있는 목사 시드니 스미스Sydney Smith가 관찰한 것처럼 비록 우리가 최종적으로 찾은 직업이 완벽한 직업인 경우는 거의 없지만 말이다.

> 만일 삶의 다양한 부분들을 탁자에 난 구멍들(원형, 삼각형, 사각형, 타원형)이라고 하고, 이러한 삶을 영위하는 사람들을 비슷한 모양의 나무 조각이라고 하면, 삼각형 사람이 사각형 구멍에, 타원형 사람이 삼각형 구멍에, 사각형 사람이 원형 구멍에 억지로 들어가려는 장면을 흔히 목격하게 될 것이다. 이처럼 사무원과 사무실, 직원과 직무가 정확히 맞아떨어지는 경우는 거의 없으므로, '자신의 직업을 위해 태어난 사람은 사실상 없다'라고 할 수 있다.

'동그란 구멍에 네모난 뚜껑'이라는 유행어는 스미스의 말에서 유래한다. 그리고 마크 트웨인은 이렇게 덧붙였다. "동그란 사람이 지금 당장 네모난 구멍에 들어가리라고 기대할 수는 없다. 그에게는 자신의 형태를 바꿀 시간이 필요하다."

우리는 자신을 급속히 진화시키고 있으며, 주변의 모든 곳에서 진화를 추동하고 있다. 우리는 늘 이런 식으로 진화해온 동물이었다. 우리는 다윈과정을 다그쳐, 지구상의 어떤 종보다도 인간을 위해 빨리 달리게 하는 방법을 알아냈다(단, 돌아다니는 플라스미드 고리를 갖고 있으며, 한 세대가 겨우 10분에 불과한 세균은 예외이다). 그러나 성공은 비극을 잉태했으니 창조의 나머지 부분, 즉 '좀 더 서서히 진화하는 부분'에도 개입한다는 것이다.

평균적으로 한 종의 존속 기간은 몇백만 년 정도로 짧으며, 현재까지 우리 자신이 존속한 기간은 얼마 되지 않는다. 자기 주변에 격변을 일으켜야만 살아남을 수 있는 종은 '전쟁을 위해 사는 종족'처럼 늘 멸종의 위험을 안고 있다. 현재 지구 전체는 '꼬인 부리를 가진 인간'만이 열려고 애쓰는 '닫힌 솔방울'과 같은 형국이며, 그래서 우리 인간의 개체수는 숲속에 있는 다른 어떤 새들보다도 많다. 그러나 '급속히 축적되는 변화'가 언제나 진보는 아니며, '앞으로 나아가는 운동'이 항상 발전은 아니다.

선인장 꽃을 방문할 때, 대프니메이저의 선인장핀치들은 가끔 암술머리stigma를 싹둑 잘라낸다. 암술머리는 꽃 한복판에 긴 대롱처럼 솟아오른 속 빈 관의 꼭대기에 있는데, 암술머리가 잘리면 꽃은 불임이 된다. 왜냐하면 꽃가루에 있는 수컷 성세포는 암컷 성세포에 다가갈 수 없고, 그렇게 되면 선인장 꽃은 열매를 맺지 못하고 시들어버리기 때문이다.

물론 선인장핀치들은 오로지 선인장에 의지한다. 선인장 꽃가루,

선인장 꿀, 선인장 씨앗이 없으면 선인장핀치들은 굶어 죽는다. 새들의 운명은 선인장의 운명과 너무나 긴밀하게 연결되어 있어서, 대프니메이저의 선인장이 많아지면 선인장핀치도 많아지고, 선인장이 줄어들면 핀치도 줄어든다.

대프니메이저에서 선인장 개화가 시작될 무렵인 어느 해 12월, 그랜트 부부는 2,000송이가 넘는 선인장 꽃들을 살펴봤다. 그랬더니 거의 절반이 암술머리를 잃은 상태였다. 다음날 그랜트 부부는 제노베사에서 100송이 이상의 선인장 꽃을 조사했는데, 다섯 송이 중 네 송이꼴로 비정상이었다. 어떤 해에는 선인장핀치들이 선인장 꽃을 거의 모두 망쳐놓았으며, 그런 해에는 섬에 있는 선인장들이 열매나 씨앗을 거의 맺지 못했다. 다윈핀치 종이 스스로 멸망을 향해 달려가는, 이보다 더 간단하고 깔끔하며 빠른 방법을 상상하기는 힘들다.

도대체 무슨 일이 진행되고 있는지를 알아보기 위해 그랜트 부부는 하루 종일 두 시간 간격으로 돌면서 선인장 꽃 열일곱 송이를 계속 관찰했다. 각각의 꽃들이 활짝 필 때, 어느 핀치가 그곳에 와서 먹고 무슨 행동을 하는지 기록했다. 선인장 꽃은 보통 오전 9시에서 11시 사이에 꽃잎을 활짝 연다. 활짝 핀 꽃 옆에 앉은 선인장핀치는 발로 암술머리를 한쪽으로 밀고, 꽃 안쪽에 쌓인 꽃가루를 조금씩 먹는다. 그러나 가끔 선인장핀치 한 마리가 일찌감치(꽃잎이 열리는 시간보다 한두 시간 전에) 꽃봉오리를 찾아, 누군가가 오기 전에 닫힌 꽃잎을 잡아 뜯는 경우가 있다. 그리하여 꽃이 반쯤 열리면 암술머리가 핀치의 눈을 찌르기 쉽다. 제노베사에서 암술머리를 연구하던 당시, 선인장꽃 암술의 평균 길이는 약 25밀리미터였는데 선인장핀치의 부리 끝에서 눈동자까지의 평균 거리는 겨우 21밀리미터였다. 꽃봉오리를 억지로 연 핀치가 부리

암술머리를 잘라내는 선인장핀치.
그림: 탈리아 그랜트.

로 암술머리를 잘라 던져버린 이유는 바로 그 때문이었다. 섬의 선인장핀치들이 모두 이런 짓을 한 건 아니었고, 암술머리를 자르는 새는 겨우 열 마리 정도였다.

대프니메이저의 선인장핀치들은 꽃을 불임으로 만듦으로써 산출량을 해마다 절반으로 줄인다. 핀치들이 암술머리를 자른 꽃에서 얻는 거라고는 (이른 아침에 아무도 모르게 먹는) 약간의 꽃가루와 약간의 꿀이 전부다. 암술머리를 잘라내는 핀치는 종자용 옥수수를 먹어치우는 농부나 마찬가지이다. 그렇게 함으로써 그 새는 자신의 미래뿐만 아니라 후손의 미래까지도 훔치는 것이다.

다윈과정은 이 비열한 열 마리를 멈추게 할 수 없다. 오히려 그 과정을 선호한다. 암술머리 절단자들은 훔친 먹이에 대해 아무런 대가도 지불하지 않기 때문이다. 나중에 건기가 찾아왔을 때, 절단자들이 암술머리를 아낀 새들보다 더 빨리 굶어 죽는 건 아니다. 핀치들은 배가 고프면 자신의 영토 안에만 머무르지 않는다. 따라서 건기가 되면 선인장핀치들은 서로의 선인장을 침략한다. 한마디로 이판사판이 되는 것이다. 그리하여 섬에 있는 암술머리 절단자 열 마리는 자신의 정원을 넘어 모든 정원들을 짓밟는다. 자신의 영토에 있는 꽃을 아낀 핀치라고 해서 상황이 악화된 때에 양질의 먹이를 먹는다는 보장은 없다. 사실 그랜트 부부가 지적한 것처럼 자기 영토에 있는 꽃의 암술머리를 잘 간수한 새들은 침입자들을 되레 부추길 수도 있다.

자연선택은 개체의 이익을 증가시키는데, 개체에게 좋은 것은 대체로 집단에게도 좋다. 그러나 개체의 욕구가 집단의 욕구와 충돌할 때, 승리하는 쪽은 개체이다. 설사 사적인 성공이 집단의 몰락을 가져온다고 해도 말이다. 1977년에 극심한 가뭄이 든 데 이어 다음 해에도 가뭄이 들었다면, 대프니메이저의 모든 선인장핀치는 (열 마리의 새들이 손상시킨 암술머리 때문에) 큰 위험에 처했을 것이다. 그 열 마리는 대프니메이저에서 선인장핀치의 생존과 멸종을 결정할 수도 있었다.

만물을 창조한 위대한 신은 바보와 죄인 모두에게 보상을 제공한다(잠언 26장 10절). 이 섬에 있는 비열한 열 마리의 습관은 해마다 집단을 불리하게 만들며, 집단 전체가 소멸될 확률을 증가시킨다. 스페인어로 핀치를 의미하는 핀존Pinzon이라는 이름의 무인도에서 선인장핀치는 20세기 초에 멸종했다. 핀존의 선인장핀치들은 비열한 몇 마리의 부정행위를 통해 자멸했는지도 모른다.

다윈 자신은 (적어도 한때는) 낙천주의자였다. 그는 『인간의 기원』에 이렇게 썼다.

그 후 유인원은 두 개의 커다란 줄기, 즉 신대륙원숭이와 구대륙원숭이로 갈라졌다. 그리고 시간이 한참 더 흐른 뒤, 후자에서 우주의 경이wonder이자 영광glory인 인간이 출현했다.

그는 또 이렇게 썼다.

지금껏 진보는 퇴보보다 훨씬 더 일반적이었다.

아마도 진보에 대한 다윈의 견해는 옳았을 것이며, 그의 후계자들인 G.O.D. 전문가들도 옳을 것이다. 아마 '다양성의 생성'은 '파괴의 생성'을 능가할 것이다. G.O.D.라는 알량하고 오만한 약어와 무관하게

선인장핀치. 출처: 찰스 다윈, 『H.M.S. 비글호 항해 동물기』, 스미소니언협회 제공.

우리는 궁극적으로 '어둠의 자식들'보다 '빛의 아이들'임이 증명될지도 모른다.

DNA는 이 세상 어디에나 존재한다. 지표면에, 우리 손등의 표면에, 모든 세포 안에 끈적이는 DNA 고리가 존재한다. 그리고 각 DNA 가닥에는 변화하는 원자들의 은하가 존재하고, 빅뱅처럼 궁극적인 생명의 기원을 느끼게 하는 장면들이 있다. 휘감아 돌아가는 아스팔트길을 시속 100킬로미터로 달리며 나무들, 거칠고 황량한 들판, 머리 위를 맴도는 커다란 검은 터키콘도르turkey vulture를 바라보면서 '이 모든 장면들이 살아 있으며, 우리가 이제야 보기 시작한 방식으로 움직이고 있구나'라고 생각하는 것만큼 가슴이 찡한 것은 없다. 우리 자신의 가지를 포함한 생명나무 가지들의 가지치기를 생각해보라. 비록 한낮의 별들처럼 우리 눈에는 보이지 않지만, 이 모든 가지치기는 지금 어디에서나 일어나고 있다.

인류는 처음부터 앞선 세대에게 배우고 앞선 세대보다 더 많은 것을 보면서 주변의 동물들을 관찰해왔다. 갈라파고스의 핀치 관찰자들도 마찬가지이다. 이곳에서 새를 처음 기록한 항해자들은 '새로운 것도 아름다운 것도 없다'라고 했었고, 다윈 자신도 '땅핀치 종들을 관찰하거나 구별하는 것은 불가능하다'라고 선언했었다. 그러나 이제 다윈핀치들의 진화는 지구 전체를 통틀어 가장 잘 알려졌으며 가장 잘 관찰되고 있다. 핀치들은 그밖에도 무슨 일들이 일어나고 있는지를 우리에게 자세히 가르쳐주고 있다.

우리는 최선을 다하고 있다. 우리는 오래된 질문들을 계속 제기하면서 질문을 점점 더 높은 수준으로 끌어올린다. 그렇게 함으로써 우리의 지적 수준도 향상되고, 이전에 배운 것들에 새로운 것을 계속 덧붙인다. 지구상에는 왜 그토록 많은 종류의 동물들이 존재하며, 우리는 왜 그들과 함께 존재하는 것일까? 아마 우리 조상들은 오랜 옛날 동굴 속에서 살던 때부터 이런 질문들을 제기해왔을 것이다. 절벽의 가장자리에 홀로 서서 야생동물들을 관찰하고, 두 팔을 활짝 펴고 그들의 커다란 궤도를 눈으로 지켜보며, 차이 속에서 동질성을 느끼고 동질성 속에서 차이를 느끼는 것은 우리의 공통적인 경험이었다. 아래를 내려다보며 들짐승들을 주시하다가 문득 고개를 들어 공중에서 선회하는 날짐승들을 발견했을 때, 우리의 머릿속에서는 질문이 꼬리에 꼬리를 물고 생겨났다. 우리는 깃털 없는 어깨 위에서 고개를 이리저리 돌리며, 시간의 지평 위 드높은 곳으로 무수한 질문들을 날렸다.

신과 갈라파고스

자연은 신의 작품이다.
- 토머스 브라운 경, 『종교의학』(1642)

'창조자가 인간과 똑같은 지적 능력을 이용하여
창조한다'라고 가정하는 게 정당한가?
- 찰스 다윈, 『종의 기원』

1993년 3월의 어느 날, 대프니메이저의 분화구에는 이국적 풍경이 펼쳐져 있다. 선인장만 없다면 그랜트 부부는 갈라파고스가 바닷물에 떠내려가 ('마법에 걸린 제도'라는 옛 이름에 걸맞게) 온대 지역을 떠다니고 있을 거라고 생각할 것이다. 분화구에는 물이 가득 차 있고, 부비새들은 오리처럼 물 위에서 이리저리 헤엄치고 있다. 길에는 풀과 꽃들이 만발해 있는데, 지금껏 로즈메리와 피터가 대프니메이저에서 봤던 장면 중 단연 최고다.

불과 몇 년 전만 하더라도 그랜트 부부는 분화구 주변을 한 바퀴 돌아도 핀치 한 마리를 구경할 수 없는 경우가 허다했다. 그러나 지금은 사정이 많이 달라져 자칫하면 새에 걸려 넘어질 판이다. 게다가 새들이 놀라울 정도로 대담해졌다. "새들이 길들여졌기 때문일까요, 아니면 단지 개체수가 증가했기 때문일까요?" 로즈메리가 피터에게 묻는다. 다윈핀치들은 하루 종일 화산암에서 날아올라 어깨 위에 내려앉는다. 갑자기 휙 하고 날아와 피터의 머리 위에 착륙하기도 한다.

작년에는 엘니뇨가 찾아왔고, 재작년에는 엘니뇨가 거의 다가왔다가 흐지부지 되었다. 올해는 작년보다 훨씬 더 습하다. "3년 연속 강우량이 매우 높군. 이런 유례없는 경험은 처음이야. 예년에는 이런 경우가 한 번도 없었는데 말이야." 피터가 말한다.

"다른 데서는 이걸 뭐라고 부르는지 모르겠어요. 하지만 대프니메이저에서 볼 때, 이건 분명히 엘니뇨예요!" 로즈메리가 말한다.

이번 시즌에 그들이 즐겨 사용하는 유행어가 하나 더 생겼다. 비가 연속으로 내릴 때마다 그들은 이렇게 외친다. "남들이 뭐라고 하든 상관없어. 이건 엘니뇨라고!"

대프니메이저에서 보낸 지 어느덧 21년째로 접어들었다. 둘 다 삼십 대에 처음 이곳에 왔는데, 지금은 예순을 바라보고 있다. 그동안 엘니뇨가 다시 찾아올까 봐 늘 노심초사했고, 모든 새들에게 고리를 끼울 수 있을지도 의문이었다. 그러나 그랜트 부부는 섬에 단 둘이 남아, 조수 없이 2년 연속 그 일을 해낼 수 있음을 몸소 증명하고 있다. 그러나 피터의 턱수염에서는 마지막으로 남았던 적갈색 흔적이 사라졌다. 그리고 피터의 정수리에 있는 핀치 착륙장은 약간 더 넓어졌다. 올해 프린스턴으로 돌아간다면 친구들은 수척해진 모습을 보고 깜짝 놀랄 것이다.

길을 걷다 보면 바위들이 발 밑에서 흔들리고 구르며 소리를 낸다. 그 소리를 제외하면, 귓가를 스치는 바람 소리와, 가까운 곳이나 멀리 분화구 아래에서 들리는 새 울음소리 외에 아무 소리도 들리지 않는다. "1984년을 제외하면 올해만큼 새가 많은 적도 없었던 것 같아." 피터가 말한다.

2년 전 1월, 로즈메리가 북쪽 가장자리에서 첫 번째로 생포한 악동은 세상을 떠났지만, 시신을 찾지 못했다. 그러나 그날 아침 두 번째로 잡은 악동(번호는 5608번, 별명은 프린스턴. 1983년 슈퍼 엘니뇨 때 태어났으며, 검은색 고리 위에 오렌지색 고리를 끼웠음)은 열 살이 되었을 뿐만 아니라, 올해에 맨 처음으로 짝짓기를 한 그룹에 속한다. "5608번은 건강해. 출발도 좋고 말이야. 그런데 2666번은 기억해? 우리가 기록한 중간땅핀치 중 가장 나이가 많은 새야. 그는 중간땅핀치의 최대 수명을 열다섯 살로 늘렸어. 정말 특이한 새야." 피터가 말한다.

"2666번은 올해에도 짝짓기를 했어요." 로즈메리가 말한다.

"음, 아직도 쌩쌩하군." 피터가 고개를 끄덕이며 말한다. 5608번이나 2666번 같은 늙은 수컷들이 짝을 찾을 수 있다는 데 놀라고 있다. 그런 새들 중 일부는 가뭄 때 돌을 굴리다가 머리가 반쯤 벗겨지지만, 벗겨진 부위에 다시 갈색 털이 나온다. "내가 암컷이라면, 그런 늙다리하고는 짝짓기를 하지 않을 거야." 피터가 말한다.

"그런 늙은 수컷들은 젊은 수컷들에게 몰매를 맞을 거예요." 로즈메리가 말을 이었다.

"그렇다면 날 좀 봐. 난 어때?" 피터가 정수리를 들이대며 덧붙였다.

만약 올해 여론조사를 한다면, 미국인 중에서 약 절반이 진화를 믿지 않는 것으로 나올 것이다. 그들은 '지금으로부터 1만 년 전쯤, 신이

현재와 같은 형태로 생명을 창조했다'라고 믿는다.

돌프 슐러터는 이렇게 말한다. "사람들은 창조론을 말로만 이야기해요. 우리는 진화가 실제로 진행되고 있는 것을 볼 수 있는데도 말이에요. 우리는 창조론자들에게 '진화론에 필적하는 원리가 작동하고 있음을 증명하라'라고 요구해야 할 것 같아요."

"그들은 마음이 닫혀 있어요." 피터가 말한다. "나는 근본주의자들과 자주 만나지 않아요. 그리고 웬만하면 말을 섞으려 하지 않죠. 왜냐하면 그들은 대화할 준비가 되어 있지 않거든요."

구피 관찰자인 존 엔들러도 창조론자들과의 대화를 꺼린다. "나는 창조론자들과 대화하는 것을 회피해요. 그건 정말 시간낭비거든요. 그런데 얼마 전에 비행기에서 특이한 경험을 했어요. 어떤 사람에게 내가 하는 일을 한 시간 동안 설명했는데, 나는 진화라는 단어를 한 번도 사용하지 않았어요. 사실, 그건 매우 쉬운 일이에요. 세상에 무슨 일이 일어나고 있으며, 그 현상을 어떻게 연구할 수 있는지에 대해서만 이야기하면 되거든요. 수많은 세대에 걸쳐 일어나는 변화 말이에요. 그런 식으로 책을 쓰면 재미있을 것 같아요. 책이 끝날 때까지 진화라는 말을 단 한 번도 사용하지 않으면서 말이죠. 다윈 자신도 『종의 기원』에서 진화라는 단어를 전혀 사용하지 않았어요."

"어쨌든 그 승객은 시간이 갈수록 내 말에 점점 깊이 빠져들더군요. 그리고 비행하는 동안 내내 '정말 멋진 생각이네요!'를 연발했어요. 마침내 비행기가 착륙했을 때, 나는 그에게 결정타를 날렸죠. '이 멋진 생각을 진화라고 부른답니다'라고 말이에요. 그러자 그의 얼굴이 새빨개지더군요."

"나도 똑같은 경험을 했어요. 진화라는 말을 전혀 하지 않으면서 말이에요. 그랬더니 똑같은 반응이 나오더라고요." 로즈메리가 말한다. "한 여호와의 증인 신도에게 대프니메이저에서 하는 일을 설명했더니, 그가 이렇게 말하더군요. '와, 정말 매력적인 일이네요.'"

"한번은 친한 친구에게서 지적知的인 질문을 몇 가지 받았어요." 피터가 말한다. "하지만 나는 '자네도 알다시피, 이 모든 게 의미하는 것은…'이라는 서두를 차마 꺼내지 못했어요. 어떻게 해서든 우정을 지키고 싶었거든요."

물론 다윈도 창조론자들에게 빙 둘러싸여 있었는데 그중에는 그의 위대한 친구와 멘토들도 있었다. 지질학자 라이엘은 다윈의 비둘기 사육장을 방문한 후 "설사 동물이 창조되지 않았다손 치더라도, 인간만큼은 '간섭하는 신의 손'으로 설계된 게 분명해요"라고 주장했다. 그러나 다윈은 라이엘에게 "당신의 코 모양이 누군가에 의해 설계되었다고 믿나요?"라고 묻고, 라이엘이 즉답을 하지 못하자 이렇게 말했다. "당신이 정 그렇게 생각한다면 더 이상 할 말이 없네요. 하지만 그렇지 않다면, 내 말을 좀 들어보세요. 육종가들이 비둘기의 부리에 나타난 미세한 변이를 선택하여 새 품종을 만들어낸 것으로 미루어 볼 때, 우리 자신의 코가 그 이상의 뭔가를 필요로 할 거라고 생각하나요? 선택이 비둘기의 부리를 만들어낼 수 있다면, 우리의 코도 만들어낼 수 있는 거라고요."

다윈은 또 한 명의 헌신적 친구인 식물학자 아사 그레이에게 편지를 썼다. "비록 잘못된 안내자이긴 하지만, 우리의 내면의식은 이렇게 말하지. 만일 뭔가가 설계된다면, 인간도 틀림없이 그럴 거라고 말이야. 그러니 나는 남자의 밋밋한 유방이나, (네 다리로 기는 것처럼) 축 처진 방광이나, 볼품없는 들창코가 설계되었다는 것을 인정할 수 없어.

만약 내가 그걸 믿는다면 삼위일체를 믿는 정통파와 같은 정신상태일 거야. 자네는 뽀얀 안개 속에 갇혀 있는 것 같다고 하지만, 나는 두꺼운 진흙 속에 빠져 있는 것 같다네. 정통파는 날 보고 '악취가 진동하는 진흙탕 속에 허우적거린다'라고 손가락질하겠지. 하지만 설사 그렇더라도 나는 물러설 생각이 추호도 없다네. 친애하는 그레이, 터무니없는 소리를 잔뜩 늘어놓아 미안하네."

한때는 '행성들이 신의 안내를 받아 태양 주위를 빙빙 돈다'라고 믿는 것이 논리적인 것처럼 보였다. 질서정연한 궤도는 신의 존재를 입증하며, 천체가 설계되었다는 주장을 뒷받침하는 증거라고 여겨졌다. 천문학자들은 '보이지 않는 손'이 행성들을 밀고 굴리면서 천체를 지속적으로 운행한다고 상상했다. 이런 생각은 갈릴레오와 뉴턴이 천체운동의 법칙을 발견한 뒤로 설득력을 잃은 듯했다.

다윈은 물리학자들이 발견한 '천체의 운동법칙'처럼 간단하고 보편적인 '지상의 운동법칙'을 발견했다. 여러 생명계통들을 진흙으로 빚듯 따로따로 만들어내고 성형하는 '신의 손'은 더 이상 가정할 필요가 없었다. 페일리Paley의 목적론적 증명argument from design은 붕괴한 것이다. 그러나 다윈은 더 나아가, 인간의 무지함을 인정했다.

다윈은 아사 그레이에게 이런 편지를 썼다. "나는 전체적인 주제가 너무 심오해서, 인간의 지능이 다루기에는 벅차다는 걸 절실히 느끼고 있어. 개가 뉴턴의 마음을 추측하기를 기대하는 거나 마찬가지야. 사람들에게 '바랄 만한 걸 바라고, 믿을 만한 걸 믿으라'라고 하는 수밖에 없어."

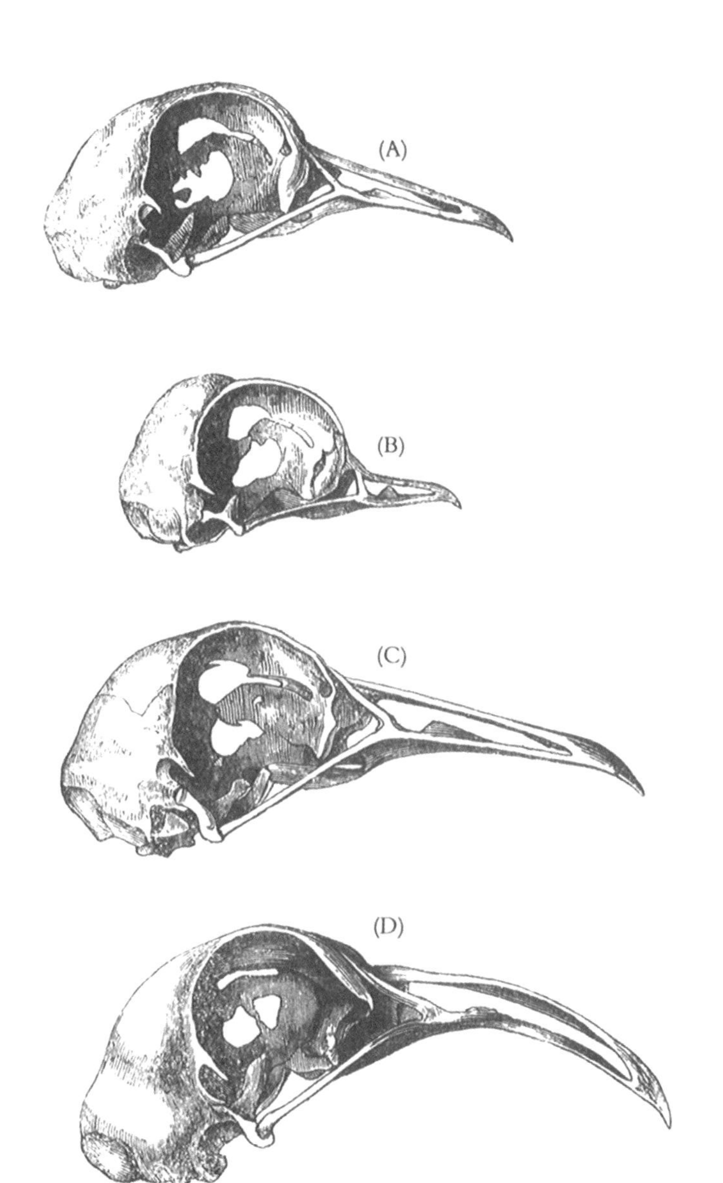

비둘기의 두개골에서 볼 수 있는 선택의 힘.
보통 양비둘기(A)는 얼굴이 짧은 공중제비비둘기(B),
영국 전서구(C), 바가도텐 전서구(D) 등 다양한 형태의 비둘기를 낳았다.
출처: 찰스 다윈, 『기르는 동물과 식물의 변이』, 스미소니언협회 제공.

트레버 프라이스는 시베리아에서 휘파람새를 관찰하고 있으며, 라일 깁스는 뻐꾸기와 찌르레기의 DNA를 연구하고 있다(트레버는 '시베리아는 정말로 열려 있다'라고 말한다). 피터 보그는 다윈핀치들의 DNA를 연구하고, 로렌 래트클리프는 참새, 박새, 붉은날개검은새red-winged blackbird의 노래를 연구하고 있다.

돌프 슐러터의 경우, 핀타 섬에서 핀치들을 관찰하며 헤드폰으로 더 클래시The Clash의 음악을 들은 이후 여러 해가 지났다. 그는 지금 수조의 물고기를 관찰하며 〈라트라비아타〉를 듣고 있다. 그는 하루 종일 실험실과 팩스턴 호Paxton Lake에서 큰가시고기와 시간을 보낸다. 얼마 전 교정에 새로 설치한 진화연못에 물을 채웠을 때, 감격에 겨워 뵈브클리코Veuve Clicquot 샴페인의 코르크 마개를 따며 이렇게 말했다. "우리는 앞으로 20년 동안, 또는 나와 연못 중 하나가 사라질 때까지 관찰할 계획이에요."

예술은 길고 인생은 짧다는 말이 있거니와, 자연을 연구하다 보면 인생이 매우 짧다는 것을 알 수 있다. 돌프는 간혹 자신의 영웅 데이비드 랙을 떠올리며 이렇게 말한다. "랙이 이런 말을 했다는 소문이 있어요. 두 다리 세 다리 건너 들은 말인데, 어디에 씌어 있는 걸 보지는 못했어요." 그는 계속 말을 잇는다. "옥스퍼드의 박새great tit들에 관한 이야긴데요, 누군가 랙에게 위담 숲Wytham Woods의 박새들에 대해 물었더니, 랙이 이렇게 말했대요. '글쎄요, 그 질문엔 대답할 수 없네요. 왜냐하면 나에겐 겨우 17년치 데이터밖에 없거든요.'"

"나는 더 이상 그 말에 놀라지 않아요. 처음 대학원에 들어왔을 때는 그저 우스갯소리려니 하고 생각했지만, 지금은 너무나 당연하게 느껴지니까 말이에요."

피터와 로즈메리는 지금 대프니메이저에서 1만 8,717마리의 새에 몰두하고 있다. "1만 8,717마리가 어제 뭘 하고 있었더라?" 그랜트 부부의 핀치는 곧 1만 8,800마리가 된다. 이번 봄이 끝날 즈음, 그랜트 부부는 자신들의 오랜 노천극장인 분화구 가장자리에서, 24세대의 핀치들이 부화하고 죽어간 것을 보게 될 것이다. 젊은 관찰자들은 이 분화구를 '세계에서 가장 큰 재떨이'라고 불러왔다. 그랜트 부부는 24세대 동안 분화구에 불어왔던 바람의 힘을 가늠할 수 있을 것이다. 새들의 날개, 다리, 부리를 형성한 선택의 바람wind of selection의 힘을 말이다. 그러나 갈라파고스에서 24세대란 뭘 의미할까? 비록 젊은 바위섬이지만, 대프니메이저의 나이는 100만 살쯤 된다. 그 섬은 무수한 세대의 납골당이며, 그곳에서 1,000년이라고 해봐야 100만 년에 비하면 고작 하룻저녁에 불과하다. 그리고 세대들이 스쳐간 자취는 (수평선 이쪽 끝에서 저쪽 끝까지 줄지어 날아가는) 새들의 행렬이나 (가장 잔잔한 날에 수면을 어루만지며 지나가는) 산들바람의 궤적처럼 앞뒤로 까마득하게 펼쳐져 있다.

새들뿐만 아니라, 모든 동식물 세대들의 행렬이 수평선 이쪽 끝에서 저쪽 끝까지 중단 없이 이어진다. 불경에 나오는 동정 어린 글귀처럼 그들은 생로병사와 환생還生을 무한히 반복한다.

그랜트 부부의 방수노트에 적혀 있는 기다란 부호들은 마치 용암처럼 무작위적이고 형태가 없고 혼란스럽다. 최근의 패턴, 즉 이번 봄 참새의 추락에 담긴 특별한 섭리를 도출하려면 당장의 숫자에 얽매이지 말고 몇 달 또는 몇 년을 앞뒤로 훑어야 한다. 그렇다면 우리네 인간의 여정은 어떠한가? 우리처럼 긴 여행은 지금껏 한 번도 시도되었던 적이 없다. 다른 어떤 피조물도 우리처럼 오랫동안 하나의 혈통을 유지한 적이 없었다. 우리가 어떻게든 좀 더 멀리 여행할 경우, 우리 앞에 어떤 길이 펼쳐질지는 아무도 모른다.

진화라는 단어의 본래 의미, 즉 '두루마리를 펼친다'라는 것은 (나방이나 딱정벌레나 나비 등에서 볼 수 있는) 변태를 암시한다. 그런데 곤충의 변태에는 '완성된 성체형태'라는 결론이 있지만, 다윈주의 진화관에는 결론이 없다. 두루마리는 펼쳐질 때마다 늘 새로 쓰이고 새겨진다는 것을 상기하라. 글자들은 '그날의 상황'에 따라 '그날의 손'에 의해 써진다. 우리는 완성되지 않았으므로, 우리의 현재 상태는 우리의 최종단계가 아니다. 우리뿐만 아니라 세대에서 세대로 여행하는 모든 생물들에게 완성된 형태란 있을 수 없다. 생명책은 아직도 쓰이고 있으며, 스토리의 결말은 예정되어 있지 않다. 바빌론의 벨사살이 그랬던 것처럼, 우리는 아무리 주변을 돌아봐도 '글자를 쓰는 손의 일부'만 볼 수 있을 뿐이다.

다윈핀치의 조상들이 갈라파고스 제도에 처음 상륙했을 때, 이 제도는 새로운 기회의 땅이었다. 그들은 제도의 식물에 매달린 낯선 열매들을 파먹고, 화산암에 떨어진 씨앗들을 쪼아 먹으려고 했던 최초의 생물인지도 모른다. 또한 반쯤 노출된 덤불에 내려앉고, 선인장에 앉아 부리를 날개 밑에 묻은 채 잠을 청한 최초의 새인지도 모른다.

딱따구리핀치는 딱따구리가 없는 섬에서, 휘파람핀치는 휘파람핀치가 없는 섬에서만 나타났을 것이다. 그리고 꽃을 뜯어 먹는 핀치는 꿀벌과 벌새가 없는 섬에서만 모습을 드러냈을 것이다. 그러나 지금 꿀벌이 침입한 섬에서 상당수의 다윈핀치들은 꽃을 반납하고 있다. 핀치들이 처음 섬에 도착했을 때는 수많은 길이 열려 있었으므로 그 자손들은 짧은 비행과 간단한 시도만으로도 충분한 보상을 받았다. 제도에 있는 다른 피조물들과 달리 다양한 방향으로 여행할 수 있었던 것도, 더 멀리 더 빨리 진화할 수 있었던 것도 다 그 때문이었다. 섬에 일찌감치 도착한 덕분에 모든 위치를 선점할 수 있었던 것이다.

지금 인류는 지구 역사상 그 어떤 종보다도 더 멀리, 더 빨리, 더 다양한 방향으로 방산하고 있다. 그리고 그 이유는 다윈핀치와 비슷하다. 우리는 현재 차지하고 있는 영토에 제일 먼저 도착한 피조물이다. 다시 말해, 우리는 지구상의 다른 어떤 피조물보다도 먼저 새로운 틈새를 발견하여 그리로 뛰어들었다.

1602년 리처드 커루Richard Carew는 이렇게 썼다. "수확기가 되었을 즈음, 참새만 한 크기의 새 떼가 콘월Cornwall에 갑자기 들이닥쳐 사과 농사를 망쳤다. 그들의 부리는 끝이 꼬여 있었는데, 그 부리로 사과를 단번에 두 동강 낸 다음 씨앗만 귀신 같이 빼먹었다." 우리 인류도 꼬인 부리를 가진 불청객이나 다를 바 없다. 우리는 꼬인 부리로 지구상의 모든 열매들을 독차지하고 있다.

아프리카의 마지막 열대우림에 사는 침팬지들은 새끼들에게 돌멩이로 견과류 껍질을 깨는 방법을 가르친다. 침팬지들은 가끔씩 멈칫거리며 얌전한 걸음을 내딛는다. 만약 그들이 수많은 세대에 걸쳐 선호되고 선택된다면, 우리의 틈새와 비슷한 장소로 향하는 코스에 들어설지도 모른다. 인간 관찰자들은 그들을 지켜보며 개체별 지능변이가 상당하다는 점에 주목하고 있다. 유전적 변이가 있는 곳에 선택과 진화의 여지가 있기 마련이다. 아마도 모든 영장류 계통에는 (일본 미야자키 현 고지마 섬에 있는 이즈모처럼) 종족을 인간과 같은 방향으로 이끄는 소수가 존재할 것이다. 그러나 현재로서 그 경로는 차단되어 있다. 사유thought라는 틈새를 (최소한 당분간) 인류가 점유하고 있기 때문이다.

인간 간의 다툼에서 승부를 결정하는 것은 90퍼센트가 소유권 내지 점유권이라고 하는데, 이 원칙은 지구상의 모든 생물들에게 적용된다. 생명이 탄생하기 전, 이 행성은 최초의 씨앗이 존재하기 전의 갈라파고스, 즉 갓 냉각되어 단단해진 텅 빈 섬이나 마찬가지였다. 스스로 복제할 수 있는 최초의 분자들은 각자 나름의 페이스대로 성장할 수 있었다. 그런데 독특한 변이를 가진 분자가 불쑥 나타나 점점 더 빨리 성장하여 바다를 휩쓸고, 수많은 해안으로 파고들어 해저를 갈라놓으며, 모든 곳에서 새로운 여행을 시작했다. 모든 길은 체인질링changelin(바꿔치기 한 아이)에게 열려 있었고, 여행을 시작한 분자들은 나선helix이라는 독특한 형태를 지니고 있었다.

오늘날 생화학자들은 컴퓨터 모델을 이용하여 원시적인 자가복제 분자를 설계할 수 있고, 실험실에서 합성할 수도 있다. 새로 설계된 것들 중에는 나선형도 있지만, 그중 일부는 (다윈의 파우터, 폭소비둘기, 공작비둘기처럼) 멋진 분자들이므로 기대해도 좋다. 이는 기존의 육종育種과는 다른 새로운 유형의 인공선택, 즉 생명 자체를 위한 선택selection for life itself이다.

시험관뿐만이 아니라 지구 전역에서 물질은 지금도 이런 식으로 '생명을 향한 잠정적 걸음tentative step'을 걷고 있다. 다윈 만의 얕은 수역에서나, 해저의 분출하는 열수구vent에서나, 수프soup는 아직 따끈따끈하다. 이 행성의 바다에는 우주의 별들보다도 많은 무생물 분자들이 존재한다. 그들 중 일부는 가끔씩 여기저기에서 일종의 연결connection을 형성하기 시작하는데, 그들이 선호되어 대대로 선택된다면 생명을 얻을 것이다. 물질은 매일 매시간 갈라파고스 밑 해저, 즉 지질학자들이 다윈의 단층Darwin's Faults이라고 부르는 깊은 균열 속에 있는 열수구의 수프에서 첫걸음을 걷고 있는지도 모른다.

실험실의 경우, 그 실험용 수프들은 밀봉된 채 유지되기도 한다. 그러나 수프 속의 새로운 분자가 세균에게 잡아먹히는 바람에, 연구원들이 재미를 붙이기도 전에 실험이 중단되기도 한다. 내열 플라스크 속에서 대기하고 있는 배양액은 생명이 출현하기 이전의 바다와 해안처럼 멸균상태에 있다. 그러나 현실의 바다에서 분자는 생명을 향한 첫 몸짓을 시작하자마자 쏜살같이 잡아먹힌다. 바다에서의 창조는 결코 중단된 적이 없지만, 진도가 좀처럼 나가지 않는다. 왜냐하면 수많은 종들이 생명의 틈새niche of life를 이미 점유하고 있기 때문이다.

현재 과학자들이 다른 행성이나 다른 항성계를 살펴보고 있는 것은 바로 이 때문이다. 인류는 '변이를 지닌 복제'라는 꼬임을 진화시키고, 나아가 '고조된 의식'이라는 꼬임, 더 나아가 (우리가 전 세계를 장악할 수 있다고 자부하는) '꼬인 부리'를 진화시켜온 유일한 존재일까? 우주 전체에서 유일할까, 아니면 지구에서만 유일할까?

그러니 우리가 처음 하늘을 날 수 있게 되자마자 외계인이나 외계 지능에 매료된 이유는 그다지 비밀이랄 것도 없다. 우리는 자신의 변화와 미래를 제법 의식적이고 냉정하게 계산하는 종이다. 큰 이동을 앞에 두고 있는 대단한 종인 것이다. 우리는 바위에 걸터앉아, 다른 별에 도착할 수 있는 가능성을 따져보고 있다. 우리가 하나의 종으로서 품고 있는 우주에 관한 치기 어린 판타지는 침입invasion, 팽창expansion, 우점domination이다. 그리고 그 꿈은 실현될 수도 있다. 언젠가 우리는 신발 바닥에 달라붙은 남가새 씨앗과 함께 새로운 '매혹의 제도'를 찾아 항해를 떠날지도 모른다.

그와 동시에 우리는 이 지구상에서의 새로운 만남을 끝없이 공상한다. 만약 가능했다면 다윈핀치들도 그런 공상을 했을 것이다. 이제 우리는 '우리 자신이 언제라도 놀랄 수 있다'라는 점을 잘 알고 있다. (염소, 고양이, 마디개미와 함께 살았던) 산타크루즈의 핀치들이나 (한때 자신들이 세상에서 유일한 사람이라고 생각하며 실제보다 더 고립되어 있었던) 이스터 섬의 원주민들처럼 말이다.

대프니메이저에서 다윈핀치의 개체수가 폭증하는 올해, 대프니메이저 동쪽 가장자리의 야영지에 머무는 그랜트 부부는 점점 더 많은 어린 핀치들이 가끔 (한 마리씩, 또는 떼 지어) 바다로 나가 가장 가까운 곳에 있는 대프니마이너를 향하는 것을 본다. (대프니마이너는 대프니메이저에서 가장 가까운 곳에 있는 바위로, 수평선 위에 떠 있는 달빛 암초이다.) 일부는 산타크루즈까지 날아갔다가 섬을 한 바퀴 돈 후 다시 돌아오고, 일부는 앞으로 계속 날아가 영영 돌아오지 않는다. 대륙이라는 제도에서 복잡한 생각에 잠긴 채, 쉴 새 없이 과거를 되돌아보며 밤하늘의 별을 쳐다보는 인간의 입장도 핀치와 다르지 않다.

어쩌면 다윈핀치들은 우리가 상상했던 것보다 더 많은 여행을 해왔을지도 모른다. 얼마 전 한 무리의 지질학자들이 갈라파고스 주변의 해저를 조사한 적이 있다. 《네이처》에 기고한 논문에서 "작은 해산

seamount(바닷속의 산)의 계단식 봉우리terraced summit에서 둥근 모양의 현무암 자갈을 많이 끌어올렸다"라고 발표했다. 지질학자들은 해저에 있는 몇몇 다른 화산의 정상에서도 그런 자갈들을 끌어올렸다. 수심이 깊은 곳에 있어서 녹갈색을 띠고 있다는 점을 제외하면, 그 자갈들은 갈라파고스의 절벽 기슭에서 뒹구는 반질반질한 화산암 파편들과 모양이 매우 비슷했다. 화산암은 해저에서 그런 모양이 될 수 없으며, (해변에 있는 조약돌처럼) 파도에 밀려 구르면서 마모되어 자갈이 되는 게 보통이다. 그렇다면 그 해산들이 처음부터 바닷속에 있었던 게 아니라, 한때 수면 위에 있다가 나중에 가라앉았다는 이야기가 된다.

지질학자들의 보고에 따르면 그 해산들의 나이는 500만 년에서 900만 년 사이라고 한다. 그중에서 가장 오래된 봉우리는 (갈라파고스와 대륙 사이의 중간지점인) 경도 85도 지점에 있는데, 물 위에 떠 있을 때는 핀존 섬만 한 크기였을 것이라 추정한다. 가파르게 솟아오르다가 고위평탄면에 도달했고, 북서쪽 가장자리에 작은 봉우리가 하나 있었다고 한다. 해산들은 다양한 높이에서 '파도에 깎인 계단형 지형'과 '잔존하는 첨탑형 지형'의 흔적을 발견했는데, 첨탑 부분을 제외하면 전체적인 윤곽은 대프니메이저와 비슷했다. 또한 지질학자들은 근처에서 두 번째 해산을 발견했는데, 첫 번째 해산보다 더 빨리 가라앉은 듯했다. 그들은 두 번째 해산에 피츠로이라는 이름을 붙였다. 그들이 끌어올린 수많은 둥근 조약돌과 자갈들은 '갈라파고스와 대륙 사이의 바닷속에 수많은 섬들이 잠겨 있음'을 암시한다.

이 모든 화산들, 즉 '수면 위의 새로운 것'과 '수면 아래의 오래된 것'들은 용암이 해저지각을 뚫고 분출할 때 생성되었다. 이것들은 지구의 열점hot spot, 즉 용암이 항상 솟아오르고 있는 지점을 나타낸다. 지각은 이 열점들을 따라 동쪽으로 이동하면서 오래된 섬들을 데려가고, 그 자리에 새로운 섬 형태를 가져다 놓는다. 그러므로 갈라파고스에서 가장 젊은 섬들은 서쪽에 있고, 가장 늙은 섬들은 동쪽에 있는 셈이다. 대프니메이저는 정확히 그 중간지점에 있다.

솟아오른 섬들은 씨앗과 새들에게 발견되고 다윈의 작용 및 반작용 사슬을 지탱한다. 그러다가 다시 해저로 가라앉고, 그 자리에는 대신 새로운 섬이 솟아오른다. 지금으로부터 8,000만에서 9,000만 년 전에 그랬듯이 이 융기와 침강은 지금도 바다 한복판에서 계속되고 있는지도 모른다.

맨 처음 봤을 때나 마지막으로 봤을 때나, 대프니메이저의 모습은 늘 그런 인상을 준다. 마치 지나간 배의 뒤에서 맴돌고 있는 나뭇조각 같다. 우리는 우리가 바라보고 있는 것이 '어떤 장소'인지를 잘 안다. 우리가 오기 전에도 여기에 있었고, 우리가 사라진 뒤에도 여기에 남아 있을 것이다. 섬은 언젠가 가라앉을 것이고, 가라앉을 때 다른 섬이 솟아오를 것이다. 계절은 계속 바뀔 것이고, 선인장은 견뎌낼 것이다. 파도는 계속 밀려와 절벽을 때릴 것이고, 절벽은 계속 버텨낼 것이다. 다윈핀치들은 다윈의 제도와 맺은 계약을 지킬 것이며, 돌무더기가 증인으로서 그들을 지켜볼 것이다.

감사의 글

내가 그랜트 부부를 처음 만난 1990년 1월, 두 사람은 갈라파고스로 가던 중이었다. 피터는 짐을 한쪽으로 치우고 나와 함께 점심을 먹었다. 신문이나 잡지에 실린 토막기사를 제외하면, 대프니메이저에서 평생을 연구해온 그랜트 부부에 대해 글을 쓴 사람은 아무도 없었다. 피터는 매력적인 캐릭터임이 분명했지만, 내가 자신들에 대해 글 쓰는 것을 별로 탐탁잖게 여기는 듯했다. 점심을 먹다가 벌떡 일어나더니, 보폭步幅으로 대프니메이저에 있는 야영지의 크기를 측정하는 시늉을 했다. 그러더니 대뜸 "이 탁자만 해요!"라고 하면서 쾌활하게 웃었다. 너무 작아서 방문객들이 발 들여놓을 틈이 거의 없어 보였다.

점심을 먹은 뒤, 아내 로즈메리와 어린 딸 탈리아에게 나를 소개했다. 탈리아는 부모님을 따라 다시 한 번 대프니메이저로 가던 길이었다. 나는 그 세 사람이 『로빈슨 가족』 연극의 주연배우로 발탁된 사람들 같다고 생각했다. 하지만 그들에게서는 공기보다 가벼운 매력과 함께 매우 강경한 분위기, 즉 '남이 주는 배역은 일절 떠맡지 않겠다'라는 분위기가 느껴졌다. 에콰도르로 떠나기 직전, 피터는 '연구를 마칠 때까지, 우리를 당신의 마음속에서 몇 년 동안 지워주세요'라는 쪽지를 나에게 건넸다. 일방적인 통보였다. 그는 '진행 중인 연구에 대해 제3자가 왈가왈부하는 건 좋지 않다'라는 생각을 갖고 있었던 것 같다.

그해에 갈라파고스 제도에서 돌아온 그랜트 부부는 프린스턴의 생물학도서관에 앉아 자신들이 쓴 논문을 탐독하고 있는 나를 발견하고 반가워했다. 다윈핀치를 다룬 과학논문들은 150편을 넘었고, 모노그래프도 몇 권 있었다. 또 나는 '현재진행형 진화'에 대한 증거가 담긴 문헌들을 수집하기 시작했다(내가 수집한 것은 논문과 책을 포함해서 거의 2,000권이며, 그중에서 이 책의 최종원고에 크게 기여한 것들을 선별하여, 이 책의 말미에 참고문헌으로 수록했다). 나는 '대프니메이저에서 이루어지는 그랜트 부부의 관찰은 지구상에서 진행되고 있는 가장 주목할 만한 연구 중 하나이며, 그들의 활약상을 책으로 써서 세상에 알려야 한다'라는 확신을 갖고 있었다. 나의 진심 어린 사명감에 마음이 움직였던지(어쩌면 나를 불쌍히 여겨서 그랬는지도 모른다), 그랜트 부부는 내 계획을 따뜻하게 맞아줬다.

내게 그랜트 부부와 그들의 연구에 대해 처음으로 말해주고, 소개해주고, 처음부터 끝까지 격려해준 사람은 존 타일러 보너였다. 그의 도움과 우정에 감사한다. 80명이 넘는 다른 진화생물학자들도 인터뷰를 흔쾌히 승락했다. 당시 프린스턴에 재직 중이던 마티 크라이트만은 내게 실험실을 개방해줬고, 나는 몇 달 동안 그곳에 머물며 DNA 수준에서 진화를 연구하는 법을 배웠다. 크라이트만과 그의 연구실 사람들이 나를 얼마나 환대했던지, 이 글에서 그들에 대해 더 많은 것을 쓰고 싶은 마음이 굴뚝같다. 히로시 아카시, 앤드류 베리, 제프리 페더, 존 맥도널드, 마틴 테일러, 마르타 웨인에게 진심으로 고맙다는 말을 전한다.

또한 내가 대프니메이저까지 갈 수 있도록 도와준 키토의 찰스 다윈 재단과, 푸에르토아요라의 찰스 다윈 연구소 관계자들께도 심심한 감사의 말씀을 드린다. 현장 조사지 몇 군데를 돌아볼 수 있도록 친절을 베풀고, 에스파뇰라의 뱀파이어핀치를 보여준 데이비드 앤더슨에게 특히 감사드린다. 앤더슨은 한때 그랜트 연구팀의 일원이었다.

베테랑 관찰 전문가 몇 분이 도와주지 않았다면 이 책을 쓸 수 없었을 것이다. 그분들의 이름과 그분들에게 진 빚을 일일이 열거하면 이 책을 다 채우고도 남을 것이다. 자신이 대프니메이저에서 작성한 일지를 기꺼이 빌려준 트레버 프라이스에게 특히 감사한다. 갈라파고스에서 경험한 놀라운 모험담으로 가득 차 있어, 나는 그것을 수없이 읽고 또 읽었다.

그랜트 부부의 딸 탈리아가 생태학자이자 화가라는 사실을 안 것은 이 책을 절반쯤 썼을 때였다(탈리아는 갈라파고스 제도에서, 홈스쿨링을 통해 미술과 과학을 모두 배웠다). 이 책은 연속된 세대, 즉 핀치와 과학자들의 세대에 집중되어 있으므로 찰스 다윈의 책에 수록된 삽화들과 탈리아 그랜트의 스케치북에 그려진 그림들을 곁들여 설명하는 것이 좋겠다고 생각했다.

피터 보그, 존 보너, 존 엔들러, 라일 깁스, 피터와 로즈메리 부부, 트레버 프라이스, 로렌 래트클리프, 프랭크 설로웨이는 초고草稿를 보면서 과학적·역사적 정확성을 검토해줬고, 그중 일부는 교정본까지 읽어줬다. 친구인 키스 샌드버그와 딕 프레스턴도 원고를 검토해줬고, 플로이드 글렌은 통계처리를 도와줬다. 라우프 글리사와 카렌 슬래터리는 파가니니 카페에 있는 집을 내 집처럼 쓰게 해줬다. 어머니 포니는 내가 자료수집 차 여러 도서관을 전전할 때 물심양면으로 도와주셨고, 아버지 제리는 내게 매킨토시를 선물해주셨다. 이 모든 분들에게 다윈이 친구 후커에게 쓴 편지에서 말했던 스타일로 감사드리고 싶다. "도와줘서 정말 고맙습니다. 보잘것없는 원고를 성심성의껏 검토해준 덕분에 이 책이 초라해지는 것을 면할 수 있었습니다."

편집자 조너선 시걸을 만난 것은 대단한 행운이었다. 그의 전폭적인 도움에 감사한다. 나를 대신해서 대소사를 처리해준 빅토리아 프라이어에게도 감사한다. 그녀가 비서 노릇을 해준 덕분에, 집필활동에만 전념할 수 있었다. 아이다 지라고시안과도 함께 일할 수 있어 즐거웠다. 또한 이 책에 많은 열정을 보여준 소니 메타에게도 감사한다.

내게 다방면으로 도움을 준 친구들과 가족에게도 감사한다. 니콜라와 탈리아 이후로, 내 아들 애런과 벤저민은 자기 또래의 어떤 아이들보다도 다윈핀치에 대해 많이 아는 척척박사가 되었다. 아내 데보라는 원고를 읽고 온갖 쓴소리를 아끼지 않았다.

나는 이 책을 쓰면서 '현재진행형 진화'에 대해 평범하지 않은 관점을 갖게 되었다. 이런 관점에서 볼 때, 나는 대프니메이저의 가장자리보다 더 나은 관찰장소를 상상할 수 없다. 마지막으로 그랜트 부부에게 다시 한 번 감사한다. 그들이 내게 할애한 시간과 도움뿐만 아니라, 그랜트 부부의 관점 자체에 대해서도 감사의 인사를 전한다.

옮긴이 글

2015년 영국에서 발간되고 2016년 한글 번역판이 출판된 안드레아 울프Andrea Wulf의 명저 『자연의 발명』 367쪽에는 다음과 같이 적혀 있다. "영국을 떠난 지 4년 남짓 지난 1835년 9월, 비글호는 마침내 남아메리카를 벗어나 세계 일주 항해에 본격 돌입했다. 리마를 출발하여, 에콰도르 해안에서 서쪽으로 약 1,000킬로미터 떨어진 갈라파고스 제도에 도착했다. 갈라파고스 제도는 특이한 무인도의 집합체로, 그곳에 사는 파충류와 조류들은 온순하고 사람을 봐도 잘 도망치지 않아, 마음만 먹으면 쉽게 잡을 수 있었다. 다윈은 거기서 암석과 지질학적 형성물을 조사하고, 핀치와 앵무새를 수집하며, 섬을 배회하는 거대 거북의 사이즈를 측정했다. 그러나 갈라파고스 제도가 진화이론에 얼마나 중요한지가 밝혀진 건 나중에 영국으로 돌아가 수집품들을 분석한 뒤였다. 비록 당시에는 깨닫지 못했지만, 다윈에게 있어서 갈라파고스 제도는 인생의 전환점이었다."

흔히들 역사는 승자의 기록이라고 한다. 역사의 모든 페이지에서 사가史家들은 모든 공적을 주인공에게 몰아주는 경향이 있는데, 과학사의 경우에도 예외가 될 수 없나. 많은 이들은 이렇게 생각할 것이다. 찰스 다윈이 갈라파고스 제도에서 뭔가 대단한 것을 발견하고 곧바로 진화론의 영감을 얻었을 거라고, 그리고 갈라파고스에서 서식하던 생물 중에서 다윈에게 가장 큰 영향을 미친 생물은 단연 핀치일 거라고. 오죽하면 갈라파고스 제도에서 발견된 13종의 핀치들을 뭉뚱그려 갈라파고스핀치 또는 다윈핀치Darwin's finch라고 부르겠는가! 그러나 울프가 정확히 지적한 바와 같이, 그건 큰 오해다. 다윈이 큰 깨달음을 얻은 건 나중에 영국으로 돌아가 수집품들을 분석한 뒤였고, 다윈핀치들의 종을 분석하여 계통수 위에 예쁘게 배치한 것도 다른 생물학자들의 몫이었다.

그러나 다윈핀치를 둘러싼 오해는 그게 전부가 아니다. 그동안 다윈핀치는 진화의 흔적이 기록된 결과물, 즉 '살아 있는 화석' 정도로만 알려져 있었다. 다윈핀치가 진화라는 연극의 주연배우로 활발히 활동하고 있음이 밝혀지기 시작한 것은 그로부터 140년 후, 피터와 로즈메리 그랜트 부부에 의해서였다. 1973년 당시 팔팔한 30대였던 두 사람은 갈라파고스 제도의 대프니메이저라는 작은 섬에 상륙하여 그곳에 살고 있는 핀치를 대상으로 전수조사全數調査를 시작했다. 그리고 대학원생, 박사과정 학생들과 함께 다윈핀치들의 일거수일투족을 관찰하고 기록한 다음, 기록물을 프린스턴으로 가지고 돌아와 매킨토시 컴퓨터에 입력하기를 반복했다(대프니메이저에 사는 핀치의 수는, 적을 때는 100마리, 많을 때는 2,000마리에 육박할 때도 있었다).

처음에는 몇 년만 연구하고 말 생각이었지만, 기대와 의문이 꼬리에 꼬리를 물고 이어지다 보니 어느덧 20년이란 세월이 흘렀다. 홍수와 가뭄, 엘니뇨에 이르기까지 산전수전을 다 겪어가며 꿋꿋이 버텨낸 그랜트 연구팀의 노력은 헛되지 않았다. 당초 다윈이 생각했던 것과는 달리, 자연선택에 의한 진화는 '매우 느리고 점진적으로 일어나 먼 훗날 화석에나 기록되는 것'이 아니라, '매일 매시간 숨가쁘게 일어나 핀치의 부리에 (너비, 길이, 두께라는 3차원 데이터로) 기록되는 것'으로 밝혀졌다. "진화라는 연극은 생태계라는 극장에서 상영된다"라는 에블린 허친슨의 말이 수사적 표현이 아님을 입증한 것이다. 피터와 로즈메리는 일약 생물학계의 대가로 발돋움했고, 조너선 와이너라는 대중 과학 작가를 통해 세상에 알려졌다. 와이너는 1994년 『핀치의 부리』를 발간하여 퓰리처상, 전미비평가협회상, LA 타임스 도서상을 휩쓸었고, 덕분에 피터와 로즈메리는 월드스타로 등극했다.

이미 '다윈의 진화론을 완성했다'라는 평을 들은 피터와 로즈메리 부부였지만, 예순을 바라보는 나이에도 연구를 멈추지 않았다. 아직 2프로 부족한 게 있었기 때문이다. 빅데이터를 분석하여 진화가 현재진행형이라는 사실을 증명했지만 핀치의 부리를 빚어내는 유전자를 발견하지 못했고, 진화의 열매, 즉 새로운 종이 탄생한 것을 아직 확인하지 못한 것이다. 그로부터 10년이 흐른 2004년 그랜트 부부는 핀치의 부리를 빚어내는 유전자를 마침내 발견했고, 다시 5년이 흐른 2009년 드디어 새로운 발단종이 탄생한 것을 확인하여 학계에 보고했다.

이쯤 되니 조너선 와이너도 가만히 있을 수 없었다. 2014년 그는 다시 펜을 들어 『핀치의 부리』 20주년 기념판을 발간하여 피터와 로즈메리의 긴 여정에 마침표를 찍었다. 그러나 피터와 로즈메리가 이끄는 연구팀은 아직도 연구에서 손을 놓지 않고 있다. 2015년에는《네이처》, 2016년에는《사이언스》에「다윈핀치 부리의 형태와 크기를 결정하는 유전자」에 관한 논문을 기고했다.

『핀치의 부리』 20주년 기념편에서 와이너는 새로운 서문을 통해 지난 20년간 다윈핀치의 스토리에 나타난 굵직굵직한 변화를 세 가지 관점으로 나눠 설명했다. 본문의 내용은 20년 전과 비교하여 큰 차이가 없다. 그러나 그렇다고 해서 이 책의 하이라이트를 서문이라고 단정해서는 안 된다. 서문을 찬찬히 읽은 후 본문으로 넘어가면, '다윈이 갈라파고스에서 본 것'과 '보지 않은 것'을 냉철하게 설명한 후 다윈의 진화론을 구성하는 핵심요소들(자연선택에 의한 진화, 변이와 다양성, 종분화, 잡종형성)을 하나씩 하나씩 설명하는데, 놀랍게도 20년이란 세월이 무색할 정도로 여전히 새롭고 신선하다. 게다가 요즘 핫이슈로 등장하고 있는 항생제 및 제초제 저항성, 상아 없는 코끼리의 진화, 어업 관행의 문제, 멸종위기종, 인류세, 기후변화 등도 언급된다. 게다가 옮긴이는 내용의 신선도를 유지하기 위해 톡톡 튀는 언어를 많이 구사했으며, 20년 전 사용된 용어들을 최신 용어로 바꿨다. 따라서 이 책에서 언급되는 연도年度만 제외하면, 처음 읽는 독자들은 마치 새로 출판된 유전학 책으로 오인할지도 모른다. 다시 읽어보는 독자들도 진화론의 핫이슈를 새로운 관점에서 바라보며, "아! 이 책에 이런 내용이 있었던가?"라고 깜짝 놀랄 것이다.

《뉴욕 타임스》는 2014년 8월 4일, "다윈의 발자취를 따라서In Darwin's Footsteps"라는 제목의 기사를 통해 이 책의 20주년 기념판 출간을 축하한 바 있다.《뉴욕 타임스》가 20년 만에 재출간된 과학책을 칭찬한 것은 전례 없는 일이며, 수준 높은 신문이 상당한 지면을 할애하여 그런 기사를 실은 데는 그만한 이유가 있다고 생각한다. 이 책은 진화론의 각 종 핵심 개념들을 실례를 곁들여 소개한 책으로, 현존하는 최고의 진화론 개념서이자 생물학 현장연구 지침서라고 자부한다. 저자의 유려한 문체와 해박한 지식, 간간이 등장하는 그랜트 연구진의 깨알 같은 에피소드는 덤이다.

문득 2016년《사이언스》에 실린「다윈핀치 부리의 형태와 크기를 결정하는 유전자」에 관한 논문을 펼쳐보니, 피터 그랜트와 로즈메리 그랜트의 이름이 나란히 공동저자로 실려 있다. 두 분은 1936년 동갑내기이므로, 현재 나이 여든한 살이다. 여든 살에도 연구를 하신다니… 하루 12시간씩 14년간 과학기사와 논문, 과학책만 번역해온 옮긴이에게 두 분은 위대한 롤모델이다. 나도 여든 살까지 또렷한 정신으로 번역에 매진할 생각이다.

2017년 2월 양병찬

참고문헌

Abbott, Ian. 1972. "The Ecology and Evolution of Passerine Birds on Islands."Dissertation,Monash University.

Abbott, Ian, L. K. Abbott, and Peter R. Grant. 1977. "Comparative Ecology of GalapagosGround Finches GeospizaGould: Evaluation of the Importance of Florstic Diversityand Interspecific Competition." *Ecological Monographs*47:151–84.

Anderson, E. 1948."Hybridization of the Habitat."*Evolution*2:1–9.

Anderson, E., and G. L. Stebbins, Jr. 1954."Hybridization as an Evolutionary Stimulus." *Evolution*8:378–88.

Atkins, Sir Hedley. 1974. *Down: The Home of the Darwins*. London: Curwen Press.

Averill, Anne L., and Ronald J. Prokopy. 1987. "Intraspecific Competition in theTephritid Fruit Fly", *Rhagoletispomonella*Γ *Ecology*68:878–86.

Baker, Allan J. 1980. "Morphometric Differentiation in New Zealand Populations of theHouse Sparrow Passer domesticus."*Evolution*34:638–53.

Bakun, Andrew. 1990. "Global Climate Change and Intensification of Coastal Ocean Upwelling."*Nature* 247:198–201.

Bangham, Charles R. M., and Andrew J. McMichael. 1990. "Why the Long Latent Period?"*Nature* 348:388.

Barbosa, Pedro, and Jack C. Schultz, eds. 1987.*Insect Outbreaks*.San Diego: AcademicPress, Inc.

Beebe, William. 1924.*Galapagos: World's End*. New York: G. P. Putnam's Sons.

Beer, Gillian. 1985. "Darwin's Reading and the Fictions of Development." In *The DarwinianHeritage. See*-Kohn, ed. 1985, 543–88.

Benkman, Craig W, and Anna K. Lindholm. 1991. "The Advantages and Evolution ofMorphological Novelty."*Nature* 349:519–20.

Berry, R. J. 1990. "Industrial Melanism and Peppered Moths Bistonbetularia[L.]."*BiologicalJournal of the Linnean Society*39:302–22.

Berthold, P., et al. 1992. "Rapid Microevolution of Migratory Behaviour in a Wild BirdSpecies."*Nature* 360:668–70.

Beverly, Stephen M., and Allan C. Wilson. 1985. "Ancient Origin for HawaiianDrosophihnae Inferred from Protein Comparisons."*Proceedings of the National Academyof Sciences*82:4753–57.

Bishop, J. A., and Laurence M. Cook. 1975. "Moths, Melanism and Clean Air."*ScientificAmerican*232 January: 90–99.

Bloom, Barry R. 1992."Back to a Frightening Future."*Nature* 358:538–64.

Bloom, Barry R., and Christopher J. L. Murray. 1992. "Tuberculosis: Commentary on aReemergent Killer."*Science*257:1055–64.

Boag, Peter T. 1983. "Galapagos Evolution Continues."*Nature* 301:12.

Boag, Peter T., and Peter R. Grant. 1978. "Heritability of External Morphology in Darwin'sFinches."*Nature* 274:793–94.

———.1981. "Intense Natural Selection in a Population of Darwin's FinchesGeospízinae in the Galapagos."*Science*214:82–85.

———.1984. "The Classical Case of Character Release: Darwin's FinchesGeospiza onIsla Daphne Major, Galapagos."*Biological Journal of the Linnean Society*22:243–87.

———.1984. "Darwin's FinchesGeospiza on Isla Daphne Major, Galapagos: Breedingand Feeding Ecology in a Climatically Variable Environment."*Ecological Monographs*54:463–89.

Bonner, John Tyler. 1980. *The Evolution of Culture in Animals*. Princeton: Princeton UniversityPress.

———.1993. *Life Cycles*. Princeton: Princeton University Press.

Bowman, Robert I. 1963."Evolutionary Patterns in Darwin's Finches."*Occasional Papersof the California Academy of Sciences*44:107–40.

———.1983. "The Evolution of Song in Darwin's Finches."*InPatterns of Evolution. See*

Bowman et ah, eds. 1983, 237–325.

Bowman, Robert I., et al., eds. 1983.*Patterns of Evolution in Galapagos Organisms*. SanFrancisco: American Association for the Advancement of Science, Pacific Division.

Brakefield, Paul M. 1987. "Industrial Melanism: Do We Have the Answers?"*Trends inEcology and Evolution*2:117–22.

———.1990. "A Decline of Melanism in the Peppered Moth, *Bistonbetularia*, in theNetherlands." *Biological Journal of the Linnean Society*39:327–34.

Brookfield, J. F. Y. 1991. "The Resistance Movement."*Nature* 350:107–8.

Brown, Andrew J. Leigh. 1989. "Population Genetics at the DNA Level."*Oxford Surveysin Evolutionary Biology*6:207–42.

Brown, W. L., and E. O. Wilson. 1956. "Character Displacement."*Systematic Zoology*5:49–64.

Brussard, Peter F. ed. 1978.*Ecological Genetics: The Interface*. New York: Springer–Verlag.

Bumpus, Hermon Carey. 1899. "The Elimination of the Unfit as Illustrated by the IntroducedSparrow, *Passer domesticus*."Woods Hole, Mass.: Biological Lectures, Marine

Biological Laboratory: 209–26.

Bumpus, Herman Carey, Jr. 1947. *Hermon Carey Bumpus*.Minneapolis: University of MinnesotaPress.

Burnet, F. M. 1962. "Evolution Made Visible: Current Changes in the Pattern of Disease."In *The Evolu tion of Living Organisms. See*Leeper, ed. 1962, 23–32.

Bush, Guy L., et al. 1989. "Sympatric Origins of R. pomonella."*Nature* 339:346.

Cairns, John, Julie Overbaugh, and Stephan Miller. 1988. "The Origin of Mutants."*Nature* 335:142–45.

Carroll, Scott P., and Christm Boyd. 1992. "Host Race Radiation in the Soapberry Bug:Natural History with the History."Evolution 46:1052–69.

Carson, H. L. 1978. "Speciation and Sexual Selection in Hawaiian Drosophila."In *EcologicalGenetics. See*Brussard, ed. 1978, 93–107.

———. 1992. "The Galapagos That Were."*Nature* 355:202–3.

Carson, H. L., Linda S. Chang, and Terrence W. Lyttle. 1982. "Decay of Female SexualBehavior under Parthenogenesis."*Science*218:68–70.

Caugant, Dominique, Bruce R. Levin, and Robert K. Selander. 1981. "Genetic Diversityand Temporal Variation in theE. coliPopulation of a Human Host."*Genetics*98:467–90.

———. 1984. "Distribution of Multilocus Genotypes of E. coli Within and BetweenHost Families."*Journal of Hygiene*92:377–84.

Cayot, Linda J. 1985. "Effects of El Nino on Giant Tortoises and Their Environment."In*El Nino. See*Robinson and delPino, eds. 1985, 363–98.

Chang, C. P., and E W. Plapp, Jr. 1983."DDT and Pyrethroids: Receptor Binding andMode of Action in the House Fly."*Pesticide Biochemistry and Physiology*20:76–85.

Charlesworth, Brian. 1990. "Life and Times of the Guppy."*Nature* 346:313–15.

Christie, D. M., et al. 1992."Drowned Islands Downstream from the Galapagos HotspotImply Extended Speciation Times."*Nature* 355:246–48.

Clarke, Cyril A., Frieda M. M. Clarke, and H. C. Dawkins. 1990. "*Bistonbetularia*thePeppered Moth in West Kirby, Wirral, 1959–1989."*Biological Journal of the LinneanSociety*39:323–26.

Cohen, Mitchell L. 1992. "Epidemiology of Drug Resistance: Implications for a Post–Antimicrobial Era."*Science*257:1050–55.

Conant, Sheila. 1988. "Geographic Variation in the Laysan Finch Telespyzacantans."*Evolutionary Ecology*2:270–82.

———. 1988. "Saving Endangered Species by Translocation."*BioScience*38:254–57.

Connell, Joseph H. 1980. "Diversity and the Coevolution of Competitors, or the Ghostof Competition Past"*Oikos*35:131–38.

Conze, Edward, ed. 1971.*Buddhist Scriptures*.Harmondsworth, Middlesex: PenguinBooks.

Cooke, E, and P. A. Buckley, eds. 1987.*Avian Genetics: A Population and Ecological Approach*.New York: Academic Press.

Creed, E. R. 1971."Industrial Melanism in the Two–Spot Ladybird and Smoke Abatement."*Evolution* 25:290–93.

Creed, Robert, ed. 1971.*Ecological Genetics and Evolution*.Oxford, U.K.: BlackwellScientific Publications.

Culliney, John L. 1988. *Islands in a Far Sea*.San Francisco: Sierra Club Books.

Curry, Robert L. 1985. "Breeding and Survival of Galapagos Mockingbirds during ElNino."In *El Nino. See*Robinson and delPino, eds. 1985, 449-71.

Curry, Robert L., and Peter R. Grant. 1989. "Demography of the Cooperatively BreedingGalapagos Mockingbird, *Nesomimusparvulus*, in a Climatically Variable Environment."*Journal of Animal Ecology*58:441-63.

Darwin, Charles R. 1987-89.*The Works of Charles Darwin*. 29 vols. Eds. Paul H. Barrettand R. B. Freeman. New York: New York University Press.

———.1851-54. *A Monograph on the Sub-class Cirripedia*. London: Ray Society.

———.1876. *Geological Observations on the Volcanic Islands and Parts of South America VisitedDuring the Voyage of H.M.S. Beagle*. 2nd ed. London: Smith, Elder.

———.1879. *A Naturalists Voyage: Journal of Researches into the Natural History and Geologyof the Countries Visited During the Voyage of H.M.S. Beagle Round the World, Under theCommand of Capt. FitzRoy, R.N*2nd ed. London: John Murray.

———.1958. The Autobiography of Charles Darwin and Selected Letters. Ed. Francis Darwin.New York: Dover Publications.

———.1964 1859.『종의 기원』. Ed. Ernst Mayer. Facsimile of 1st ed. Cambridge,Mass.: Harvard University Press.

———.1975. *Charles Darwin's Natural Selection*. Ed. R. C. Stauffer. Cambridge, U.K.:Cambridge University Press.

———.1977. *The Collected Papers of Charles Darwin*. Ed. Paul H. Barrett. Chicago: Universityof Chicago Press.

———.1981 1871.*The Descent of Man, and Selection in Relation to Sex*. Princeton:Princeton University Press.

———.1985. *The Correspondence of Charles Darwin*. 8 vols. to date.Eds. FrederickBurkhardt and Sydney Smith. Cambridge, U.K.: Cambridge University Press.

———.1987 1836-44. *Charles Darwin's Notebooks*.Eds. Paul H. Barrett et al. Ithaca:Cornell University Press.

———.1987.『비글호 항해기』. Vol. 1 in *Works. See*Darwin1987-89.

———.1987 1839.*Journal of Researches*. Vols. 2 & 3 in *Works. See*Darwin 1987-89.

———.1987. 1839-43.『비글호 항해기』.Vols. 4-6 in *Works.See*Darwin 1987-89.

———.1988 1876.『종의 기원』. 6th ed. Vol. 16 in *Works. See*Darwin1987-89.

———.1988 1875.*The Variation of Animals and Plants under Domestication*. 2nd ed.Vols. 19-20 in *Works. See*Darwin 1987-89.

Dawkins, Richard. 1985.『눈 먼 시계공』. New York: W. W. Norton,

———.1991. "Darwin Triumphant." See Robinson and Tiger, eds., 23-39.

DeBenedictis, Paul A. 1968. "The Bill-Brace Feeding Behavior of the Galapagos Finch, *Geospizaconirostris*." *Condor*68:206-8.

Desmond, Adrian. 1984. "Robert E. Grant: The Social Predicament of a Pre-DarwinianTransmutationist." *Journal of the History of Biology*17:189-223.

Delbriick, Max. 1949. "A Physicist Looks at Biology." *Transactions of the Connecticut Academyof Arts and Sciences*38:175-90.

Desmond, Adrian, and James Moore. 1991. 『다윈평전』. London: Michael Joseph.

Diamond, Jared M. 1987. "Learned Specializations of Birds." *Nature* 330:16-17.

Diamond, Jared M., and Ted J. Case, eds. 1986. *Community Ecology*. New York: Harper &Row.

Diehl, Scott Raymond. 1984. "The Role of Host Plant Shifts in the Ecology and Speciationof *Rhagoletis*-Flies Diptera: Tephritidae." Dissertation, University of Texas atAustin.

Dillard, Annie. 1989. *The Writing Life*. New York: Harper & Row.

Dobson, Andrew P., et al. 1992. "Conservation Biology: The Ecology and Genetics ofEndangered Species." In Berry, R. J., et al., eds. 1992. *Genes in Ecology*. Oxford, U.K.: Blackwell Scientific Publications, 405-30.

Dobzhansky, Theodosius, and Olga Pavlovsky. 1966. "Spontaneous Origin of an IncipientSpecies in the *Drosophila paulistorum*Complex." *Proceedings of the National Academy ofSciences*5 5:727-3 3

Dobzhansky, Theodosius, Olga Pavlovsky, and J. R. Powell. 1976. "Partially Successful Attemptto Enhance Reproductive Isolation between Semispecies of *Drosophilapaulistorum*." *Evolution*30:201-12.

Dobzhansky, Theodosius, and Boris Spassky. 1959. "*Drosophila paulistorum*, a Cluster ofSpecies *in statunascendi*." *Proceedings of the National Academy of Sciences*45:419-28.

Dominey, Wallace J. 1984. "Effects of Sexual Selection and Life History on Speciation:Species Flocks in African Cichlids and Hawaiian Drosophila." In *Evolution of FishSpecies Flocks. See*Echelle and Kornfield, eds. 1984, 231-49.

Dowdeswell, W. H. 1963. *The Mechanism of Evolution*. 3rd ed. London: Heinemann.

———. 1971. "Ecological Genetics and Biology Teaching." In *Ecological Genetics. See*Creed, ed. 1971, 363-78.

Echelle, Anthony A., and Irv Kornfield, eds. 1984. *Evolution of Fish Species Flocks*. Orono:University of Maine at Orono Press.

Ehrlich, Paul, and Anne Ehrlich. 1981. *Extinction*. New York: Random House.

Ehrlich, Paul R., Richard W. Holm, and Dennis R. Parnell. 1974. *The Processes of Evolution*New York: McGraw-Hill.

Emerson, Ralph Waldo. 1983. "Spiritual Laws." In *Essays and Lectures*. Ed. Joel Porte, *TheLibrary of America*15. New York: Library of America. 305-23.

Endler, John A. 1977. *Geographic Variation, Speciation, and Clines*. Princeton: PrincetonUniversity Press.

———. 1978. "A Predator's View of Animal Color Patterns." *Evolutionary Biology*11:319–64.

———. 1980. "Natural Selection on Color Patterns in *Poeciliareticulate*." *Evolution*34:76–91.

———. 1982. "Convergent and Divergent Effects of Natural Selection on Color Patternsin Two Fish Faunas." *Evolution*36:178–88.

———. 1983. "Natural and Sexual Selection on Color Patterns in Poeciliid Fishes." *EnvironmentalBiology of Fishes*9:173–90.

———. 1986. *Natural Selection in the Wild*. Princeton: Princeton University Press.

———. 1986. "The Newer Synthesis? Some Conceptual Problems in Evolutionary Biology." *Oxford Surveys in Evolutionary Biology*3:224–43.

———. 1988. "Sexual Selection and Predation Risk in Guppies." *Nature* 332:593–94.

———. 1989. "Conceptual and Other Problems in Speciation." In *Speciation. See*Otteand Endler, eds. 1989, 625–48.

Endler, John A., and Tracy McLellan. 1988. "The Processes of Evolution: Toward aNewer Synthesis." *Annual Review of Ecology and Systematics*19:395–421.

Evans, L. T. 1984. "Darwin's Use of the Analogy between Artificial and Natural Selection." *Journal of the History of Biology*17:113–40.

Feder, Jeffrey L. 1989. "The Biochemical Genetics of Host Race Formation and SympatricSpeciation in RhagoletispomonellaDiptera: Tephritidae." Dissertation, MichiganState University.

———. 1990. "The Ecology and Genetics of Host Race Formation in *Rhagoletispomonella*." Research proposal, Princeton University.

Feder, Jeffrey L., and Guy L. Bush. 1989. "A Field Test of Differential Host–Plant Usagebetween Two Sibling Species of RhagoletispomonellaFruit Flies Diptera: Tephritidaeand Its Consequences for Sympatric Models of Speciation." *Evolution*43:1813–19.

———. 1989. "Gene Frequency Clines for Host Races of Rhagoletispomonellain the MidwesternUnited States." *Heredity*63:245–66.

Feder, Jeffrey L., Charles A. Chilcote, and Guy L. Bush. 1988. "Genetic Differentiationbetween Sympatric Host Races of the Apple Maggot Fly, *Rhagoletispomonella*! *Nature* 336:61–64.

———. 1989. "Are the Apple Maggot, *Rhagoletispomonella*, and Blueberry Maggot, *R.mendax*, Distinct Species? Implications for Sympatric Speciation." *EntomologiaExperimental etApplicata*51:113–23.

———. 1990. "The Geographic Pattern of Genetic Differentiation between Host AssociatedPopulations of *Rhagoletispomonella*Diptera: Tephritidae in the Eastern UnitedStates and Canada." *Evolution*44:570–94.

———. 1990. "Regional, Local and Microgeographic Allele Frequency Variation betweenApple and Hawthorn Populations of *Rhagoletispomonella*in Western Michigan." *Evolution*44:595–608.

Fiorito, Graziano, and Pietro Scotto. 1992. "Observational Learning in *Octopus vulgaris*."– *Science*256:545 47.

FitzRoy, Robert. 1839. *Narrative of the Surveying Voyages of His Majesty's Ships Adventureand Beagle, between the Years 1826 and 1836, Describing Their Examination of the SouthernShores of South America, and the Beagle's Circumnavigation of the Globe.*3vols. and app.London: Henry Colburn.

Fleischer, Robert C, Sheila Conant, and Marie P. Moлn. 1991. "Genetic Variation inNative and Translocated Populations of the Laysan Finch Telespizacantans."*Heredity*66:125–30.

Fleischer, Robert C, and Richard F.Johnston. 1982. "Natural Selection on Body Size andProportions in House Sparrows."*Nature* 298:747–49.

———.1984. "The Relationship between Winter Climate and Selection on Body Sizeof House Sparrows."*Canadian Journal of Zoology*62:405–10.

Ford, E. B. i960."Evolution in Progress."In *Evolution after Darwin. See*Tax, ed. 1980,181–96.

. 1975. *Ecological Genetics*. 4th ed. London: Chapman & Hall.

Freed, Leonard A., Sheila Conant, and Robert C. Fleischer. 1987. "Evolutionary Ecologyand Radiation of Hawaiian Passerine Birds."*Trends in Ecology and Evolution*2:196–203. !

Futuyma, Douglas J. 1986. *Evolutionary Biology*.2nd ed. Sunderland, Mass.: Sinauer Associates.Gao, Feng, et al. 1992. "Human Infection by Genetically Diverse SIV SM–Related HIV–2in West Africa."*Nature* 358:495–99.

Garcia–Bustos, Jose, and Alexander Tomasz. 1990. "A Biological Price of Antibiotic Resistance:Major Changes in the Peptidoglycan Structure of Penicillin–Resistant Pneumococci."*Proceedings of the National Academy of Sciences*87:5415–19.

Gelter, Hans P., H. Lisle Gibbs, and Peter T. Boag."Large Deletions in the ControlRegion of Darwin's Finch Mitochondrial DNA: Evolutionary and Functional Implications."*Proceedings of the National Academy of Sciences*, in press.

Georghiou, George P. 1986. "The Magnitude of the Resistance Problem."In *PesticideResistance. See*Roush and Tabashnik, eds., 1986, 14–43.

Gibbons, Ann. 1992. "Exploring New Strategies to Fight Drug–Resistant Microbes."*Science*257:1036–38.

Gibbs, H. Lisle. 1988. "Heritability and Selection on Clutch Size in Darwin's MediumGround Finches Geospizafortis."*Evolution*42:750–62.

Gibbs, H. Lisle, and Peter R. Grant. 1987. "Adult Survivorship in Darwin's Ground FinchGeospiza Populations in a Variable Environment."*Journal of Animal Ecology*56:797–813.

———.1987. "Ecological Consequences of an Exceptionally Strong El Nino Event onDarwin's Finches."*Ecology*68:1735–46.

———.1987. "Oscillating Selection on Darwin's Finches."*Nature* 327:511–13.

———.1989. "Inbreeding in Darwin's Medium Ground Finches Geospizafortis."*Evolution*43:1273–84.

Gibbs, H. Lisle, Peter R. Grant, and Jon Weiland. 1984. "Breeding of Darwin's Finchesat an Unusually Early Age in an El Nino Year."*Auk*101:873–74.

Gill, Frank B. 1980. "Historical Aspects of Hybridization between Blue-Winged andGolden-Winged Warblers." *Auk*97:1-18.

———. 1989. *Ornithology*. New York: W. H. Freeman.

Gillespie, Neal C. 1979. *Charles Darwin and the Problem of Creation*. Chicago: University ofChicago Press.

Gingerich, Philip D. 1983. "Rates of Evolution: Effects of Time and Temporal Scaling."-*Science*222:159-61.

Gish, Duane T. 1979. *Evolution? The Fossils Say No!*San Diego: Creation-Life Publishers. Godard, R. 1991. "Long-Term Memory of Individual Neighbours in a Migratory Songbird." *Nature* 350:228-29.

Gorman, Owen X, et al. 1990. "Evolution of the Nucleoprotein Gene of Influenza A Virus." *Journal of Virology*64:1487-97.

Gould, Fred. 1991. "The Evolutionary Potential of Crop Pests." *American Scientist*79:496-507.

Gould, James L., and Carol Grant Gould. 1989. *Sexual Selection*. New York: ScientificAmerican Library.

Gould, Stephen Jay. 1983. *Hen's Teeth and Horses' Toes*. New York: W. W. Norton.

———. 1989. *Wonderful Life*. New York: W. W. Norton.

Grant, B. Rosemary. 1985. "Selection on Bill Characters in a Population of Darwin'sFinches: Geospizaconirostrison Isla Genovesa, Galapagos." *Evolution*39:523-32.

Grant, B. Rosemary, and Peter R. Grant. 1979. "The Feeding Ecology of Darwin'sGround Finches." *Noticias de Galapagos*14-18.

———. 1981. "Exploitation of OpuntiaCactus by Birds on the Galapagos." *Oecologia*49:179-87.

———. 1982. "Niche Shifts and Competition in Darwin's Finches: GeospizaconirostrisandCongeners." *Evolution*36:637-57.

———. 1983. "Fission and Fusion in a Population of Darwin's Finches: An Example ofthe Value of Studying Individuals in Ecology." *Oikos*41:530-47.

———. 1989. *Evolutionary Dynamics of a Natural Population*. Chicago: The University ofChicago Press.

———. 1989. "Natural Selection in a Population of Darwin's Finches." *American Naturalis*ti33:377-93

———. 1993. "Evolution of Darwin's Finches Caused by a Rare Climatic Event." *Proceedingsof the Royal Society of London* B 251:111-17.

Grant, Bruce, and Rory J. Howlett. 1988. "Background Selection by the Peppered MothBistonbetularialinn.: Individual Differences." *Biological Journal of the Linnean Society*33:217-32.

Grant, Peter R. 1966. "Ecological Compatibility of Bird Species on Islands." *AmericanNaturalist*100:451-62.

———. 1966. "Late Breeding on the Tres Marias Islands." *Condor*68:249-52.

———. 1970. "Variation and Niche Width Reexamined." *American Naturalist*104:589-90.

———. 1972. "Centripetal Selection and the House Sparrow." *Systematic Zoology*21:23-30.

———. 1972. "Convergent and Divergent Character Displacement." *Biological Journal ofthe Linnean Society*4:39–68.

———. 1972. "Interspecific Competition among Rodents." *Annual Review of Ecology andSystematics*3:79–106.

———. 1975. "The Classical Case of Character Displacement." *Evolutionary Biology*8:237–337

———. 1977. "Review of D. Lack, 1976, *Island Biology!' Bird-Banding*48:296–300.

———. 1981. "The Feeding of Darwin's Finches on Tribuluscistoidesl. Seeds." *AnimalBehaviour*29:785–93.

———. 1981. "Speciation and the Adaptive Radiation of Darwin's Finches." *American Scientist*69:653–63.

———. 1986. *Ecology and Evolution of Darwin's Finches*. Princeton: Princeton UniversityPress. The best-thumbed book in this bibliography.

———. 1986. "Interspecific Competition in Fluctuating Environments." In *CommunityEcology. See*Diamond and Case, eds. 1986, 173–91.

———. 1993. "Hybridization of Darwin's Finches on Isla Daphne Major, Galapagos." *Philosophical Transactions of the Royal Society of London* B340:127–39.

Grant, Peter R., and Peter T. Boag. 1980. "Rainfall on the Galapagos and the Demographyof Darwin's Finches." *Auk*97:227–44.

Grant, Peter R., and B. Rosemary Grant. 1985. "Responses of Darwin's Finches to UnusualRainfall." In *El Nino. See*Robinson and delPino, eds. 1985, 417–47.

———. 1989. "The Slow Recovery of *Opuntiamegasperma*on Española." *Noticias deGalapagos*48:13–15.

———. 1989. "Sympatric Speciation and Darwin's Finches." In *Speciation. See*Otte andEndler, eds. 1989, 433–57.

———. 1992. "Demography and the Genetically Effective Sizes of Two Populations ofDarwin's Finches." *Ecology*73:766–84.

———. 1992. "Global Warming and the Galapagos." *Noticias de Galapagos*51:14–16.

———. 1992. "Hybridization of Bird Species." *Science*256:193–97.

Grant, Peter, K. Thalia Grant, and B. Rosemary Grant. 1991. "*Erythrinavelutina*and theColonization ofRemote Islands." *Noticias de Galapagos*3–5.

Grant, P. R., and Nicola Grant. 1979. "Breeding and Feeding of Galapagos Mockingbirds, *Nesomimusparvulus.*" *Auk*96:723–35.

Grant, Peter R., and Henry S. Horn, eds. 1992. *Molds, Molecules, and Metazoa*. Princeton: Princeton University Press.

Grant, P. R., and T. D. Price. 1981. "Population Variation in Continuously Varying Traitsas an Ecological Genetics Problem." *American Zoologist*21:795–811.

Grant, P. R., et al. 1975. "Finch Numbers, Owl Predation and Plant Dispersal on IslaDaphne Major,

Galapagos."*Biological Journal of the Linnean Society*19:239–57.

———.1976. "Darwin's Finches: Population Variation and Natural Selection."*Proceedingof the National Academy of Sciences*73:257–61.

———.1985. "Variation in the Size and Shape of Darwin's Finches."*Biological Journal ofthe Linnean Society*25:1–39.

Greene, John C. 1959. *The Death of Adam*. Ames: Iowa State University Press.Greenwood, Jeremy J. D. 1990. "Changing Migration Behaviour."*Nature* 345:209–10.

———.1993. "Theory Fits the Bill in the Galapagos Islands."*Nature* 362:699.

Gruson, Lindsey. 1992. "Throwing Back Undersize Fish Is Said to Encourage SmallerFry."《뉴욕타임스》, January 7: C4.

Gustafsson, Lars, and Tomas Part. 1990. "Acceleration of Senescence in the Collared Flycatcher*Ficedulaalbicollis*by Reproductive Costs."*Nature* 347:279–81.

Gustafsson, Lars, and William J. Sutherland. 1988. "The Costs of Reproduction in theCollared Flycatcher *Ficedulaalbicollis*."*Nature* 335:813–15.

Hahn, Beatrice H., et al. 1986. "Genetic Variation in HTLV–III/LAV over Time in Patientswith AIDS or at Risk for AIDS."*Science*232:1548–53.

Haldane, J. B. S. 1949. "Human Evolution: Past and Future."In *Genetics. See*Jepson,Simpson, and Mayr, eds. 1949, 405–18.

———.1949. "Suggestions as to the Quantitative Measurement of Rates of Evolution."*Evolution*3:51–56.

Hall, G. A., et al. 1986. "Effects of El Nino–Southern Oscillation ENSO on TerrestrialBirds."*International Ornithological Congress*19th: 1759–69.

Hall, Linda M., and Durgadas P. Kasbekar. 1989. "Drosophila Sodium Channel MutationsAffect Pyrethroid Sensitivity."In Narahashi, Toshio, and Janice E. Chambers, eds.1989.*Insecticide Action*.New York: Plenum, 99–114.

Harris, J. Arthur. 1911. "A Neglected Paper on Natural Selection in the English Sparrow."*American Naturalist*45:314–18.

Harris, Lester E., Jr. 1976. *Galapagos*.Nashville: Southern Publishing Association.

Harris, Michael P. 1974. *A Field Guide to the Birds of Galapagos*. London: Collins.

Harrison, R. G. 1978. "Ecological Parameters and Speciation in Field Crickets."In *EcologicalGenetics. See*Brussard, ed. 1978, 145–58.

Hillis, David M., et al. 1992. "Experimental Phylogenetics: Generation of a Known Phylogeny."*Science* 255:589–92.

Hochberg, Michael E., and John H. Lawton. 1990. "Competition Between Kingdoms."*Trends in Ecology and Evolution*5:367–71.

Holt, Robert. 1990. "Birds under Selection. Review of *Evolutionary Dynamics of a NaturalPopulation*, by B.

Rosemary Grant and Peter R. Grant."*Science*249:306–7.

———.1990. "The Microevolutionary Consequences of Climate Change."*Trends in Ecologyand Evolution*5:311–15.

Houde, Anne E., and John A. Endler. 1990. "Correlated Evolution of Female Mating Preferencesand Male Color Patterns in the Guppy, *Poeciliareticulate*."*Nature*248:1405–8."A Howling Blizzard." 1898. Providence *Journal*, February 1:1.

Hughes, Walter T. 1988. "A Tribute to Toilet Paper."*Reviews of Infectious Diseases*10:218–22.

Huxley, Thomas Henry. 1893. *Darwiniana*. New York: D. Appleton.. 1968 1863.*On the Origin of Species, or, The Causes of the Phenomena of OrganicNature*. Ann Arbor: University of Michigan Press.

———.1989 1894.*Evolution and Ethics*.Eds. James Paradis and George C. Williams.Princeton: Princeton University Press.

Jackson, Michael H. 1985. *Galapagos*.Calgary, Alberta.: University of Calgary Press.

Jepson, Glenn L., George Gaylord Simpson, and Ernst Mayr, eds. 1949.*Genetics, Paleontology,and Evolution*.Princeton: Princeton University Press.

Johnson, Phillip E. 1991. *Darwin on Trial*.Washington, D.C.: Regnery Gateway.

Jones, J. S. 1981. "Models of Speciation–The Evidence from Drosophila."*Nature* 289:743–44.

———.1982. "St. Patrick and the Bacteria."*Nature* 296:113–14.

Kaneshiro, Kenneth Y. 1988. "Speciation in the Hawaiian Drosophila."*BioScience*38:258–63.

Keeton, William T., and James L. Gould. 1986.*Biological Science*. 4th ed. New York:W. W. Norton.

Kendrick, Amrit Work. 1988. "Santa Cruz Fact Sheet."*Noticias de Galapagos*46:5–7.

Kettlewell, H. B. D. 1958. "A Survey of the Frequencies of *Bis ton betularia*L.Lep.andIts Melanic Forms in Great Britain."*Heredity*

Kettlewell, Bernard. 1973. *The Evolution of Melanism*. Oxford, U.K.: Clarendon Press.

Kingsland, Sharon. 1970. "David Lambert Lack."*Dictionary of Scientific Biography*, 521–23.

———.1985. *Modeling Nature: Episodes in the History of Population Ecology*. Chicago: Universityof Chicago Press.

Kofahl, Robert E. 1977. *Handy-Dandy Evolution Refuter*.San Diego: Beta Books.

Kohn, David, ed. 1985. *The Darwinian Heritage: A Centennial Retrospect*. Princeton: PrincetonUniversity Press.

———.1985. "Darwin's Principle of Divergence as Internal Dialogue."In *Darwinian Heritage.See*Kohn, ed. 1985, 245–57.

Koshland, Daniel E., Jr. 1992. "The Microbial Wars."*Science*257:1021.

Koster, Friedemann, and HeideKóster. 1983. "Twelve Days among the 'Vampire Finches'of Wolf Island."*Noticias de Galapagos*38:4–10.

Kramer, P. 1984. "Man and Other Introduced Organisms."*Biological Journal of the LinneanSoci-*

*ety*21:253–58.

Krause, Richard M. 1992. "The Origin of Plagues: Old and New."*Science*257:1073–78.

Krebs, John R. 1991. "The Case of the Curious Bill."*Nature* 349:465.

Krieber, Michel, and Michael R. Rose. 1986. "Molecular Aspects of the Species Barrier."*Annual Review of Ecology and Systematics*17:465–85.

Lacey, R. W 1984."Evolution of Microorganisms and Antibiotic Resistance."*The Lancet*1022–25.

Lack, David. 1940. "Evolution of the Galapagos Finches."*Nature* 146:324–27.

———.1945. The Galapagos Finches Geospizinae: A Study in Variation. *Occasional Papersof the California Academy of Sciences*21:1–159.

———.1964. "Darwin's Finches." In *A New Dictionary of Birds*. Ed. Sir A. LandsboroughThomson. London: Thomas Nelson & Sons. 178–79.

———.1968. *Ecological Adaptations for Breeding in Birds*. London: Methuen.

———.1973. "My Life as an Amateur Ornithologist."*Ibis*115:421–31.

———. 1983 1947.*Darwin's Finches*.Eds. Laurene M. Ratcliffe and Peter T. Boag. Cambridge,U.K.: Cambridge University Press.

Laurie, Andrew. 1983. "Marine Iguanas Suffer as El Nino Breaks All Records."*Noticias deGalapagos*38:11.

Leakey, Richard E. 1981. *The Making of Mankind*. New York: E. P. Dutton.

Leeper, G. W. ed. 1962.*The Evolution of Living Organisms*. Melbourne: Melbourne UniversityPress.

Levin, Bruce R., Dominique A. Caugant, and Robert K. Selander. 1991. "The GeneticResponse of the Human E. coli Flora to Antibiotic Treatment."Personal communication.

Levin, Donald A., ed. 1979. *Hybridization: An Evolutionary Perspective*. Stroudsburg, Pa.:Dowden, Hutchinson & Ross.

Levy, Avraham A., and Virginia Walbot. 1990. "Regulation of the Timing of TransposableElement Excision During Maize Development."*Science*248:1534–37.

Levy, Stuart B. 1978."Emergence of Antibiotic–Resistant Bacteria in the Intestinal Floraof Farm Inhabitants."*Journal of Infectious Diseases*137:688–90.

Lewin, Roger. 1983. "Finches Show Competition in Ecology."*Science*219:1411–12.

———.1983. "Santa Rosalia Was a Goat."*Science*221:636–39.

Lewontin, Richard C. 1974. *The Genetic Basis of Evolutionary Change*. New York: ColumbiaUniversity Press.

———.1978. "Adaptation."*Scientific American*239:213–30.

———.1982. *Human Diversity*. New York: Scientific American Books.

Lewontm, Richard C, and L. C. Birch. 1966. "Hybridization as a Source of Variation forAdaptation to New Environments."*Evolution*20:315 36.

Loughney, Kate, Robert Kreber, and Barry Ganetzky. 1989. "Molecular Analysis of thePara Locus, a Sodium Channel Gene in Drosophila."*Cell*58:1143–54.

Lowe, Percy R. 1936. "The Finches of the Galapagos in Relation to Darwin's Conceptionof Species."Ibis 13:310–21.

Lyell, Charles. 1990 1830–1833. *The Principles of Geology*. Facsimile of the 1st ed. 3 vols.Chicago: University of Chicago Press.

Mallet, J. L. B. 1990."Evolution of Insecticide Resistance."*Trends in Ecology and Evolution*5:164–65.

Mani, G. S. 1990. "Theoretical Models of Melanism in Bistonbetularia–A Review."*BiologicalJournal of the Linnean Society*39:355–71.

May, Robert M., and Andrew P. Dobson. 1986. "Population Dynamics and the Rate ofEvolution of Pesticide Resistance."In *Pesticide Resistance. See*Roush and Tabashmk,eds. 1986, 170–93.

Mayr, Ernst. 1965. *Animal Species and Evolution*. Cambridge, Mass.: Belknap Press of HarvardUniversity Press.

———.1970. *Populations, Species and Evolution*. Cambridge, Mass.: Belknap Press of HarvardUniversity Press.

———.1982. *The Growth of Biological Thought*. Cambridge, Mass.: Belknap Press of HarvardUniversity Press.

———.1986. "The Contributions of Birds to Evolutionary Theory."*International OrnithologicalCongress* 19th: 2718–23.

———.1991. *One Long Argument*. Cambridge, Mass.: Harvard University Press.

McDonald, John F. 1983. "The Molecular Basis of Adaptation: A Critical Review of RelevantIdeas and Observations."*Annual Review of Ecology and Systematics*14:77–102.

Melville, Herman. 1987. *The Essential Melville*. New York: Ecco Press.

Merlen, Godfrey. 1985. "The Nature of El Nino: A Perspective."In *El Nino*. See Robinsonand delPino, eds. 1985, 133–50.

Miller, Julie Ann. 1989. "Diseases for Our Future."*BioScience*39:509–17.

Millington, S. J., and Peter R. Grant. 1983. "Feeding Ecology and Territoriality of theCactus Finch *Geospizascandens*on Isla Daphne Major, Galapagos."*Oecologia*58:76–83.

Millington, S. J., and Trevor D. Price. 1982. "Birds on Daphne Major 1979–1981."*Noticiasde Galapagos*35:25–27.

Milner, Richard. 1990. *The Encyclopedia of Evolution*. New York: Facts on File.

Milton, John. 1969 1667–1674. *Paradise Lost, Paradise Regained and Samson Agonístes*. GardenCity, N.Y.: Doubleday.

Moore, James R. 1985. "Darwin of Down: The Evolutionist as Squarson–Naturalist."In*Darwinian Heritage. See*Kohn, ed. 1985, 435–81.

Moorehead, Alan. 1971. *Darwin and the Beagle*. Reprint ed. Harmondsworth, Middlesex:Penguin Books.

Neu, Harold C. 1992. "The Crisis in Antibiotic Resistance."*Science*257:1064–73.

Newton, Ian. 1973. *Finches*. New York: Taplinger Publishing.Otte, Daniel. 1989. "Speciation in Hawaiian Crickets."In *Speciation. See*Otte and Endler,eds. 1989, 482–525.

Otte, Daniel, and John A. Endler, eds. 1989.*Speciation and Its Consequences*.Sunderland,Mass.: Sinauer-Associates.

Parkin, David T. 1987."Evolutionary Genetics of House Sparrows."In *Avian Genetics. See*Cooke and Buckley, eds. 1987, 381–406.

Patterson, Colin. 1978. *Evolution*. Ithaca: Cornell University Press.Pearl, Raymond. 1911. "Data on the Relative Conspicuousness of Fowls."*American Naturalist*45:107–17.

———.1917. "The Selection Problem."*American Naturalist*51:65–91.

———.1930. "Requirements of a Proof That Natural Selection Has Altered a Race."*Scientia*47:175–86.

Perrins, C. M., and T. R. Birkhead. 1983. Avian Ecology. Bishopbriggs, Glasgow: Blackie& Sons.

Pfeiffer, John E. 1982. *The Creative Explosion*. Ithaca: Cornell University Press.

———.1985. *The Emergence of Humankind*. 4th ed. New York: Harper & Row.

Phillips, Rodney E., et al. 1991. "Human Immunodeficiency Virus: Genetic VariationThat Can Escape Cytotoxic T Cell Recognition."*Nature* 354:453.

Plapp, Frederick W., Jr. 1986. "Genetics and Biochemistry of Insecticide Resistance in Arthropods."In *Pesticide Resistance. See*Roush and Tabashnik, eds. 1986, 74–85.

Plapp, Frederick W., Jr., et al. 1990. "Monitoring and Management of Pyrethroid Resistancein the Tobacco Budworm Lepidoptera: Noctuidae in Texas, Mississippi,Louisiana, Arkansas, and Oklahoma."–*Journal of Economic Entomology*83:335–41.

Plapp, Frederick W., Jr., et al. 1986. "Management of Pyrethroid–Resistant Tobacco Budwormson Cotton in the United States."In *Pesticide Resistance*.Roush and Tabashnik,eds. 1986, 237–60.

Porter, Duncan M. 1983. "Vascular Plants of the Galapagos: Origins and Dispersal."In*Patterns of Evolution. See*Bowman et al., eds. 1983, 33–96.

———.1985. "The *Beagle*Collector and His Collections." In *The Darwinian Heritage. See*Kohn, ed. 1985, 973–1019.

———.1987. "Darwin Notes on Beagle Plants."*Bulletin of the British Museum of NaturalHistory*historical ser. 14:145–233.

Prevosti, Antonio, et al. 1985. "The Colonization of Drosophila subobscurain Chile.II.Clines in the Chromosomal Arrangements."*Evolution*39:838–44.

———.1990. "Clines of Chromosomal Arrangements of Drosophila subobscurain SouthAmerica Evolve Closer to Old World Patterns."*Evolution*44:218–21.

Price, Trevor D. 1984. "The Evolution of Sexual Size Dimorphism in Darwin's Finches."*American Natu-*

ralist 123:500–18.

———. 1984. "Sexual Selection on Body Size, Territory, and Plumage Variables in a Populationof Darwin's Finches."*Evolution*38:327–41.

———. 1990. "Memoir of Life on Daphne Major."Unpublished.

Price, Trevor D. and Peter T. Boag. 1987. "Selection in Natural Populations of Birds."In*Avian Genetics*. See Cooke and Buckley, eds. 1987, 257–87.

Price, Trevor D., and Peter R. Grant. 1984. "Life History Traits and Natural Selection forSmall Body Size in a Population of Darwin's Finches."*Evolution*38:483–94.

Price, Trevor D., Peter R. Grant, and Peter T. Boag. 1984. "Genetic Changes in the MorphologicalDifferentiation of Darwin's Ground Finches."In Wóhrmann, K., and V.Loeschcke, eds. 1984.*Population Biology and Evolution*.New York: Springer–Verlag,49–66.

Price, Trevor D., et al. 1984. "Recurrent Patterns of Natural Selection in a Population ofDarwin's Finches."*Nature* 309:787–89.

Prokopy, Ronald J., and Bernard D. Roitberg. 1984. "Foraging Behavior of True FruitFlies."*American Scientist*72:41–49.

Prokopy, Ronald J., et al. 1982. "Associative Learning in Egglaying Site Selection by AppleMaggot Flies."*Science*218:76–77.

Provine, William B. 1985."Adaptation and Mechanisms of Evolution after Darwin: AStudy in Persistent Controversies." In *The Darwinian Heritage. See*Kohn, ed. 1985,825–66.

1993– "Scientific Super naturalism. A Review of *The Origin of Species Revisited:The Theories of Evolution and of Abrupt Appearance*, by W. R. Bird."*Biology and Philosophy*8:111–24.

Raimondi, Peter T. 1992. "Adult Plasticity and Rapid Larval Evolution in a Recently IsolatedBarnacle Population."*Biological Bulletin*182:210–20.

Ratcliffe, Laurene M., and Peter R. Grant. 1983. "Species Recognition in Darwin'sFinches GeospizaGould. I. Discrimination by Morphological Cues."*Animal Behavior*31:1139–53.

———. 1983. "Species Recognition in Darwin's Finches GeospizaGould. II. GeographicVariation in Mate Preference."*Animal Behaviour*31:1154–65.

———. 1985. "Species Recognition in Darwin's Finches GeospizaGould. III. Male Responsesto Playback of Different Song Types, Dialects and Heterospecific Songs."*AnimalBehaviour*33:290–307. Ratner, Lee, et al. 1985."Complete Nucleotide Sequence of the AIDS Virus, HTLV–III."*Nature* 313:277–84.

Raup, David M. 1991. *Extinction*.New York: W. W. Norton.

Raymond, Michel, et al. 1991. "Worldwide Migration of Amplified Insecticide ResistanceGenes in Mosquitoes."*Nature* 350:151–53.

Reznick, David, and John A. Endler. 1982. "The Impact of Predation on Life HistoryEvolution in Trinidadian Guppies Poeciliareticulate."*Evolution*36:160–77.

Reznick, David A., Heather Bryga, and John A. Endler. 1990. "Experimentally InducedLife–History Evolution in a Natural Population."*Nature* 346:357–59.

Rheinberger, Hans–Jórg, and Peter McLaughlin. 1984. "Darwin's Experimental NaturalHistory."*Journal of the History of Biology*17:345–68.

Ricklefs, Robert E. *Ecology*. 1990. 3rd ed. New York: W H. Freeman.

Ridley, Mark. 1985. *The Problems of Evolution*. Oxford, U.K.: Oxford University Press.

Riedl, Helmut. 1983. "Analysis of Codling Moth Phenology in Relation to Latitude, Climateand Food Availability."In Brown, V. K., and I. Hodek, eds. 1983.*Diapause andLife Cycle Strategies in Insects*. The Hague: Dr. W. Junk Publishers, 233–52.

Robinson, Gary, and Eugenia M. delPino, eds. 1985. *El Nino in the Galapagos Islands: The1982-1983'Event*. Quito, Ecuador: Fundación Charles Darwin paralas Islas Galapagos.

Robinson, Michael H., and Lionel Tiger, eds. 1991.*Man and Beast Revisited*. Washington,DC: Smithsonian Institution Press.

Robson, G. C, and O. W. Richards. 1936. *The Variation of Animals in Nature*. London:Longmans, Green.

Roush, R. T., and B. Tabashnik, eds. 1986.*Pesticide Resistance in Arthropods*.New York:Chapman.

Ruse, Michael, ed. 1988. *But Is It Science?*Buffalo: Prometheus Books.

Salkoff, Lawrence, et al. 1987. "Molecular Biology of the Voltage–Gated Sodium Channel."*Trends in Neurosciences*10:522–26.

Salvin, O. 1876."On the Avifauna of the Galapagos Archipelago."*Transactions of the ZoologicalSociety of London*9:447–510.

Schluter, Dolph. 1982. "Distributions of Galapagos Ground Finches along an AltitudinalGradient: The Importance of Food Supply."*American Naturalist*63:1504–17.

———. 1982. "Seed and Patch Selection by Galapagos Ground Finches: Relation to ForagingEfficiency and Food Supply."*Ecology*63:1106–20.

———. 1986. "Character Displacement Between Distantly Related Taxa? Finches andBees in the Galapagos."*American Naturalist*127:95–102.

———. 1986. "Morphological Adaptation and Diet in the Galapagos Ground Finches."*International Ornithological Congress*19th, 2283–95.

———. 1988. "Character Displacement and the Adaptive Divergence of Finches on Islandsand Continents."*American Naturalist*131:799–824.

———. 1988. "Estimating the Form of Natural Selection on a Quantitative Trait."*Evolution*42:849–61.

———. 1988. "The Evolution of Finch Communities on Islands and Continents: Kenyavs. Galapagos."*Ecological Monographs*58:229–49.

Schluter, Dolph, and Peter R. Grant. 1982. "The Distribution of *Geospizadifficilis*in Relationto *G. fuliginosa*in the Galapagos Islands: Tests of Three Hypotheses."*Evolution*36:1213–26.

———.1984. "Determinants of Morphological Patterns in Communities of Darwin'sFinches."*American Naturalist*123:175–96.

———.1984. "Ecological Correlates of Morphological Evolution in a Darwin's Finch,*Geospizadifficilis*."*Evolution*38:856–69.

Schluter, Dolph, and J. Donald McPhail. 1992. "Ecological Character Displacement andSpeciation in Sticklebacks."*American Naturalist*140:85–108.

Schluter, Dolph, Trevor D. Price, and Peter R. Grant. 1985. "Ecological Character Displacementin Darwin's Finches."*Science*227:1056–59.

Schluter, Dolph, Trevor D. Price, and Locke Rowe. 1991. "Conflicting Selection Pressuresand Life History Trade–Ofls."*Proceedings of the Royal Society of London* B246:11–17.

Schluter, Dolph, and James N. M. Smith. 1986. "Natural Selection on Beak and BodySize in the Song Sparrow."*Evolution*40:221–31.

Searle, Jeremy B. 1992. "When Is a Species Not a Species?"*Current Biology*2:407–8.

Sheppard, Carol M. 1993. "Benjamin Walsh: First State Entomologist of Illinois andProponent of Darwinian Theory."Unpublished.

Sheppard, P. M. 1967. *Natural Selection and Heredity*3rd ed. London: Hutchinson UniversityLibrary.

Sibley, Charles G., and Jon E. Ahlquist. 1990. *Phytogeny and Classification of Birds*. New Haven:Yale University Press.

Simberloff, Daniel. 1984. "The Great God of Competition."*The Sciences*24.4: 16–22.

Smith, G. T. Corley. 1987. "Looking Back."*Noticias de Galapagos*45:11–16.

———.1990. "A Brief History of the Charles Darwin Foundation for the Galapagos Islands1959–1988."*Noticias de Galapagos*49:4–36.

Smith, James N. M., and Hugh P. A. Sweatman. 1976. "Feeding Habits and MorphologicalVariation in Cocos Finches."*Condor*78:244–48.

Smith, James N. M., et al. 1978. "Seasonal Variation in Feeding Habits of Darwin'sGround Finches."*Ecology*59:1137–50.

Smith, R. C, et al. 1992. "Ozone Depletion: Ultraviolet Radiation and PhytoplanktonBiology in Antarctic Waters."*Science*255:952–59.

Sober, Elliott. 1984. *The Nature of Selection*. Cambridge, Mass.: MIT Press.

———.1985. "Darwin on Natural Selection: A Philosophical Perspective." In *The DarwinianHeritage*. *See*Kohn, ed. 1985, 867–99.

Steadman, David W. 1982. "The Origin of Darwin's Finches Fringillidae: Passeriformes."*Transactions of the San Diego Society of Natural History*19:279–96.

———. 1984. "The Status of *Geospizamagnirostris*on Isla Floreana, Galapagos."*Bulletin ofthe British Ornithological Club*104:99–102.

———. 1986. "Holocene Terrestrial Gastropod Faunas from Isla Santa Cruz and IslaFloreana, Galapagos: Evidence for Late Holocene Declines."*Transactions of the SanDiego Society of Natural History*21:89–110.

———. 1986. *Holocene Vertebrate Fossils from Isla Floreana, Galapagos*. Smithsonian Contributionsto Zoology.No. 413. Washington, DC: Smithsonian Institution Press. Mychief source for the story of Magnirostris-magnirostris.

Steadman, David W., and Steven Zousmer. 1988. *Galapagos*. Washington, DC: SmithsonianInstitution Press.

Stone, Irving. 1980. *The Origin*. Garden City, N.Y.: Doubleday.

Stoppard, Tom. 1981. "This Other Eden."*Noticias de Galapagos*34:6–7.

Strong, Donald R., Jr., Lee Ann Szyska, and Daniel S. Simberloff. 1979. "Tests ofCommunity–Wide Character Displacement against Null Hypothesis."*Evolution*Strong, Donald, Jr., et al., eds. 1984. *Ecological Communities*,Princeton: Princeton UniversityPress.

Sulloway, Frank J. 1982. "The *Beagle*Collections of Darwin's Finches Geospizinae."*Bulletin of the British Museum of Natural History* Zoology43:49~94. Sulloway s papersare my chief source for the history in Chapter 2.

———. 1982. "Darwin and His Finches: The Evolution of a Legend."*Journal of the Historyof Biology*15:1–53.

———. 1982."Darwin's Conversion: The *Beagle*Voyage and Its Aftermath."*Journal of theHistory of Biology*15:325–96.

———. 1984. "Darwin and the Galapagos."*Biological Journal of the Linnean Society*21:29–59.

Sutherland, William J. 1990. "Evolution and Fisheries."*Nature* 344:814–15.

———. 1992. "Genes Map the Migratory Route."*Nature* 360:625–26.

Swarth, Harry S. 1934."The Bird Fauna of the Galapagos Islands in Relation to SpeciesFormation."*Biological Reviews*9:213–34.

Tax, Sol, ed. 1980.*Evolution after Darwin*.3 vols. Chicago: University of Chicago Press.

Taylor, Martin. 1990. "Summary of Research, 1988–Present: Population Genetics ofPyrethroid Resistance in Heliothis"Unpublished manuscript.

———. 1991. "The Evolution of Resistance to Pyrethroids in Tobacco Budworms." Unpublishedlecture notes.

———. 1991. "What Are the Genes Conferring Resistance to Pyrethroids in TobaccoBudworm?" Unpublished lecture notes.

Taylor, Martin, et al. 1993. "Genome Size and Endopolyploidy in Pyrethroid–Resistantand Suscceptible Strains of HeliothisvirescensLepidoptera: Noctuidae."*Journal of EconomicEntomology*86:1030–34.

———. 1993. "Linkage of Pyrethroid Insecticide Resistance to a Sodium Channel Locusin the Tobacco Budworm."*Insect Biochemistry and Molecular Biology*23:763–75.

Tomasz, Alexander. 1990. "Auxiliary Genes Assisting in the Expression of Methicilhn Resistancein *Staphylococcus aureus*."In Novick, Richard P., ed. 1990.*Molecular Biology ofthe Staphylococci*.New York: V. C. H. Publishers, 565–83.

———. 1990. "New and Complex Strategies of Beta–Lactam Antibiotic Resistance inPneumococci and Staphylococci."In Ayoub, I. M., et al., eds. 1990.*Microbial Determinantsof Virulence and Host Response*.Washington, D.C.: American Society for Microbiology,345–59–

Toulmin, Stephen, and June Goodfield. 1965. *The Discovery of Time*. New York: Harper Row.

Vagvolgyi, Joseph, and Maria W. Vagvolgyi. 1990. "Hybridization and Evolution in Darwin'sFinches of the Galapagos Islands."*Academia Nazionale Dei Líncei.Atti DeiConvegniLincei*85:749–72.

Valen, Leigh Van. 1965. "Morphological Variation and Width of Ecological Niche."*AmericanNaturalist*99:377–90.

Vitousek, Peter M. 1988. "Diversity and Biological Invasions of Oceanic Islands."In*Biodiversity. See*Wilson, ed. 1988. 181–89.

Vitousek, Peter M., Lloyd L. Loope, and Charles P. Stone. 1987. "Introduced Species inHawaii: Biological Effects and Opportunities for Ecological Research."*Trends in Ecologyand Evolution*2:224–27.

Vonnegut, Kurt. 1985. *Galapagos*. New York: Delacorte Press.

Wallace, Alfred Russel. 1871. *Contributions to the Theory of Natural Selection*. 2nd ed. NewYork: Macmillan.

———. 1889. *Darwinism*. New York: Macmillan.

Walsh, Benjamin D. 1867. "The Apple–Worm and the Apple–Maggot."*The American Journalof Horticulture*2:338–43.

Weidensaul, Scott. 1991. *The Birder's Miscellany*. New York: Simon & Schuster.

Werner, Tracey K. 1988. "Behavioral, Individual Feeding Specializations by *Pinaroloxiasinomata*, the Darwin's Finch of Cocos Island, Costa Rica."Dissertation, University ofMassachusetts.

Werner, Tracey K., and Thomas W. Sherry. 1987. "Behavioral Feeding Specialization in*Pinaroloxiasinomata*, the 'Darwin's Finch' of Cocos Island, Costa Rica."*Proceedings ofthe National Academy of Sciences*84:5506–10.

Wiggins, Ira L., and Duncan M. Porter. 1971. *Flora of the Galapagos Islands*. Stanford:Stanford University Press.

Williams, George C. 1966. *Adaptation and Natural Selection*』. Princeton: Princeton UniversityPress.

Williams, L. Pearce. 1978. *Album of Science: The Nineteenth Century*. New York: CharlesScribner's Sons.

Wills, Christopher. 1989. *The Wisdom of the Genes*. New York: Basic Books.

Wilson, E. O., ed. 1988. *Biodiversity*.Washington, D C : National Academy Press.

———.1992. 『The Diversity of Life. Cambridge, Mass.: Belknap Press of Harvard UniversityPress.

Wood, Thomas K., and M. C. Keese, 1990."Host–Plant–Induced Assortative Mating inEnchenopa Treehoppers."*Evolution*44:619–28.

Wood, Thomas K., K. L. Olmstead, and S. I. Guttman. 1990. "Insect Phenology Mediatedby Host–Plant Water Relations."*Evolution*44:629–36.

Woodruff, R. C , and J. N. Thompson. 1980. "Hybrid Release of Mutator Activity andthe Genetic Structure of Natural Populations."*Evolutionary Biology*12:129–62.

Yang, Suh Y, and James L. Patton. 1981. "Genie Variability and Differentiation in theGalapagos Finches."*Auk*98:230–42.

Young, Robert M. 1985. *Darwin's Metaphor*.Cambridge, U.K.: Cambridge UniversityPress.

Zhang, Ying, et al. 1992. "The Catalase–Peroxidase Gene and Isoniazid Resistance of *Mycobacteriumtuberculosis*"*Nature* 358:591–93.

Zimmerman, Elwood C. i960."Possible Evidence of Rapid Evolution in HawaiianMoths."*Evolution*14:137–38.

———.1971. "Adaptive Radiation in Hawaii with Special Reference to Insects."InStern, William L., ed. 1971.*Adaptive Aspects of Insular Evolution*.Pullman: WashingtonState University Press, 32–38.

찾아보기

핀치의 부리

초판 1쇄 펴낸날 2017년 3월 8일
초판 2쇄 펴낸날 2018년 11월 28일
지은이 조너선 와이너
옮긴이 양병찬
펴낸이 한성봉
편집 이지경 · 안상준 · 하명성 · 조유나
디자인 유지연
본문조판 윤수진
마케팅 박신용
기획홍보 박연준
경영지원 국지연
펴낸곳 도서출판 동아시아
등록 1998년 3월 5일 제1998-000243호
주소 서울시 중구 소파로 131 [남산동3가 34-5]
페이스북 www.facebook.com/dongasiabooks
전자우편 dongasiabook@naver.com
블로그 blog.naver.com/dongasiabook
인스타그램 www.instagram.com/dongasiabook
전화 02) 757-9724, 5
팩스 02) 757-9726

ISBN 978-89-6262-175-4 03400

이 도서의 국립중앙도서관 출판예정도서목록(CIP)은
서지정보유통지원시스템 홈페이지(http://seoji.nl.go.kr)와
국가자료공동목록시스템(http://www.nl.go.kr/kolisnet)에서
이용하실 수 있습니다.(CIP제어번호: CIP2017004951)